de Gruyter Lehrbuch

Pingoud · Urbanke

Arbeitsmethoden der Biochemie

1749
Walter de Gruyter
250
Berlin · New York
1999

Alfred Pingoud · Claus Urbanke

Arbeitsmethoden der Biochemie

W DE G
Walter de Gruyter · Berlin · New York 1997

Autoren

Professor Dr. Alfred Pingoud
Justus-Liebig-Universität Gießen
Institut für Biochemie, FB 15
Heinrich-Buff-Ring 58
D-35392 Gießen

PD Dr. Claus Urbanke
Medizinische Hochschule Hannover
Biophysikalisch-biochemische Verfahren
OE 8830
D-30632 Hannover

Das Buch enthält 135 Abbildungen und 50 Tabellen.

⊗ Gedruckt auf säurefreiem Papier, das die US-ANSI-Norm über Haltbarkeit erfüllt.

Die Deutsche Bibliothek – CIP-Einheitsaufnahme

Pingoud, Alfred:
Arbeitsmethoden der Biochemie / Alfred Pingoud ; Claus Urbanke. – Berlin ; New York : de Gruyter, 1997
(De-Gruyter-Lehrbuch)
ISBN 3-11-016513-9 brosch. ISBN 3-11-014696-7 Gb.

Printed in Germany.
Datenkonvertierung: Knipp Medien und Kommunikation oHG, Dortmund. – Druck: Gerike GmbH, Berlin. – Buchbinderische Verarbeitung: Heinz Stein, Berlin. – Einbandentwurf: Hansbernd Lindemann, Berlin.

Vorwort

Biochemie ist eine überwiegend experimentelle Wissenschaft mit einem Kanon verschiedenster Methoden, die inzwischen in allen *life sciences* Anwendung finden. Umgekehrt werden viele Techniken aus Nachbardisziplinen von Biochemikern in Anspruch genommen. Dazu gehören insbesondere Methoden der Molekular- und Zellbiologie, der Mikrobiologie und Immunologie, aber auch der Physikalischen Chemie und der Analytischen Chemie.

Das vorliegende Buch ist das Ergebnis unserer zum Teil gemeinsamen Anstrengungen, Studenten mit Biochemie als Hauptfach in komprimierter Form Kenntnisse über Methoden der Biochemie nahezubringen. Das in Vorlesungen dazu vermittelte Wissen und die in Praktika eingeübten Fertigkeiten verlangen nach einem Begleittext, der es dem Studenten ermöglichen soll, sein Wissen abzurunden und zu vertiefen. Im Hinblick darauf, aber auch dafür, daß Studenten, die im weitesten Sinne biochemisch und molekularbiologisch arbeiten oder arbeiten wollen, sich einen Überblick über grundlegende biochemische Arbeitsmethoden verschaffen wollen und dafür ein geeignetes Kompendium vorfinden sollen, haben wir dieses Buch verfaßt. Es spannt trotz seines geringen Umfangs einen weiten Rahmen, der von dem Zugang zur biochemischen Literatur über die Organisation eines biochemischen Laboratoriums, allgemeinen und speziellen Labormethoden bis zur Vorstellung anspruchsvoller instrumenteller Techniken reicht. Es ist kein Praktikumsbuch in dem Sinne, daß Versuche vorgestellt oder konkrete Arbeitsanweisungen gegeben werden, vielmehr enthält es die notwendigen Informationen, um Experimente in ihrem Ablauf planen und/oder abschätzen zu können, welche Aussagen prinzipiell durch bestimmte experimentelle Vorgehensweisen gemacht werden können. Damit sollen natürlich auch Anregungen gegeben werden, für die Verfolgung experimenteller Ziele Wege zu gehen, die dem Experimentator vielleicht nicht so vertraut sind. Da wir nur in wenigen Fällen, insbesondere dort, wo es um grundlegende, allgemein übliche Techniken geht, eine Darstellung im Detail geben konnten, haben wir oft auf weiterführende Literatur verweisen müssen. Wir haben uns bemüht, dabei allgemein zugänglichen Zeitschriften, verbreiteten Sammelwerken und neueren Monographien den Vorzug zu geben.

Uns ist bewußt, daß ein Buch wie das vorliegende alles andere als umfassend sein kann. Die Akzente, die wir gesetzt haben, entsprechen unserem Eindruck, was ein werdender Wissenschaftler, der biochemisch arbeiten wird, als methodisches Repertoire haben sollte bzw. von welchen Methoden er eine ungefähre Vorstellung haben muß, um sie eventuell in Kooperation mit einem Experten anwenden zu können.

Die internationale Sprache der Biochemiker und Molekularbiologen ist Englisch. Wir haben daher im vorliegenden Buch durchgehend den in der angelsächsischen Literatur üblichen Dezimalpunkt und nicht das Dezimalkomma verwendet. Da wir nicht umhin konnten, Anglizismen zu gebrauchen, haben wir sie zumindest durch *Kursivdruck* kenntlich gemacht; wir haben allerdings vermieden, englische Wörter auf deutsche Weise zu deklinieren oder zu konjugieren.

Eine Anmerkung zu den in diesem Buch benutzten Einheiten: Gesetzlich vorgeschrieben ist die Verwendung der internationalen SI-Einheiten. Die wichtigsten SI-Einheiten sind im Anhang angegeben. Daneben werden in der allgemeinen Laborpraxis noch viele weitere Einheitensysteme benutzt. Dies führt erfahrungsgemäß zu steter Verwirrung. Wir haben uns daher bemüht, das SI-Einheitensystem konsequent anzuwenden und dort, wo noch andere Einheitensysteme in Gebrauch sind, die entsprechenden Umrechnungen angegeben.

Wir hoffen, daß dieses Buch sich für den fortgeschrittenen Studenten als nützlich erweisen wird und auch eine freundliche Aufnahme bei den Fachkollegen finden wird.

Es bleibt, dem Verlag Walter de Gruyter, insbesondere Herrn Dr. Mario Noyer-Weidner und Frau Christiane Bowinkelmann für ihre Anregungen und ihre Geduld zu danken, sowie vielen Kollegen, insbesondere Dr. Ute Curth, Dr. Joachim Greipel, Dr. Meinhard Hahn, Dr. Björn Kindler, Dr. Reinhard Kownatzki, Dr. Vera Pingoud, Dr. Ursel Selent und Dr. Wolfgang Wende für konstruktive Kritik. Frau Margit Erhardt hat große Teile des Manuskripts getippt, Herr Sven Erik Matzen die meisten Zeichnungen angefertigt – auch dafür herzlichen Dank.

Gießen und Hannover, im Februar 1997 Alfred Pingoud und Claus Urbanke

Inhalt

1 Biochemische Literatur

In diesem Kapitel wird zunächst die biochemische und molekularbiologische Literatur, angefangen von Lehrbüchern, Monographien, Zeitschriften, Methodensammlungen bis hin zu Nachschlagewerken und Handbüchern, vorgestellt sowie Empfehlungen über ihren Gebrauch gegeben. Daran schließt sich eine kurze Schilderung der Möglichkeiten computergestützter Literaturrecherchen an. Zum Schluß wird auf die Protokollführung bei biochemischem und molekularbiologischem Experimentieren eingegangen.

Literatursuche ist ein integraler Bestandteil experimenteller Arbeit und von ganz besonderer Bedeutung für biochemisches und molekularbiologisches Experimentieren, das durch besondere methodische Breite charakterisiert ist. Im folgenden sollen deshalb zunächst Hinweise dafür gegeben werden, wie man effektiven Zugang zur biochemischen Literatur findet und mit ihr umgeht. Andererseits zielt natürlich jede wissenschaftliche Arbeit darauf ab, kommuniziert zu werden. Das bedeutet, daß die Durchführung wissenschaftlicher Arbeiten protokolliert und ihre Ergebnisse dokumentiert werden müssen. Auch dazu sollen einige allgemeine Hinweise gegeben werden.

Wir haben dieses Kapitel an den Anfang unseres Buches über „Arbeitsmethoden der Biochemie“ gestellt, da sinnvollerweise dem praktischen Arbeiten ein Literaturstudium vorausgehen sollte und mit jeder praktischen Arbeit ihre Protokollierung einhergehen muß.

1.1 Zugang zur allgemeinen biochemischen Literatur

Es ist sicher nicht nur von anekdotischem Wert anzumerken, daß eine Stunde in der Bibliothek Tage, ja Wochen im Labor ersetzen kann. Mit dem „Instrument“ Literatur effektiv umgehen zu können, sollte deshalb zum unerläßlichen methodischen Repertoire des Biochemikers gehören. Je nachdem, in welcher Phase einer wissenschaftlichen Arbeit man sich befindet, wird man unterschiedliche Literatur zu Rate ziehen. Am Anfang steht natürlich das Kennenlernen des Gebiets. Dazu wird man die jüngsten Auflagen umfassender biochemischer, molekularbiologischer und zellbiologischer Lehrbücher benutzen, gefolgt dann von speziellen aktuellen Zusammenfassungen und von relevanter Primärliteratur. Während der Durchführung eines wissenschaftlichen Projekts wird man alle Anstrengungen unternehmen, mit der Entwicklung des Feldes vertraut zu bleiben und die Primärliteratur weiter verfolgen, andererseits immer wieder genötigt sein, sich methodisch weiterzubilden. Dazu wird man je nach Bedarf Monographien und Zeitschriften heranziehen, die speziellen Techniken gewidmet sind. Vergleichsweise oft ist man auf Fachlexika und Tabellenwerke angewiesen, sei es um Begriffsbestimmungen vorzunehmen, sich chemische Strukturen vor Augen zu führen oder die Größe einer physikalischen Konstante nachzuschlagen.

1.1.1 Lehrbücher der Biochemie

Folgende umfangreichen Lehrbücher sind für eine vertiefte Einführung in die Biochemie geeignet:

- Reginald H. Garrett and Charles M. Grisham: Biochemistry. Saunders College Publishing, Forth Worth 1995
- Albert L. Lehninger, David L. Nelson und Michael M. Cox: Prinzipien der Biochemie. Spektrum Akademischer Verlag, Heidelberg 1994 (beruht auf der 2. englischsprachigen Auflage 1993)
- Christopher K. Mathews and Kensal E. Van Holde: Biochemistry, 2nd edition. The Benjamin/Cummings Publishing Company, Inc., Redwood City 1996
- Lubert Stryer: Biochemie (4. Auflage). Spektrum Akademischer Verlag, Heidelberg 1996 (beruht auf der 4. englischsprachigen Auflage 1995)
- Donald Voet and Judith G. Voet: Biochemistry (2nd edition). John Wiley & Sons, Inc., New York 1995

Mehr molekularbiologisch bzw. zellbiologisch orientiert sind:

- Bruce Alberts, Dennis Bray, Julian Lewis, Martin Raft, Keith Roberts und James D. Watson: Molekularbiologie der Zelle (3. Auflage). VCH Verlagsgesellschaft, Weinheim 1995 (beruht auf der 3. englischsprachigen Auflage 1994)
- Harvey Lodish, David Baltimore, Arnold Berk, S. Lawrence Zipursky, Paul Matsudaira und James Darnell: Molekulare Zellbiologie (2. Auflage). Walter de Gruyter, Berlin 1996 (beruht auf der 3. englischsprachigen Auflage 1995)

Die genannten biochemischen, molekular- und zellbiologischen Lehrbücher können wichtige Konzepte der Biophysikalischen Chemie nur streifen. Man ist in dieser Hinsicht auf zusätzliche Informationsquellen angewiesen. Mittlerweile ein Klassiker der Biophysikalischen Chemie, der bis auf wenige Ausnahmen das gesamte Fach abdeckt, ist:

- Charles R. Cantor and Paul R. Schimmel: Biophysical Chemistry. W. H. Freeman and Company, San Francisco 1980

1.1.2 Aktuelle Zusammenfassungen biochemischer Literatur

Auf eine spezielle Thematik fokussierte und detaillierte Information mit biochemischem Schwerpunkt findet man in folgenden wissenschaftlichen Serien:

Accounts of Chemical Research
Advances in Cancer Research
Advances in Carbohydrate Chemistry
Advances in Cell Biology
Advances in Comparative Physiology and Biochemistry
Advances in Enzyme Regulation
Advances in Enzymology and Related Areas of Molecular Biology
Advances in Immunology
Advances in Lipid Research
Advances in Pharmacology and Chemotherapy

Advances in Protein Chemistry
Annual Review of Biochemistry
Annual Review of Biophysics and Biomolecular Structure
Annual Review of Cell and Developmental Biology
Annual Review of Genetics
Annual Review of Nutrition
Annual Review of Neuroscience
Annual Review of Microbiology
Annual Review of Pharmacology and Toxicology
Annual Review of Physiology
Annual Review of Plant Physiology and Plant Molecular Biology
Bacteriological Reviews
BBA Reviews on Cancer
BBA Reviews on Biomembranes
Biological Reviews
Chemical Reviews
Cold Spring Harbor Symposia on Quantitative Biology
Critical Reviews in Biochemistry and Molecular Biology
Critical Reviews in Plant Sciences
Current Biology
Current Opinion in Biotechnology
Current Opinion in Cell Biology
Current Opinion in Genetics and Development
Current Opinion in Immunology
Current Opinion in Neurobiology
Current Opinion in Structural Biology
EJB Reviews
Essays in Biochemistry
Harvey Lectures
International Review of Cytology
Physiological Reviews
Progress in Biophysics and Biophysical Chemistry
Progress in Nucleic Acid Research and Molecular Biology
Quarterly Review of Biology
Quarterly Reviews of Biophysics
Quarterly Review of the Chemical Society
Trends in Biochemical Sciences (TIBS)
Trends in Biotechnology
Trends in Cell Biology
Trends in Endocrinology and Metabolism
Trends in Genetics
Trends in Neurosciences
Trends in Pharmacological Sciences
Trends in Plant Science

Die Zusammenfassungen in der Current Opinion- und der Trends-Serie bieten vergleichsweise knappe und deswegen auch meist sehr aktuelle Überblicke zu verschiedenen Themen.

Darüber hinaus findet man in verschiedenen Zeitschriften z.B. Biological Chemistry, Cell, European Journal of Biochemistry, FASEB Journal, Journal of Biological Chemistry, u.a. kürzere *reviews* oder *mini-reviews*.

1.1.3 Biochemische Primärliteratur in wissenschaftlichen Zeitschriften

Das wichtigste Medium für die wissenschaftliche Kommunikation sind die wissenschaftlichen Zeitschriften. Diese sind damit auch die ergiebigste Quelle, um sich über Ergebnisse der biochemischen Forschung zu informieren. Die Zahl der Zeitschriften biochemischen Inhalts ist allerdings so groß, daß sie hier nicht alle aufgeführt werden können, sie ist natürlich auch viel zu groß, als daß mehr als ein Bruchteil dieser Zeitschriften von einer Universitätsbibliothek abonniert werden kann. Einige biochemische Zeitschriften, die man in den meisten Universitätsbibliotheken oder Institutsbibliotheken biochemischer Institute finden wird, sind:

Archives of Biochemistry and Biophysics
Biochemical and Biophysical Research Communications
Biochemical Journal
Biochemical Journal (Tokyo)
Biochemistry
Biochemistry (Moscow)
Biochemistry and Molecular Biology International
Biochimica et Biophysica Acta
Biochimie
Biological Chemistry (früher Biological Chemistry Hoppe-Seyler)
European Journal of Biochemistry
FEBS Letters
Journal of Biological Chemistry

Daneben gibt es natürlich Zeitschriften, die alle Aspekte der Naturwissenschaften abdecken und deswegen regelmäßig auch Artikel mit biochemischem Inhalt enthalten, z.B.:

Proceedings of the National Academy of Science (USA)
Nature
Naturwissenschaften
Science

oder Zeitschriften, die speziellen biochemischen Themen gewidmet sind oder diese unter anderen behandeln, z.B.:

Biophysical Chemistry
Biopolymers
Chemistry & Biology
Cell
EMBO Journal
FASEB Journal
Gene
Genes and Development

Journal of the American Chemical Society
Journal of Bacteriology
Journal of Protein Chemistry
Molecular and Cellular Biology
Molecular and General Genetics
Nature Biotechnology
Nature Structural Biology
Oncogene
Protein Engineering
Protein Science
Proteins – Structure, Function and Genetics
RNA
Structure

Diese Vielzahl von naturwissenschaftlichen Zeitschriften mit biochemischem Inhalt, von denen hier nur ein Teil aufgeführt wurde, erlaubt nicht einmal ansatzweise, die aktuelle, sich auf die Biochemie beziehende Primärliteratur zu überblicken. Es ist deshalb notwendig, aus dem Informationsangebot auszuwählen. Am Ende dieses Kapitels werden zudem Möglichkeiten vorgestellt, wie man sich über den Inhalt biochemischer Primärliteratur in Zeitschriften orientieren und informieren kann.

1.2 Zugang zur Methoden-orientierten biochemischen Literatur

Für den sich in Ausbildung befindenden Biochemiker gibt es Lehrbücher, die sich – wie das vorliegende Buch – mit Methoden der Biochemie befassen. Will man sich jedoch vertieft mit einer bestimmten experimentellen Technik auseinandersetzen, ist man auf Monographien bzw. Fachzeitschriften angewiesen.

1.2.1 Monographien und Serien

Auf aktuelle Monographien, in denen bestimmte biochemische Techniken ausführlich dargestellt werden, wird im Zusammenhang mit ihrer Darstellung im vorliegenden Buch hingewiesen. Hier soll nur betont werden, daß es Serien gibt, die in mehr oder weniger regelmäßiger Folge bestimmte Methoden in großem Detail vorstellen, z.B.:

Methods in Enzymology	(Academic Press) mit inzwischen 272 Bänden
Methods in Molecular Biology	(Humana Press)
Practical Approach Series	(IRL Press)

Seit einiger Zeit gibt es darüber hinaus Methodensammlungen, die in Ringordnern als Loseblattsammlung geliefert und in ca. vierteljährlichem Abstand aktualisiert werden:

Current Protocols in Molecular Biology	(John Wiley & Sons, Inc.)
Current Protocols in Protein Science	(John Wiley & Sons, Inc.)

Von diesen Methodensammlungen sind auch Ausgaben auf CD-ROM vorhanden, mit denen eine besonders schnelle Suche nach interessierenden Methoden möglich ist.

1.2.2 Methoden-orientierte biochemische Zeitschriften

Es existieren mehrere wissenschaftliche Zeitschriften, in denen neue biochemische Techniken und Methoden bzw. ihre Anwendungen vorgestellt werden. Einige davon sind recht allgemein, wie z.B.:

Analytical Biochemistry
Analytical Chemistry
BioTechniques

andere sehr spezialisiert, z.B.:

Computer Methods and Programs in Biomedicine
Electrophoresis
Journal of Chromatographic Science
Journal of Chromatography
Journal of Liquid Chromatography and Related Techniques
Journal of Mass Spectrometry
Journal of Molecular Modeling
PCR Methods and Applications
Protein Expression and Purification

Zu den zuletzt genannten Zeitschriften müssen auch in regelmäßigen Abständen erscheinende Informationsschriften von Firmen gezählt werden, wie z.B.:

Biochemica Information (Boehringer-Mannheim)
Bioconcepts (ICN Pharmaceuticals, Inc.)
Promega Notes (Promega Corporation)
Separations (Pharmacia Biotech)

1.3 Nachschlagewerke und Handbücher

Unentbehrlich für die wissenschaftliche Arbeit des Biochemikers am Schreibtisch wie auch im Laboratorium sind kompakte Nachschlagewerke, Handbücher und Tabellenwerke. Benötigt werden einerseits Lexika der Biochemie, die Begriffe erläutern, andererseits Handbücher, in denen die Strukturen und die wichtigen Eigenschaften ausgewählter chemischer Verbindungen aufgeführt bzw. in Tabellen häufig benötigte physikalische, chemische und biochemische Daten enthalten sind.

1.3.1 Nachschlagewerke

Folgende kompakte Nachschlagewerke sind für eine schnelle Orientierung geeignet:

- Thomas A. Scott and E. Ian Mercer: Concise Encyclopedia Biochemistry and Molecular Biology, 3rd edition. Walter de Gruyter, Berlin 1996
- Herder Lexikon der Biochemie und Molekularbiologie. Spektrum Akademischer Verlag, Heidelberg 1995
- John Stenesh: Dictionary of Biochemistry and Molecular Biology, 2nd edition. John Wiley & Sons, New York 1989
- Paul Singleton and Diana Sainsbury: Dictionary of Microbiology and Molecular Biology, 2nd edition. John Wiley & Sons, Chichester 1987

1.3.2 Handbücher und Tabellenwerke

Für viele verschiedene Zwecke sind Handbücher und Tabellenwerke erhältlich. Formeln und wesentliche Eigenschaften wichtiger chemischer Verbindungen, insbesondere auch von Naturstoffen und Pharmaka, sind im

- Merck Index, 11th edition (Susan Budavai, Editor). Merck and Co., Rathway, NJ 1989

zu finden.

Eine umfangreiche Datensammlung zu wichtigen biochemischen Verbindungen sowie nützliche Tabellen für die praktische Arbeit sind im

- CRC Handbook of Biochemistry and Molecular Biology, (Gerald D. Fasman, Editor). CRC Press, Boca Raton, FL 1977

zusammengetragen worden. Eine kondensierte und aktualisierte Version davon ist das

- Practical Handbook of Biochemistry and Molecular Biology, (Gerald D. Fasman, Editor). CRC Press, Boca Raton, FL 1989

Knappe Einführungen in verschiedene biochemische Techniken, gefolgt von ausführlichen Tabellen und einer Aufstellung relevanter Literatur, sind im

- Biochemistry Labfax (J.A.A. Chambers and D. Rickwood, Editors). BIOS Scientific Publishers, Oxford 1993

und im

- Molecular Biology Labfax (T.A. Brown, Editor). BIOS Scientific Publishers, Oxford 1993

zu finden. Ähnlich in der Aufmachung, aber auf eine engere Thematik fokussiert, sind

- Proteins Labfax (N.C. Price, Editor). BIOS Scientific Publishers, Oxford 1996

und

- Enzymology Labfax (P.C. Engel, Editor). BIOS Scientific Publishers, Oxford 1996

Noch kompakter als die Labfax Serie ist die von denselben Herausgebern editierte Essential Data Series. Für den Biochemiker von Interesse dürften insbesondere sein:

- Centrifugation (D. Rickwood, T.C. Ford and J. Steensgard, Editors). John Wiley & Sons, Chichester 1994
- Gel Electrophoresis (D. Patel, Editor). John Wiley & Sons, Chichester 1994

- Enzymes in Molecular Biology (C.J. McDonald, Editor). John Wiley & Sons, Chichester 1994

1.4 Literatursuche

Die modernen Naturwissenschaften und ganz besonders die Biowissenschaften sind durch eine Informationsflut charakterisiert, die man nur dadurch ansatzweise bewältigen kann, daß man sein Interesse fokussiert und moderne Methoden der Literatursuche zu Hilfe nimmt. Zu unterscheiden ist dabei, ob man sich retrospektiv für die zu einer speziellen Thematik publizierte Literatur interessiert oder ob man sich auf die aktuell gerade erschienenen wissenschaftlichen Publikationen konzentrieren will. Im einen Fall wird man meist eine computergestützte Literatursuche in Auftrag geben, im anderen Fall eine gedruckte oder auf Diskette gespeicherte Version eines kommerziellen Informationsdienstes in Anspruch nehmen.

1.4.1 Retrospektive Literatursuche

Die retrospektive Literatursuche wird dadurch sehr vereinfacht, daß die chemische und biologische wissenschaftliche Literatur in den Chemical Abstracts und Biological Abstracts referiert wird. Über deren Index lassen sich über Stichworte bzw. Autoren interessierende Publikationen ausfindig machen. Viel schneller ist natürlich ein *computer search*, z.B. über BIOSIS Previews, CA (Chemical Abstracts), MEDLINE und MEDLARS, der allerdings eine Zugangsberechtigung voraussetzt, die aber in den meisten Universitätsbibliotheken vorhanden sein dürfte. Einen schnellen und kostenlosen Zugang zu MEDLINE bietet derzeit das National Center for Biotechnology Information an (Internet: http://www3.ncbi.nlm.nih.gov./Entrez/)

1.4.2 Aktuelle Literatursuche

Gerade veröffentlichte wissenschaftliche Publikationen sind häufig noch nicht über MEDLINE oder dergleichen zugänglich. Will man *up-to-date* sein, muß man die aktuellen Ausgaben der wissenschaftlichen Zeitschriften durchblättern oder sich einen Überblick verschaffen, z.B. durch

- Current Contents (Life Sciences). Institute for Scientific Information, Inc.
- Reference Update

die im einwöchigen Rhythmus die Titel so gut wie aller biochemischer Publikationen in wissenschaftlichen Zeitschriften erfassen und in einer gedruckten (Current Contents) oder einer Diskettenversion (Current Contents und Reference Update) dem Abonnenten zur Verfügung stellen. In der Disketten-Version kann auf Wunsch die Zusammenfassung (*abstract*) – sofern vorhanden – der Publikation abgerufen werden. Current Contents and Reference Update erlauben, mit der Disketten-Version, ganz analog wie z.B. bei MEDLINE, die Literatursuche mit ausgewählten Stichworten, Stichwortkombinationen, Autoren, Zeitschriften usw. einzugrenzen.

1.4.3 Das Internet als Informationsquelle

Das Internet bietet für den Biochemiker und Molekularbiologen Zugang zu Datenbanken, zu nützlicher *software*, ist aber auch Medium für den informellen schnellen Informationsaustausch (Gilster 1994; 1996; Swindell et al. 1996). Man kann ganz allgemein mit Hilfe von Suchprogrammen (z.B. über http://www.altavista.com/) nach Stichworten im Internet suchen. Darüber hinaus haben sehr viele Institute, Organisationen und Firmen eine *home page* mit sachdienlichen Informationen für die wissenschaftliche Arbeit, seien es aktuelle Forschungsprogramme, Hinweise auf Kongresse oder Angaben über lieferbare bzw. neue Produkte. Viele Verlage haben WWW-Seiten, in denen sie auf Neuerscheinungen aufmerksam machen, einschließlich der Inhaltsverzeichnisse der letzten Ausgaben wissenschaftlicher Publikationen. Zeitschriften selbst, z.B. Trends in Biochemical Sciences, haben eine *computer corner*, in der nützliche Hinweise für die praktische Arbeit gegeben werden und die über das Internet zugänglich sind (http://www.lmmb.ncifcrf.gov/~pnh/). In speziellen *newsgroups* (zugänglich z.B. über http://www.bio.net) können Fragen gestellt und beantwortet werden, die archiviert sind und nach denen mit Stichworten gesucht werden kann.

1.5 Protokollführung bei biochemischen Arbeiten

Biochemisches Experimentieren muß von einer exakten Protokollführung begleitet werden, die aber über die bloße Dokumentation der Durchführung der praktischen Arbeit hinausgeht und auch schriftliche Notizen zur Planung der Experimente und die Auswertung der Ergebnisse beinhaltet. Es ist – insbesondere unter dem Aspekt des *team work* – wichtig, daß die Protokollführung auch für Außenstehende nachvollziehbar ist.

1.5.1 Das Protokollbuch

Das Protokollbuch sollte fest gebunden sein, damit es für eine dauerhafte Aufbewahrung geeignet ist. Es empfiehlt sich, ein paginiertes Protokollbuch zu benutzen, dessen erste Seiten für ein Inhaltsverzeichnis freigehalten werden.

Bewährt hat sich eine Zweiteilung des Protokollbuchs: die rechte Seite sollte für das eigentliche Protokoll reserviert sein, während die linke Seite für Berechnungen, Notizen und dergleichen genutzt werden kann. Man sollte vermeiden, dafür „Schmierzettel", Papierhandtücher oder gar die Laborkittelmanschette zu verwenden. Bei der Protokollführung ist von Loseblattsammlungen abzuraten, auch wenn sie später in Ringbüchern und Ordnern gesammelt werden, weil dabei die Gefahr des Verlustes womöglich wichtiger Daten zu groß ist.

1.5.2 Die Gestaltung des Protokolls

Protokolle müssen akkurat und transparent sein, so daß auch im Nachhinein und für Außenstehende der Sinn des Experiments, seine Durchführung und Ergebnisse nachzuvollziehen sind. Die Protokollierung eines Versuchs oder einer Versuchsreihe sollte mit einer kurzen

Erläuterung des Hintergrunds für das Experiment und der daraus resultierenden Fragestellung beginnen. Die zu verwendenden Materialien und Reagenzien sollten angegeben werden, in seltenen Fällen, wenn das nicht selbstverständlich ist, auch Geräte und Instrumente, die eingesetzt, sowie Methoden, die angewandt werden. Es mag sich als sinnvoll erweisen, den experimentellen Ablauf mit einem Flußdiagramm zu skizzieren. Die Rohdaten sollten direkt angegeben werden; später können sie in Tabellen und Graphiken aufgearbeitet werden. Immer sollte aus den Daten ersichtlich werden, wie genau sie sind, d.h. sie sollten von einer Fehlerabschätzung begleitet sein. Das Protokoll sollte mit einer knappen Diskussion enden, die die wesentlichen Schlußfolgerungen enthält. Insbesondere sollte festgehalten werden, wieweit die jetzt erhaltenen Ergebnisse mit früheren übereinstimmen und ob die ursprüngliche Fragestellung adäquat beantwortet wurde. Wenn nötig sollen Literaturhinweise angegeben werden (Walker 1991).

Ein Protokoll sollte damit im kleinen einer wissenschaftlichen Publikation entsprechen (Day 1983; Davis 1996; Ebel & Bliefert 1994). Im Unterschied zu dieser braucht es aber nicht sprachlich ausformuliert oder gar ausgefeilt zu sein. Im Gegenteil, im Interesse von Zeitersparnis sollte darauf verzichtet werden, soweit das Verständnis nicht darunter leidet. Es ist nochmals zu betonen, daß Protokolle weitgehend arbeitsbegleitend angefertigt werden sollen; das bedeutet notwendigerweise, daß sie knapp gehalten sein müssen.

1.6 Literatur

Davis, M. (1996) *Scientific Papers and Presentations.* Academic Press, San Diego.

Day, R. (1983) *How to Write and Publish a Scientific Paper*, 2nd ed. ISI Press, Philadelphia.

Ebel, H.F. & Bliefert, C. (1994) *Schreiben und Publizieren in den Naturwissenschaften.* 3. Aufl. VCH, Weinheim.

Gilster, P. (1994) *The Internet Navigator*, 2nd ed. John Wiley & Sons, Inc., New York.

Gilster, P. (1996) *Finding it on the Internet,* 2nd ed.. John Wiley & Sons, Inc., New York.

Swindell, S.R., Miller, R.R. & Myers, G.S.A. (1996) (Eds.) *Internet for the Molecular Biologist.* Horizon Scientific Press, Wymondham.

Walker, J. (1991) *A Student's Guide to Practical Write-ups.* Biochem. Educ. 19, 31-32.

2 Allgemeine Laborpraxis

In diesem Kapitel wird zu Beginn die für das biochemische und molekularbiologische Arbeiten notwendige Laborausstattung vorgestellt. Daran schließen sich Angaben über Sicherheitsbestimmungen und Beschreibungen allgemeiner Labortätigkeiten an. Chromatographische, elektrophoretische und photometrische Methoden sind hier nicht aufgeführt; ihnen sind eigene Kapitel gewidmet. Zum Schluß wird ausführlich auf das Arbeiten mit Radioaktivität eingegangen, wobei auch Hinweise auf alternative Verfahren gegeben werden.

2.1 Das biochemische Laboratorium

Jedes biochemische Laboratorium wird über eine Standardausrüstung verfügen, die für die meisten biochemischen Arbeiten gebraucht wird. Dazu zählen neben dem Mobiliar Geräte, Gefäße (Glas- und Kunststoffgefäße), Einwegmaterialien, sowie ein bestimmter Vorrat an gebräuchlichen Chemikalien. Hinzu kommen natürlich spezielle Ausrüstungsgegenstände, die z.B. das proteinchemische von dem molekularbiologischen Laboratorium unterscheiden, die aber hier nicht aufgeführt werden.

2.1.1 Geräte, die für jedes Laboratorium vorzusehen sind

Kühlschrank
Tiefkühlschrank (- 20 °C), evtl. Tiefstkühlschrank (- 70 °C)
Brutschrank (20 – 100 °C)
Trockenschrank (ca. 120 °C)
Mikrowellenofen
Wasserbäder (bewegt und unbewegt) für variable Volumina
Inkubator(en) für Reagiergefäße
Waagen für präparative und analytische Zwecke
pH-Meter mit Elektroden
Leitfähigkeitsmeßgerät mit Elektroden
Spektralphotometer für Routinemessungen (nicht registrierend)
Netzgerät(e) für Elektrophoresen
Rundgel- bzw. Flachbettgel-Elektrophoresekammern
Tischzentrifuge(n)
Vortex-Mixer
Wasserstrahlpumpe(n) oder Membranpumpe(n)
Magnetrührer (heizbar und nicht heizbar)
Rührmotor mit Rührer (z.B. Flügelrührer)
Heizplatte
Bunsenbrenner
Stoppuhr(en)

Thermometer (vorzugsweise elektronisch)
Einstellbare Pipetten
PC(s)

2.1.2 Geräte, die zwischen mehreren Laboratorien geteilt werden können

Destillationsapparatur bzw. Wasserentsalzungsanlage
Kühlraum
Autoklav
Eisbereiter
Kryostat/Thermostat
Lyophilisator
Vakuumkonzentrator
Spektralphotometer (registrierend)
Fluorimeter
ELISA *reader*
Hochleistungskühlzentrifuge(n)
Präparative Ultrazentrifuge(n)
Fraktionssammler mit Durchflußphotometer
Chromatographiesäulen
HPLC-Gerät(e) mit Säulen
FPLC-Gerät(e) mit Säulen
Peristaltische Pumpe(n)
Vakuumpumpe(n)
Ultrafiltrationsanlage(n)
Thermo*cycler*
Szintillationszähler
Imager
Kontaminationsmonitor(e)
Polaroid-Anlage oder Videodokumentationssystem
Röntgenfilmentwicklungsautomat
UV-Transilluminator
Leuchttisch
UV-Handlampe(n)

2.1.3 Kleinteile

Ständer für Reagenzgläser und Reagiergefäße
Magnetkerne
Kolbenspritzen
Scheren
Pinzetten
Spatel

Peleusbälle und andere Pipettierhilfen
Gummibällchen
Wägeschiffchen
Schläuche (div. Materialien, div. Größen)
Taschenrechner

2.1.4 Gefäße (in verschiedenen Größen, aus Glas, Keramik, Metall und Kunststoff)

Bechergläser
Erlenmeyer-Kolben
Flaschen (mit Stopfen bzw. Schraubverschluß)
Spritzflaschen
Reagenzgläser
Trichter
Dewar-Gefäße
Nutschen
Meßkolben
Meßzylinder
Pipetten (Vollpipetten, graduierte Pipetten)
Büretten
Eisbehälter
Eimer
Wannen
Exsikkator(en)
Mörser und Pistill
Röntgenfilmkassette(n)

2.1.5 Einwegmaterial

Reagiergefäße
Pasteurpipetten
Pipettenspitzen
Dialyseschläuche
Filterpapier
pH-Indikatorstäbchen
Handschuhe
Aluminiumfolie
Haushaltsfolie
Parafilm
Papiertücher
Glaswolle
Spritzen und Kanülen
Wägepapier

2.1.6 Sicherheitsausstattung

Sicherheitsschränke zur Aufbewahrung gefährlicher Substanzen
Alarmsignalhupen
Feuerlöscher
Notduschen
Augenduschen
Erste-Hilfe-Schrank

2.1.7 Standardchemikalien

Bi-destilliertes bzw. durch Filteranlagen vollentsalztes Wasser
NaCl, KCl
Na-phosphate, K-phosphate
$CaCl_2$, $MgCl_2$
$(NH_4)_2SO_4$
Tris
EDTA
HCl, H_2SO_4, HNO_3, Essigsäure
NaOH, KOH, NH_4OH
Reduzierende Agenzien (2-Mercaptoethanol, Dithiothreitol, Dithioerythritol)
Detergenzien (Triton X-100, u.ä.)
Proteaseinhibitoren (Phenylmethylsulfonylfluorid, u.ä.)
Konservierungsstoffe (NaN_3, u.ä.)
Ethanol
Glycerol

2.2 Allgemeine Arbeiten im biochemischen Laboratorium

Es gibt eine Reihe von allgemeinen Arbeiten im biochemischen Laboratorium, die unabhängig davon, welche Forschungsthematik bearbeitet wird, typisch für den allgemeinen Laborbetrieb sind. Diese sollen hier zunächst vorgestellt werden. Einigen allerdings, wie z.B. photometrischen Messungen, die bei jeder biochemischen Arbeit anfallen, werden eigene Kapitel gewidmet.

Für die Arbeit im biochemischen Laboratorium gelten allgemeine Richtlinien, die Sicherheitsbestimmungen betreffen, die strikt zu beachten sind, die aber auch Empfehlungen beinhalten, die für die adäquate Vorbereitung, Ausführung und Auswertung von Experimenten nützlich sind (Bernabei 1991; Fleming et al. 1995; Mahn 1991).

2.2.1 Sicherheitsbestimmungen

Unfälle im biochemischen Laboratorium sind vergleichsweise selten, was darauf zurückzuführen ist, daß einerseits von den meisten typischen biochemischen Arbeiten kaum Gefahren ausgehen, daß andererseits ein hoher Sicherheitsstandard zur Regel geworden ist. Dazu beigetragen hat, daß viele Geräte, wie z.B. Elektrophoreseapparaturen oder Zentrifugen, von Herstellerseite mit Sicherheitseinrichtungen ausgestattet sind, oder daß bestimmte Geräte, wie z.B. Zentrifugen oder Autoklaven, in regelmäßigen Abständen von Sachkundigen überprüft werden müssen. Für den hohen Sicherheitsstandard in Laboratorien ist wesentlich, daß Chemikalienflaschen auf ihrem Etikett genaue Angaben über die von den Chemikalien ausgehenden potentiellen Risiken tragen (zusätzlich können über einzelne Chemikalien vom Hersteller detaillierte Datenblätter angefordert werden). Die sicherheitsrelevante Information wird durch Symbole dargestellt, über die der praktisch arbeitende Biochemiker informiert sein sollte (Abb. 2-1). Sämtliche Gefahrstoffe müssen durch die vorgeschriebenen Aufkleber gekennzeichnet sein. Das gilt insbesondere auch für kleinere Abfüllmengen. Aufkleber mit Gefahrensymbolen sind als Rollenware erhältlich und sollten an den Stellen, an denen Gefahrstoffe abgefüllt oder abgewogen werden, bereit liegen. Bestimmte Gefahrstoffe dürfen nicht in größeren Mengen am Arbeitsplatz, sondern nur in Sicherheitschränken gelagert werden. Gasflaschen, die unter Druck stehen, müssen mit einer Kette gesichert sein.

Für ein sicheres Arbeiten im Laboratorium sind folgende Punkte zu beachten:

1. Es ist Schutzkleidung zu tragen, beim Arbeiten mit gefährlichen Chemikalien auch eine Schutzbrille (für viele Zwecke ist eine normale Brille, vorzugsweise mit Kunststoffgläsern, ausreichend, nicht aber Kontaktlinsen, die die Reinigung des Auges erschweren), Einweghandschuhe, ggf. Mund- und Nasenschutz.
2. Essen, Trinken, Schnupfen und Rauchen im Laboratorium ist strikt zu unterlassen.
3. Glaspipetten sind immer mit Pipettierhilfen zu benutzen.
4. Größere Flaschen sollten in geeigneten Transportbehältern getragen werden, das gilt insbesondere für Säuren, Laugen und organische Lösungsmittel.
5. Man mache sich mit dem Gefährdungspotential bestimmter Experimente (Chemikalien) vertraut und treffe geeignete Vorkehrungen, um potentielle Gefahren zu minimieren. Das bedeutet, daß man über den Standort von Alarmsignalgebern, Feuerlöschern, Notduschen, Augenduschen und Erste-Hilfe-Schränken informiert ist. Insbesondere sollte man natürlich auch über geeignete Gegenmaßnahmen und notwendige Erste-Hilfe-Leistungen im Unglücksfall orientiert sein.
6. Der Abschluß eines Experiments beinhaltet die ordnungsgemäße Entsorgung des Abfalls (chemischer Abfall, radioaktiver Abfall, mikrobiologischer Abfall, Glasabfall).
7. Längere oder gefährliche Arbeiten in Laboratorien sind zu vermeiden, wenn man sich dort alleine aufhält.
8. Unautorisierte Personen (Kinder!) sollten in Laboratorien nicht, zumindest aber nicht ohne Aufsicht, geduldet werden.

Für besondere Arbeiten, insbesondere Arbeiten mit radioaktivem Material (Röttle 1993) und mit gentechnisch veränderten oder pathogenen Mikroorganismen (Adelmann & Schulze-Halberg, 1996) gelten spezielle Sicherheitsbestimmungen, auf die hier nicht näher eingegangen werden kann.

2.2.2 Reinigung von Glas- und Kunststoffgefäßen

Der Erfolg vieler Experimente hängt von der Sauberkeit der benutzten Glas- und Kunststoffgefäße ab, da oft nur minimale Stoffmengen untersucht werden und deren Reaktion

E Explosionsgefährliche Stoffe
Gefahr : Diese Stoffe können unter bestimmten Bedingungen explodieren
Beispiel : Ammoniumdichromat
Vorsicht : Schlag, Stoß, Reibung, Funkenbildung und Hitzeeinwirkung vermeiden

F Leicht entzündliche Stoffe
1) Selbstentzündliche Stoffe
Beispiel : Aluminiumalkyle, Phosphor
Vorsicht : Kontakt mit der Luft vermeiden
1) Leichtentzündliche gasförmige Stoffe
Beispiel : Butan, Propan
Vorsicht : Bildung von Luft-Gas-Gemischen vermeiden, von Zündquellen fernhalten

O Brandfördernde Stoffe
Gefahr : können brennbare Stoffe entzünden oder ausgebrochene Brände fördern und so das Löschen erschwehren
Beispiel : Kaliumpermanganat, Natriumperoxid
Vorsicht : jeden Kontakt mit brennbaren Stoffen vermeiden

T Giftige Stoffe
Gefahr : nach Einatmen, Verschlucken oder Aufnahme durch die Haut treten meist Gesundheitsschäden erheblichen Außmaßes oder Tod ein
Beispiel : Arsentrioxid, Quecksilber(II)-chlorid
Vorsicht : jeglichen Kontakt mit dem Körper vermeiden, bei Unwohlsein sofort den Arzt aufsuchen

Xn Gesundheitsgefährliche Stoffe
Gefahr : Bei Aufnahme in den Körper verursachen sie Gesundheitsschäden geringeren Ausmaßes
Beispiel : Pyridin, Trichlorethylen
Vorsicht : Kontakt (auch Einatmen von Dämpfen) vermeiden, bei Unwohlsein Arzt aufsuchen

C Ätzende Stoffe
Gefahr : lebendes Gewebe, aber auch Betriebsmittel werden bei Kontakt mit diesen Substanzen zerstört
Beispiel : Brom, Schwefelsäure
Vorsicht : Dämpfe nicht einatmen, Kontakt mit Haut, Augen und Kleidung vermeiden

Abb. 2-1: Wichtige Gefahrensymbole und ihre Bedeutung.
Die schwarzen Gefahrensymbole auf orangefarbenem Hintergrund sind auf den Etiketten von Chemikalienflaschen und Chemikalienbehältern zu finden, üblicherweise in Verbindung mit ergänzenden Angaben.

häufig durch Verunreinigungen (Schwermetallionen, Detergenzien, organische Verbindungen) gestört wird.

Die normale Waschprozedur von Glas- und Kunststoffgefäßen beginnt mit einer Detergenzbehandlung und endet mit ausgiebigem Spülen mit destilliertem Wasser. Kunststoffgefäße (z.B. aus Polyethylen bestehende Gefäße) sollten vor ihrem ersten Einsatz folgendermaßen gespült werden:

1) 8 M Harnstoff bei pH 1 (mit HCl eingestellt),
2) destilliertes Wasser,
3) 1 M KOH,

4) destilliertes Wasser,
5) 1 mM EDTA,
6) destilliertes Wasser.

Diese Prozedur kann auch bei stark verschmutzten Kunststoffgefäßen angewandt werden. Auf keinen Fall sollten Kunststoffgefäße mit oxidierenden Säuren (Chromschwefelsäure, Salpetersäure) behandelt werden.

Glasgefäße enthalten oft oberflächlich gebunden ionische Verunreinigungen, die durch Spülen mit Säuren und Laugen entfernt werden können. Stark mit organischen Verbindungen verschmutzte Glasgefäße (nicht jedoch Küvetten, deren polierte Flächen angegriffen werden) können zunächst mit ethanolischer KOH gespült werden. Eine Reinigung mit Chromschwefelsäure ist wegen der cancerogenen Wirkungen des Dichromats verboten. Nach der ethanolischen KOH-Behandlung werden Glasgefäße zuerst mit destilliertem Wasser gespült und dann mit konzentrierter Salpetersäure. Reinigen von Glasgefäßen mit halbkonzentrierter Salpetersäure sollte immer unter einem Abzug durchgeführt werden. Abschließend erfolgt ein ausgiebiges Spülen mit destilliertem Wasser.

Glasoberflächen tendieren dazu, Proteine zu adsorbieren, was beim Arbeiten mit verdünnten Lösungen deutlich wird. Um diese Adsorption zu vermeiden, können Glasgefäße silanisiert werden. Dazu werden unter einem Abzug saubere Glasgefäße mit einer 1 % Dimethyldichlorsilanlösung in Toluol (nicht Benzol, das cancerogen ist !) gefüllt und auf ca. 60 °C erhitzt. Nach der Entfernung der Lösung wird das Glasgefäß im Exsikkator von Lösungsmittelresten befreit und anschließend mit destilliertem Wasser gespült.

Glas- und Kunststoffgefäße (außer Zentrifugenbechern aus Cellulosenitrat!) können in Trockenschränken bei erhöhter Temperatur getrocknet werden, die sich nach der thermischen Stabilität des Gefäßmaterials richtet (Polyvinylchlorid 70 °C, Polystyrol 70 °C, Polyethylen 80 °C, lineares Polyethylen 120 °C, Polyallomer 130 °C, Polypropylen 130 °C, Polycarbonat 135 °C, Teflon 180 °C, Glas >> 200 °C).

In diesem Zusammenhang sollte auf die unterschiedliche Lösungsmittelempfindlichkeit verschiedener Kunststoffe hingewiesen werden. Insbesondere Polycarbonat, Polystyrol und Polyvinylchlorid werden durch organische Lösungsmittel angegriffen.

Glas- und Quarzküvetten haben polierte Flächen, die chemisch und mechanisch empfindlich sind. Deshalb sollten Küvetten normalerweise mit verdünnten Detergenzien gesäubert werden, nur im äußersten Notfall und äußerst vorsichtig unter Zuhilfenahme eines weichen Wattestäbchens. Bei besonderer Verschmutzung können verschmolzene (nicht aber verklebte) Quarzküvetten durch Stehenlassen über Nacht bei Raumtemperatur oder für 30 min bei 60 °C in einem 1:1 Gemisch von konzentrierter Salpeter- und Schwefelsäure (Königswasser), gefolgt von ausgiebigem Spülen mit destilliertem Wasser, gesäubert werden. Das Trocknen von Küvetten sollte im Exsikkator erfolgen, auf keinen Fall durch Spülen mit Aceton, das oft nichtflüchtige Verunreinigungen enthält, die zu einem „Schleier" auf den Küvetten führen. Weitere Hinweise zur Reinigung von Küvetten s. Kap. 7.1.1.2.

2.2.3 Abwiegen von Feststoffen

Das Abwiegen von Feststoffen dürfte im modernen biochemischen Laboratorium überwiegend mit Hilfe von elektronischen Oberschalenwaagen mit digitalem *display* und automatischer Taraeinstellung erfolgen. Für verschiedene Zwecke sollten Waagen mit hoher Genauigkeit (± 0.1 mg) und geringer Kapazität sowie Waagen mit vergleichsweise geringer Genauigkeit (± 10 mg) und hoher Kapazität zur Verfügung stehen. Waagen dürfen nicht in Durchgangsräumen plaziert sein. Sie sollten waagerecht auf einem stabilen Tisch (Wägetisch) stehen. Bei Analysenwaagen muß berücksichtigt werden, daß eine genaue Einwaage nur mit geschlossener Tür beim Wiegevorgang möglich ist. Waagen müssen in regelmäßigen Abständen auf ihre Wägegenauigkeit hin überprüft werden. Dazu sind Eichgewichte kommerziell erhältlich. Beim Abwiegen kleiner Mengen sollten Wägeschiffchen oder dafür vorgesehene Papiere verwendet werden. Um Verunreinigungen zu vermeiden, sollten zuviel entnommene Chemikalien normalerweise nicht in die Chemikalienflasche oder den Vorratsbehälter zurückgeschüttet werden.

2.2.4 Pipettieren und Abmessen von Flüssigkeitsvolumina

Eine der häufigsten Tätigkeiten im biochemischen Labor ist das Pipettieren von Lösungen. Neben einfachen Pasteurpipetten, die mit Hilfe von Gummibällchen gefüllt und entleert werden und die für den nicht geeichten Flüssigkeitstransfer gedacht sind, kommen verschiedene geeichte Pipetten zum Einsatz (Abb. 2-2). Vollpipetten sind für den Transfer eines definierten Volumens bestimmt und normalerweise auf Auslauf geeicht (d.h., daß sie nicht ausgeblasen werden dürfen). Graduierte Pipetten sind für den Transfer von variablen Volumina bestimmt, sie können, müssen aber nicht, bis zum Auslauf graduiert sein. Für alle geeichten Pipetten gilt, daß sich die Eichung auf die untere „Kante" des Meniskus bezieht. Pipetten sollten auslaufen, ohne daß innen Tropfen zurückbleiben. Ist das nicht der Fall, sollten sie intensiv gesäubert werden. Vollpipetten und graduierte Pipetten werden meist mit Pipettierhilfen (Peleusball o. dgl.) verwendet. Es ist darauf zu achten, daß dieser nicht mit der zu pipettierenden Flüssigkeit in Kontakt kommt. Beim Füllen und Entleeren von Glaspipetten ist es notwendig, die Pipette senkrecht zu halten und den Flüssigkeitsmeniskus in Augenhöhe zu betrachten. Beim Entleeren sollte eine auf Auslauf geeichte Pipette mit der Spitze Kontakt zur Innenwand des Gefäßes haben, in das pipettiert wird.

Glaspipetten sind für die meisten Anwendungen (< 1 ml) durch mechanische Pipetten mit fester oder variabler Einstellung verdrängt worden (Abb. 2-3). Diese Pipetten arbeiten mit einem Kolben, der, wenn er gehoben wird, die zu pipettierende Flüssigkeit in eine Einwegpipettenspitze (aus Polypropylen) aufsaugt und, wenn er gesenkt wird, die Flüssigkeit ausstößt. Diese Pipetten gibt es für verschiedene Volumina (nicht einstellbar) bzw. Volumenbereiche (einstellbar). Mit ihnen können reproduzierbar µl bis ml Volumina pipettiert werden. Voraussetzung ist allerdings eine gute Pflege dieser Pipetten. Man sollte sich im übrigen ihrer Genauigkeit in regelmäßigen Abständen versichern, was am einfachsten auf photometrischem Wege geschieht, indem eine lichtabsorbierende Lösung mit bekannter Konzentration in ein definiertes, größeres Volumen pipettiert und dieses photometrisch vermessen wird. Für den wiederholten Transfer des gleichen Flüssigkeitsvolumens gibt es mechanisch bzw. elektromechanisch arbeitende automatische Pipetten. Für den parallelen Transfer des gleichen Flüssigkeitsvolumens, z.B. für die Beschickung von Mikrotiterplatten, stehen Mehrkanalpipetten zur Verfügung.

Der Vorteil von mechanischen Pipetten, insbesondere auch Multipetten und Dispensern, liegt in der Geschwindigkeit, mit der pipettiert werden kann, und in der Verwendung von Einwegspitzen. Konventionelle Glaspipetten dagegen müssen aufwendig gereinigt werden. Normalerweise werden Glaspipetten sofort nach Gebrauch in Detergenzlösung eingeweicht

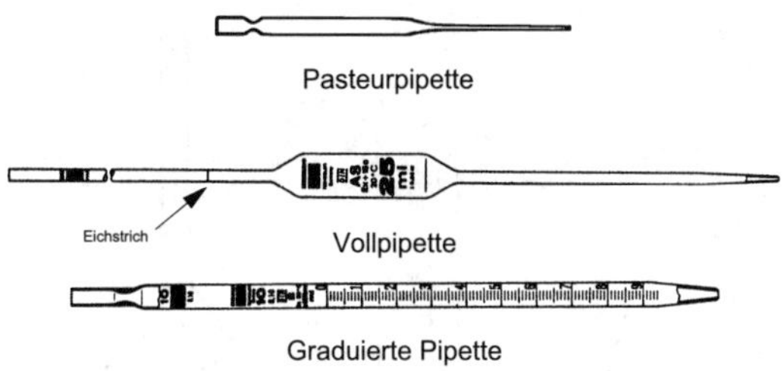

Abb. 2-2: Pipettentypen.
Pasteurpipetten (oben) sind für das Pipettieren kleiner (< 2 ml) Flüssigkeitsvolumina geeignet, z.B. für den Transfer einer Lösung von einem Reagenzglas in eine Küvette. Mit graduierten Pipetten (unten) bzw. Vollpipetten (Mitte) können variable definierte bzw. gegebene definierte Volumina pipettiert werden, z.B. zum Ansetzen einer Pufferlösung unter Verwendung von Stammlösungen.

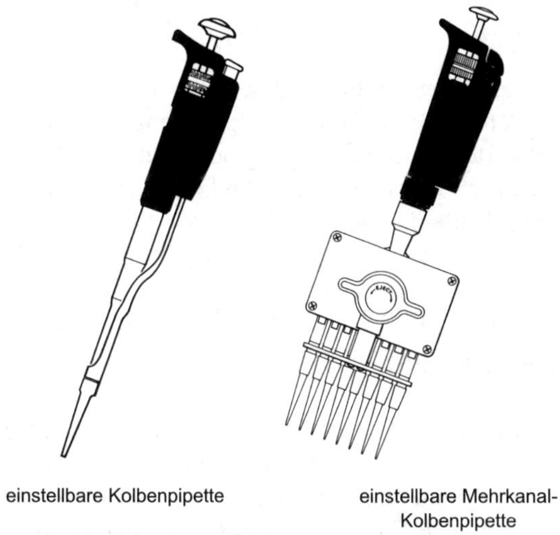

Abb. 2-3: Mechanische Pipetten.
Mechanische Pipetten gibt es in verschiedenen Ausführungen. Für die meisten Zwecke wird man Einkanalpipetten mit einstellbarem Volumen benutzen (links), die verschiedene Volumenbereiche abdecken, z.B. bis 20 µl, bis 200 µl, bis 1000 µl. Für das Arbeiten mit Mikrotiterplatten empfiehlt sich die Verwendung von Mehrkanalpipetten (rechts).

und später – meist unter Verwendung eines Pipettenspülers – mit destilliertem Wasser intensiv gespült und im Trockenschrank getrocknet.

Büretten können als Sonderform von graduierten Pipetten angesehen werden, die meist mit Hilfe eines Trichters durch Eingießen der Lösung gefüllt werden und über einen Hahn entleert werden. Sie sind unerläßliche Hilfsmittel bei Titrationen zur quantitativen Bestimmung von Konzentrationen bestimmter Analyte in Lösung.

Zum Abmessen größerer Flüssigkeitsmengen dienen graduierte Gefäße (Abb. 2-4). Das können für grobe Abmessungen (± 10 %) graduierte Bechergläser, für genauere (± 2 %) Meßzylinder und für noch genauere (± 1 %) Meßkolben sein.

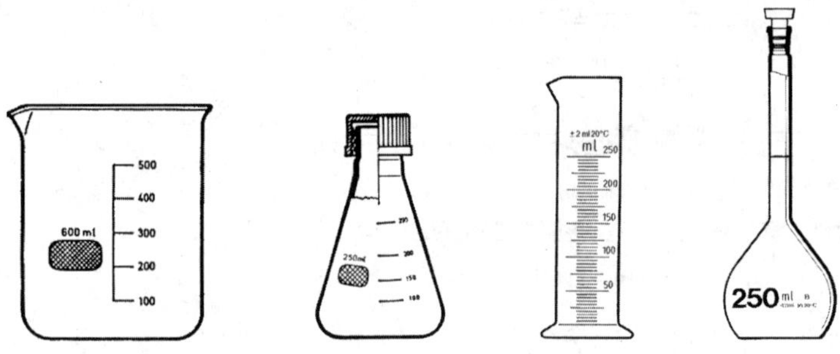

Abb. 2-4: Graduierte Gefäße.
Graduierte Gefäße dienen der Abmessung größerer Flüssigkeitsmengen. Für grobe Dosierungen wird man Bechergläser (ganz links) oder Erlenmeyerkolben (links) benutzen, für genaue Dosierungen Meßzylinder (rechts) oder Meßkolben (ganz rechts). Diese Gefäße sind in Größen von wenigen Millilitern bis zu einigen Litern erhältlich.

Für die Abmessung von Flüssigkeiten mit Hilfe graduierter Pipetten oder Gefäße gilt generell, daß die zu pipettierende oder abzufüllende Flüssigkeitsmenge in einem angemessenen Bezug zu der Größe der graduierten Pipette oder des graduierten Gefäßes steht. Es ist sicherlich nicht sinnvoll, wenige ml in einem 100 ml Meßzylinder abzumessen, oder wenige µl mit einer einstellbaren Pipette zu pipettieren, die 100 µl faßt.

2.2.5 Herstellung und Lagerung von Lösungen; Wasserqualität und Reinheitsgrad von Chemikalien

Lösungen können direkt durch Einwaage des Feststoffs und Auffüllen auf das gewünschte Volumen hergestellt werden. Oft wird man aber von Stammlösungen ausgehen und die gewünschte Lösung durch definierte Verdünnung erhalten. Das ist deutlich weniger zeitaufwendig, als z.B. jede Lösung durch neue Einwaage herzustellen, und spart Lagerkapazität, wenn man nicht große Volumina verdünnter Lösungen bereithalten muß. Es muß aber berücksichtigt werden, daß sich manche physikalischen (z.B. pH-Wert) und chemischen Parameter (z.B. Stabilität) ändern können, wenn eine Stammlösung verdünnt wird.

Bei der Herstellung von Lösungen ist auf die Qualität der eingesetzten Chemikalien und des Lösungsmittels zu achten. Je nach Anwendung wird man mehr oder weniger hohe Qualitätskriterien anlegen müssen. Das gilt insbesondere für das Lösungsmittel Wasser, das man normalerweise selbst im Laboratorium bereitstellt. Sehr gute Wasserqualitäten werden, ausgehend von konventionell entionisiertem Wasser, durch doppelte Destillation in Quarzdestillen oder durch Wasseraufbereitungsanlagen, die mit einer Serie von Filterkartuschen arbeiten, erhalten. Für extrem empfindliche Zwecke, z.B. Fluoreszenzmessungen oder manche HPLC-Analytik, ist es notwendig, Spuren von organischem Material, die durch den Destillationsprozeß nicht entfernt werden oder die Aktivkohlefilter passiert haben, durch Kochen mit 1 g $KMnO_4$ und 1 ml 75 % H_3PO_4 pro Liter und anschließende Destillation oxidativ zu entfernen. Reinstwasser, das in Kunststoffbehältern oder Glasgefäßen längere Zeit aufbewahrt wird, enthält bald wieder Spuren an organischen Verbindungen bzw. anorganischen Salzen. Wasser und wäßrige Lösungen sollten im übrigen fest verschlossen (Schraubverschlüsse, Stopfen, Parafilm) aufbewahrt werden, um den nachträglichen Eintrag von Gasen (CO_2, NH_3, HCl etc.) bzw. mikrobielle Kontamination zu minimieren.

Chemikalien, seien es Salze für die Herstellung von Pufferlösungen, seien es organische Verbindungen, die als Substrate für Enzyme in Testlösungen eingesetzt werden sollen, werden normalerweise in unterschiedlichen Reinheitsgraden und entsprechend zu unterschiedlichen Preisen angeboten. Der Reinheitsgrad wird meist angegeben und die wesentlichen Verunreinigungen aufgeführt. Zusätzlich können Datenblätter angefordert werden, z. T. *on line*. Welcher Reinheitsgrad für ein bestimmtes Experiment benötigt wird, ist oft auch durch Kosten/Nutzen-Erwägungen bestimmt. Im Zweifelsfall sollte man sich für das reinere Präparat entscheiden. Obwohl es früher durchaus üblich war, bestimmte Chemikalien vor Gebrauch durch Umkristallisation oder Destillation zu reinigen, werden heute für die wesentlichen Anwendungen Chemikalien gebrauchsfertig angeboten, selbst und gerade für die empfindlichsten Analysen, z.B. Lösungsmittel (auch Wasser) für die HPLC-Analytik oder für die Spektroskopie.

Bei der Herstellung von Lösungen ist zu beachten, daß während des Wägeprozesses, der Pipettierung oder der Abfüllung keine Verunreinigungen eingeschleppt werden. Dies bedeutet, daß z.B. nur saubere Wägeschiffchen und Spatel benutzt werden sollen, daß Pipetten (oder Pipettenspitzen) und Gefäßinnenseiten nicht mit bloßen Händen berührt (auch die saubere Haut hat auf ihrer Oberfläche Fette, Salze und Enzyme, z.B. Nukleasen!) und daß angesetzte Lösungen nicht offen stehengelassen werden sollen. Lösungen, insbesondere Stammlösungen, sollten so gelagert werden, daß sie sich nicht zersetzen oder kontaminiert werden, d.h. im allgemeinen kühl und dunkel, Bedingungen, die im Kühlschrank gegeben sind.

Ein Aspekt der Herstellung von Lösungen soll nicht unerwähnt bleiben: bei der Verwendung von nicht mehr original verpackten Chemikalien muß man sich darauf verlassen können, daß die bisherigen Benutzer die Chemikalien nicht verunreinigt haben. Als Verunreinigung gilt auch Feuchtigkeit, die in ein kühl gelagertes Gefäß eindringt, wenn man es nicht vor dem Öffnen temperiert hat, oder die eine hygroskopische Substanz bei zu langem offen Stehenlassen „zerfließen“ läßt. Für Chemikalien gibt es empfohlene Aufbewahrungstemperaturen, die von -70 °C bis zu Raumtemperatur reichen, und die sich nicht nur auf original verschlossene Gefäße beziehen. Eine bewährte Praxis bei der Herstellung von Lösungen ist, daß man nicht nur (was selbstverständlich ist) den Flascheninhalt dauerhaft kennzeichnet, sondern auch das Herstellungsdatum mit aufnimmt. Ähnliches gilt für Chemikalienflaschen, auf denen man das Lieferdatum bzw. das Datum der ersten Verwendung notieren sollte. Zur Kennzeichnung von Lösungen gehört ggf. auch das Anbringen von Gefahrstoffhinweisen (s. Kap. 2.2.1). Manche Chemikalien müssen kühl und trocken gelagert werden, Bedingungen, die im Kühlschrank nicht gegeben sind, so daß die Lagerung in einem mit Trockenmittel beschickten Exsikkator bzw. mit einem Gummiring verschlossenen Einkochglas im Kühlschrank oder Kühlraum erfolgen muß.

2.2.6 Temperieren

Die meisten biochemischen Reaktionen werden unter strikter Temperaturkontrolle durchgeführt. Je nach Größe der zu temperierenden Gefäße und der notwendigen Temperaturen werden unterschiedliche Geräte zum Einsatz kommen (Abb. 2-5). Zum Standard gehören Thermostate für Reagiergefäße, und zwar entweder mit fest eingestellten (z.B. 25 °C, 30 °C,

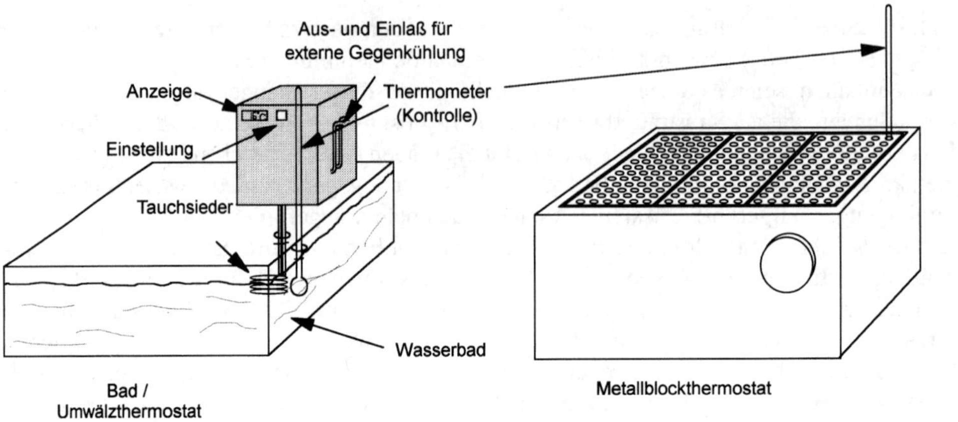

Abb. 2-5: Thermostaten.
Zum Temperieren im biochemischen Labor werden für allgemeine Zwecke Wasserbäder mit geregelter Heizung (links), für Reagiergefäße Thermostate mit entsprechend geformten Heizblöcken (rechts) verwendet.

37 °C, 56 °C, 95 °C) oder mit variablen Temperaturen. Für Reagenzgläser, Erlenmeyer-Kolben, Bechergläser etc. gibt es Wasserbäder, die über eine geregelte Heizung verfügen. Sie können unbewegt oder bewegt sein, wobei im letzteren Fall die Schüttelfrequenz einstellbar ist. Für Temperaturen unter Raumtemperatur müssen Kryomaten (oder Kryothermostate) benutzt werden, die normalerweise über eine Umwälzpumpe verfügen, die es erlaubt, z.B. den Küvettenraum von Photometern zu temperieren. Experimente bei 0 °C können einfach im Eis/Wasserbad durchgeführt werden. Alle zum Temperieren benutzten Geräte sollten regelmäßig daraufhin überprüft werden, daß sie die gewünschte Temperatur erreichen und einhalten. Kryomate und Kryothermostate werden mit tiefgefrierenden Flüssigkeiten gefüllt. Hierzu können Ethylenglykol/Wasser- bzw. Methanol/Wasser-Gemische benutzt werden. Während erstere bei tiefen Temperaturen zähflüssig werden und dann keine ausreichende Kühlwirkung mehr zeigen, ist Methanol feuergefährlich und sollte nicht über Raumtemperatur erwärmt werden.

2.2.7 Schütteln, Rütteln und Rühren

Für das Lösen von Testsubstanzen und das Mischen von Lösungen werden Schüttler bzw. Rüttler gebraucht, die je nach Aufgabe unterschiedlich konfiguriert bzw. dimensioniert sind (Abb. 2-6). Das Mischen von Lösungen in Reagiergefäßen oder Reagenzgläsern geschieht am besten mit einem Rüttler (Vortex). Der Mischvorgang ist so schnell, daß solche Rüttler für die meisten kinetischen Messungen eingesetzt werden können. Für paralleles Mischen in mehreren Reaktionsgefäßen oder in Reagenzgläsern gibt es Rüttler bzw. Schüttelwasserbäder mit entsprechenden Aufsätzen bzw. Einsätzen. Sie dienen meist dazu, Stoffe, Partikel, Zellen o. dgl. in Suspension zu halten oder (besonders für mikrobiologische Zwecke) Lösungen mit Sauerstoff zu sättigen. Rotationsschüttler oder Wippen werden dazu benutzt, schwerlösliche Stoffe zu lösen oder lösliche Stoffe aus fester Phase zu extrahieren. Sie ha-

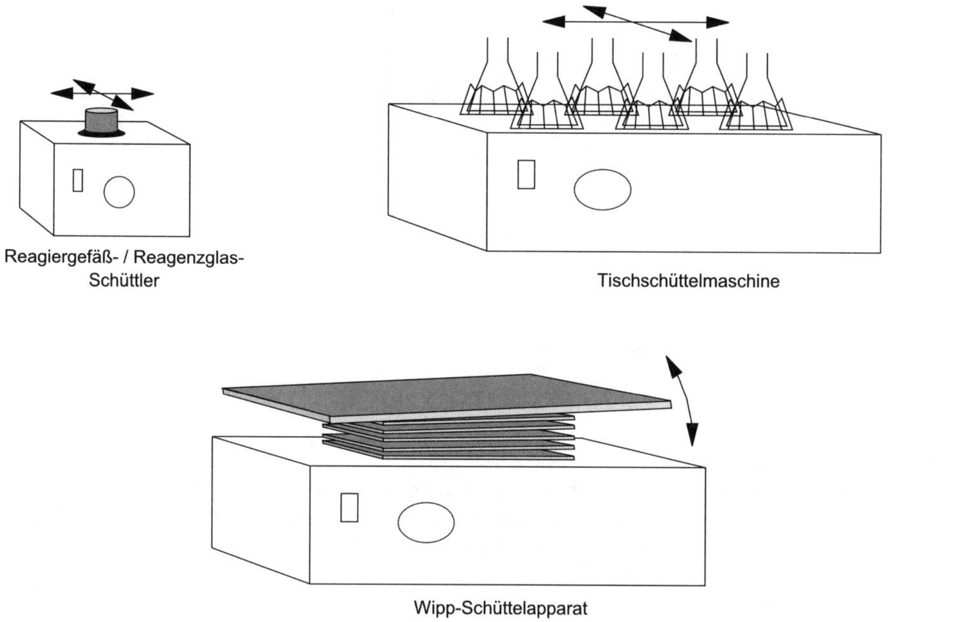

Abb. 2-6: Schüttler.
Zum Ansetzen und Mischen von Lösungen, zur Suspendierung von Niederschlägen, zur Bewegung von Kulturmedien oder Färbung/Entfärbung von Gelen werden Schüttler unterschiedlicher Dimension und unterschiedlicher, meist einstellbarer Schüttelfrequenz benutzt. Rüttler (links) dienen der Mischung in Reagenzgläsern und Reagiergefäßen, für Mischvorgänge in Erlenmeyerkolben oder Schalen eignen sich Schüttelwasserbäder (rechts) bzw. Wipp-Schüttelapparaturen (unten).

ben eine weite Verbreitung bei der Färbung und Entfärbung von Polyacrylamidgelen zum Nachweis von elektrophoretisch aufgetrennten Proteinen und Nukleinsäuren gefunden.

Rühren wird im biochemischen Labor überwiegend mit Magnetrührern bewerkstelligt, die auch mit Heizplatten ausgestattet sein können. Sie werden z.B. zum Lösen von Feststoffen benutzt, beim Einstellen des pH-Wertes von Lösungen, bei Titrationen etc. Dabei kommen Teflon-beschichtete Magnetkerne zum Einsatz, deren Größe dem zu rührenden Volumen angepaßt sein sollte. Um Magnetkerne aus der Lösung zu entfernen, werden üblicherweise Teflon-beschichtete Magneten an langen Teflonstäben benutzt. Bei größeren zu rührenden Ansätzen, die mehrere Liter enthalten, oder wenn das zu rührende Gut zu viskos ist, sind Magnetrührer meist überfordert. Stattdessen können Rührwerke, bestehend aus kräftigen regelbaren Elektromotoren mit austauschbaren Rührstäben (z.B. Flügelrührer), eingesetzt werden.

Bei allen Schüttel-, Rüttel- und Rührvorgängen sollte man sich der auftretenden Scherkräfte bewußt sein, die die Integrität komplexer zellulärer oder molekularer Strukturen zerstören können. Kaum ein Enzym z.B. dürfte ohne Beeinträchtigung seiner Aktivität eine mehrere Minuten dauernde Vortex-Behandlung überstehen.

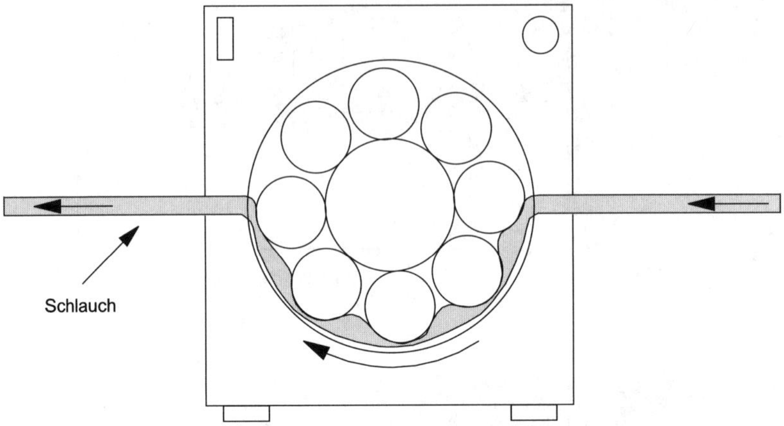

Abb. 2-7: Peristaltische Pumpen.
Zum Fördern von Flüssigkeiten bei moderatem Druck werden peristaltische Pumpen benutzt, bei denen ein flexibler Schlauch durch Walzen periodisch und räumlich versetzt komprimiert und so eine im Schlauch befindliche Flüssigkeit in gewählter Richtung transportiert wird.

2.2.8 Fördern durch Pumpen

Pumpen werden im biochemischen Laboratorium zum Fördern von Flüssigkeiten oder Gasen gebraucht. Peristaltische Pumpen werden mit mechanisch widerstandsfähigen, aber weichen Schläuchen betrieben, die über eine mit Nocken besetzte sich drehende Scheibe geführt werden (Abb. 2-7). Dabei wird die in dem Schlauch enthaltene Flüssigkeit stetig gefördert. Solche Pumpen dienen z.B. dem Probenauftrag und der Elution bei säulenchromatographischen Trennungen, der Füllung und Entleerung von Zentrifugenbechern bzw. Zonalrotoren bei der Dichtegradientenzentrifugation oder der Herstellung von Gradientengelen für die Elektrophorese. Oft werden peristaltische Pumpen im Kühllabor betrieben. Sie sollten deshalb ausgewiesen kühlraumgeeignet sein.

Offene Wasserstrahlpumpen oder aus ökologischer Sicht vorzuziehende äquivalente geschlossene Systeme werden für die Herstellung eines moderaten Vakuums (1300 – 2000 Pa, entsprechend ca. 10 - 15 Torr) benutzt, wie es bei der Entgasung von Flüssigkeiten und Suspensionen benötigt wird oder beim Verdampfen von Lösungsmitteln mit Hilfe eines Rotationsverdampfers.

Für die Erzeugung eines Feinvakuums (10 - 0.1 Pa, entsprechend ca. 0.1 - 0.001 Torr) werden ein- und zweistufige Drehschieberölpumpen eingesetzt, bei denen Gas am Ansaugstutzen in die Pumpe eintritt, dort komprimiert wird und durch das Überdruckventil aus der Pumpe austritt. Da flüchtige Stoffe sich im Pumpenöl lösen können, wird das Vakuum bei längerem Betrieb durch den Gasdruck der gelösten flüchtigen Stoffe schlechter. Durch Gasballast, d.h. Mitführung einer kleinen Menge Außenluft, wird die Menge der im Pumpenöl kondensierten flüchtigen Stoffe vermindert, allerdings ist das erreichte Vakuum entsprechend der Menge mitgeführter Außenluft nicht ganz so gut. Ölpumpen sollten prinzipiell nur mit Kühlfallen betrieben werden. Regelmäßig sollten sie auf ihren Ölstand hin kontrolliert und in bestimmten Intervallen einem Ölwechsel unterzogen werden. Ölpumpen sind

Bestandteil von Ultrazentrifugen und Lyophilisationsanlagen und müssen selbstverständlich auch in diesen regelmäßig gewartet werden.

Für die Erzeugung eines Hochvakuums (10^{-1} - 10^{-3} Pa, entsprechend 10^{-3} - 10^{-5} Torr) kommen Diffusionspumpen in Verbindung mit Drehschieberpumpen zum Einsatz.

2.2.9 Puffer

Biochemische Reaktionen finden normalerweise in wäßriger Lösung bei einem konstanten pH-Wert statt, d.h. in gepufferter Lösung, in der bei der Reaktion frei werdende H^+- oder OH^--Ionen durch Anionen schwacher Säuren oder Kationen schwacher Basen abgefangen werden. Biochemische Reaktionen zeigen meist sehr ausgeprägte pH-Optima. Die Wahl des richtigen Puffers sowie die genaue Messung und Einstellung seines pH-Wertes sind deshalb von ausschlaggebender Bedeutung für die Durchführung und Reproduzierbarkeit eines Experiments (Ausführliche Darstellung: Perrin & Dempsey 1974; kurzer Überblick: Chambers 1993; Stoll & Blanchard 1990).

Puffernde Substanzen sind schwache Säuren und Basen (bzw. deren Salze), die in Wasser nicht völlig dissoziiert sind, z.B. Essigsäure:

$$CH_3COOH \rightleftarrows CH_3COO^- + H^+ \tag{2.1}$$

Die Säure CH_3COOH kann ein H^+-Ion abgeben, um ein OH^--Ion zu neutralisieren; die Base CH_3COO^- kann ein H^+-Ion aufnehmen. Die Pufferwirkung ist am effektivsten, wenn gleiche Konzentrationen von CH_3COOH und CH_3COO^- vorliegen; das ist nach der Henderson-Hasselbalch-Gleichung (einer Version des Massenwirkungsgesetzes)

$$pH = pK + lg\frac{[CH_3COO^-]}{[CH_3COOH]} \tag{2.2}$$

dann gegeben, wenn der pH-Wert der Lösung dem pK-Wert entspricht. Danach ergibt sich z.B., daß Essigsäure (bzw. ihre Salze) am besten bei pH = 4.73 puffert, bei pH-Werten unter 4 bzw. über 5.5 nimmt die Pufferkapazität progressiv ab (Abb. 2-8). Allgemein gilt, daß man sinnvollerweise Puffer bei

$$pH = pK \pm 1 \tag{2.3}$$

benutzt.

Puffer werden nach der Einwaage und Auflösung der Puffersubstanz normalerweise durch Zugabe einer starken Säure (z.B. HCl) oder Lauge (z.B. NaOH) auf den gewünschten pH-Wert eingestellt. Meist kann man die Säure oder Lauge und damit das Gegenion frei wählen, für manche Zwecke, z.B. beim Ansetzen von Puffern, die für Elektrophoresen benutzt werden, ist man auf ein bestimmtes Gegenion angewiesen. Die Molarität einer Pufferlösung bezieht sich üblicherweise auf die Einwaagekonzentration der Puffersubstanz.

Eine Alternative zur Einstellung des pH-Wertes einer Pufferlösung besteht in der Mischung zweier Lösungen mit unterschiedlichem pH-Wert, z.B. kann ein Phosphatpuffer durch Mischen genau definierter Volumina einer NaH_2PO_4- und einer Na_2HPO_4-Lösung, oder ein Acetatpuffer durch Mischen von Essigsäure und einer CH_3COONa-Lösung hergestellt werden. Tab. 2-1 gibt einen Überblick über Puffersubstanzen, die den biochemisch relevanten pH-Bereich abdecken.

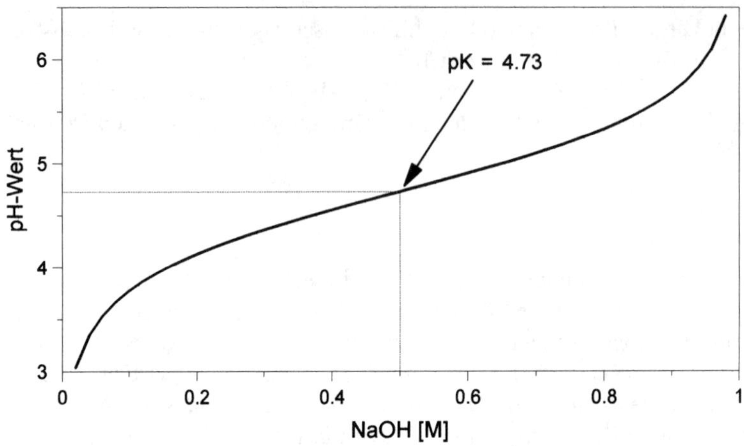

Abb. 2-8: Titrationskurve von Essigsäure.
Eine 1 M Lösung von Essigsäure wird mit NaOH titriert. Angegeben ist der pH-Wert der Lösung als Funktion der Konzentration an NaOH.

Die Wahl der Puffersubstanz sollte sich zunächst nach dem gewünschten pH-Wert richten. Dabei sollte aber auch berücksichtigt werden, ob die Puffersubstanz in irgendeiner Weise mit dem Experiment interferiert. Nicht zuletzt müssen auch Kosten/Nutzen-Abwägungen angestellt werden: Acetat-, Phosphat-, Trispuffer sind vergleichsweise billig; die Good's Puffersubstanzen (Tab. 2-2) sind vergleichsweise teuer.

Alle Puffersubstanzen haben Vor- und Nachteile, über die man sich klar sein sollte:

- Acetat- und andere Carboxylatpuffer:
  Acetatpuffer werden im pH-Bereich von 4 – 5.5 eingesetzt. Als physiologische Substanz ist Acetat mit fast allen Reaktionen kompatibel. Für den pH-Bereich darunter (pH 3 – 4.5) bieten sich Formiatpuffer an. Succinat- und insbesondere auch Citratpuffer haben zwar den Vorteil, daß sie über einen weiten Bereich puffern (Succinat: pH 3.5 – 6.5; Citrat: 2.5 – 7.0), da sie zwei bzw. drei Carboxylgruppen enthalten, gleichzeitig aber können sie einige mehrwertige Ionen, wie Ca^{2+}, Mg^{2+}, Zn^{2+}, Fe^{3+} etc., komplexieren, was sie für viele Reaktionen unbrauchbar macht.
- Phosphatpuffer:
  Phosphatpuffer gehören zu den am meisten benutzten Puffern, weil sie in einem günstigen pH-Bereich puffern (pH 6.0 – 7.5) und Phosphorsäure bzw. Phosphorsäuresalze recht preiswert, sehr gut löslich und chemisch stabil sind. Andererseits komplexieren Phosphationen Ca^{2+} (weniger stark Mg^{2+}). Zu beachten ist auch, daß Phosphatpuffer für Säugerzellen toxisch sind, manche Enzyme inhibieren und in höheren Konzentrationen eine nicht unerhebliche UV-Absorption aufweisen.
- Kakodylatpuffer:
  Kakodylatpuffer (pH 5.5 – 7.0) wurden früher oft bei spektroskopischen Untersuchungen von Nukleinsäuren benutzt. Kakodylsäure ist als Arsenverbindung toxisch. Sie reagiert mit SH-Gruppen, was ihre Verwendung in der Proteinchemie bzw. Enzymologie verbietet.

Tabelle 2-1 Puffer

Puffer	pK	Puffer	pK	Puffer	pK
Oxalsäure K_1	1.04[1]	Phthalsäure K_2	4.93[1]	Glycylglycin K_2	8.07[1]
Maleinsäure K_1	1.75[1]	Pyridin	5.24[1]	Tris-(hydroxymethyl)-	
EDTA K_1	1.95[1]	Bernsteinsäure K_2	5.24[1]	aminomethan	8.09[1]
Phosphorsäure K_1	2.00[1]	Malonsäure K_2	5.28[1]	2.4-Dimethylimidazol	8.37[3]
Glycin K_1	2.36[1]	Citronensäure K_3	5.69[1]	Pyrophosphorsäure K_4	8.37[1]
Malonsäure K_1	2.65[1]	Maleinsäure K_2	5.83[1]	2-Amino-2-methyl-	
EDTA K_2	2.68[1]	Hydroxylamin	6.00[2]	1,3-propandiol	8.82[1]
Phthalsäure K_1	2.75[1]	Histidin K_2	6.02[1]	Diethanolamin	8.90[1]
Weinsäure K_1	2.82[1]	Pyrophosphorsäure K_3	6.04[1]	Borsäure	8.97[1]
Fumarsäure K_1	2.85[1]	EDTA K_3	6.11[1]	Arginin K_2	9.01[1]
Citronensäure K_1	2.87[1]	Kakodylsäure	6.27[4]	Ammoniak	9.29[1]
Glycylglycin K_1	3.13[1]	Kohlensäure K_1	6.16[1]	Ethanolamin	9.52[1]
Ameisensäure	3.55[1]	β,β'-Dimethylglutar-		Glycin K_2	9.57[1]
Milchsäure	3.66[1]	säure K_2	6.29[3]	Trimethylamin	9.80[3]
β,β'-Dimethyl-		4-Hydroxymethyl-		Ethylendiamin K_2	9.89[1]
glutarsäure K_1	3.70[3]	imidazol	6.38[3]	Kohlensäure K_2	10.00[1]
Oxalsäure K_2	3.82[1]	Phosphorsäure K_2	6.57[2]	EDTA (freie Säure) K_4	10.17[1]
Weinsäure K_2	3.95[1]	Arsensäure K_2	6.96[3]	Ethylamin	10.64[3]
Bernsteinsäure K_1	4.00[1]	Imidazol	6.99[3]	Methylamin	10.64[3]
Benzoesäure	4.00[1]	Ethylendiamin K_1	7.08[1]	Dimethylamin	10.77[3]
Barbitursäure	4.06[2,3]	2,3,6-Collidin	7.44[3]	Diethylamin	10.93[3]
Fumarsäure K_2	4.10[1]	4-Methylimidazol	7.54[3]	Piperidin	11.12[2]
Citronensäure K_2	4.35[1]	Diethylbarbitursäure	7.78[1]	Phosphorsäure K_3	11.74[1]
Essigsäure	4.56[1]	Triethanolamin	7.8[1]		

nach Martell, A.E. & Smith, R.E. (1974) *Critical Stability Constants*, Vol. 1-5. Plenum Press, New York
[1] 0.1 M Ionenstärke, 25 °C [2] 0.5 M Ionenstärke, 25 °C
[3] 0.0 M Ionenstärke, 25 °C [4] nach http://www.calbiochem.com/buffers.htm

Tabelle 2-2 Good's Puffer

Puffer	pK (20 °C)	pH-Bereich	Puffer	pK (20 °C)	pH-Bereich
MES	6.15	5.7–6.7	HEPES	7.55	7.1–8.1
ADA	6.62	6.1–7.1	EPPS	8.00	7.5–8.5
PIPES	6.82	6.3–7.3	Tricin	8.15	7.7–8.7
ACES	6.88	6.4–7.4	Bicin	8.35	7.9–8.9
BES	7.17	6.7–7.7	CHES	9.55	9.1–10.1
MOPS	7.20	6.7–7.9	CAPS	10.40	9.9–10.9
TES	7.50	7.0–8.0			

Tabelle 2-3 Flüchtige Puffer

Puffer	pH-Bereich	Puffer	pH-Bereich	Puffer	pH-Bereich
Ammoniumformiat	3–5	Ammoniumacetat	4–6	Triethylammoniumacetat	5–7
Pyridiniumformiat	3–5	Pyridiniumacetat	4–6	Ammoniumcarbonat	8–10

- Trispuffer:
  Trispuffer (pH 7.5 – 8.5) ist einer der am meisten verwendeten Puffer. Er hat allerdings einen großen Nachteil: er verändert seinen pH-Wert ungewöhnlich stark mit der Temperatur (25 °C: pH 8.0; 5 °C: pH 8.6) und mit der Konzentration (0.1 M: pH 8.0; 0.01 M: pH 7.9). Man kann diesen Nachteil nur dann vermeiden, wenn man Trispuffer bei der Konzentration und Temperatur einsetzt, bei denen sie eingestellt werden. Im übrigen ist auch für Trispuffer, ähnlich wie für Phosphatpuffer gezeigt worden, daß er mit manchen enzymatischen Reaktionen, z.B. bei solchen, bei denen Aldehyde als Intermediate auftreten, oder auch bei manchen chemischen Reaktionen, z.B. Kopplungen von Proteinen an aktivierte Oberflächen oder Proteinnachweismethoden (z.B. nach Bradford), interferiert.
- Boratpuffer:
  Boratpuffer werden im pH-Bereich 8.5 – 10.0 eingesetzt. Borsäure ist allerdings in höheren Konzentrationen giftig. Sie komplexiert vicinale Diole, z.B. Ribose.
- Glycinpuffer:
  Als Alternative zu Boratpuffer kann Glycinpuffer (pH 9.0 – 10.5) angesehen werden.

Für manche Zwecke werden flüchtige Puffer benötigt, z.B. um Oligopeptide oder Oligonukleotide nach chromatographischer Trennung zu entsalzen und zu konzentrieren. Dazu wird während der Chromatographie ein flüchtiges Laufmittel benutzt, dessen Pufferkomponenten ebenfalls flüchtig sind (Tab. 2-3).

Aufgrund der Tatsache, daß im pH-Bereich zwischen pH 6 – 10 keine für die überwiegende Zahl biochemischer Reaktionen zufriedenstellenden Puffer existieren, wurde um 1965 von Good und Mitarbeitern ein Satz von zwitterionischen Puffersubstanzen entwickelt, die diesen Bereich abdecken, ihren pH-Wert nicht wesentlich durch Temperatur, Konzentration und zugesetzte Salze verändern, keine UV-Absorption im nahen UV aufweisen, divalente Metallionen nicht komplexieren, chemisch stabil sind und die außerdem für Zellkulturmedien brauchbar sind, weil sie nicht membrangängig und nicht toxisch sind. Good's Puffersubstanzen sind in hochgereinigter Form erhältlich, allerdings nicht sehr billig. In Tab. 2-2 sind die üblichen Good's Puffersubstanzen aufgeführt.

Im Laufe der Zeit hat sich gezeigt, daß auch manche Good's Puffersubstanzen zu Interferenzen in biochemischen Reaktionen Anlaß geben. So wurde für HEPES und PIPES, die einen Piperazinring enthalten, gefunden, daß sie Radikale bilden können und bei Reaktionen, bei denen radikalische Intermediate auftreten, nicht eingesetzt werden sollten. CAPS, CHES, TAPS und MES interferieren mit manchen Protonentransfer-Reaktionen.

Puffer, die als hochkonzentrierte Stammlösungen hergestellt werden, können bei Verdünnung ihren pH-Wert mehr oder weniger stark ändern. Das ist beim Ansetzen der Lösungen zu berücksichtigen. Ebenso verändern Puffer, und zwar in sehr unterschiedlichem Maße, ihren pH-Wert, wenn sie abgekühlt oder erwärmt werden, bzw. wenn ihnen andere Stoffe zugesetzt werden. Auch das ist beim Ansetzen der Lösungen zu berücksichtigen. Grundsätzlich sollte man daher bestrebt sein, den pH-Wert eines Puffers erst nach Verdünnung, Temperierung und Hinzufügung aller Zusätze einzustellen.

2.2.10 Pufferzusätze (Konservierungsstoffe, Komplexbildner, SH-Reagenzien, Detergenzien)

Vielen Pufferlösungen werden weitere chemische Verbindungen zugesetzt, sei es zum Zwecke der Unterdrückung mikrobiellen Wachstums, sei es zur Komplexierung von Metallionen oder zur Stabilisierung empfindlicher Proteine, z.B. bei chromatographischen Trennungen (Überblick: Chambers 1993).

Als Additiv zur Verhinderung der Vermehrung von Mikroorganismen (Bakterien, Pilzen, Algen) wird meist Natriumazid (NaN_3) in Konzentration um 0.01 % (w/v) zugesetzt. Auf die sehr hohe Toxizität dieser Verbindung muß ausdrücklich hingewiesen werden.

Um Schwermetallionen, die bereits in geringen Konzentrationen Enzyme inhibieren können, oder Ca^{2+} und Mg^{2+}, die unerwünschte enzymatische Reaktionen (z.B. Hydrolyse von Nukleinsäuren) als Cofaktoren unterstützen würden, zu komplexieren, wird Puffern oft das Dinatriumsalz der Ethylendiaminotretraessigsäure (EDTA) in Konzentrationen um 1 mM zugesetzt. Um spezifisch Ca^{2+} zu komplexieren, kann EDTA durch EGTA (Ethylenglykol-bis-(ß-aminoethylether)-N,N,N',N'-tetraessigsäure) ersetzt werden.

Sehr oft werden biochemische Reaktionen mit oxidationsempfindlichen Enzymen ausgeführt, so daß SH-Reagenzien zum Schutz von SH-Gruppen zugegeben werden, z.B. 2-Mercaptoethanol in Konzentrationen um 0.1 % (v/v), oder Dithiothreitol (DTT) bzw. Dithioerythritol (DTE) in Konzentrationen um 1 mM. Dabei muß allerdings beachtet werden, daß diese Pufferzusätze durch Oxidation in UV-Licht absorbierende Substanzen überführt werden können, die dann eine photometrische Konzentrationsbestimmung (s.u.) verfälschen können.

Viele Proteine, insbesondere Membranproteine oder membranassoziierte Proteine, aber auch Proteine, die intrazellulär nur in geringen Konzentrationen auftreten, aggregieren, präzipitieren oder sind nicht in den gewünschten Konzentrationen in Lösung zu bringen oder zu halten. Durch Zusatz ionischer, zwitterionischer bzw. nichtionischer Detergenzien können sie gelöst werden. Hier sollen nur einige typische Vertreter erwähnt werden: als ionisches Detergenz das Natriumsalz der Desoxycholsäure, als zwitterionisches Detergenz CHAPS oder Zwittergent 3 – 14 und als nichtionische Detergenzien Digitonin, Octylglucosid, Triton-X-100 oder Lubrol PX. Je nach Problemstellung werden sie den Pufferlösungen in mehr oder weniger hohen Konzentrationen zugesetzt. Um z.B. Proteine mit z.T. unpolarer Oberfläche vor Aggregation zu bewahren, können Zusätze von 0.1 % (w/v) Triton-X-100 ausreichend sein, während für die Solubilisierung von Membranproteinen Detergenzkonzentrationen um oder oberhalb der kritischen micellaren Konzentration (CMC) gewählt werden sollen, z.B. ca. 10 mM für CHAPS.

2.2.11 pH-Messung

Die Einstellung und Kontrolle des pH-Wertes ist eine der wichtigsten, immer wiederkehrenden Tätigkeiten im biochemischen Labor. Sie kann in semiquantitativer Weise durch pH-Papier oder besser pH-Indikatorstäbchen (mit Genauigkeiten von bis zu $\pm$ 0.1 pH-Einheit) erfolgen. Genauer und weniger störanfällig kann der pH-Wert durch ein pH-Meter mit pH-Elektrode gemessen werden. In jüngerer Zeit kommen so gut wie ausschließlich Kombinationselektroden zur Anwendung, die in einem an der Elektrodenspitze für H^+ durchlässigen

Glasmantel die eigentliche Glaselektrode und die Referenzelektrode enthalten. Die normale Kombinationselektrode enthält im Innern eine gesättigte KCl-Lösung, die gelegentlich aufgefüllt werden muß. Obwohl moderne pH-Meter weitgehend automatisiert sind, also z.B. automatisch die Temperaturabhängigkeit (der Meßanordnung, nicht der Pufferlösung!) berücksichtigen und sogar standardisierte pH-Eichlösungen „erkennen“, sind für eine adäquate pH-Messung einige Punkte zu beachten:

- Vor einer pH-Messung muß das pH-Meter geeicht werden. Dazu werden pH-Eichlösungen angeboten, die so gewählt werden sollen, daß sie den einzustellenden pH-Wert einschließen. Die für die Eichung und Messung zu benutzende Elektrode, die normalerweise in einer 3 M KCl-Lösung eingetaucht aufbewahrt wird, muß mit bidestilliertem Wasser gespült und evtl. vorsichtig trocken getupft werden. Nach der Eichung und Messung muß die Elektrode wieder mit bidestilliertem Wasser gespült, trocken getupft und in 3 M KCl eingetaucht werden. Wird der pH-Wert in Proteinlösungen gemessen, kann es passieren, daß sich Proteine als Film auf der Elektrode niederschlagen. Dieser Film kann durch Eintauchen in eine 5 % (w/v) Pepsinlösung in 0.1 M HCl für zwei Stunden entfernt werden. Es empfiehlt sich nicht, mit pH-Elektroden den pH-Wert in Suspensionen von Ionenaustauschchromatographiemedien zu messen. Erfahrungsgemäß „kleben“ z.B. DEAE-Cellulose-Partikel geradezu an den pH-Elektroden.
- pH-Elektroden werden in sehr unterschiedlicher Ausführung angeboten. Zu berücksichtigen ist immer, daß die für H^+ permeable Glaskugel völlig in die Lösung eintaucht. Analog gilt, daß Flachbettelektroden überall Kontakt mit der Oberfläche haben sollten.
- Seit kurzem werden ionensensitive Feldeffekttransistoren für pH-Messungen angeboten (pH-ISFETs). Sie sollen sehr empfindlich sein und auch mit wenigen µl noch messen können.

2.2.12 Leitfähigkeitsmessung

Im Gegensatz zu pH-Messungen gehören Leitfähigkeitsmessungen trotz ihrer Bedeutung nicht zum Standardrepertoire im biochemischen Laboratorium – aus unklaren Gründen, zumal die benötigten Geräte und Elektroden nicht teurer sind als die für pH-Messungen benötigten und die Messungen an sich schnell und unproblematisch sind. Mit Hilfe von Leitfähigkeitsmessungen kann sehr einfach die Ionenstärke von wäßrigen Lösungen bestimmt werden. Das ist eine wichtige Kontrolle bei der Herstellung von Puffern, bei der Ausführung von Verdünnungen bis zu einer definierten Ionenkonzentration, bei der Überprüfung von Ionenstärkegradienten bei der Ionenaustauschchromatographie, etc.. Die meisten im biochemischen Labor benutzten Pufferlösungen enthalten Salze in so hoher Konzentration, daß ein linearer Zusammenhang zwischen Leitfähigkeit und Konzentration nicht mehr gegeben ist. Man muß daher beachten, daß Leitfähigkeitsmessungen in verdünnter Lösung durchzuführen sind: für die meisten Zwecke ist eine Standardverdünnung von 1 : 1000 bis 1 : 100 (10 µl bzw. 100 µl ad 10 ml, je nach Elektrode, die ganz eintauchen muß) ausreichend. Leitfähigkeitsmessungen werden der Einfachheit halber als Relativmessungen durchgeführt, d.h. man bezieht die gemessene Leitfähigkeit einer Probe auf die einer standardisierten Lösung ähnlicher Ionenkonzentration. Zur Überprüfung der Qualität von entionisiertem, destilliertem oder bidestilliertem Wasser mißt man natürlich die unverdünnte Wasserprobe.

2.3 Arbeiten mit Radioaktivität

Arbeiten mit radioaktiven Isotopen sind immer noch weit verbreitet im biochemischen Laboratorium, obwohl sich das Spektrum typischer Anwendungen im Laufe der Zeit verändert hat. Nach wie vor gilt, daß mit radioaktiven Verbindungen höchstempfindlich gemessen werden kann, wobei nicht mehr die Aufklärung von Stoffwechselwegen im Vordergrund steht, sondern die Analyse von Transportprozessen, die Untersuchung von Wechselwirkungen zwischen Makromolekülen und ihren Liganden, sowie Makromolekülen untereinander, die Erfassung von enzymatischen Modifikationen, und spezielle analytische Anwendungen, wie z.B. DNA-Sequenzierungen. Es ist allerdings zu verzeichnen, daß bei allen Anwendungen Anstrengungen gemacht werden, Meßmethoden, die auf Radioaktivität beruhen, durch andere zu ersetzen. So hat z.B. der ELISA (*enzyme linked immunosorbent assay*) den RIA (*radio immuno assay*) weitgehend verdrängt.

2.3.1 Radioaktive Isotope und radioaktiver Zerfall

Elemente sind durch ihre Ordnungszahl charakterisiert, d.h. die Zahl ihrer Protonen im Kern. Die Zahl der Neutronen kann variieren, was dazu führt, daß von einem gegebenen Element mehrere Isotope existieren können, z.B. vom Wasserstoff mit der Ordnungszahl 1 der „normale" Wasserstoff ($^{1}_{1}H$), Deuterium ($^{2}_{1}H$) und Tritium ($^{3}_{1}H$). Während Deuterium stabil ist, ist Tritium instabil: es wandelt sich unter Aussendung eines Elektrons (β^--Partikel) und eines Neutrinos (ν) in Helium um:

$$^{3}_{1}H \rightarrow {}^{3}_{2}He + \beta^- + \nu \tag{2.4}$$

Dieser radioaktive Zerfall ist charakterisiert durch das entstehende Produkt, die maximale Energie des freiwerdenden Elektrons ($^{3}_{1}H$: 0.018 MeV) und die Halbwertszeit ($^{3}_{1}H$: 12.3 Jahre). Andere β-Strahler, die oft bei biochemischen Experimenten eingesetzt werden, sind z.B.

$$\begin{aligned} {}^{14}_{6}C &\rightarrow {}^{14}_{7}N + \beta^- + \nu \\ {}^{32}_{15}P &\rightarrow {}^{32}_{16}S + \beta^- + \nu \\ {}^{33}_{15}P &\rightarrow {}^{33}_{16}S + \beta^- + \nu \\ {}^{35}_{16}S &\rightarrow {}^{35}_{17}Cl + \beta^- + \nu \end{aligned} \tag{2.5}$$

Sie unterscheiden sich deutlich in ihrer Halbwertszeit und der Energie der freigesetzten β-Strahlung (Tab. 2-4). Während ^{3}H und ^{14}C relativ langlebige Isotope sind, haben ^{32}P , ^{33}P und ^{35}S vergleichsweise kurze Halbwertszeiten. ^{3}H, ^{14}C, ^{33}P und ^{35}S sind weiche β-Strahler (maximale Energie der β-Strahlen < 0.2 MeV), ^{32}P ist ein harter β-Strahler (maximale Energie der β-Strahlung > 1 MeV).

Einige radioaktive Isotope zerfallen unter Aussendung von β^-- und γ-Strahlen (Röntgenstrahlung) wie z.B.

$$^{131}_{53}I \rightarrow {}^{131}_{54}Xe + \beta^- + \nu + \gamma \tag{2.6}$$

Andere zerfallen unter Aufnahme eines Elektrons (aus der innersten Elektronenschale) und Aussendung von γ-Strahlen:

Tabelle 2-4: Häufig verwendete radioaktive Nuklide im biochemischen Laboratorium

Nuklid	Zerfalls-produkt	Halbwertszeit	Emission	Max. Energie [MeV]	Maximale Reichweite der β^--Partikel in Luft [cm]	Wasser [cm]
$^{3}_{1}H$	$^{3}_{2}He$	12.43 a	β^-	0.0185	0.6	0.0006
$^{14}_{6}C$*	$^{14}_{7}N$	5736 a	β^-	0.156	24	0.028
$^{32}_{15}P$*	$^{32}_{16}S$	14.3 d	β^-	1.71	790	0.8
$^{33}_{15}P$*	$^{33}_{16}S$	25.4 d	β^-	0.249	49	0.6
$^{35}_{16}S$*	$^{35}_{17}Cl$	87.1 d	β^-	0.169	26	0.32
$^{125}_{53}I$**	$^{125}_{52}Te$	60 d	γ	0.035		
$^{131}_{53}I$**	$^{131}_{54}Xe$	8.1 d	β^- γ	0.605, 0.25 0.637, 0.363 0.282, 0.08	165	

Empfohlene Abschirmung: * 1 cm Plexiglas; ** 3 mm Blei
a: Jahr; d: Tag

$$^{125}_{53}I \rightarrow {}^{125}_{52}Te + \nu + \gamma \tag{2.7}$$

Manche β-Strahler senden keine Elektronen, sondern Positronen (β^+-Partikel) aus, wie z.B. ^{22}Na und ^{65}Zn. Kurzlebige Positronenemittierer werden in der Positronenemissionstomographie (PET) für nuklearmedizinische Untersuchungen insbesondere des Gehirns eingesetzt.

Elemente, die unter Aussendung von α-Partikeln (d.h. He-Kernen, $^{4}_{2}He^{2+}$) zerfallen, haben für biochemische Untersuchungen keine Bedeutung, es ist aber zu betonen, daß von α-Strahlern aufgrund ihrer stark ionisierenden Wirkung besondere biologische Schäden ausgehen.

Der radioaktive Zerfall ist ein Prozeß erster Ordnung, d. h. daß die Zerfallsrate $-dN(t)/dt$ proportional der Menge vorhandener radioaktiver Atome $N(t)$ ist:

$$\frac{dN(t)}{dt} = -\lambda \cdot N(t) \text{ mit der Integration: } N(t) = N_0 \cdot e^{-\lambda \cdot t} \tag{2.8}$$

N_0 ⇒ Zahl radioaktiver Atome zum Zeitpunkt $t = 0$
N(t) ⇒ Zahl radioaktiver Atome zum Zeitpunkt t
λ ⇒ Zeitkonstante des Zerfalls.

$$\text{Halbwertszeit: } t_{1/2} = \frac{\ln 2}{\lambda} = \frac{0.693}{\lambda}$$

Hieraus läßt sich die aktuelle Radioaktivität einer Probe berechnen, wenn ihre Radioaktivität zu einem bestimmten Zeitpunkt gemessen wurde.

Die beim radioaktiven Zerfall auftretende β-Strahlung ist durch eine maximale Energie gekennzeichnet (Tab. 2-4), die tatsächliche freiwerdende Strahlung wird durch eine kontinuierliche Verteilung der Energie bestimmt, wobei der Wert für die mittlere Energie ungefähr 30 % des Werts für die maximale Energie beträgt (^{3}H: 33 %; ^{14}C: 31 %; ^{32}P: 24 %). Die maximale Energie der β-Strahlung bestimmt die Reichweite dieser Strahlung in Luft, Wasser und anderen Medien (Tab. 2-4). Während für einen sehr weichen β-Strahler wie Tritium keine Abschirmung erforderlich ist, wird bereits für ^{14}C, ^{33}P, ^{35}S und natürlich den harten β-Strahler ^{32}P eine Abschirmung aus 1 cm starkem Plexiglas (nicht Glas, in dem Bremsstrahlung entsteht) empfohlen. γ-Strahlen haben sehr viel größere Reichweiten und lassen sich effektiv nur durch Bleiwände oder Bleizusätze im Plexiglas (um Durchsichtigkeit zu gewährleisten) abschirmen.

Radioaktivität wird in Zerfällen pro Sekunde gemessen. Die SI-Einheit dafür ist Bequerel (Bq), das als 1 Zerfall pro Sekunde definiert ist. Daneben wird immer noch die Einheit Curie (Ci), die der Anzahl Zerfälle pro Sekunde von 1 g Radium entspricht, verwendet:

$$1\,[\mathrm{Ci}] = 3.7 \cdot 10^{10}\,[\mathrm{Bq}] \tag{2.9}$$

Messungen der Radioaktivität erfassen meist nur einen Teil der Zerfälle; entsprechend muß unter Berücksichtigung der Zählausbeute von den *counts per minute* (cpm) auf die *disintegrations per minute* (dpm) geschlossen werden:

$$\mathrm{cpm} = \mathrm{dpm} \times \text{Zählausbeute} \tag{2.10}$$

Die spezifische Aktivität einer radioaktiven Probe wird in Bq/mol oder Ci/mol angegeben. Zur statistischen Behandlung des radioaktiven Zerfalls vgl. Kap. 8.1.2.2.

2.3.2 Messung der Radioaktivität

Die Intensität radioaktiver Strahlung wird durch verschiedene Verfahren gemessen, die darauf beruhen, daß radioaktive Strahlen energiereich sind und deshalb ionisierend wirken (Geiger-Müller-Zählung), fluoreszierende Substanzen anregen (Szintillationszählung) oder lichtempfindliche Emulsionen zersetzen (Autoradiographie) (Ausführliche Darstellung: Slater 1990; kurzer Überblick: Rickwood et al. 1993).

2.3.2.1 Geiger-Müller-Zählung

Das Geiger-Müller-Zählrohr (Abb. 2-9), das an einem Ende durch eine dünne strahlungsdurchlässige Folie, z.B. aus Glimmer, Aluminium oder Kunststoff, abgeschlossen ist, enthält ein Zählgas, z.B. ein Argon-Butan- oder Argon-Methan-Gemisch, das durch die radioaktive Strahlung, insbesondere α- und energiereiche β-Strahlung, ionisiert wird (wobei Argon die zu ionisierende Substanz darstellt und Butan, Methan o.ä. den *quencher*, der eine Dauerentladung verhindert). Die geladenen Teilchen werden durch die angelegte Hochspannung zu der Anode (in der Mitte des Zählrohrs) oder zu der Kathode (in der Wand des Zählrohrs) transportiert und geben beim Auftreffen einen Stromimpuls ab. Je nach Energie der Strahlung und der angelegten Spannung werden mehr oder weniger Gasatome ionisiert. Geiger-Müller-Zählrohre arbeiten im Bereich der Sättigung, in dem jedes Teilchen, das das Zählgas erreicht, ein Signal erzeugt, sie sind also nicht für die Unterscheidung verschiedener Isotope geeignet. Wegen der beträchtlichen Totzeit von Geiger-Müller-Zählrohren, in der keine Teilchen für die Ionisierung zur Verfügung stehen, typischerweise über 100 µsec, sinken bei höheren Zählraten die Zählausbeuten, was Geiger-Müller-Zählungen für quantitative Zwecke ungeeignet macht. Sie erfassen auch nicht oder kaum schwache β-Strahler, wie ^{3}H und ^{14}C, deren Strahlung nicht energiereich genug ist, um die Folie zu durchdringen. Ihr wesentlicher Einsatzbereich im Laboratorium ist der semiquantitative Nachweis von ^{32}P in Proben oder das Aufspüren von Kontaminationen durch ^{32}P auf Arbeitsflächen und Schutz-

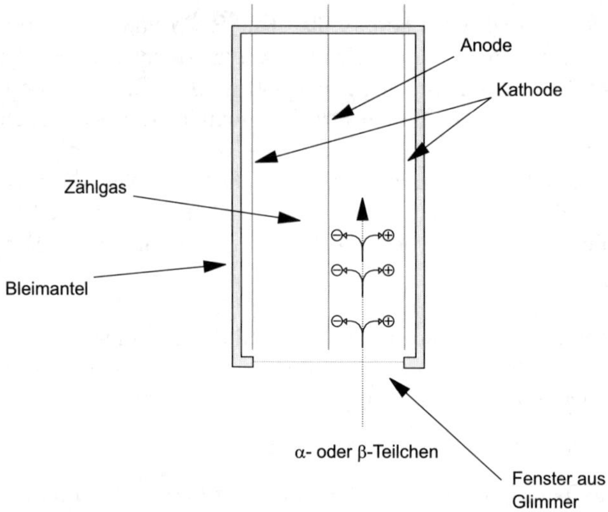

Abb. 2-9: Geiger-Müller-Zählrohr.
Das Geiger-Müller-Zählrohr dient im biochemischen Labor hauptsächlich der Messung energiereicher β-Strahlung. Es besteht aus einem abgeschirmten, mit einem Zählgas gefüllten Zylinder, der auf der Innenseite eine metallische Schicht trägt, die die Kathode darstellt. In der Mitte befindet sich ein dünner Draht, der als Anode dient. Die radioaktive Strahlung ionisiert das Zählgas und führt zu einem Stromimpuls. Es gibt geschlossene, mit einem Fenster aus Glimmer versehene (siehe oben) und offene Versionen.

kleidung, in Geräten, an Pipetten, etc., ein Einsatzbereich, für den sie wegen ihrer Robustheit, geringen Größe und erschwinglichen Anschaffungskosten vorzüglich geeignet sind. Um schwache β-Strahlung zu messen, müssen offene Geiger-Müller-Zählrohre verwendet werden, die allerdings auf einen ständige Versorgung mit Nachschub an Zählgas angewiesen sind. Dünnschicht-*scanner* bzw. bestimmte *imager*-Varianten nutzen dieses Prinzip der Offenmessung.

2.3.2.2 Szintillationszählung

Für die quantitative Messung von β-Strahlern werden Flüssigkeitsszintillationszähler eingesetzt (Abb. 2-10). Sie erfassen schwache (z.B. ^{3}H) wie auch starke (z.B. ^{32}P) β-Strahler. Das Prinzip der Flüssigkeitsszintillationsmessung beruht darauf, daß durch die emittierte radioaktive Strahlung Lösungsmittelmoleküle (L) angeregt werden, die diese Anregungsenergie an Fluorophore (F) abgeben, deren Fluoreszenz dann durch *photomultiplier* gemessen wird:

$$\begin{aligned} &L + \beta^-_{\text{hohe Energie}} \rightarrow L^* + \beta^-_{\text{geringere Energie}} \\ &L^* + F \rightarrow L + F^* \\ &F^* \rightarrow F + h \cdot \nu \end{aligned} \tag{2.11}$$

Für Flüssigkeitsszintillationsmessungen werden im allgemeinen organische Lösungsmittel, wie z.B. Toluol, benutzt, die sich durch β-Strahlen leicht anregen lassen. Je nach Energie der β-Strahlen werden mehr oder weniger Lösungsmittelmoleküle und damit Fluorophore angeregt. Im Prinzip könnte bereits die Phosphoreszenz der angeregten Lösungsmittelmo-

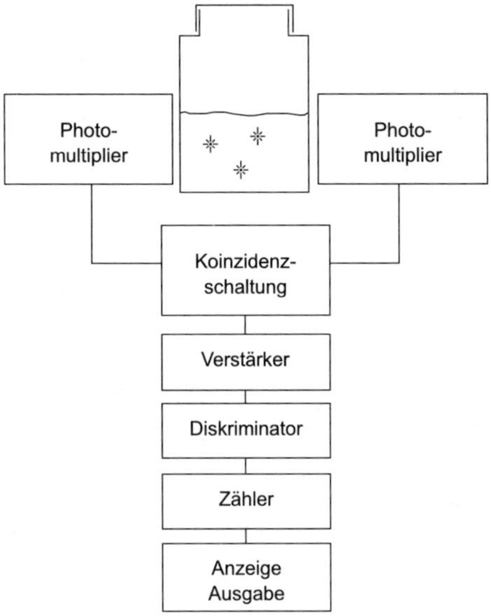

Abb. 2-10: Blockdiagramm eines Flüssigkeitsszintillationszählers.
Im Flüssigkeitsszintillationszähler werden die aufgrund von β-Strahlung im Szintillationscocktail entstandenen Lichtblitze gemessen. Da ein β^-- oder β^+-Partikel viele Photonen freisetzt, können durch die Verwendung zweier Photomultiplier und einer Koinzidenzschaltung unspezifische Signale weitgehend unterdrückt werden. Mit Hilfe eines Diskriminators kann zwischen Isotopen mit unterschiedlichen Energiespektren unterschieden werden (siehe Abb. 2-11).

leküle direkt bestimmt werden; sie ist allerdings sehr kurzwellig ($\lambda^{max} < 300$ nm) und damit meßtechnisch nicht gut zugänglich. Als Fluorophor wird meist 2,5-Di-phenyloxazol (PPO) verwandt ($\lambda^{max} = 380$ nm), und zwar allein oder als primärer Fluorophor in Verbindung mit dem sekundären Fluorophor 1,4-Bis-(5-phenyloxazolyl)-benzol (POPOP) ($\lambda^{max} = 420$ nm), dessen Fluoreszenzemissionsmaximum in den Bereich maximaler Empfindlichkeit üblicher Photomultiplier fällt. Ein typischer Szintillationscocktail ist eine Lösung von 5 g/l PPO und 0.1 g/l POPOP in Toluol. Als Lösungsmittel können auch Anisol und Xylol dienen, die eine vergleichbar gute Zählausbeute wie Toluol haben. Andere Lösungsmittel haben keine so gute Zählausbeute (Dioxan: 70 % der Zählausbeute von Toluol; Aceton: 12 %; Ethanol: 0 %). Alternativen zu PPO sind 2-Phenyl-5-(4-biphenyl)-1,3,4-oxadiazol (PBD) oder dessen Butylderivat, die als 1 bzw. 1.5 % (w/v) Lösung in Toluol oder Xylol eingesetzt werden. Mit diesen Szintillationscocktails können nur gelöste oder fein dispergierte Stoffe analysiert werden. Wässrige Lösungen können mit solchen Szintillationscocktails nicht direkt gemessen werden, sondern müssen auf Filter aufgetragen werden, die zur Messung dann gründlich getrocknet und in den Szintillationscocktail eingetaucht werden müssen. Je nach chemischer und physikalischer Beschaffenheit des Filters wird die Zählausbeute der Probe gegenüber einer Messung in Lösung vermindert, und zwar für ^{3}H stärker als für ^{14}C. Wässrige Lösungen können als Emulsionen direkt gemessen werden, wobei der Szintillationscocktail ein Detergenz wie Triton-X-100 oder Triton-X-114 enthält. Ein solcher, wässrige Lösung aufnehmender Szintillationscocktail besteht z.B. aus 35 ml Ethylenglykol, 140 ml Ethanol, 250 ml Triton-X-100, 575 ml Xylol, 3g PPO und 0.2 g POPOP; er kann bis zu 1/5 seines Vo-

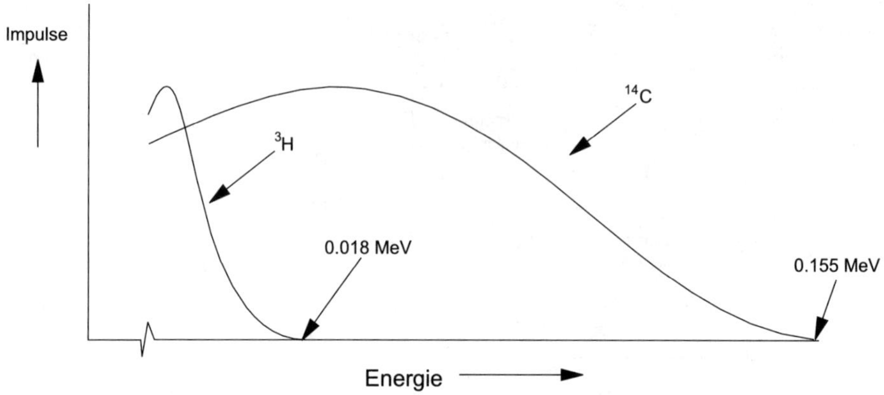

Abb. 2-11: Energieverteilung der β-Strahlen von ^{3}H und ^{14}C.
Die β-Strahlung verschiedener radioaktiver Isotope unterscheidet sich in ihrer Energieverteilung. Das entscheidet, ob ein Isotop ein „weicher" oder „harter" Strahler ist und erlaubt, verschiedene Isotope zu unterscheiden.

lumens an wässriger Lösung aufnehmen. Zu beachten ist in jedem Fall, daß die Emulsion durch gründliches Mischen hergestellt wird und während der Messung stabil bleiben muß. Im übrigen werden von mehreren Herstellern wässrige Lösung aufnehmende Szintillationscocktails kommerziell angeboten.

Die Messung der Fluoreszenz durch den Photomultiplier eines Szintillationszählers wird durch „*thermal noise*" beeinträchtigt, weswegen Szintillationszähler oft gekühlt werden und mit einer Koinzidenzschaltung versehen sind, die nur Signale weiterleitet, die gleichzeitig (± 10 nsec) von zwei Photomultipliern registriert werden und deswegen mit großer Wahrscheinlichkeit auf eine β-Emission zurückzuführen sind. Damit ist es möglich, den durch den Dunkelstrom bedingten Hintergrund auf ca. 10 cpm zu reduzieren.

Da je nach Energie des β-Teilchens mehr oder weniger sekundäre Fluorophor-Moleküle angeregt werden, ist der im Photomultiplier durch die Photonen ausgelöste Photostrompuls über weite Bereiche proportional zu der Energie des die Fluoreszenz auslösenden β-Partikels. Szintillationszähler sind also vorzüglich für quantitative Messungen geeignet. Aufgrund der Tatsache, daß die von verschiedenen Radioisotopen emittierten β-Strahlen charakteristische Energiespektren aufweisen, kann durch einen Impulshöhenanalysator auf die Energie der β-Partikel und damit auf die Art des Radioisotops zurückgeschlossen werden. Dazu werden in einem Diskriminator die Grenzwerte für die zu berücksichtigenden Impulshöhen eingestellt und damit Kanäle definiert, in denen dann selektiv nur bestimmte Radioisotope gemessen werden. Diese müssen sich natürlich deutlich im Energiespektrum der von ihnen ausgesandten β-Partikel unterscheiden, wie z.B. ^{3}H und ^{14}C (Abb. 2-11) oder ^{14}C und ^{32}P. Mit einer Szintillationszählung ist es dann möglich, Doppelisotopenmarkierungsexperimente quantitativ auszuwerten.

Die Zählausbeute eines Szintillationszählers, die bei schwachen β-Strahlen um 50 % liegen kann, wird durch Löscheffekte (*quenching*) beim Szintillationsprozeß limitiert. Man unterscheidet verschiedene Arten von *quenching*. Trivial und einfach vermeidbar ist das *quenching*, das durch unsaubere und verkratzte Szintillationsgefäße verursacht wird, die das Fluoreszenzlicht absorbieren oder streuen, bevor es den Photomultiplier erreicht. Farb*quenching* dagegen wird durch Absorption des Fluoreszenzlichtes in der Lösung verursacht, bei Verwendung von POPOP als sekundärem Fluorophor demnach durch Substanzen, die im kurzwelligen Bereich des sichtbaren Lichts absorbieren. Farb*quenching* ist durch Abtrennung dieser Stoffe vor Zugabe des Szintillationscocktails oder durch Bleichen der gefärbten Stoffe durch Oxidation zu unterdrücken. Chemisches *quenching* beruht auf der Fähigkeit mancher Stoffe, z.B. I^-, SCN^-, den angeregten Zustand der Lösungsmittelmoleküle (L) oder der Fluorophore (F_1, F_2) zu desaktivieren (vgl. Kap. 7.1.2); auch hier kann durch Abtrennung dieser Stoffe das *quenching* verhindert werden. Eine alternative Möglichkeit zur Korrektur von *quenching*-Artefakten besteht in der Messung mit einem Standard. Das kann mit einem zugesetzten inneren Standard geschehen, wobei die zu messende Probe einmal ohne (o) und einmal mit (m) Zugabe eines radioaktiven Standards bekannter Aktivität gemessen wird:

$$\text{Aktivität}_{\text{Probe}} = \text{Aktivität}_{\text{Standard}} \times \frac{\text{cpm}_0}{(\text{cpm}_\text{m} - \text{cpm}_0)} \tag{2.12}$$

$\text{cpm}_0 \Rightarrow$ Zählung ohne Standard
$\text{cpm}_\text{m} \Rightarrow$ Zählung mit Standard

Diese Methode ist umständlich und arbeitsaufwendig, deshalb erlauben bessere Szintillationszähler eine Messung mit externem Standard; dabei wird eine γ-Strahlenquelle neben das Szintillationsgefäß positioniert. Deren γ-Strahlen regen Lösungsmittelmoleküle an und der so ausgelöste zusätzliche Szintillationsprozeß wird zur Standardisierung herangezogen.

Energiereiche β-Strahler, insbesondere ^{32}P, können in wässriger Lösung ohne Szintillationscocktail direkt gemessen werden, da Elektronen mit Energien > 0.5 MeV Wassermoleküle zur Aussendung von blauem Licht anregen, das vom Photomultiplier erfaßt wird. Diese als Cerenkov-Zählung bekannte Meßmethode hat bei ^{32}P eine Ausbeute von ca. 40 %.

Szintillationsmessungen werden üblicherweise in 20 ml Standardgefäßen oder 6 ml Miniaturgefäßen mit Schraubverschluß durchgeführt. Einweggefäße bestehen aus Polyethylen, Polypropylen, Polyester oder Polycarbonat. Glasgefäße (mit geringem Kaliumgehalt, da das natürliche ^{40}K-Isotop ein β-Strahler ist) können wiederverwendet werden; man achte allerdings darauf, daß sie nicht verkratzt werden. Cerenkov-Zählung wird oft in 1 ml, 500 µl oder 200 µl Eppendorf-Reagiergefäßen durchgeführt, die in spezielle Adaptoren oder in die 20 ml-Standardgefäße eingesetzt werden. Für genaue Messungen sollte die Stellung der Gefäße gleich sein, um dieselbe Geometrie zum Photomultiplier zu gewährleisten.

Szintillationsmessungen an Gewebeproben erfordern oft die Solubilisierung des Gewebes; dafür werden kommerziell Solubilierungslösungen angeboten, die naturgemäß sehr aggressiv sind und dementsprechend nur mit Vorsicht zu gebrauchen sind. Nach der Solubilisierung wird die Probe mit einem für wässrige Lösung geeigneten Szintillationscocktail versetzt. Bei der Solubilisierung von Gewebeproben bilden sich oft lumineszierende Verbindungen. Um dadurch bedingte Verfälschungen zu vermeiden, empfiehlt es sich, die Chemilumineszenz vor der Szintillationsmessung, die dadurch verfälscht würde, durch Stehenlassen im Dunkeln abklingen zu lassen.

Eine aufwendige und deshalb nur bei hohem wiederholten Probeanfall gerechtfertigte Alternative für die Szintillationsmessung von Gewebeproben ist die Verbrennung der radioaktiven Probe in dafür vorgesehenen Verbrennungsapparaturen; dabei werden ^{14}C- und ^{3}H-markierte Verbindungen in CO_2 bzw. H_2O überführt, die in einer Waschflasche aufgefangen werden. ^{32}P-markierte Verbindungen werden zu Phosphaten umgesetzt, die in der Asche zurückbleiben.

γ-Strahlung wird ebenfalls in Szintillationszählern gemessen, allerdings nicht in Flüssigkeits- sondern in Festkörperszintillationszählern. Die Probe wird dazu in die Nähe eines mit $TlCl_3$ dotierten AgI-Kristalls gebracht, der durch γ-Strahlen zu Fluoreszenz angeregt wird, die in analoger Weise wie bei Flüssigkeitszählern durch gegenüber angeordnete Photomultiplier gemessen wird.

2.3.2.3 Autoradiographie

Ionisierende Strahlung, insbesondere β-Strahlung, kann auch durch fotografische Emulsionen detektiert werden. Bei diesem Prozeß, der Autoradiographie genannt wird, werden durch die β-Strahlen Silberhalogenidteilchen in der Emulsion zersetzt. Es entsteht ein latentes Bild, das durch den Entwicklungsprozeß sichtbar gemacht und fixiert wird. Das fotografische Bild gibt ortsgetreu und über einen weiten Bereich auch quantitativ die Verteilung der Radioaktivität im Untersuchungsmaterial wieder. Autoradiographie wird im biochemischen Laboratorium oft für die Auswertung von elektrophoretischen und dünnschichtchromatographischen Trennungen eingesetzt. Dazu wird das meist getrocknete Gel oder die Dünnschichtfolie auf einen Röntgenfilm gelegt, beide zwischen zwei Glasplatten zusammengepreßt und während der Expositionszeit in einer lichtdichten Kassette aufbewahrt. Die Expositionszeit richtet sich nach Art und Menge der Radioaktivität. Für den Nachweis von ^{3}H- und ^{14}C-markierten Proben empfiehlt sich, vor dem Trocknen einen Szintillator, z.B. PPO, in das Gel oder die Dünnschicht eindiffundieren zu lassen. Gele bzw. Dünnschichtfolien mit ^{32}P-markierten Proben können auch ohne Trocknung gemessen werden, man sollte sie aber für die Exposition mit einer Haushaltsfolie abdecken und auf einen Verstärkerschirm legen. Die β-Strahlung von ^{32}P ist so energiereich, daß sie den Film durchdringt. Ein Verstärkerschirm enthält einen festen Fluorophor, der durch die β-Strahlung angeregt wird und so den Film zusätzlich belichtet. Autoradiographie sollte bei niedrigen Temperaturen (Tiefkühltruhe oder Kühlschrank) durchgeführt werden, um die Diffussionsverbreiterung von Banden in nicht getrockneten Gelen bzw. Dünnschichtfolien zu vermindern, bzw. um die Fluoreszenzausbeute zu erhöhen, wenn Gele bzw. Dünnschichtfolien mit Fluorophoren gebraucht oder Verstärkerschirme benutzt werden.

Die Empfindlichkeit von Röntgenfilmen kann durch Vorbelichtung gesteigert werden; solche Filme sind kommerziell erhältlich.

Starke β-Strahler sind für autoradiographische Zwecke, bei der hohe Auflösung angestrebt wird, nicht geeignet, da sie aufgrund ihrer hohen Reichweite Objekte diffuser erscheinen lassen als sie in Wirklichkeit sind. Deswegen werden z.B. für DNA-Sequenzierungen immer häufiger ^{35}S- und ^{33}P- statt ^{32}P-Markierungen verwendet.

2.3.2.4 *Imaging* Verfahren

Die moderne Alternative zur Autoradiograpie im biochemischen Laboratorium ist die Bildanalyse mit Hilfe eines *imager*. Zwei unterschiedliche Systeme werden dazu von mehreren Herstellern angeboten. Beide zeichnen sich durch ca. 10 – 100-fach höhere Empfindlichkeit und ca. 100 – 1000-fach größere Dynamik, als durch Autoradiographie zu erreichen ist, aus. Prinzipiell unterscheiden sich die beiden Systeme dadurch, daß im einen ein latentes Bild auf einem wiederverwendbaren Schirm erzeugt wird, während bei dem anderen Verfahren die Radioaktivität direkt und ortsaufgelöst durch Zählung bestimmt wird. Als latenten Bildspeicher verwendet das erste Verfahren Eu^{3+}- oder P-haltige Bildplatten, die durch energiereiche

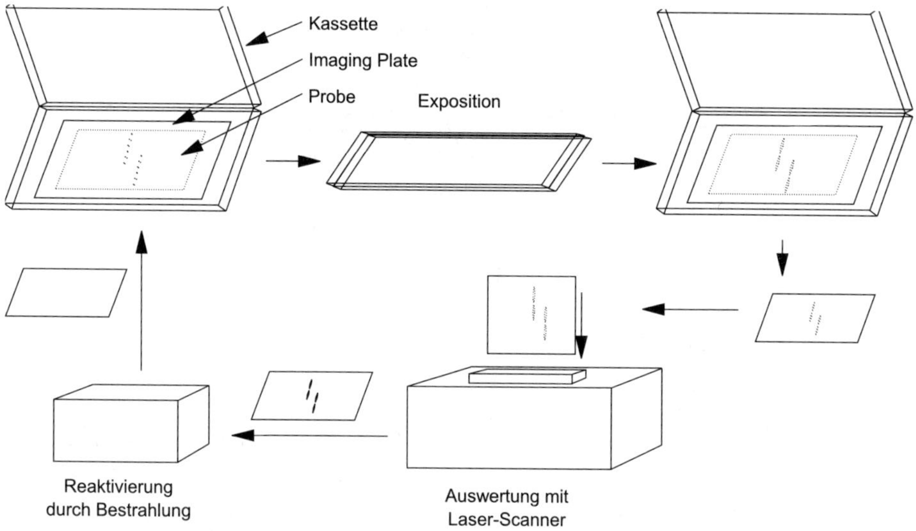

Abb. 2-12: Arbeitsweise eines *phosphorimager*.
Analog zur Autoradiographie wird beim *phosphorimager* zunächst durch Exposition einer Bildplatte ein latentes Bild erzeugt, das durch Bestrahlung mit Laserlicht „entwickelt" wird. Die Bildplatte ist wiederverwendbar. Dazu muß sie durch Bestrahlung reaktiviert werden.

Strahlung (β-, γ-Strahlen bzw. Röntgenstrahlen, UV-Licht) angeregt werden können. Das in der bestrahlten Bildplatte gespeicherte latente Bild wird durch Bestrahlung mit Laserlicht aktiviert. Die dadurch freigesetzten Photonen werden durch einen Photomultiplier registriert (Abb. 2-12). Nach der Entwicklung ist die Bildplatte wieder verwendbar, wobei nach ca. 1000 Expositionen die Qualität der Bildplatte nachläßt. Die Expositionsdauer auf der Bildplatte richtet sich nach der vorhandenen Radioaktivität, ist aber in jedem Fall kürzer als bei einem Röntgenfilm. Das „Lesen" selbst dauert je nach gewünschter Auflösung wenige Minuten bis zu einer halben Stunde.

Das alternative System arbeitet mit einem Mikrokanal-*array*detektor nach dem offenen Geiger-Müller-Zählrohrprinzip mit einem Zählgas. Es erreicht nicht ganz die hohe Auflösung des mit Bildplatten arbeitenden Systems, hat aber den Vorteil, daß das Bild nicht entwickelt werden muß, also die Bildentstehung verfolgt werden kann. Damit entfällt also das Risiko, daß eine Exposition zu kurz oder unnötig lang war. Die Dynamik beider Systeme ist vergleichbar.

2.3.3 Alternativen zur Verwendung von Radioaktivität

Zunehmend werden Nachweisverfahren, die auf Messung der Radioaktivität beruhen, durch Verfahren ersetzt, die photometrisch meßbare Parameter detektieren, insbesondere UV/VIS Absorption, Fluoreszenz und Chemilumineszenz. So wurde der *radio immuno assay* (RIA) (s. Kap. 6.2.3) weitgehend durch den *enzyme linked immunosorbent assay* (ELISA) (s. Kap. 6.2.4) verdrängt: an Stelle von Radioaktivität wird die durch ein Enzym katalysierte Freisetzung eines Farbstoffs gemessen (Abb. 2-13). Eine ähnliche Umstellung erfährt zur

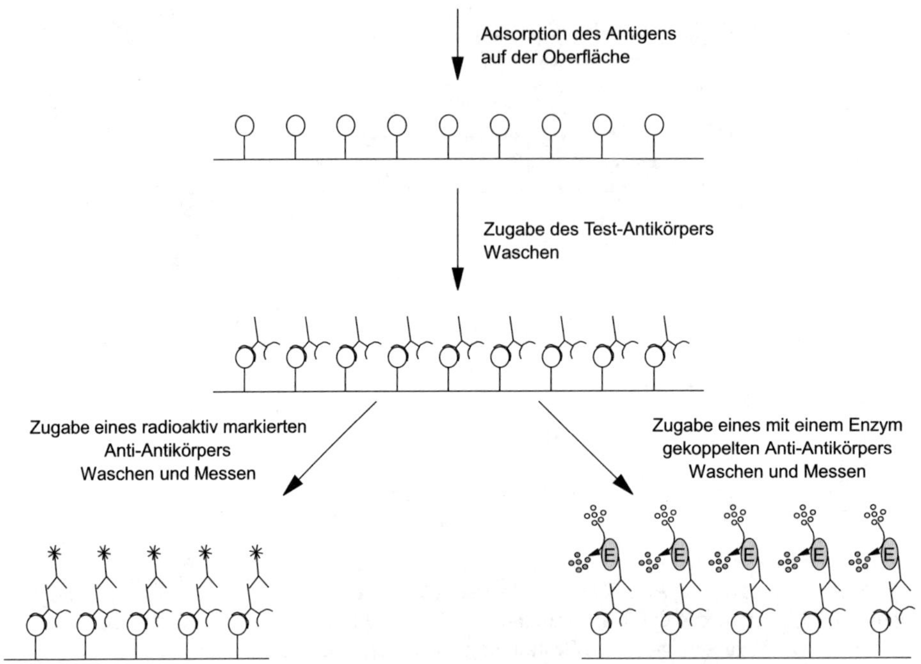

Abb. 2-13: Prinzip des *radio immuno assay* (RIA) und des *enzyme linked immunosorbent assay* (ELISA).
RIA und ELISA beruhen auf der hochspezifischen Wechselwirkung eines Antigens mit einem Antikörper, die für eine quantitative Bestimmung z.B. der Menge eines auf einer Oberfläche immobilisierten Antigens genutzt werden kann. Im gewählten Beispiel wird dies dadurch erreicht, daß nach Bindung des spezifischen Antikörpers ein gegen diesen Antikörper gerichteter zweiter Antikörper eingesetzt wird, der entweder radioaktiv markiert oder mit einem Enzym gekoppelt ist. Alternativ kann auch ein radioaktiv markiertes oder mit einem Enzym gekoppeltes Antigen als *tracer* eingesetzt werden. In diesem Fall mißt man die Kompetition der Bindung von steigenden Mengen an unmarkiertem (ungekoppeltem) und konstanten Mengen an markiertem (gekoppeltem) Antigen an den Antikörper (s. Kap. 6.2.3 und 6.2.4)

Zeit die Nukleinsäureanalytik: statt spezifische DNA- oder RNA-Moleküle auf Southern- und Northern-*blots* mit Hilfe von radioaktiv markierten komplementären Nukleinsäuresonden zu erfassen, können entsprechende Biotin- oder Digoxigenin-markierte Nukleinsäuresonden verwendet werden, die nach Hybridisierung an die Ziel-DNA unter Verwendung eines Streptavidin- oder Anti-Digoxigenin-Antikörper/Enzymkonjugats und einer nachfolgenden enzymkatalysierten Farbreaktion nachgewiesen werden (Abb. 2-14).

Im Prinzip vergleichbar verläuft der Nachweis spezifischer Proteine auf einem Western-*blot* durch Antikörper, die gegen das Protein gerichtet sind und die wiederum durch eine von einem Antikörper/Enzymkonjugat katalysierte Farbreaktion detektiert werden (Abb. 2-15). Die Empfindlichkeit dieser auf Lichtabsorption beruhenden Nachweisverfahren kann noch gesteigert werden, wenn durch das gekoppelte Enzym statt eines Farbstoffes Luciferin freigesetzt wird, das in Gegenwart von O_2 und ATP durch Luciferase zur Biolumineszenz angeregt wird (Abb. 2-16). In analoger Weise funktionieren Nachweissysteme, die auf

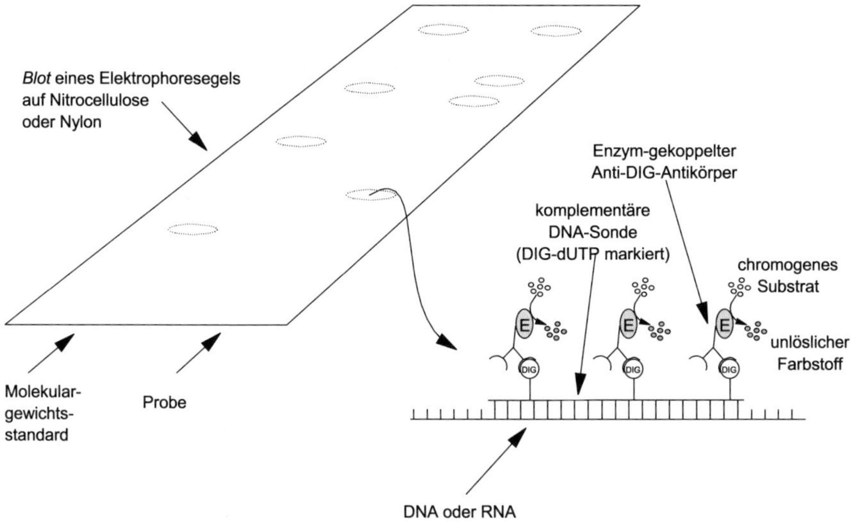

Abb. 2-14: Southern- und Northern-*blot* mit nicht radioaktivem Detektionssystem.
Statt radioaktiver DNA-Sonden können für den Nachweis spezifischer DNA- oder RNA-Sequenzen auf einer Nitrocellulose- oder Nylonmembran mit einem Hapten markierte komplementäre DNA-Moleküle eingesetzt werden. Das Hapten, z.B. Digoxigenin, wird durch Antikörper, die mit einem Enzym wie Alkalische Phosphatase oder Peroxidase gekoppelt sind, erkannt und erlaubt damit die colorimetrische Detektion der DNA- oder RNA-Sequenzen. (s. Kap. 4.2.6 und 6.2.5).

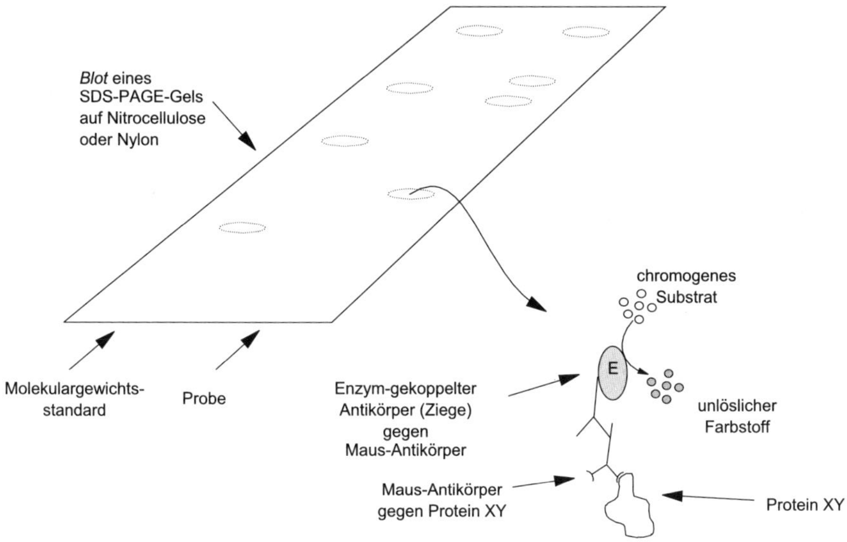

Abb. 2-15: Western-*blot* mit nicht radioaktivem Detektionssystem.
Analog zu Nukleinsäuren (Abb. 2-14) können auch Proteine auf einer Nitrocellulosemembran durch eine immunologische Reaktion nachgewiesen werden. Dazu kommen üblicherweise gegen das nachzuweisende Protein gerichtete Antikörper zum Einsatz, sowie Anti-Antikörper, die mit dem Enzym gekoppelt sind, das die Nachweisreaktion katalysiert.

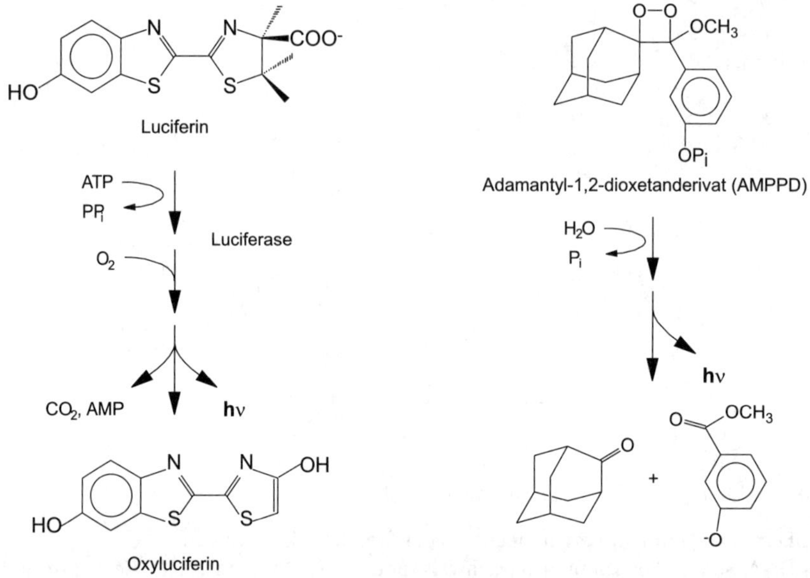

Abb. 2-16: Biolumineszenz und Chemilumineszenz.
Ausgehend von Substanzen biologischen Ursprungs wie Luciferin (links) oder geeigneter chemischer Verbindungen (rechts) können durch Enzyme reaktive Substanzen freigesetzt werden, die unter Lichtaussendung (hν) zerfallen.

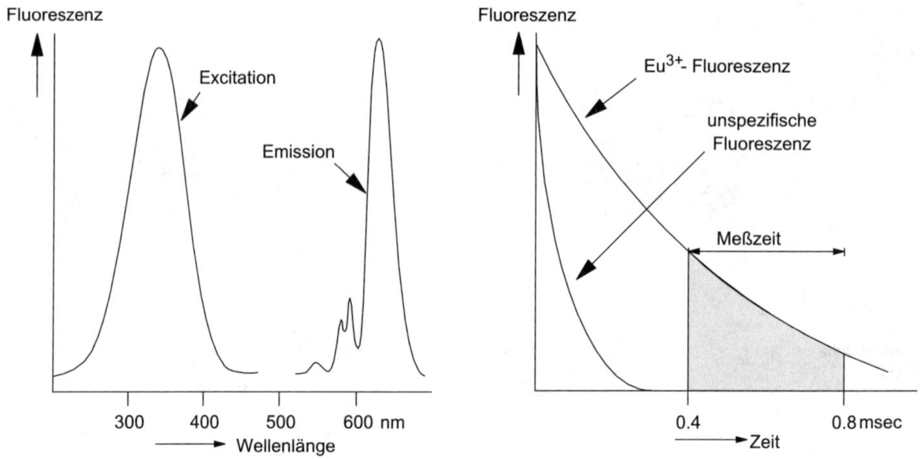

Abb. 2-17: Zeitaufgelöste Fluoreszenz.
Chelatverbindungen einiger Lanthanide zeigen ein ungewöhnliches Fluoreszenzverhalten, das durch einen großen Abstand zwischen Excitations- und Emissionsmaximum und durch eine extrem lange Fluoreszenzlebensdauer charakterisiert ist. Das erlaubt, Messungen der spezifischen Fluoreszenz des Fluorophors (hier Eu^{3+}) ungestört von unspezifischer Fluoreszenz von Verunreinigungen (z.B. von Weichmachern aus Plastikgefäßen) durchzuführen.

Chemilumineszenz beruhen (Abb. 2-16). Bio- und Chemilumineszenz werden in Luminometern gemessen, können aber im übrigen auch durch Röntgenfilme bzw. durch Szintillationszähler nachgewiesen werden. In der Empfindlichkeit vergleichbar wie auf Bio- oder Chemilumineszenz basierende Nachweissysteme sind Verfahren, die auf zeitaufgelöster Fluoreszenz beruhen. Als Fluorophor eignen sich Chelate von Lanthanidenionen, insbesondere von Eu^{3+}, Sm^{3+} oder Tb^{3+}, die einen großen Abstand von Excitations- und Emissionsmaximum zeigen (Anregung von Eu^{3+} bei 340 nm, Emission bei 613 nm; im Vergleich: Anregung von Fluoreszein bei 490 nm, Emission bei 515 nm) und durch eine lange Fluoreszenzlebensdauer (Eu^{3+}: 730 000 ns; im Vergleich Fluoreszein: 3 ns) charakterisiert sind (vgl. auch Kap. 7.1.2). Damit wird bei zeitaufgelöster Fluoreszenzmessung ein weitgehend ungestörtes Signal gemessen (Abb. 2-17). Allerdings werden für solche Messungen Fluorimeter benötigt, die zeitaufgelöste Fluoreszenz messen können. Ähnlich wie bei Radioisotopenmarkierung können mit Lanthanidenionen auch Doppelmarkierungsexperimente durchgeführt werden.

2.4 Literatur

Adelmann, S. & Schulze-Halberg, H. (1996) *Arbeitsschutz in Biotechnologie und Gentechnik.* Springer, Berlin.

Bernabei, D. (1991) *Sicherheit – Handbuch für das Labor.* GIT Verlag, Darmstadt.

Chambers, J.A.A. (1993) *Buffers, Chelating Agents and Denaturants* in: Biochemistry Labfax (J.A.A. Chambers & D. Rickwood, Eds.). BIOS Scientific Publishers, Oxford.

Fleming, D.O., Richardson, J.H., Tulis, J.J. & Vesley, D. (1995) Eds. *Laboratory Safety: Principles and Practices*, 2nd ed., ASM Press, Washington.

Mahn, W. (1991) *Fundamentals of Laboratory Safety: Physical Hazards in the Academic Laboratory*. Van Nostrand Reinhold, New York.

Perrin, D.D. & Dempsey, B. (1974) *Buffers for pH and Metal Ion Control.* Chapman & Hall, London.

Rickwood, D., Patel, D. & Billington, D. (1993) *Radioisotopes in Biochemistry* in: Biochemistry Labfax (J.A.A. Chambers & D. Rickwood, Eds.). BIOS Scientific Publishers, Oxford.

Röttle, M. (1993) *Strahlenschutz – Überblick über das Arbeits- und Umweltschutzkonzept.* GIT Verlag, Darmstadt.

Slater, R.J. (1990) *Radioisotopes in Biology: A Practical approach.* IRL Press, Oxford.

Stoll, V.S. & Blanchard, J.S. (1990) *Buffers, Principles and Practice*. Meth. Enzymol. 182, 24-38.

3 Probenvorbereitung

In diesem Kapitel werden verschiedene allgemeine Techniken, die bei der Probenvorbereitung für biochemische und molekularbiologische Arbeiten angewendet werden, behandelt. Zunächst werden Aufschlußmethoden für Zellen und Gewebe vorgestellt. Im Zusammenhang mit Konzentrierungsverfahren werden dann Fällungstechniken, Dialyse, Ultrafiltration und Lyophilisation besprochen.

Biochemische Experimente werden fast immer mit irgendeiner Art von Probenvorbereitung beginnen – das mag der Aufschluß von Zellen und Geweben sein, um ein Enzym zu isolieren und rein darzustellen, das mag ein Fällungsschritt sein, um Nukleinsäuren zu konzentrieren, oder eine Dialyse, um eine Proteinlösung zu entsalzen. Da es sich bei Proteinen und Nukleinsäuren, die im Mittelpunkt biochemischen Experimentierens stehen, im Regelfall um chemisch und biochemisch nicht sehr stabile Moleküle handelt, ist bei dem Umgang mit ihnen besondere Umsicht geboten. Allgemein gilt, daß man, wann immer es möglich ist, bei der Probenvorbereitung bei einer Temperatur um 0 °C arbeiten sollte, sowie daß in ausreichend gepufferter Lösung bei neutralem pH-Wert und mit physiologischer Ionenstärke zu arbeiten ist. Oft wird es notwendig sein, dem Puffer stabilisierende Stoffe zuzusetzen, die sich nach den Empfindlichkeiten der jeweiligen Substanz richten (Ausführliche Darstellungen: Janson & Rydén 1989; Deutscher 1990a; Scopes 1993; Doonan 1996).

3.1 Aufschluß von Zellen und Geweben

Nur selten werden Naturstoffe in einer Lösung oder Suspension, wie Serum, Milch oder Kulturüberständen vorliegen, aus denen sie direkt durch z.B. chromatographische Verfahren isoliert werden können. Meist befinden sie sich zunächst in einer komplexen zellulären Matrix. Die Isolierung eines Naturstoffes beginnt deshalb normalerweise mit dem Aufschluß von Zellen oder tierischem bzw. pflanzlichem Gewebe. Je nachdem, wie empfindlich der zu isolierende Stoff ist, wird man auf mehr oder weniger schonende Weise vorgehen müssen. Im folgenden sollen zunächst allgemeine Verfahrensweisen diskutiert werden, die sich für die Aufarbeitung von Proteinen bewährt haben, um dann auf Besonderheiten einzugehen, die für die Isolierung von Nukleinsäuren von Bedeutung sind. Die Aufarbeitung von niedermolekularen Naturstoffen wird hier nicht behandelt, da wegen ihrer chemischen Heterogenität sich dafür kaum allgemeine Verfahrensweisen angeben lassen.

3.1.1 Allgemeine Prinzipien bei der Isolierung von Proteinen und Nukleinsäuren

Einer der wichtigsten Aspekte bei der Isolierung eines Proteins oder einer Nukleinsäure ist die Auswahl des geeigneten Ausgangsmaterials, insbesondere im Hinblick auf die Zugänglichkeit des Materials, aber auch bezüglich des Gehalts an der interessierenden Substanz und ihrer Stabilität bei der Aufreinigung aus diesem Material. Ein Enzym mag z.B. in besonders hoher Konzentration in einem bestimmten Gewebe vorkommen, aus dem es sich aber nicht unzersetzt isolieren läßt. In einem anderen Gewebe desselben Organismus könnte es in vergleichsweise geringer Konzentration vorliegen, kann jedoch ohne Schwierigkeiten intakt aufgereinigt werden. Ähnliche Erwägungen gelten auch für Mikroorganismen: ein Protein, das in einer stationären Bakterienkultur nur in geringen Mengen vorliegt, könnte eventuell aus einer exponentiell wachsenden Kultur in viel größeren Ausbeuten isoliert werden. In diesem Zusammenhang muß natürlich auch geprüft werden, ob man nicht besser beraten ist, statt ein Protein aus seinem natürlichen Ausgangsmaterial zu isolieren, das dafür codierende Gen in *E. coli* (oder einem anderen Organismus) zu klonieren und dort zu exprimieren. Gelingt das nicht ohne weiteres, so kann man dabei auch versuchen, es als Fusionsprotein darzustellen bzw. mit einem *affinity-tag* zu versehen, oder es über eine *leader sequence* aus den Produzentenzellen ausschleusen zu lassen, was zu einer erheblichen Vereinfachung des Aufarbeitungsverfahrens führen kann.

Der Aufschluß von Zellen bzw. Geweben führt dazu, daß Proteine in ein neues „unphysiologisches" Milieu kommen, in dem sie vor Inaktivierung, Denaturierung und Degradation geschützt werden müssen (Coligan et al., 1995). Die Inaktivierung und Denaturierung kann oft auf eine ungenügende Pufferung zurückgeführt werden: durch den Aufschluß kommt es meist zu einer pH-Erniedrigung aufgrund aktiver metabolischer Prozesse (z.B. Glykolyse), der man durch Nachstellung des pH-Wertes mit Ammoniak- bzw. Tris-Lösung begegnen sollte.

Inaktivierung ist manchmal die Konsequenz der Oxidation von SH-Gruppen, die man durch Zugabe von Dithioerythritol oder 2-Mercaptoethanol in mM Konzentrationen zum Puffer vermeiden kann. Schwermetallionen können mit reaktiven Gruppen des Proteins reagieren, Ca^{2+}, Mg^{2+} und andere divalente Kationen können abbauende Enzyme aktivieren; durch Zugabe von EDTA in mM Konzentrationen kann das unterdrückt werden.

Schlechte Ausbeuten sind oft die Konsequenz von zu niedriger (< 0.05 M), selten von zu hoher Ionenstärke. Bei zu niedriger Salzkonzentration im Aufschlußpuffer kommt es zur Adsorption an Zelltrümmer oder, insbesondere im weiteren Gang einer Aufarbeitung, an Glasoberflächen, die bei höheren Salzkonzentrationen unterdrückt werden kann. Der Aufschlußpuffer sollte deshalb ca. 0.05 – 0.1 M NaCl oder KCl enthalten. Manche Proteine neigen zur Aggregation aufgrund des hydrophoben Effekts, der darauf beruht, daß unpolare Strukturen es vorziehen, eher miteinander als mit dem polaren Lösungsmittel Wasser in Wechselwirkung zu treten. Der Aggregation kann durch Zugabe von nicht-ionischen Detergenzien (Triton-X-100, Lubrol PX, etc.), üblicherweise in Konzentrationen unterhalb der Konzentration, bei der sie Micellen bilden (Triton-X-100: 0.02 % w/v; Lubrol PX: 0.006 % w/v), vorgebeugt werden. Proteine, die in gentechnisch veränderten Organismen produziert werden, liegen gelegentlich intrazellulär in sog. *inclusion bodies* vor, das sind große Aggregate falsch gefalteter Moleküle. Sie lassen sich manchmal durch Detergenzbehandlung auflösen, öfter müssen sie mit chaotropen Agenzien, wie Harnstoff oder Guanidiniumchlorid, in eine lösliche denaturierte Form gebracht werden. Durch Verdünnung mit einer Pufferlösung und anschließende Dialyse kann in günstigen Fällen eine Renaturierung und Reaktivierung erreicht werden.

Beim Aufschluß von Zellen werden Proteasen freigesetzt, die zur Degradation von Proteinen führen, zumal, wenn man nicht schnell genug arbeitet oder aber nicht strikt darauf achtet, daß die Temperaturen bei der Aufarbeitung nahe 0 °C bleiben (Deutscher 1990b; Beynon & Oliver 1996). Nichtsdestotrotz ist bei Beginn einer Aufarbeitung die Wirkung

Tabelle 3-1 Protease-Inhibitoren

Inhibitor	Targetproteasen	empfohlene Konzentration
Phenylmethansulfonylfluorid (PMSF)	Serinproteasen	1 mM
Benzamidin	Serinproteasen	1 mM
ε-Amino-n-capronsäure	Serinproteasen	5 mM
Aprotinin (Trasylol)	Serinproteasen	1 mg/ml
p-Hydroxymercuribenzoat (PHMB)	Cysteinproteasen	1 mM
Antipain	Cysteinproteasen	1 mg/ml
Leupeptin	Cysteinproteasen	1 mg/ml
EDTA	Metalloproteasen	5 mM
EGTA	Metalloproteasen	5 mM
Pepstatin	Aspartatproteasen	0.1 mg/ml

von Proteasen bei besonders empfindlichen Proteinen und/oder bei Aufschluß von Zellen, die reich an Proteasen sind (z.B. Pankreas), kaum zu vermeiden, es sei denn, man inhibiert sie durch Proteasehemmer. Da es in jeder Zelle verschiedene Proteasen gibt, die unterschiedliche Wirkungsmechanismen haben, muß normalerweise ein Cocktail von Proteaseinhibitoren zugesetzt werden, z.B. Phenylmethansulfonylfluorid (PMSF), um Serinproteasen zu hemmen, EGTA, um Proteasen zu hemmen, die durch Ca^{2+} aktiviert werden und p-Hydroxymercuribenzoat (PHMB), um Cysteinproteasen zu hemmen. Ein neutraler pH schützt vor Aspartatproteasen. Darüber hinaus gibt es verschiedene Peptide, die als spezifische Proteaseinhibitoren wirken. Einige dieser Proteaseinhibitoren sind in wässriger Lösung nicht stabil, wie z.B. PMSF, das man deshalb in regelmäßigen Abständen dem Medium erneut hinzugeben muß. Andere Proteaseinhibitoren reagieren nicht nur mit Aminosäureresten im aktiven Zentrum von Proteasen, sondern auch mit Aminosäureresten des zu isolierenden Proteins, wie z.B. PHMB. Tab. 3-1 gibt einen Überblick über häufig verwendete Proteaseinhibitoren.

Für die Isolierung von DNA existieren sehr viele unterschiedliche Protokolle, die für verschiedene Zellen und Gewebe, für Plasmid-DNA oder genomische DNA im kleinen oder großen Maßstab entwickelt wurden (Ausubel et al. 1989; Maniatis et al. 1989; Harwood 1996). Exemplarisch sei zunächst angeführt, wie Plasmid-DNA aus *E. coli* nach dem alkalischen Lyseprotokoll isoliert wird. Diese für den kleinen Maßstab (*miniprep*) vorgesehene Methode geht von *E.coli*-Zellen aus wenigen ml Kulturmedium aus, die nach Lysozymbehandlung (s.u.) mit SDS und NaOH aufgeschlossen werden. SDS denaturiert die Proteine, u.a. auch Nukleasen, NaOH die Nukleinsäuren. Nach der Neutralisierung mit K-acetat kommt es zum *reannealing* der kleinen Plasmid-DNA, während die denaturierte chromosomale DNA, die denaturierten Proteine und das K-dodecylsulfat einen Niederschlag bilden, der abzentrifugiert werden kann. Die Plasmid-DNA kann dann durch Alkohol gefällt werden. Für die Isolierung von genomischer DNA aus *E. coli* werden die Zellen nach Lysozymbehandlung (s.u.) durch SDS in Gegenwart von ProteinaseK lysiert. Proteinase K, die in SDS-Lösung aktiv ist, führt zur Degradierung der Proteine, u.a. auch der Nukleasen. Zelltrümmer, Polysaccharide und nicht hydrolysierte Proteine werden durch eine Fällung mit Cetyltrimethylammoniumbromid (CTAB) bei Raumtemperatur entfernt. DNA kann durch Alkoholfällung aus dem Überstand isoliert werden. RNA ist durch Inkubation der Lösung mit DNase-freier RNase aus der DNA-Präparation abzutrennen. Für eine weitere Reinigung kann eine Phenol/Chloroform/Isoamylalkohol(25:24:1)-Extraktion und/oder eine CsCl-Gradientenzentrifugation (s. Kap. 4.3.4.2) angeschlossen werden, durch die die restlichen Proteine sowie RNA beseitigt werden.

Die besondere Empfindlichkeit von RNA gegenüber ubiquitär vorhandenen intra- und extrazellulären Nukleasen (z.B. auf der Hautoberfläche des Experimentators) machen besondere Vorsichtsmaßnahmen notwendig, die z.B. die Verwendung von Einweggefäßen oder von mit verdünnter HCl gespülten und mit autoklaviertem Wasser nachgespülten Mehrweggefäßen beinhalten. Selbstverständlich sollten bei allen Tätigkeiten, bei denen man es mit RNA-Lösungen oder mit RNA in Kontakt kommenden Lösungen, Chemikalien, Gefäßen, Spatel etc. zu tun hat, Einmalhandschuhe getragen werden. Puffer für RNA-Arbeiten sind prinzipiell nur mit Chemikalien anzusetzen, die für diese Zwecke reserviert sind und entsprechend aufbewahrt werden. Puffer können mit 0.2 % (v/v) Diethylpyrocarbonat (Achtung: Diethylpyrocarbonat ist cancerogen!) versetzt werden und autoklaviert werden, um RNasen (soweit sie Histidin im aktiven Zentrum tragen) zu inaktivieren. Da die meisten Nukleasen durch Mg^{2+}-Ionen aktiviert werden, hilft auch die Zugabe von EDTA in mM Konzentrationen.

Beim Aufschluß von Zellen, der auf mechanischem oder enzymatischem Wege (s.u.) erfolgen kann, sollten sobald als möglich intrazelluläre Nukleasen inhibiert, zerstört oder extrahiert werden. Das kann mit einem RNase-Inhibitor während des Aufschlusses erfolgen oder durch Zugabe von ProteinaseK bzw. durch Extraktion mit Phenol/Chloroform/Isoamylalkohol (25 : 24 : 1) nach dem Aufschluß. Nach der Alkoholfällung der RNA und DNA kann DNA selektiv durch Verdauung mit einer RNase-freien DNase-Präparation entfernt werden. Bewährt hat sich auch die Kombination von 4M Guanidiniumisothiocyanat und von 0.5 % (w/v) Sarcosyl, um Gewebe aufzuschließen und dabei gleichzeitig Nukleasen zu inaktivieren; bei diesen Verfahren muß allerdings anschließend die RNA von DNA und denaturiertem Protein durch eine CsCl-Dichtegradientenzentrifugation in der präparativen Ultrazentrifuge abgetrennt werden.

3.1.2 Mechanische Aufschlußverfahren

Alle mechanischen Aufschlußmethoden führen zu einem u.U. schnellen Anstieg der Temperatur beim Aufschlußprozeß. Deshalb muß die Temperatur kontrolliert werden und wenn nötig das Aufschlußgut im Eisbad gekühlt bzw. der Aufschluß mit Unterbrechungen durchgeführt werden.

Pflanzliches oder tierisches Gewebe muß zunächst grob zerkleinert und von unerwünschten Gewebeteilen befreit werden, bevor es homogenisiert werden kann. Dazu können Schere und Skalpell dienen, aber auch ein Fleischwolf. Die Homogenisierung, d.h. die mehr oder weniger vollständige Zerstörung der zellulären Struktur, erfolgt in einem motorgetriebenen Mixer, z.B. in einem Waring-Blender. Für kleinere Volumina (5 – 100 ml) empfiehlt sich ein Ultra-Turrax. Mixer und Ultra-Turrax sollten immer so betrieben werden, daß das Homogenat nicht schaumig gerührt wird. Besonders schonend – und damit für die Gewinnung von Zellorganellen geeignet – ist der Aufschluß mit den Dounce- oder Potter-Elvehjem-Homogenisatoren (Abb. 3-1), bei denen ein Glas- oder Teflonkolben in einem den Kolben eng ($\leq$ 0.05 mm) umschließenden Glaszylinder hin- und herbewegt wird und durch die auftretenden Scherkräfte der Zellverband bzw. die Zellen zerstört werden; solche Homogenisatoren sind für den 1 – 50 ml Maßstab kommerziell erhältlich. Es empfiehlt sich, den Rohextrakt vor der Weiterverarbeitung, z.B. vor einer Zentrifugation, durch ein Käselei-

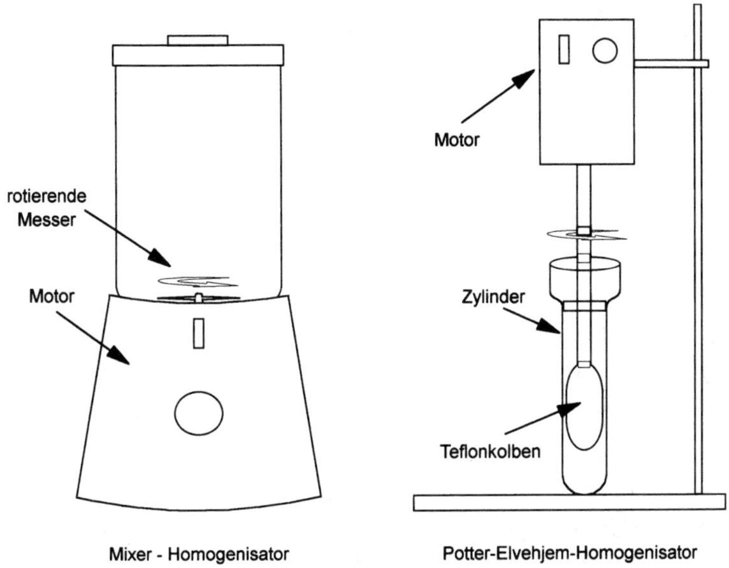

Abb. 3-1: Einfache Homogenisatoren zum Aufschluß weicher Gewebe.
Für den Aufschluß von weichem Gewebe können nach grober Zerkleinerung je nach Maßstab ein Mixer wie der Waring Blender (links) oder ein Zellhomogenisator wie der Potter-Elvehjem-Homogenisator (rechts) verwendet werden.

nentuch oder dgl. zu filtrieren, um nicht aufgeschlossene Gewebeteile, Fettklümpchen, etc. abzutrennen.

Mikroorganismen lassen sich mit diesen Verfahren nicht effektiv aufschließen. Für den kleinen Maßstab empfiehlt es sich, Bakterien oder Hefen in Gegenwart eines Schleifmittels, z.B. Al_2O_3 oder Sand, in einem Mörser mit einem Stößel zu zermahlen. Für den größeren Maßstab können Glasperlenmühlen (z.B. eine Dyno-Mill) verwendet werden, in denen Glasperlen bei hoher Frequenz geschüttelt werden. Alternativ können auch Ultraschallaufschlußgeräte (z.B. ein Branson-Sonifier) verwendet werden, bei denen Zellen in Suspension aufgrund von Kavitationseffekten mit verschieden dimensionierten Ultraschallsonden für Probevolumina von ca. 5 – 250 ml aufgeschlossen werden. Beim Ultraschallaufschluß ist besonders auf die Einhaltung der Temperatur zu achten und unerwünschte Erwärmung unbedingt zu vermeiden.

Zellen können auch dadurch aufgeschlossen werden, daß die Zellsuspension unter hohem Druck (bis zu 1000 atm, ca. 10^8 Pa) durch eine schmale Düse gepreßt wird. Die French-Press ist für Volumina von 5 – 50 ml geeignet, der Manton-Gaulin-Homogenisator für Volumina von mehreren Litern, bzw. im Durchflußmodus sogar für noch größere Mengen. Tab. 3-2 gibt einen Überblick über die üblichen mechanischen Aufschlußverfahren.

3.1.3 Nicht-mechanische Aufschlußverfahren

Viele Zellen sind empfindlich gegenüber Scherkräften, wie sie beim wiederholten Einfrieren und Auftauen auftreten, sowie gegenüber hypotonischen Pufferbedingungen, die die Zellen

Tabelle 3-2 Mechanische Aufschlußverfahren

Verfahren	Gerät	Maßstab	Geeignete Gewebe oder Zellen
Zerkleinern durch rotierende Messer	Mixer	< 1000 ml	tierische und pflanzliche Gewebe
	Ultra-Turrax	5–100 ml	tierische und pflanzliche Gewebe
Zerkleinern durch bewegte Kolben	Potter-Elvehjem	1–50 ml	tierische und pflanzliche Gewebe (besonders aus Zellkultur)
Zerquetschen	Mörser und Pistill (Al_2O_3, Sand)	1–50 ml	alle, besonders Mikroorganismen
Zermahlen	Glasperlenmühle	0.1–1 l	alle, besonders Mikroorganismen
Ultrabeschallung	Ultraschallgerät	5–250 ml	alle, besonders Mikroorganismen
Druckbehandlung	French-Press	5–50 ml	alle, besonders Mikroorganismen
	Manton-Gaulin-Homogenisator	> 1000 ml	alle, besonders Mikroorganismen

anschwellen und unter Umständen platzen lassen; das gilt insbesondere für die Zellen weicher pflanzlicher und tierischer Gewebe. Eine vollständige Homogenisierung kann damit aber nur in seltenen Fällen erreicht werden. Eine Ausnahme stellen Erythrozyten bzw. Retikulozyten dar, die sich durch hypotone Behandlung quantitativ lysieren lassen.

Nicht-mechanische Aufschlußverfahren sind besonders für solche Zellen interessant, die sonst nicht einfach aufzubrechen sind, insbesondere Hefen. Eines der einfachsten Verfahren, das allerdings nicht gerade schonend ist, besteht in der durch Toluolzugabe induzierten Autolyse, die bei Raumtemperatur stattfindet und dazu führt, daß die Zellwand permeabilisiert wird. Dabei werden verschiedene Hydrolasen aktiviert und zelluläre Strukturen zerstört, mit ihr aber auch empfindliche Proteine und Nukleinsäuren. Damit hat das Verfahren fast nur noch historische Bedeutung.

Die schonendsten Verfahren zum Aufschluß von Bakterienzellen und Hefen sind die enzymatischen Verfahren. Dazu werden durch geeignete Enzyme die Zellwände zerstört und anschließend die entstandenen Sphäroplasten durch Detergenzien, durch einen osmotischen Schock oder auf mechanische Weise lysiert. Bei Hefe, deren Zellwand aus Glucanen aufgebaut ist, erfolgt die Zerstörung der Zellwand durch Zymolyase in Gegenwart von SH-Reagenzien und die Lyse der Zellmembran durch 0.1 % Triton-X-100 oder dgl.. Bei Bakterien muß die Peptidoglycanhülle durch Lysozym (aus Hühnereiweiß) zerstört werden, bevor durch Triton-X-100 die innere Zellmembran lysiert wird. Der komplexere Aufbau der Zellwand gram-negativer Bakterien erfordert zudem, daß das Lipopolysaccharid der äußeren Membran durch EDTA-Behandlung zum Teil herausgelöst wird, bevor das Peptidoglycangerüst abgebaut werden kann.

Die nicht-mechanischen Aufschlußverfahren sind in Tab. 3-3 aufgeführt.

3.2 Solubilisierung

Membrangebundene Proteine müssen bei der Isolierung aus der Membran „herausgelöst", d.h. solubilisiert werden (Hjelmeland 1990a). Aufgrund ihres mehr oder weniger lipophilen Charakters werden dazu Detergenzien benötigt, die die Membran destabilisieren und

Tabelle 3-3 Nicht-mechanische Aufschlußverfahren

Verfahren	Agens	Maßstab	Geeignete Gewebe oder Zellen
Zyklen von Einfrieren und Auftauen	–	beliebig	alle, besonders tierische und pflanzliche Gewebe
Hypotoner Schock	Wasser	beliebig	tierische und pflanzliche Gewebe, insbesondere Erythrozyten und Retikulozyten
Autolyse	Toluol	beliebig	Hefezellen
Enzymatische Lyse	Zymolyase/Triton X-100	≤100 ml	Hefezellen
Enzymatische Lyse	Lysozym/Triton X-100	≤100 ml	Gram-positive Bakterien
Enzymatische Lyse	EDTA/Lysozym/Triton X-100	≤100 ml	Gram-negative Bakterien

als Lösungsvermittler zwischen den lipophilen, ursprünglich in die Membran eingebetteten Oberflächen des Proteins und dem wässrigen Lösungsmittel fungieren. Die Anwesenheit dieser Detergenzien ist nicht nur bei der Solubilisierung notwendig, sondern womöglich auch beim weiteren Gang der Aufarbeitung, um die Proteine in Lösung zu halten. Üblicherweise verwendete Detergenzien sind die nicht-ionischen Detergenzien Triton-X-100 (CMC = 0.3 mM) und Octylglucosid (CMC = 25 mM), die zwitterionischen Detergenzien CHAPS (CMC = 6.5 mM) und Zwittergent (CMC = 39 mM), sowie ionische Detergenzien wie Na-Cholat (CMC = 16.2 mM), die alle in Konzentrationen eingesetzt werden, die über der kritischen micellaren Konzentration (CMC) liegen (Neugebauer 1988; 1990). Je nach Konzentration und Einwirkdauer von Detergenzien auf Membranen läuft folgende Reaktionsfolge ab:

$$
\begin{array}{c}
\text{Membran} \\
\Downarrow \\
\text{Membran mit gebundenen Detergenzien} \\
\Downarrow \\
\text{lysierte Membran} \\
\Downarrow \\
\text{Lipid-Protein-Detergenz + Lipid-Detergenz} \\
\Downarrow \\
\text{Protein-Detergenz + Lipid-Detergenz}
\end{array}
$$

Manche membrangebundenen Proteine, aber auch Proteine, die mit dem Cytoskelett assoziiert sind oder in *inclusion bodies* vorliegen, können mit Detergenzien allein nicht solubilisiert werden. Vielmehr werden chaotrope Agenzien wie Guanidiniumchlorid oder Harnstoff benötigt, um Protein-Protein-Wechselwirkungen zu lösen. Für besonders hartnäckige Fälle hat sich die Kombination von Guanidiniumchlorid und CHAPS in 0.2 – 0.5 M Phosphatpuffer bewährt. Die Anwesenheit von z.B. 6 M Guanidiniumchlorid führt allerdings zur Denaturierung der Proteine. Die Renaturierung erfolgt am besten durch Mischung mit einem großen Überschuß an Guanidiniumchlorid-freiem Puffer. Diese plötzliche „Entfernung" des denaturierenden Agens durch Verdünnung ist meist deutlich effektiver als die langsame „Entfernung" durch Dialyse. Im übrigen gibt es keinen „Königsweg" zur Renaturierung von Proteinen aus *inclusion bodies*; differenzierte Vorschläge zu bewährten Vorgehensweisen sind durch Marston & Hartley (1990) und kürzlich durch Rudolph & Lilie (1996) zusammengefaßt worden.

Solubilisierte Proteine können unter Umständen auch ohne Zusatz von Detergenzien in Lösung gehalten werden. Die Entfernung von Detergenzien nach der Solubilisierung kann durch Fällung des Proteins oder weniger effektiv durch Dialyse erreicht werden. Detergenzien können auch ausgetauscht werden; das geschieht am besten durch ein chromatographisches Verfahren, wobei das z.B. mit Triton X-100 solubilisierte Protein auf einer Anionenaustauschersäule gebunden wird und mit einer CHAPS-haltigen Salzlösung von der Säule eluiert wird (Hjelmeland 1990b).

Viele Membranproteine, aber auch Proteine, die zur Aggregation neigen, lassen sich gut mit Pufferlösungen stabilisieren, die 5 – 20 % (v/v) Glycerol enthalten. Höher konzentrierte Glycerollösungen eignen sich zur Aufbewahrung von Proteinlösungen im flüssigen Zustand im Tief- (- 20°C) bzw. Tiefstkühlschrank (- 80 °C).

3.3 Fällungsmethoden für Proteine und Nukleinsäuren

Die Löslichkeit von Proteinen und Nukleinsäuren in wässrigem Medium beruht auf der Solvatisierung des Makromoleküls durch Wassermoleküle und kann durch pH, Ionenstärke und Temperatur, wie auch durch Zusätze von bestimmten Salzen oder mit Wasser mischbaren organischen Lösungsmitteln verändert werden. Im folgenden sollen Fällungsmethoden von Proteinen und Nukleinsäuren besprochen werden, die zur Konzentrierung und selektiven Anreicherung dieser Makromoleküle Anwendung finden.

3.3.1 Fällungsmethoden für Proteine

Bei globulären Proteinen in der nativen Konformation sind die unpolaren Aminosäurereste im Inneren des Proteins angeordnet, während die polaren Aminosäurereste nach außen, zum Lösungsmittel hin, orientiert sind. Die stabile native Konformation ist durch hydrophobe Wechselwirkungen im Inneren und elektrostatische Wechselwirkungen und Wasserstoffbrückeninteraktionen in der Zwischenphase zum Lösungsmittel bestimmt. Störungen dieser Wechselwirkungen können die Balance zwischen intra- und intermolekularen Wechselwirkungen, die den gelösten Zustand charakterisieren, aufheben, so daß es vermehrt zu Protein-Protein-Kontakten kommt, die über Aggregation zur Präzipitation (oder in bestimmten Fällen zur Kristallisation!) führt. Wird dabei das Protein entfaltet, z.B. bei einer Hitzefällung, ist mit irreversibler Denaturierung zu rechnen. Kommt es dagegen nicht zu einer Entfaltung des Proteins, ist die Fällung reversibel. Das oft beobachtete Ausfallen von Proteinen bei pH-Werten um den isoelektrischen Punkt ist ein Beispiel für eine solche reversible Fällung, die darauf zurückzuführen ist, daß Ionen-Dipol-Wechselwirkungen zwischen Protein und Lösungsmittel minimiert werden. Das Phänomen des „Aussalzens", d.h. die Fällung von Proteinen bei hoher Ionenstärke ist auf die Abschirmung von Oberflächenladungen sowie die Konkurrenz um das Lösungsmittel (Erniedrigung der Wasseraktivität) zurückzuführen. Durch Erniedrigung der Ionenstärke können so gefällte Proteine wieder gelöst werden. Umgekehrt können manche Proteine auch bei sehr niedrigen Ionenstärken gefällt werden, vermutlich weil es zu elektrostatischen Wechselwirkungen zwischen gegensätzlich geladenen Gruppen mehrerer Proteinmoleküle kommt; das Phänomen des „Einsalzens", d.h. die Auflösung von gefällten Proteinen durch Erhöhung der Ionenstärke, ist auf die Abschirmung von Oberflächenladungen zurückzuführen (Überblick: Englard & Seifter 1990).

3.3.1.1 TCA-Fällung

Fast alle Proteine präzipitieren bei Zugabe von Trichloressigsäure (TCA), allerdings ist diese Präzipitation in der überwiegenden Zahl von Fällen irreversibel. Da sie aber schnell und einfach auszuführen ist (Zugabe von 1 Teil 100 % (w/v) TCA zu 9 Teilen Proteinlösung, Stehenlassen auf Eis für 30 min, Abzentrifugieren), sowie quantitativ abläuft, ist sie die Methode der Wahl für die meisten analytischen Zwecke, z.B. bei der Probenvorbereitung für die SDS-PAGE.

3.3.1.2 Ammoniumsulfatfällung

Unter den salzinduzierten reversiblen Fällungsverfahren ist die Ammoniumsulfatfällung mit Abstand die verbreitetste. Die Gründe dafür sind vielfältig. Ammoniumsulfatlösungen können genügend hochkonzentriert hergestellt werden, um fast alle Proteine zu fällen. Die Zugabe von festem Ammoniumsulfat führt wegen der geringen Lösungsenthalpie nur zu einer geringen Erwärmung der Lösung. Die Dichte selbst einer gesättigten Ammoniumsulfatlösung ist geringer als die von Proteinen, so daß Proteinniederschläge effektiv abzentrifugiert werden können. Konzentrierte Ammoniumsulfatlösungen wirken bakteriostatisch.

Ammoniumsulfatfällungen können zur Konzentrierung von Proteinlösungen eingesetzt werden, allerdings nur bei Lösungen, die nicht zu verdünnt sind (> 1 mg/ml). Deshalb wird eine Ammoniumsulfatfällung im Zuge einer Proteinaufarbeitung üblicherweise nur zu Beginn einer Aufarbeitung, z.B. zur Konzentrierung des nach dem Aufschluß und der ersten Zentrifugation erhaltenen klaren Überstands, eingesetzt. Dazu wird dem klaren Überstand, dessen pH-Wert mit Ammoniak neutralisiert wurde, im Eisbad unter vorsichtigem Rühren portionsweise festes, fein zerriebenes Ammoniumsulfat zugesetzt, zwischendurch der pH-Wert kontrolliert, bis 80 – 85 % Sättigung (es ist zu beachten, daß es sich bei dieser Angabe nicht um die Konzentration in g/100 ml Lösung handelt!) an Ammoniumsulfat erreicht ist (516 – 559 g zu 1 l Lösung, s. Tab. 3-4). Nach ca. 30 min kann der Fällungsansatz abzentrifugiert werden, z.B. bei 10 000 g für 10 min bei 0 – 4 °C. Der Überstand wird vorsichtig dekantiert oder abgesaugt. Der Niederschlag kann eingefroren oder nach Suspendierung in wenig Puffer dialysiert werden. Soll eine Entsalzung über eine Gelfiltrationssäule erfolgen, muß der Niederschlag in Puffer gelöst werden. Statt festem Ammoniumsulfat kann auch eine gesättigte Ammoniumsulfatlösung für die Fällung benutzt werden. Diese Alternative mag schonender sein, führt aber zu größeren Volumina und ist deshalb nur bei kleinem Probenvolumen zu empfehlen.

Statt zur bloßen Konzentrierung können Ammoniumsulfatfällungen auch zur Anreicherung eines gewünschten Proteins eingesetzt werden. Dazu werden sogenannte fraktionierte Fällungen durchgeführt, bei denen die Tatsache ausgenutzt wird, daß verschiedene Proteine bei unterschiedlichen Ammoniumsulfatkonzentrationen gefällt werden. Wird z.B. ein bestimmtes Protein noch nicht bei 35 % Ammoniumsulfatsättigung ausgefällt, aber so gut wie vollständig bei 55 %, so wird man zunächst eine Fällung bei 35 % vornehmen, den Niederschlag abzentrifugieren, zum Überstand Ammoniumsulfat bis zur 55 % Sättigung hinzugeben, wieder abzentrifugieren und den Niederschlag weiterverarbeiten. Man kann den

Tabelle 3-4 Tabelle zur Bestimmung der Ammoniumsulfat-Menge zur Einstellung einer gewählten Konzentration (in % Sättigung) bei 0 °C

	Endkonzentration an $(NH_4)_2SO_4$ (% Sättigung)																
	20	25	30	35	40	45	50	55	60	65	70	75	80	85	90	95	100
	Zuzugebende $(NH_4)_2SO_4$-Menge in g pro l																
0	106	134	164	194	226	258	291	326	361	398	436	476	516	559	603	650	697
5	79	108	137	166	197	229	262	296	331	368	405	444	484	526	570	615	662
10	53	81	109	139	169	200	233	266	301	337	374	412	452	493	536	581	627
15	26	54	82	111	141	172	204	237	271	306	343	381	420	460	503	547	592
20	0	27	55	83	113	143	175	207	241	276	312	349	387	427	469	512	557
25		0	27	56	84	115	146	179	211	245	280	317	355	395	436	478	522
30			0	28	56	86	117	148	181	214	249	285	323	362	402	445	488
35				0	28	57	87	118	151	184	218	254	291	329	369	410	453
40					0	29	58	89	120	153	187	222	258	296	335	376	418
45						0	29	59	90	123	156	190	226	263	302	342	383
50							0	30	60	92	125	159	194	230	268	308	348
55								0	30	61	93	127	161	197	235	273	313
60									0	31	62	95	129	164	201	239	279
65										0	31	63	97	132	168	205	244
70											0	32	65	99	134	171	209
75												0	32	66	101	137	174
80													0	33	67	103	139
85														0	34	68	105
90															0	34	70
95																0	35
100																	0

⇑

Anfangskonzentration an $(NH_4)_2SO_4$ (% Sättigung)

Fraktionsbereich auch enger wählen; die Anreicherung wird dann größer, die Ausbeute sinkt aber.

Statt einer fraktionierten Fällung kann man auch eine fraktionierte Rückextraktion vornehmen. Dazu wird die Probenlösung mit z.B. 60 % Sättigung an Ammoniumsulfat gefällt und der Niederschlag sukzessive mit 55 %, 50 %, 45 %, 40 % etc. gesättigter Ammoniumsulfatlösung extrahiert, d.h. vorsichtig gerührt, abzentrifugiert, etc. Wegen der hohen Leistungsfähigkeit von chromatographischen Trennverfahren hat die Ammoniumsulfatfällung als Methode zur Anreicherung von Proteinen an Bedeutung verloren, sie ist aber nach wie vor für Konzentrierungszwecke von großem Nutzen.

3.3.1.3 PEG-Fällung

Polyethylenglykol (PEG) als hydrophiles, ungeladenes Polymer konkurriert mit Proteinen in wässriger Lösung um das Hydratationswasser und führt bei Zugabe zu Proteinlösungen in Konzentrationen zwischen 0 und 30 % (w/v), abhängig von der Art des Proteins und dem Polymerisationsgrad des PEG (üblicherweise PEG 4000 oder PEG 6000), zu einer reversiblen Fällung, die als besonders schonend angesehen werden kann (Ingham 1990). Nicht ohne Grund ist PEG eines der gebräuchlichsten Agenzien zur Kristallisation von Proteinen. Der Vorteil von PEG gegenüber Ammoniumsulfat als Fällungsmittel ist darin zu sehen, daß PEG-gefällte Proteine ohne Entsalzungsschritt auf Ionenaustauschersäulen aufgetragen werden können. Die Entfernung von PEG aus PEG-gefällten Proteinpräparationen kann entsprechend durch Ionenaustauschchromatographie erfolgen, als Alternativen bieten sich Ultrafiltration oder, bei PEG 400, die Dialyse an.

3.3.1.4 Fällung durch organische Lösungsmittel

Organische Lösungsmittel wie Methanol, Ethanol oder Aceton können für die Fällung von Proteinen aus wässrigen Lösungen benutzt werden. Es handelt sich dabei um mit Wasser in jedem Verhältnis mischbare Lösungsmittel, die bei Zugabe zu einer Proteinlösung mit der Solvatisierung der Proteine interferieren, indem sie mit den Proteinen um das Hydratationswasser konkurrieren. Fällungen mit organischen Lösungsmitteln sind bei vielen Proteinen mit einem mehr oder weniger starken Verlust der Aktivität verbunden, da organische Lösungsmittel eine partielle Entfaltung von Proteinen induzieren, indem sie mit ihren unpolaren Gruppen stabilisierende intramolekulare hydrophobe Wechselwirkungen im Protein beeinträchtigen können. Wegen dieser Gefahr sollten Fällungen mit organischen Lösungsmitteln mit besonderer Vorsicht durchgeführt werden. Insbesondere sollte die Fällung in einem Glas- oder Edelstahlgefäß im Eisbad oder Eis/NaCl-Bad vorgenommen werden, um die Lösungswärme effektiv abzuführen, und die Zugabe des vorgekühlten organischen Lösungsmittels sollte tropfenweise unter Rühren durchgeführt werden. Das für die Einstellung des Gleichgewichts erforderliche Stehenlassen nach der Zugabe des organischen Lösungsmittels sollte nicht über 15 min ausgedehnt werden, die Zentrifugation sollte, wenn möglich, bei Temperaturen unter 0 °C durchgeführt werden. Der Niederschlag sollte möglichst vollständig vom Überstand getrennt und möglichst schnell wieder aufgelöst und weiterverarbeitet werden.

3.3.1.5 Hitzefällung

Obwohl fast alle Proteine bei Erwärmung denaturiert und ausgefällt werden, und zwar in einer meist irreversiblen Weise, gibt es Ausnahmen, die eine Hitzefällung zum wichtigsten Anreicherungsschritt in einem Proteinaufarbeitungsschema werden lassen. Die Erhöhung der Temperatur führt dabei zu einer Abtrennung von unerwünschten Proteinen als Niederschlag, der abzentrifugiert wird, während das interessierende Protein in Lösung und deshalb im Überstand verbleibt. Praktisch geht man so vor, daß die Proteinlösung in einem Glas- oder Edelstahlgefäß in einem Wasserbad von 90 °C gerührt wird, bis die gewünschte Temperatur in der Proteinlösung erreicht wird. Nach einer bestimmten Zeit, die für verschiedene Proteine unterschiedlich ist, wird auf Eis abgekühlt und abzentrifugiert.

Während bei Proteinen, die aus mesophilen Organismen stammen, Hitzefällungen nur in seltensten Fällen anwendbar sein werden, sind sie bei in *E. coli* klonierten Proteinen aus thermophilen Organismen beinahe regelmäßig Bestandteil des Aufarbeitungsprotokolls. Zu beachten ist dabei aber, daß die Inkubationszeiten kurzgehalten werden, da es sonst zu einer Desamidierung von Glutamin- und Asparaginresten kommen kann.

3.3.2 Fällungsmethoden für Nukleinsäuren

Nukleinsäuren sind im Vergleich zu Proteinen deutlich weniger empfindlich, was eine irreversible Denaturierung angeht. Wie Proteine sind auch Nukleinsäuren als polare Makromoleküle durch Entladung (pH-Wert-Veränderung) oder durch Verminderung der Wasseraktivität (Zugabe von organischen Lösungsmitteln, etc.) auszufällen (Überblick: Maniatis et al. 1989; Ausubel et al. 1989; Harwood 1996).

3.3.2.1 TCA-Fällung

Nukleinsäuren können durch Erniedrigung des pH-Wertes unter den pK-Wert der Phosphodiestergruppe (pK = 1 – 2) gefällt werden. Üblicherweise wird die Fällung bei 0 °C mit 10 % (w/v) Trichloressigsäure (TCA) durchgeführt. In diesem sauren Milieu muß mit Depurinierung gerechnet werden, so daß diese Fällungsmethode nur für analytische Zwecke geeignet ist, z.B. zur Messung des Einbaus von radioaktiv-markierten Nukleotiden zur Untersuchung der Replikation und Transkription oder von radioaktiv markierten Aminosäuren zur Untersuchung der Translation. TCA kann vor der Szintillationszählung durch Waschen des Niederschlags mit Alkohol entfernt werden. Für die Fällung von sehr verdünnten Nukleinsäurelösungen sollten *carrier*, wie unmarkierte RNA oder DNA, Serumalbumin oder Glykogen, zugesetzt werden.

3.3.2.2 Alkoholfällung

Die mit Abstand wichtigste Fällungsmethode für Nukleinsäuren ist die Alkoholfällung. Sie wird üblicherweise mit 2 – 3 Volumina Ethanol oder mit 1 Volumen Isopropanol in Gegenwart von 0.1 – 0.5 M Na- oder K-acetat pH 5 bei 0 °C durchgeführt (höhere Salzkonzentrationen als 1 M interferieren mit der Fällung). Monovalente Kationen und Alkohol bewirken eine Konformationsänderung, die zur Ausfällung führt. Für eine quantitative Ausfällung sollte man den Fällungsansatz 15 min bei – 70 °C oder 30 min bei – 20 °C stehen lassen. Das ist besonders wichtig, wenn es sich um sehr verdünnte Lösungen (< 10 µg/ml) handelt, während bei Konzentrationen über ca. 0.25 mg/ml die Fällung bereits bei Raumtemperatur quantitativ abläuft. Na- und K-Acetat werden z.T. mitpräzipitiert; sie können durch Waschen mit 70 % (v/v) Ethanol entfernt werden. NaCl oder KCl sind nicht so gut löslich in 70 % Ethanol und sollten deshalb nicht zu einer Alkoholfällung zugesetzt werden. Mit Alkohol gefällte DNA und RNA läßt sich einfach wieder in Lösung bringen. Bei hochmolekularer DNA kann der Lösungsvorgang allerdings wegen der starken Vernetzung des Niederschlags sehr lang dauern.

3.3.2.3 PEG-Fällung

Für sehr verdünnte Nukleinsäurelösungen ist die Fällung mit Polyethylenglykol (PEG) vorzuziehen. Dazu wird die Lösung mit 10 % (w/v) PEG 6000 versetzt und für 2 Stunden auf Eis stehen gelassen. Der abzentrifugierte Niederschlag wird mit 70 % (v/v) Ethanol gewaschen. Man kann mit PEG sogar eine fraktionierte Fällung durchführen, da hochmolekulare DNA bei niedrigeren PEG Konzentrationen ausfällt als niedermolekulare DNA. Es muß betont werden, daß weder durch Alkohol- noch durch PEG-Fällungen Oligonukleotide mit Kettenlängen unter 20 mit guter Ausbeute präzipitiert werden. Bei der Fällung von Nukleinsäuren durch PEG muß beachtet werden, daß die Fällung neben der gewünschten Nukleinsäure auch makromolekulare Verunreinigungen aus dem PEG enthalten kann. Diese Verunreinigungen können mit den herkömmlichen Methoden (Elektrophorese, UV-Absorptionsspektroskopie) nicht erkannt und auch im CsCl-Dichtegradienten nicht zuverlässig wieder entfernt werden.

3.4 Dialyse, Ultrafiltration und Lyophilisation

Dialyse, Ultrafiltration und Lyophilisation sind Prozesse, bei denen das Milieu verändert wird, in dem sich Makromoleküle, insbesondere Proteine, die im folgenden mit Schwergewicht behandelt werden, befinden. Es handelt sich um Verfahren, die sowohl bei der weiteren Aufarbeitung eines Zellextrakts als auch bei der Vorbereitung von Proben für verschiedenste Zwecke benötigt werden.

3.4.1 Dialyse

Unter Dialyse versteht man die Entfernung oder den Austausch von niedermolekularen Komponenten aus einer Lösung. Es ist das Standardverfahren z.B. zur Entfernung von $(NH_4)_2SO_4$ aus Ammoniumsulfatfällungsansätzen oder zur Umpufferung von Proteinlösungen bei der Vorbereitung einer Säulenchromatographie, findet aber in der Form der Gleichgewichtsdialyse auch verbreitet Anwendung bei der Analyse der Wechselwirkungen zwischen Makromolekülen und ihren Liganden. Dialysemethoden benutzen semipermeable Membranen, die von Proteinen nicht durchquert werden können, anorganische Salze und andere niedermolekulare Verbindungen aber passieren lassen. Je nach *cut-off* werden mehr oder weniger große Moleküle zurückgehalten. Übliche Dialysemembranen aus Cellulose haben einen *cut-off* von ca. 10 000, d.h. daß globuläre Proteine mit einem $M_r > 10$ kDa nur sehr langsam durch diese Membran diffundieren können. Dialysemembranen aus Cellulose mit unterschiedlichem *cut-off* (1… 50 kDa) sind kommerziell erhältlich. Sie werden üblicherweise in trockener Form als Rollenware geliefert und müssen, bevor sie eingesetzt werden können, rehydratisiert werden. Dazu werden sie zunächst zweimal in 0.1M $NaHCO_3$-Lösung, der 10 mM EDTA zur Entfernung von Schwermetallionen zugesetzt wird, gekocht und anschließend ausgiebig mit destilliertem Wasser gespült. Sie können dann über längere Zeit in 10 mM EDTA-Lösung oder in 20 % Ethanol bei 4 °C aufbewahrt werden. Dialyseschläuche sollten vor dem Gebrauch auf Dichtigkeit geprüft werden. Für die Dialyse wird die Probenlösung in den Schlauch gefüllt, der auf der einen Seite zugeknotet ist (man sollte beim Zuknoten nur an dem kurzen Ende ziehen, um das die Proteinlösung aufnehmende Cellulosematerial nicht zu strapazieren). Beim Verschließen des freien Endes, das durch Zuknoten oder unter Verwendung einer Klammer erfolgen kann, ist zu berücksichtigen, daß je nach Konzentration der Lösung an Protein, Salz, Glycerol etc., Wasser einströmen wird und damit das Volumen im Schlauch zunehmen wird. Um ein Platzen des Schlauches zu vermeiden, sollte man deshalb den Schlauch nicht prall füllen, vielmehr etwas, aber nicht zuviel Platz für die Ausdehnung des Probenvolumens lassen. Der gefüllte Dialyseschlauch wird in ein Becherglas, einen Erlenmeyerkolben oder einen Meßzylinder gegeben, in dem sich der Dialysepuffer befindet. Das Volumen des Dialysepuffers sollte etwa das 100fache Proben-

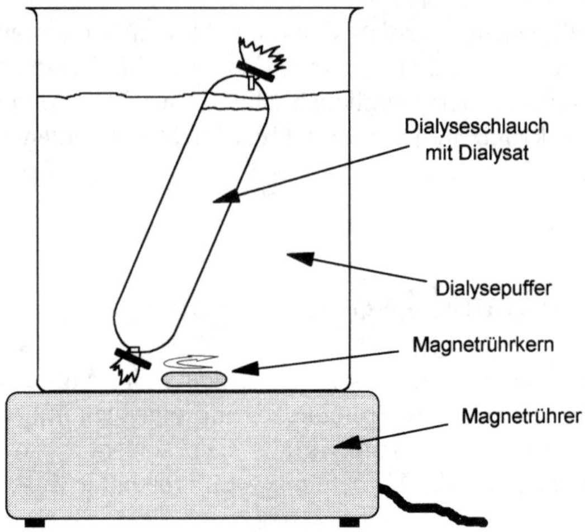

Abb. 3-2: Dialyse in Dialyseschläuchen.
Für die klassische Dialyse wird die zu dialysierende Lösung in einen Dialyseschlauch gefüllt, der verschlossen in einen Dialysepuffer getaucht und dort über längere Zeit durch Rühren bewegt wird.

volumen aufweisen. Der Dialysepuffer sollte während der Dialyse auf einem Magnetrührer gerührt werden (Abb. 3-2). Da nach dem 1. Fickschen Gesetz die Diffusionsgeschwindigkeit v

$$v = -D \cdot q \cdot \frac{dc}{dx} \tag{3.1}$$

bei gegebenem Diffusionskoeffizienten D proportional zu der Austauschfläche q und dem Konzentrationsgradienten (dc/dx) ist, empfiehlt es sich, Dialyseschläuche mit eher geringem Durchmesser und daher großer Oberfläche zu verwenden und den Dialysepuffer einige Male zu wechseln, um den Dialysevorgang zu beschleunigen. Im Regelfall sollte eine Dialyse in 12 bis 24 Std. beendet sein: eine Überprüfung mit Hilfe einer Leitfähigkeitsmessung ist zu empfehlen. Für kleine Volumina (< 1 ml) sollte man kommerziell erhältliche Mikrodialysekammern benutzen. Als Alternative zu einer Mikrodialysekammer kann ein Eppendorfreagiergefäß benutzt werden, das im Deckel durchbohrt wurde und in das man zwischen Deckel und Gefäß ein Stück Dialysemembran gespannt hat; um zu gewährleisten, daß das Eppendorfreagiergefäß mit dem Deckel und der Membran in den Dialysepuffer taucht, sollte man es mit einer Klammer fixieren oder in einem flotierenden Styroporplättchen befestigen.

Statt eine Probe über Dialyse zu entsalzen oder umzupuffern, kann man sie auch einer Ultrafiltration oder Gelfiltration unterziehen. Der Vorteil dieser Verfahren ist die größere Geschwindigkeit, ihr Nachteil der größere apparative und/oder manipulative Aufwand.

Dialyse dient nicht nur der Entsalzung und Umpufferung, sondern kann auch für die Konzentrierung von Proben eingesetzt werden. Dafür kann man die Probe gegen 10 – 20 % (w/v) Polyethylenglykol (hochmolekulare Form: $M_r \sim 7.5$ kDa) dialysieren; dabei ist darauf zu achten, daß der Probenlösung nicht zu viel Wasser entzogen wird. Anstatt den Dialyseschlauch in eine PEG-Lösung zu geben, kann er auch in eine Schale mit festem Polyethylenglykol oder auch Sephadex G-200, das beim Quellen viel Wasser (und Salze) aufnimmt, gelegt werden oder in einer Druckflasche aufgehängt werden, die von getrockneter und gereinigter Pressluft durchströmt wird. Auch hier ist darauf zu achten, daß die Konzentrierung nicht zu weit geht.

In der Form der Gleichgewichtsdialyse dient die Dialyse einem analytischen Zweck. Normalerweise werden dafür kommerziell erhältliche Kammern eingesetzt, die zwei separat zu füllende und durch eine Dialysemembran getrennte Kompartimente haben, das eine für das Makromolekül, das andere für den üblicherweise radioaktiv markierten niedermolekularen Liganden. Nach Gleichgewichtseinstellung werden über die Bestimmung der Konzentration des Liganden in einem Kompartiment ($c_{\text{Ligand frei}}$) und im anderen Kompartiment ($c_{\text{Ligand frei}} + c_{\text{Ligand gebunden}}$) die für eine Bestimmung der Gleichgewichtsparameter notwendigen Meßgrößen erfaßt.

3.4.2 Ultrafiltration

Ultrafiltration und Dialyse sind verwandte Methoden. Beide beruhen auf der Trennung von Molekülen nach Größe durch Verwendung von Membranen mit definierten Poren. Anders als bei der Dialyse wird bei der Ultrafiltration für die Trennung Druck bzw. Unterdruck angewandt. Im Prinzip kann Ultrafiltration mit Dialyseschläuchen durchgeführt werden, indem ein Dialyseschlauch in einer Absaugflasche befestigt wird und an diese ein Vakuum angelegt wird. Leistungsfähiger sind Systeme, die mit speziellen Membranen arbeiten, die oft aus zwei Schichten, einer dünnen dichten Oberschicht mit eng definierten Poren und einer dicken offenen Unterschicht, bestehen (Überblick: Schratter 1996). Die für die Ultrafiltration entwickelten Membranen bestehen aus mechanisch verstärkten, synthetischen oder natürlichen Polymeren, die mit unterschiedlich großen Poren hergestellt werden und entsprechend niedrige (0.5 kDa) bis hohe (200 kDa) Ausschlußgrenzen haben (Tab. 3-5). Die Ultrafiltrationsmembran wird in eine druckstabile Kammer von wenigen ml bis zu mehreren Litern Volumen eingespannt. Durch Anlegen von Druck werden die kleinen Moleküle in der zu konzentrierenden Lösung durch die Membran hindurch gedrückt. Der dafür benötigte Druck (bis zu ca. 5 bar, entspr. $5 \cdot 10^5$ Pa) wird mit Hilfe einer Stickstoffgasflasche aufgebaut, ersatzweise mit gereinigter Pressluft, sofern das Protein nicht oxydationsempfindlich ist. Damit die Membranen bei der Ultrafiltration nicht verstopfen, sollte die zu konzentrierende Lösung unter Verwendung eines Magnetrührers gerührt werden (Abb. 3-3). Obwohl der Ultrafiltrationsprozeß insgesamt als schonend bezeichnet werden kann, mag es bei empfindlichen Proteinen zu einer partiellen Inaktivierung kommen, sowie bei manchen Membranen zu „Abrieb", der sich bei Fluoreszenz- und Lichtstreuexperimenten störend bemerkbar macht, insbesondere wenn sehr verdünnte Lösungen konzentriert werden. In Abhängigkeit von der verwendeten Membran und von der Zusammensetzung der zu konzentrierenden Lösung kann es im übrigen zur irreversiblen Adsorption von Proteinen an die Membran und damit zu Ausbeuteverlusten während des Ultrafiltrationprozesses kommen. Ultrafiltration kann auch mit Hilfe eines künstlichen Schwerefeldes in Zentrifugenröhrchen oder -bechern durchgeführt werden. Dazu wurden spezielle Einweggefäße mit integrierter Ultrafiltrationsmembran entwickelt, die in die Festwinkelrotoren üblicher Zentrifugen eingesetzt werden und innerhalb kurzer Zeit (Minuten bis Stunden) zu einer Konzentrierung von Probevolumina von mehreren ml auf weniger als 100 µl ermöglichen (Abb. 3-4). Durch die spezielle Konstruktion und die Verwendung von Festwinkelrotoren wird die Konzentrierung bis zur Trockene vermieden.

Tabelle 3-5 Eigenschaften von Ultrafiltrationsmembranen

Membran	Zusammensetzung	Trenngrenze [kDa]	Filtrationsrate [ml/cm^2·min]
Amicon			
YC 05	hydrophiles Polymer	0.5	0.03–0.04*
YM 1	hydrophiles Polymer	1	0.02–0.04
YM 3	hydrophiles Polymer	3	0.06–0.08
YM 10	hydrophiles Polymer	10	0.15–0.20
PM 10	inertes, nicht-ionisches Polymer	10	1.5–3.0
YM 30	hydrophiles Polymer	30	0.8–1.0
PM 30	inertes, nichtionisches Polymer	30	2.0–6.0
XM 50	nichtionisches Polymer	50	1.0–2.5
XM 100	nichtionisches Polymer	100	0.6–1.0
XM 300	nichtionisches Polymer	300	0.5–1.0
Schleicher & Schüll			
AC 61	Celluloseacetat	10	0.0013–0.0025**
RC 51	regenerierte Cellulose	10	0.0013–0.0025
AC 62	Celluloseacetat	20	0.0025–0.01
RC 52	regenerierte Cellulose	20	0.0025–0.01
AC 63	Celluloseacetat	80	0.01–0.035
RC 53	regenerierte Cellulose	80	0.01–0.035
AC 64	Celluloseacetat	160	0.044–0.1
RC 54	regenerierte Cellulose	160	0.044–0.1
Millipore			
PLAC	regenerierte Cellulose	1	
PLBC	regenerierte Cellulose	3	
PLCC	regenerierte Cellulose	5	
PLGC	regenerierte Cellulose	10	
PLTK	regenerierte Cellulose	30	
PLHK	regenerierte Cellulose	100	
PCMK	regenerierte Cellulose	300	
PCXK	regenerierte Cellulose	1000	
PBCC	synthetisches Polymer	5	
PBGC	synthetisches Polymer	10	
PBTK	synthetisches Polymer	30	
PBQK	synthetisches Polymer	50	
PBHK	synthetisches Polymer	100	

* bei 390 kPa (3.9 bar) Druckdifferenz ** bei 90 kPa (0.9 bar) Druckdifferenz

Obwohl die Hauptanwendung für die Ultrafiltration im Bereich der Konzentrierung liegt, kann sie auch zur Umpufferung bzw. Entsalzung verwendet werden, ja sogar für die Analyse von Bindungsgleichgewichten von Makromolekülen und deren Liganden.

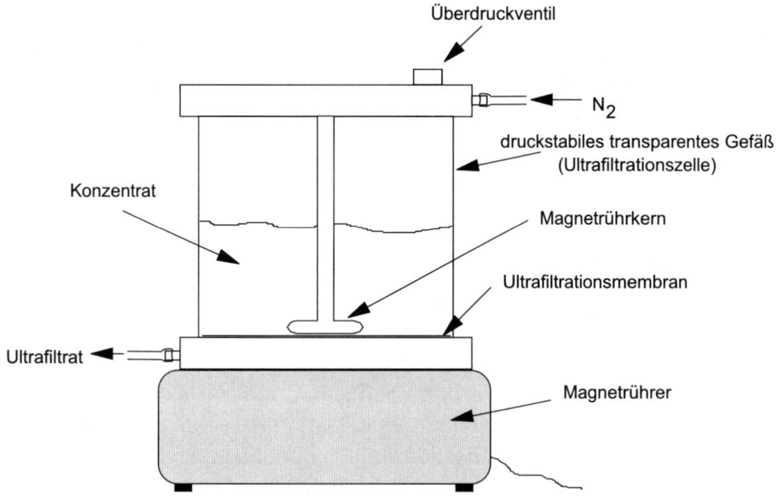

Abb. 3-3: Ultrafiltration durch Überdruck.
Die zu konzentrierende Lösung wird in die Ultrafiltrationskammer, die am unteren Ende eine poröse Membran enthält, gefüllt und unter Druck filtriert. Durch ständiges Rühren wird die Verstopfung der Membran vermieden. Im Prinzip kann auf diese Weise nicht nur konzentriert sondern auch dialysiert werden, wobei nach der Konzentrierung die Kammer mit Puffer aufgefüllt und erneut ultrafiltriert wird.

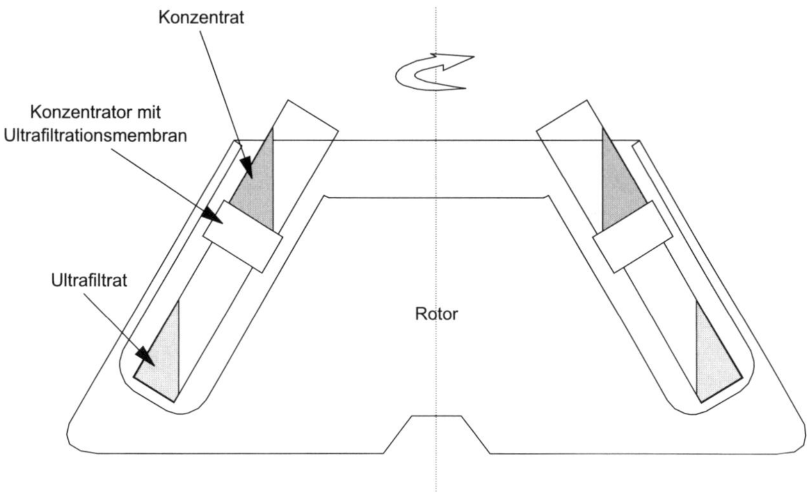

Abb. 3-4: Ultrafiltration durch Zentrifugation.
Für kleinere Volumina ist die Ultrafiltration durch Zentrifugation die Methode der Wahl, indem die zu konzentrierende Lösung in eine Ultrafiltrationskartusche gefüllt wird, die für bestimmte Rotortypen erhältlich ist. Bei mäßig hohen Drehzahlen wird die Lösung bis auf einen kleinen Rest, der die makromolekularen Bestandteile enthält, durch die Membran gedrückt und auf diese Weise konzentriert.

3.4.3 Lyophilisation

Unter Lyophilisation oder Gefriertrocknung versteht man die Entfernung von Lösungsmitteln aus gefrorenen Proben durch Sublimierung. Es ist das klassische und eines der schonendsten Verfahren zur Konzentration von Proteinen (Überblick: Pohl 1990). Allerdings werden bei der Lyophilisation im Gegensatz zur Ultrafiltration evtl. in der Lösung vorhandene Salze, soweit sie nicht flüchtig sind, mitkonzentriert. Deshalb wird bei der Lyophilisation von Proteinen oft von entsalzten Lösungen ausgegangen, oder bei der Lyophilisation von Oligonukleotiden von Lösungen, die nur flüchtige Puffersubstanzen, z.B. Triäthylammoniumbicarbonat, enthalten. Für die Lyophilisation werden Gefriertrocknungsanlagen benötigt, die aus einer Hochleistungsvakuumpumpe (Drehschieberölpumpe), einer Kühlfalle und einem mit Schliffen oder Gummianschlüssen versehenen, verzweigten Rohranschluß mit Ventilen bestehen. An diesem Rohranschluß werden Rundkolben befestigt, in denen sich die zu lyophilisierende Lösung in gefrorener Form befindet. Zur Vergrößerung der Oberfläche, die entscheidend für die Geschwindigkeit der Lyophilisation ist, sollte die Lösung beim Einfrieren rotiert werden. Moderne Lyophilisationsanlagen erlauben auch die Lyophilisation von gefrorenen Lösungen, die sich in flachen Schalen befinden, die in einer Vakuumkammer auf Metallplatten temperiert werden, so daß die Lyophilisation bei Temperaturen kurz unter dem Gefrierpunkt mit maximaler Effektivität ablaufen kann. Nicht alle Proteine vertragen allerdings den Einfrierprozeß; zumal wenn er nicht schnell erfolgt und dann beim Einfrieren pH- und Ionenstärkefluktuationen auftreten.

Eine Variante der Lyophilisation ist die Konzentrierung von Lösungen in speziellen Vakuumzentrifugen. Es handelt sich dabei um Tischzentrifugen, deren Rotorraum an eine Vakuumpumpe angeschlossen ist. Durch das Vakuum verdampft oder sublimiert das Lösungsmittel. Die Zentrifugation verhindert, daß Gasblasen entstehen und damit die Lösung zu schäumen beginnt, bzw. daß die gefrorene Lösung durch den Sog aus dem Zentrifugenröhrchen gezogen wird. Der Verdampfungs- bzw. Sublimationsprozeß kann durch gelindes Erwärmen auf ca. 45 °C beschleunigt werden. Diese Art der Konzentrierung ist äußerst komfortabel und relativ schnell: wässrige Lösungen werden mit bis zu 1 ml/h eingeengt. Das Verfahren ist aber nicht so schonend wie die Lyophilisation, da der Aggregatzustand der Lösung nur schwer zu kontrollieren ist. Für die Konzentrierung von stabilen Molekülen, wie z.B. Oligodeoxynukleotiden in nicht zu großen Volumina, ist diese Konzentrierung aber die Methode der Wahl.

3.5 Literatur

Ausubel, F.M., Brent, R., Kingston, R.E., Moore, D.D., Seidman, J.G., Smith, J.A. & Struhl, K. (1989) *Current Protocols in Molecular Biology*. John Wiley & Sons., Inc., New York.

Beynon, R.J. & Oliver, S. (1996) *Avoidance of Proteolysis in Extracts*. Meth. Mol. Biol. 59, 81-93.

Coligan, J.E., Dunn, B.M., Ploegh, H.L., Speicher, D.W.C., & Wingfield, P.T. (1995) *Current Protocols in Protein Science*. John Wiley & Sons, Inc., New York.

Deutscher, M.P. (1990 a) Ed. Methods in Enzymology, Vol. 182: *Guide to Protein Purification*. Academic Press, San Diego.

Deutscher, M.P. (1990 b) *Maintaining Protein Stability*. Meth. Enzymol. 182, 83-89.

Donnan, S. (1996), Ed. Methods in Molecular Biology, Vol. 59: *Protein Purification Protocols*. Humana Press, Totowa.

Englard, S. & Seifter, S. (1990) *Precipitation Techniques*. Meth. Enzymol. 182, 285-300.

Harwood, A.J. (1996), Ed. Methods in Molecular Biology, Vol. 58: *Basic DNA and RNA Protocols*. Humana Press, Totowa.

Hjelmeland, L.M. (1990 a) *Solubilization of Native Membrane Proteins*. Meth. Enzymol. 182, 253-264.

Hjelmeland, L.M. (1990 b) *Removal of Detergents from Membrane Proteins*. Meth. Enzymol. 182, 277-282.

Ingham, K.C. (1990) *Precipitation of Protein with Polyethylene Glycol.* Meth. Enzymol. 182, 301-306.

Janson, J.-C. & Rydén, L. (1989), Eds. *Protein Purification – Principles, High Resolution Methods and Applications*. VCH Publishers, New York.

Maniatis, T., Fritsch, E. & Sambrook, J. (1989) *Molecular Cloning, a Laboratory Manual*, 2nd ed. Cold Spring Harbor Laboratory Press, Cold Spring Harbor.

Marston, F.A.O. & Hartley, D.L. (1990) *Solubilization of Protein Aggregates.* Meth. Enzymol. 182, 264-276.

Neugebauer, J. (1988) *Properties and Uses of Detergents in Biology and Biochemistry*. Calbiochem – Novabiochem, La Jolla.

Neugebauer, J. (1990) *Detergents: an Overview*. Meth. Enzymol. 182, 239-253.

Pohl, T. (1990) *Concentration of Proteins and Removal of Solutes*. Meth. Enzymol. 182, 68-83.

Rudolph, R. & Lilie, H. (1996) *In vitro Folding of Inclusion Body Proteins*. FASEB J. 10, 49-56.

Scopes, R.K. (1993) *Protein Purification – Principles and Practice,* 3rd ed. Springer, New York.

Schratter, P. (1996) *Purification and Concentration by Ultrafiltration*. Meth. Mol. Biol. 59, 115-134.

4 Trennungen

In diesem Kapitel werden die üblichen Chromatographie-, Elektrophorese- und Zentrifugationstechniken vorgestellt. Für jede dieser Techniken wird zunächst das physikalische Prinzip und dann die Anwendung für präparative und analytische Fragestellungen besprochen. Entsprechend ihrer Bedeutung für jede Art von biochemischem und molekularbiologischem Arbeiten werden diese Techniken so ausführlich dargestellt, daß sie auch ohne zusätzliche Information angewandt werden können.

Biochemische Untersuchungen setzen oft voraus, daß die verwendeten oder die zu analysierenden Stoffe, seien es Enzyme, Coenzyme oder Substrate, homogen sind. Das bedeutet, daß sie von nicht interessierenden Begleitsubstanzen abgetrennt werden müssen. Dazu sind Trennverfahren entwickelt worden und werden stetig weiterentwickelt. Biochemische Untersuchungen gelten nicht weniger oft der Frage, wie hoch der Gehalt einer Substanz in einem Gemisch ist, oder wie sich dieser Gehalt im Zuge einer Reaktion ändert. Auch dafür werden Trennverfahren eingesetzt und immer empfindlicher gestaltet.

Alle Trennverfahren beruhen auf separativem Transport, wobei der Mechanismus der Trennung auf Phasengleichgewichten beruhen kann, wie sie typischerweise bei chromatographischen Trennungen ausgenutzt werden, oder auf kinetischen Prozessen, wie sie uns bei elektrophoretischen Trennungen und bei der Zentrifugation begegnen. Natürlich zählen auch Fällungsverfahren, Filtration und Dialyse zu den verbreiteten Trennverfahren. Sie sind bereits oben behandelt worden (s. Kap. 3.4). Separativer Transport muß immer im Zusammenhang mit dispersivem Transport wie Diffusion und Konvektion gesehen werden, den es bei leistungsfähigen Trennverfahren zu minimieren gilt.

4.1 Chromatographie

Chromatographische Trennverfahren dienen sowohl präparativen als auch analytischen Zwecken. Sie gehören ohne Zweifel zu den wichtigsten Methoden der Biochemie. Das übliche Format der präparativen Chromatographie ist die Säulenchromatographie, und zwar in der klassischen Niederdruckvariante, wie auch in der Form der HPLC (ursprünglich *high pressure liquid chromatography*, später *high performance liquid chromatography*) bzw. FPLC (*fast protein liquid chromatography*). Säulenchromatographie wird auch für analytische Zwecke gebraucht, insbesondere HPLC. Nicht minder bedeutungsvoll ist aber die apparativ nur wenig aufwendige Dünnschichtchromatographie und für flüchtige, bzw. durch Derivatisierung flüchtig gewordene Substanzen die Gaschromatographie.

4.1.1 Allgemeine Prinzipien und Definitionen

Chromatographie beruht auf der unterschiedlichen Verteilung von verschiedenen Stoffen auf zwei nicht miteinander mischbaren Phasen. Dieses allgemeine Prinzip läßt sich am besten

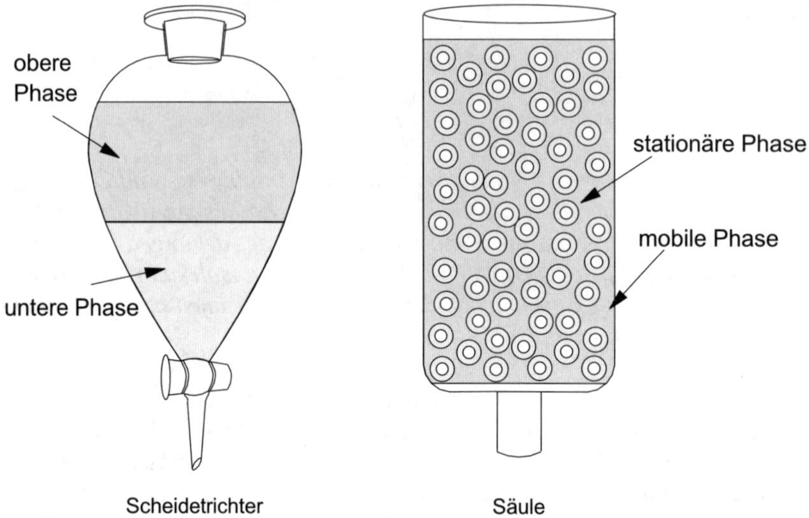

Abb. 4-1: Verteilungsgleichgewichte.
Verteilungsgleichgewichte im Scheidetrichter (links), wo sich ein Stoff in zwei nicht miteinander mischbaren Phasen verteilt, und in einer Chromatographiesäule (rechts), wo ein Stoff ganz analog unterschiedliche Affinität zu der stationären und der mobilen Phase aufweist.

durch die Verteilung von verschiedenen Stoffen in der wässrigen und der organischen Phase in einem Scheidetrichter illustrieren (Abb. 4-1). Voraussetzung für die Anreicherung eines Stoffes gegenüber einem anderen ist die unterschiedliche Löslichkeit dieser Stoffe in der wässrigen und organischen Phase. Will man diese Vorstellung auf chromatographische Trennungen übertragen, so müssen ganz analog zu den beiden Lösungsmitteln im Scheidetrichter zwei Phasen definiert werden. Dabei ist allen chromatographischen Verfahren gemeinsam, daß eine Phase stationär und die andere mobil ist. Bei der Säulenchromatographie ebenso wie bei der Dünnschichtchromatographie stellen die Partikel in der Säule bzw. das Beschichtungsmaterial auf der Dünnschichtplatte die stationäre Phase dar, während die Lösung, die durch die Säule fließt (Eluens) bzw. durch die Dünnschicht aufsteigt (Laufmittel), als mobile Phase definiert ist. Bei der Gaschromatographie ist das Material, mit dem die Säule gefüllt ist oder die Schicht, mit der die Kapillare belegt ist, die stationäre Phase, während das Gas oder Gasgemisch (Trägergas) die mobile Phase darstellt.

4.1.2 Säulenchromatographie

4.1.2.1 Niederdruckchromatographie im allgemeinen

Säulenchromatographie oder Flüssigkeitschromatographie wird als Niederdruckchromatographie (Ausführliche Darstellung: Harris & Angal 1989; Janson & Rydén 1989; Sternbach 1991; Coligan et al. 1995; Scopes 1996) entweder unter hydrostatischem Druck (mehrere cm bis ca. 2 m Wassersäule) oder unter Zuhilfenahme einer peristaltischen Pumpe betrieben. Als Säulenfüllmaterial werden Kieselgel, Cellulose, Dextran, Agarose, Polyacrylamid, Polystyrol, etc., und ihre Derivate benutzt (Überblick: Patel 1993), als Eluenzien verschie-

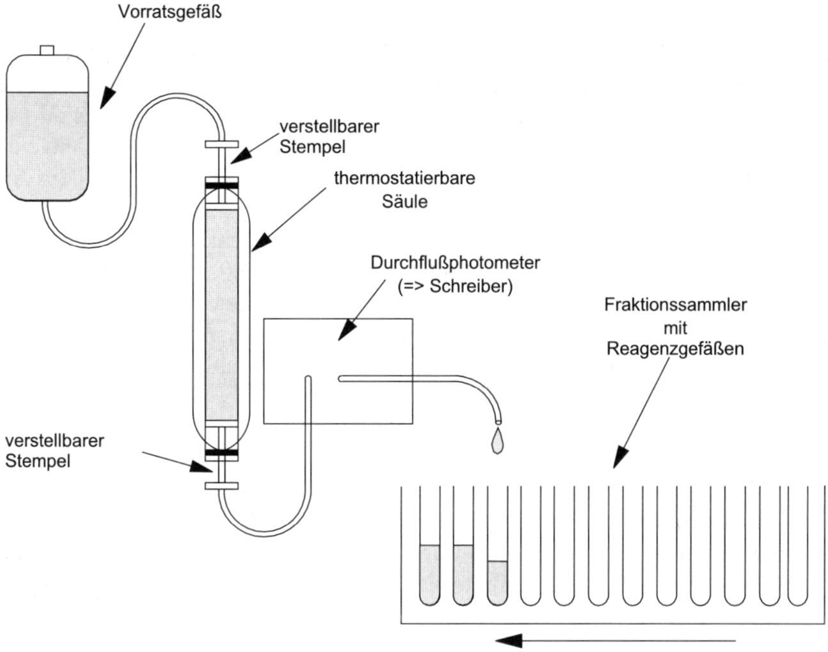

Abb. 4-2: Schema einer Chromatographieanlage.
Einfache Chromatographieanlagen bestehen aus einer Säule, einem Durchflußdetektor und einem Fraktionssammler. Die Beschickung und Elution der Säule erfolgt über ein Vorratsgefäß, das Eluat wird fraktioniert in Reagenzgläsern aufgefangen.

dene Lösungsmittel, Lösungsmittelgemische, Pufferlösungen, jeweils mit verschiedensten Zusätzen, die die Trennung günstig beeinflussen bzw. die zu trennenden Stoffe stabilisieren sollen. Bei den Säulenfüllmaterialien unterscheidet man solche, an die die aufzutrennende Substanz stabil bindet und erst durch eine Änderung des Lösungsmittels eluiert wird (Adsorptionschromatographie), von Materialien, bei denen die Substanzen nur aufgrund ihrer unterschiedlichen Laufgeschwindigkeit aufgetrennt werden (Verteilungschromatographie). Kernstück der Säulenchromatographie ist die Säule, ein Rohr aus Glas, seltener aus Kunststoff oder Metall. Sie ist in ihrer einfachsten Form am unteren Ende ausgezogen und mit einem Hahn versehen. Das Säulenfüllmaterial liegt auf einer Fritte oder auf einer Schicht Glaswolle. Solche einfachen Säulen werden oben mit einem Stopfen verschlossen, durch den ein Glasrohr oder Schlauch geführt wird, um das Eluens auf das gepackte Säulenfüllmaterial zu leiten. Leistungsfähigere Varianten dieses Säulentyps besitzen oben und unten verstellbare Stempel, die so konstruiert sind, daß der Übergang zum bzw. vom Säulenbett ein minimales Volumen hat. Ist dieses sog. Totvolumen zu groß, kommt es zur Verbreiterung der *peaks*, wodurch womöglich eine erreichte Trennung wieder zunichte gemacht wird. Normalerweise sind Säulen in Chromatographieanlagen integriert, die modular aufgebaut sind und typischerweise aus einem Puffer- oder Lösungsmittelreservoir, einem Durchflußmonitor mit Schreiber und einem Fraktionssammler bestehen (Abb. 4-2). Je nach Ausstattung kommen Gradientenmischer, Magnetventil, Pumpe und anderes spezielles Zubehör hinzu.

Der einfachste, für die Chromatographie von Proteinen und Nukleinsäuren geeignete Durchflußmonitor ist ein UV-Photometer mit Niederdruckquecksilberlampe und bestimmten Filtern, die es erlauben, Proteine mit einem Absorptionsmaximum von 280 nm und Nukleinsäuren mit einem Absorptionsmaximum von 260 nm zu detektieren. Sie sind mit Durchflußküvetten von 1 bis 5 mm Lichtweg ausgestattet, deren Volumen so klein wie möglich gehalten ist, um eine Durchmischung des Eluats weitestgehend zu vermeiden. Als leistungsfähige Alternative werden UV/VIS-Durchflußphotometer angeboten, deren Wasserstoffentladungslampe bzw. Wolframlampe in Verbindung mit einem Monochromator erlaubt, den Chromatographievorgang im Spektralbereich von ca. 200 – 800 nm bei jeder beliebigen Wellenlänge zu verfolgen. Andere Durchflußmonitore detektieren dagegen die Änderung des Brechungsindex (Durchflußrefraktometer), die Fluoreszenz (Durchflußfluorimeter), die Leitfähigkeit (Durchflußkonduktometer) oder die β-Strahlung radioaktiv markierter Verbindungen (Radioaktivitätsdurchflußzähler).

Für viele Zwecke sind einfache, zeitgesteuerte Fraktionssammler geeignet: sie wechseln die Fraktionssammelgefäße nach einer bestimmten, vorzugebenden Zeit. Anspruchsvollere Fraktionssammler erlauben zusätzlich, den Fraktionswechsel nach dem Erreichen eines bestimmten Volumens (Tropfenzahl) vorzunehmen, oder können durch den Monitor angesteuert werden und sammeln Fraktionen nur, wenn der Monitor ein Signal jenseits eines bestimmten Schwellenwerts anzeigt. Bestimmte programmierbare Fraktionssammler beginnen und/oder beenden die fraktionierte Sammlung nach einer vorgegebenen Zeit (Volumen). Solche Fraktionssammler müssen mit einem Magnetventil ausgerüstet sein, das den Flüssigkeitsstrom des Eluens aus verschiedenen Vorratsgefäßen auf die Säule oder des Eluats von der Säule in verschiedene Auffanggefäße dirigiert. Magnetventile finden auch bei einfachen zeit- oder tropfengesteuerten Fraktionssammlern Verwendung, um während des Fraktionswechsels die Elution zu unterbrechen, und um nach dem Ende der Chromatographie das Trockenlaufen der Säule zu verhindern.

Obwohl für die meisten Zwecke der hydrostatische Druck von wenigen cm bis 2 m Wassersäule ausreichend ist, um Niederdruckflüssigkeitschromatographie zu betreiben, ist es, zumal wenn aus räumlichen Gegebenheiten die Aufstellung von Vorratsgefäßen in angemessener Höhe nicht möglich ist, bequemer, Säulen unter Zuhilfenahme einer Pumpe mit dem Eluens zu durchspülen. Dazu werden meistens peristaltische Pumpen benutzt, die es ermöglichen, durch Kompression eines flexiblen Schlauches eine Flüssigkeit bei nicht zu starkem Gegendruck mit konstantem Volumendurchsatz zu fördern. Peristaltische Pumpen sollten normalerweise vor (Zulauf) und nicht nach der Säule (Ablauf) angeordnet werden, um zu vermeiden, daß die Pumpe durch den Unterdruck im Eluens gelöste Luft in der Säule oder im Monitor freisetzt. Die entstehenden Luftbläschen würden mit der Gleichmäßigkeit des Chromatographieprozesses bzw. mit der Detektion interferieren.

Wie eingangs angedeutet, können säulenchromatographische Trennungen ohne Pumpe, d.h. nur mit hydrostatischem Druck, durchgeführt werden. Es ist sogar als Vorteil anzusehen, daß bei Verstopfung eines abführenden Schlauches die Elution bei konstantem hydrostatischem Druck lediglich langsamer wird, nicht aber wie bei Verwendung einer peristaltischen Pumpe ein zuführender Schlauch platzen oder das Säulenfüllmaterial unzulässig stark komprimiert werden kann. Die Höhe des hydrostatischen Drucks wird durch die Höhendifferenz zwischen der freien Oberfläche des Elutionsmittels im Reservoir und dem Ausgang des Schlauches bestimmt. Mit Hilfe einer Mariottschen Flasche kann der hydrostatische Druck während der Chromatographie konstant gehalten werden (Abb. 4-3). Um zu vermeiden, daß die Säule trockenläuft, sollte der zur Säule hinführende Schlauch als Sicher-

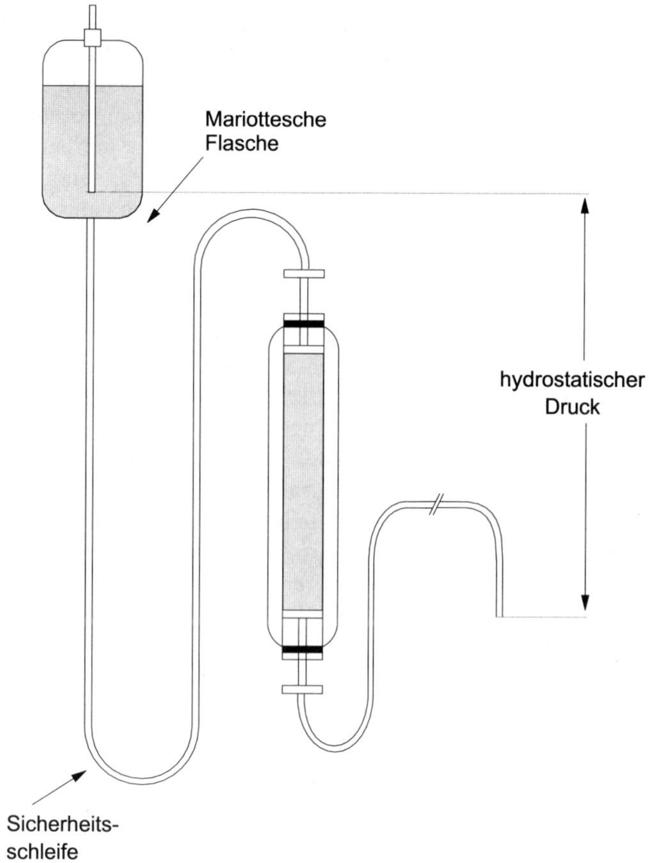

Abb. 4-3: Vorkehrungen zur sicheren Durchführung einer Niederdruckchromatographie.
Um zu gewährleisten, daß eine Chromatographie bei konstantem hydrostatischem Druck abläuft, wird eine Mariottesche Flasche verwendet, wobei die Höhendifferenz zwischen Lufteinlaß und Säulenauslaß den Druck bestimmt. Die Sicherheitsschleifen, deren tiefster Punkt unter dem Säulenauslaß liegen muß, verhindert, daß die Säule „trocken laufen" kann.

heitsschleife geführt werden, d.h. daß der Säulenauslauf höher liegt als der niedrigste Punkt des zuführenden Schlauches: die Elution kommt zum Erliegen, wenn das Reservoir geleert ist und der letzte Rest des Elutionsmittels in der Schleife das Niveau des Säulenauslaufs erreicht hat (Abb. 4-3).

Da für Niederdruckchromatographie im Regelfall selbstgepackte Säulen verwendet werden, und die Güte einer chromatographischen Trennung entscheidend davon abhängt, wie gut die Säule gepackt ist, sollte das Säulenpacken mit besonderer Sorgfalt geschehen. Entscheidend ist die Homogenität der Packung: Kanäle, die die Säule durchziehen oder Luftblasen, die im Säulenbett gefangen sind, stellen offensichtliche Packungsfehler dar, ebenso wie eine Packung in Schichten oder ein mit *fines* (Bruchstücke bzw. Abrieb des fibrillären oder granulären Säulenfüllmaterials) belegtes Säulenbett. Verschiedene Säulenfüllmaterialien verlangen unterschiedliche Vorbehandlung. Allgemein gilt, daß weitgehend voräquilibriertes Säulenfüllmaterial verwendet werden sollte, das also in einem Puffer suspendiert ist, der sich in seiner Zusammensetzung nicht oder nur wenig von dem Puffer unterscheidet, mit dem die Chromatographie beginnen soll. Das sollte durch Messung des pH-Werts und der Leitfähigkeit überprüft werden. Das Äquilibrieren geschieht am besten im *batch*-Verfahren, indem das Säulenfüllmaterial in einem großen Becherglas mit dem Vielfachen seines Packungsvolumens an Puffer suspendiert wird. Nach dem Sedimentieren wird der Überstand dekantiert, das Säulenfüllmaterial neu suspendiert, absetzen gelassen, dekantiert etc., bis die Äquilibrierung beendet ist. Man kann bei diesem Verfahren auch sehr einfach *fines* entfernen, indem man den Vorgang des Absetzenlassens, kurz bevor der Überstand klar ist, unterbricht und den durch *fines* getrübten Überstand abgießt.

Das resultierende, von *fines* befreite und äquilibrierte Säulenfüllmaterial wird nach Zugabe von wenig Puffer zu einer dickflüssigen Suspension verrührt, im Wasserstrahlvakuum unter Rühren entgast und dann in die mit wenig Puffer gefüllte Säule gegossen, wobei darauf geachtet werden sollte, daß keine Luftblasen eingeschlossen werden. Die Füllung der Säule mit dem Säulenfüllmaterial sollte in einem Guß erfolgen; unter Umständen muß deshalb ein Verlängerungsrohr oder ein Fülltrichter angesetzt werden. Nach kurzem Absetzenlassen wird der Säulenauslauf geöffnet und die Säule unter Betriebsdruck gepackt. Sobald das Säulenbett weitgehend stabil erscheint, wird das obere Ende z.B. mit einem Stempel verschlossen und die Säule mit dem Äquilibrierpuffer gespült, um zu überprüfen, ob das Säulenbett stabil ist. Die Äquilibrierung sollte anschließend durch Messung des pH-Werts und der Leitfähigkeit überprüft werden. Das Stopfen der Säule wird üblicherweise bei der Temperatur vorgenommen, bei der die Chromatographie durchgeführt wird. Entsprechend sollten bereits das Säulenfüllmaterial und der Äquilibrierpuffer temperiert sein. Bei kritischen Trennungen, oder wenn eine Säule (im Regelfall Gelfiltrationssäulen) wiederholt benutzt werden soll, empfiehlt es sich, die Güte der Säulenpackung zu überprüfen. Dafür werden oft gefärbte Stoffe eingesetzt, z.B. Bromphenolblau und Blue Dextran bei Gelfiltrationssäulen, Malachitgrün bei Anionen- und Orange II bei Kationenaustauschern oder Eosin bei Hydroxyapatitsäulen. In Vorratsflaschen aufbewahrte Säulenfüllmaterialien, ebenso wie fertig gepackte, aber nicht gleich eingesetzte Säulen, sollten vor mikrobiellem Bewuchs geschützt werden, z.B. durch Zugabe von 0.02 % (w/v) NaN_3.

Der Probenauftrag kann auf verschiedene Weise erfolgen. Er ist besonders kritisch bei einer Verteilungschromatographie, weil jede Unregelmäßigkeit beim Auftrag zu einer Zonenverbreiterung führt. Weil solche Unregelmäßigkeiten bei einem Auftrag durch den Stempel kaum zu vermeiden sind, empfiehlt sich, bei einer Gelfiltrationssäule die Probe über eine Pipette, z.B. eine in der Spitze umgebogene (was einfach über der Flamme des Bunsenbrenners zu bewerkstelligen ist) Pasteurpipette, aufzutragen und dabei darauf zu achten, daß das Säulenbett nicht aufgewirbelt wird. Für den Auftrag auf Gelfiltrationssäulen hat es sich bewährt, der Auftragslösung etwas Glycerol oder Rohrzucker (ca. 5 – 10 % w/v) zuzusetzen und nach dem Auftrag die Auftragslösung mit Puffer zu überschichten, bevor die Säule verschlossen und mit der Elution begonnen wird. Bei der Adsorptionschromatographie, bei der das Auftragsvolumen nicht minimal sein muß, kann über die stempelseitige Zuleitung aufgetragen werden.

Die Elution der verschiedenen zu trennenden Verbindungen geschieht durch Spülen der Säule mit einem Puffer oder Lösungsmittelgemisch konstanter (isokratische Elution) oder variabler Zusammensetzung (Gradientenelution). Isokratische Elutionsbedingungen werden bei der Gelfiltration, aber auch bei der Verteilungschromatographie von niedermolekularen Naturstoffen verwendet. Gradientenelution ist das typische Verfahren zur Elution von

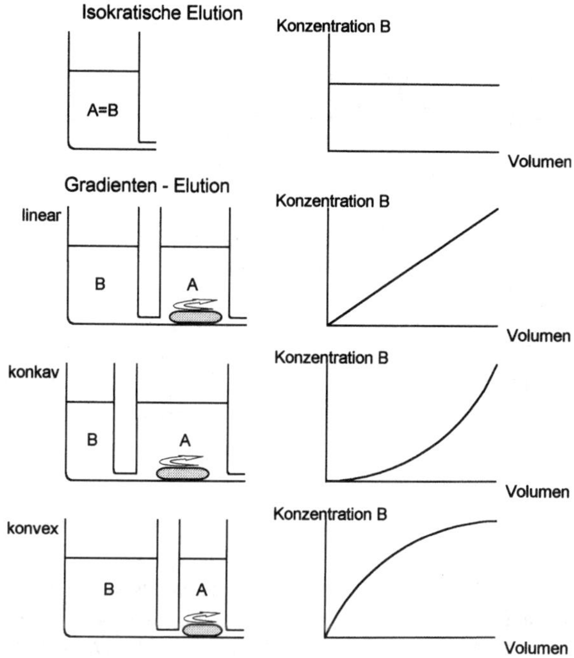

Abb. 4-4: Gradientenformen und ihre Erzeugung.
Je nachdem, welche Gradientenform man für die Elution gewählt hat, wird man unterschiedlich geformte Gefäße für Lösung A (Beginn des Gradienten) und Lösung B (Ende des Gradienten) wählen.

Proteinen und Peptiden bzw. von Nukleinsäuren und Oligonukleotiden bei der Ionenaustauschchromatographie. Auch bei der hydrophoben Interaktionschromatographie und der Affinitätschromatographie wird normalerweise eine Gradientenelution eingesetzt. Die Gradienten können verschiedene Formen annehmen: linear, konkav, konvex, stufenförmig oder daraus kombiniert. Für ihre Erzeugung werden im einfachsten Fall zwei gleiche (für lineare Gradienten) oder zwei verschieden geformte (für konkave und konvexe Gradienten) Gefäße benötigt, die miteinander verbunden sind (Abb. 4-4). Eines der beiden Gefäße ist mit der Säule verbunden, sein Inhalt wird mit Hilfe eines Magnetrührers gerührt. Für anspruchsvolle Zwecke, z.B. in HPLC-Anlagen, werden programmierbare Gradientenmischer angeboten.

Bei der Flüssigkeitschromatographie werden verschiedene Trennprinzipien verwendet, die sich unterschiedliche Stoffeigenschaften zu Nutze machen. Kleine Moleküle, z.B. niedermolekulare Naturstoffe, aber auch Pharmaka und ihre Metaboliten, Pestizide, etc. unterscheiden sich oft in ihrer Polarität. Sie können sehr gut über Verteilungs- bzw. Adsorptionschromatographie an Kieselgel-, Magnesiumsilikat- und Aluminiumoxidsäulen getrennt werden. Große Moleküle, insbesondere Proteine, können nach Größe (Gelfiltration, synonym mit Gelpermeationschromatographie oder Ausschlußchromatographie), nach Ladung (Ionenaustauschchromatographie, Chromatofokussierung), nach ihrer mehr oder weniger hydrophoben Natur (Hydrophobe Interaktionschromatographie) oder nach ihren Ligandenbindungspräferenzen (Affinitätschromatographie) getrennt werden.

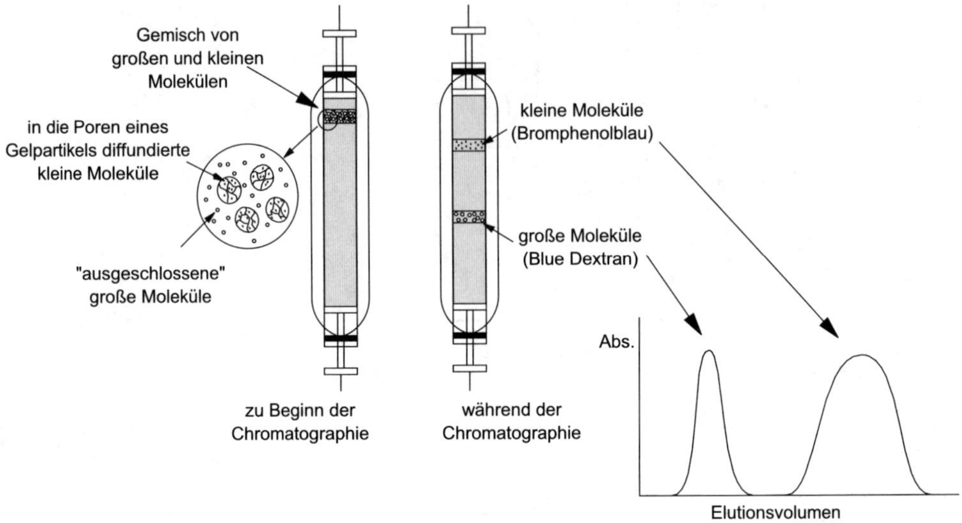

Abb. 4-5: Gelfiltration.
Bei der Gelfiltration wird ausgenutzt, daß große Moleküle weniger leicht als kleine Moleküle in die Poren von porösen Partikeln, mit denen Gelfiltrationssäulen gepackt sind, eindiffundieren können. Wie im Bild links angedeutet, diffundieren die großen Moleküle um die Partikel herum und werden dabei mit dem Pufferstrom weitertransportiert. Es kommt deshalb im Laufe der Chromatographie zu einer Trennung großer und kleiner Moleküle (Mitte), wie im Chromatogramm (rechts) zu sehen ist.

4.1.2.2 Gelfiltration

Bei der Gelfiltration wird ausgenutzt, daß die Partikel des Säulenfüllmaterials Poren definierten Durchmessers haben, die die Partikel durchziehen. Große Moleküle können in diese Poren nicht hinein diffundieren, werden also ausgeschlossen (Gelfiltration = Ausschlußchromatographie), kleine Moleküle können dagegen in die Poren eindringen (Gelfiltration = Gelpermeationschromatographie) (Überblick: Hagel 1989; Stellwagen 1990a; Cutler 1996a). Damit werden große Moleküle durch den Flüssigkeitsstrom an den Partikeln der Säulenfüllung vorbeigeleitet, während kleine Moleküle in diese hinein diffundieren, so daß große Moleküle schneller durch die Gelfiltrationssäule transportiert werden als kleine (Abb. 4-5). Das Volumen, welches der Elutionspuffer außerhalb der Matrix einnimmt, wird als Ausschlußvolumen (V_0) bezeichnet; es läßt sich durch Messung des Volumens bestimmen, das bis zur Elution eines nicht in die Poren eindringenden Makromoleküls aus der Säule strömt.

Als Gelfiltrationsmaterialien werden Partikel aus hydrophilen Polymeren eingesetzt, die möglichst inert, möglichst druckstabil, ungeladen und von uniformer Größe sein sollen (Überblick: Patel 1993). Verwendet werden natürliche, z.T. durch chemische Vernetzung stabilisierte Polymere, z.B. Agarose oder Dextran, wie auch synthetische Polymere, z.B. Polyacrylamid. Diese werden als sphärische Partikel unterschiedlicher Größe (10 – 500 µm Durchmesser) und Porenweite angeboten. Die Porenweite bestimmt den Bereich, in dem eine optimale Trennung gegeben ist (Tab. 4-1).

Eines der am meisten verwendeten Gelfiltrationsmaterialien ist das von Pharmacia angebotene Sephadex, ein durch Epichlorhydrin vernetztes Dextran, das in trockener Form ge-

Tabelle 4-1 Gelfiltrationsmaterialien für die Chromatographie von Biopolymeren

Säulenmaterial	Matrix	Partikel-durchmesser [µm]	Fraktionie-rungsbereich [kDa]	Max. hydro-statischer Druck [cm H_2O]
Pharmacia				
Sephadex:				
G-10	Dextran	40–120	–0.7	>500
G-15	Dextran	40–120	–1.5	>500
G-25 coarse	Dextran	100–300	1–5	>500
G-25 medium	Dextran	50–150	1–5	>500
G-25 fine	Dextran	20–80	1–5	>500
G-25 superfine	Dextran	10–40	1–5	>500
G-50 coarse	Dextran	100–300	1.5–30	>500
G-50 medium	Dextran	50–150	1.5–30	>500
G-50 fine	Dextran	20–80	1.5–30	>500
G-50 superfine	Dextran	10–40	1.5–30	>500
G-75	Dextran	40–120	3–80	160
G-75 superfine	Dextran	10–40	3–70	160
G-100	Dextran	40–120	4–150	96
G-100 superfine	Dextran	10–40	4–100	96
G-150	Dextran	40–120	5–300	36
G-150 superfine	Dextran	10–40	5–150	36
G-200	Dextran	40–120	5–600	16
G-200 superfine	Dextran	10–40	5–250	16
Sepharose:				
6B (6B CL)	Agarose	45–165	10–4 000	200 (>200)
4B (4B CL)	Agarose	45–165	60–20 000	80 (120)
2B (2B CL)	Agarose	60–200	70–40 000	40 (50)
Sephacryl:				
S-100 HR	Dextran	25–75	1–100	>500
S-200 HR	Dextran	25–75	5–250	>500
S-300 HR	Dextran	25–75	10–1 500	>500
S-400 HR	Dextran	25–75	20–8 000	>500
S-500 HR	Dextran	25–75	~10 000	>500
Superose:				
12 prep grade	Agarose	20–40	1–300	>500
12	Agarose	8–12	1–300	>500
6 prep grade	Agarose	20–40	5–5 000	>500
6	Agarose	11–15	5–5 000	>500
Superdex:				
30 prep grade	Agarose/Dextran	24–44	–10	>500
75 prep grade	Agarose/Dextran	24–44	3–70	>500
75	Agarose/Dextran	11–15	3–70	>500
200 prep grade	Agarose/Dextran	24–44	10–600	>500
200	Agarose/Dextran	11–15	10–600	>500

Fortsetzung siehe nächste Seite →

Tabelle 4-1 Gelfiltrationsmaterialien für die Chromatographie von Biopolymeren (Fortsetzung)

Säulenmaterial	Matrix	Partikel-durchmesser [µm]	Fraktionie-rungsbereich [kDa]	Flußrate [$ml \cdot cm^{-2} \cdot h^{-1}$]
Merck				
Fractogel EMD Bio Sec (650(s))	hydrophiler Polyether	20–40	5–1 000	<80
Bio-Rad				
Bio-Gel:				
P-2 fine	Polyacrylamid	45–90	0.1–1.8	5–10
P-2 extra fine	Polyacrylamid	<45	0.1–1.8	<10
P-4 medium	Polyacrylamid	90–180	0.8–4.0	15–20
P-4 fine	Polyacrylamid	45–90	0.8–4.0	10–15
P-4 extra fine	Polyacrylamid	<45	0.8–4.0	<10
P-6 medium	Polyacrylamid	90–180	1–6	15–20
P-6 fine	Polyacrylamid	45–90	1–6	10–15
P-6 extra fine	Polyacrylamid	<45	1–6	<10
P-6 DG	Polyacrylamid	90–180	1–6	15–20
P-10 medium	Polyacrylamid	90–180	1.5–20	15–20
P-10 fine	Polyacrylamid	45–90	1.5–20	10–15
P-30 medium	Polyacrylamid	90–180	2.5–40	7–13
P-30 fine	Polyacrylamid	45–90	2.5–40	6–11
P-60 medium	Polyacrylamid	90–180	3–60	4–6
P-60 fine	Polyacrylamid	45–90	3–60	3–5
P-100 medium	Polyacrylamid	90–180	5–100	4–6
P-100 fine	Polyacrylamid	45–90	5–100	3–5
A-0.5 m coarse	Agarose	150–300	<10–500	20–25
A-0.5 m medium	Agarose	75–150	<10–500	15–20
A-0.5 m fine	Agarose	38–75	<10–500	7–13
A-1.5 m coarse	Agarose	150–300	<10–1 500	20–25
A-1.5 m medium	Agarose	75–150	<10–1 500	15–20
A-1.5 m fine	Agarose	38–75	<10–1 500	7–13
A-5 m coarse	Agarose	150–300	10–5 000	20–25
A-5 m medium	Agarose	75–100	10–5 000	15–20
A-5 m fine	Agarose	38–75	10–5 000	7–13
A-15 m coarse	Agarose	150–300	40–15 000	20–25
A-15 m medium	Agarose	75–150	40–15 000	15–20
A-15 m fine	Agarose	38–75	40–15 000	7–13
A-50 m coarse	Agarose	150–300	100–50 000	20–25
A-50 m medium	Agarose	75–150	100–50 000	5–15
A-150 m coarse	Agarose	150–300	1 000–150 000	5–10
A-150 m medium	Agarose	75–150	1 000–150 000	2–5

liefert wird und vor Gebrauch in Wasser quellen muß. Je nach Vernetzungsgrad wird mehr oder weniger Wasser von den Sephadexpartikeln aufgenommen und wird mehr oder weniger Zeit für den Quellprozeß benötigt, wobei dieser durch Temperaturerhöhung abgekürzt werden kann. Die Porösität bestimmt die Ausschlußgrenze: G-10, G-15, G-25 und G-50 sind z.B. für Peptidtrennungen geeignet, G-75, G-100, G-150 und G-200 für Proteine und andere

Makromoleküle (Tab. 4-1). Die G-150 und G-200 Materialien sind mechanisch sehr wenig stabil und können nur sehr geringen Drücken ausgesetzt werden (Tab. 4-1). Sephadexmaterialien werden in verschiedenen Partikelgrößen geliefert: *coarse* (100 – 400 µm), *medium* (50 – 150 µm), *fine* (20 – 80 µm) und *superfine* (10 – 40 µm), die sich in ihren Trennleistungen und Laufgeschwindigkeiten unterscheiden. Materialien mit der Gradation *coarse* erlauben schnelle Flußgeschwindigkeiten, aber erbringen vergleichsweise geringe Trennleistung, während Materialien mit der Gradation *superfine* nur mit langsamer Flußgeschwindigkeit betrieben werden können, aber eine hohe Trennleistung aufweisen.

Sepharose besteht aus Agarose, die ein natürliches Polymer aus D-Galactose und 3,6-Anhydro-L-galactose ist. Sepharose 6B, 4B und 2B sind Gelpartikel von 45 – 165 bzw. 60 – 200 µm Durchmesser; sie unterscheiden sich in ihren Porengrößen (Tab. 4-1) und eignen sich für die Trennung sehr großer Moleküle und Molekülkomplexe, z.B. Ribosomen. Sepharose ist nicht kovalent vernetzt; wie Agarose löst sie sich bei Erwärmen auf und verliert dabei ihre partikuläre Struktur. Durch Vernetzung mit 2,3-Dibrompropanol entsteht Sepharose CL, ein Material, das mechanisch und thermisch stabil ist und autoklaviert werden kann.

Sephacryl HR ist ein mit Bisacrylamid vernetztes Allyl-Dextran. Die Gelpartikel mit einem Durchmesser von 25 – 75 µm sind mechanisch sehr stabil. Sephacrylmaterialien werden mit unterschiedlichem Porendurchmesser geliefert (S 100 HR, S 200 HR, S 300 HR, S 400 HR, S 500 HR) und haben entsprechend verschiedene Fraktionierungsbereiche (Tab. 4-1).

Superose besteht aus stark vernetzten und deswegen mechanisch sehr stabilen Agarosepartikeln von sehr definiertem Durchmesser. Die 20 – 40 µm Partikel sind für die Niederdruckchromatographie geeignet, die 8 – 12 bzw. 11 – 15 µm Partikel für die FPLC. Sie werden für zwei Fraktionierungsbereiche angeboten (Tab. 4-1).

Superdex ist ein hochvernetztes Agarosematerial, das kovalent mit Dextran verbunden ist und sich durch hohe mechanische Stabilität auszeichnet. Die 24 – 44 µm-Partikel sind für die Niederdruckchromatographie geeignet, die 11 – 15 µm-Partikel für die FPLC. Sie werden für verschiedene Fraktionierungsbereiche angeboten (Tab. 4-1).

Superdex, Superose, Sephacryl, aber auch Sepharose CL sind chemisch sehr stabil. Sie können zwischen pH 3 und 11, kurzfristig auch zwischen pH 2 und 13, eingesetzt werden. Sie tolerieren zudem 1 % (w/v) SDS, chaotrope bzw. denaturierende Verbindungen (6 M Guanidiniumchlorid, 8 M Harnstoff) sowie organische Lösungsmittel (Formamid, DMSO, Methanol, Ethanol, Aceton).

Ähnliche Materialien werden auch von anderen Herstellern angeboten, z.B. von Bio-Rad: Die Bio-Gel P-Serie (P-2 bis P-100) besteht aus Polyacrylamid und wird mit verschiedenen Partikeldurchmessern geliefert: *extra fine* (< 45 µm), *fine* (45 – 90 µm) und *medium* (90 – 180 µm); die Bio-Gel A-Serie (A – 0.5 m bis A – 150 m) besteht aus Agarose und ist ebenfalls mit verschiedenen Gradationen erhältlich: *fine* (38 – 75 µm), *medium* (75 – 150 µm) und *coarse* (150 – 300 µm). Die für die Trennung von Proteinen unterschiedlicher Größe empfohlenen Gelfiltrationsmaterialien sind in Tab. 4-1 aufgeführt.

Gelfiltration wird für präparative und analytische Anwendungen benutzt. Typische präparative Anwendungen sind Entsalzungen, Umpufferungen und Trennungen nach Größe. Bei Entsalzungen und Umpufferungen werden normalerweise schnellaufende Säulen, z.B. mit Sephadex G-25 *coarse* oder Bio-Gel P-4 *medium* gefüllte Säulen benutzt, die zuvor mit bidestilliertem Wasser oder mit einem Puffer äquilibiert werden. Die hochmolekularen Substanzen eluieren dabei im Ausschlußvolumen, während niedermolekulare Substanzen im Säulenfüllmaterial retardiert werden. Gelfiltrationssäulen werden für solche Zwecke auch

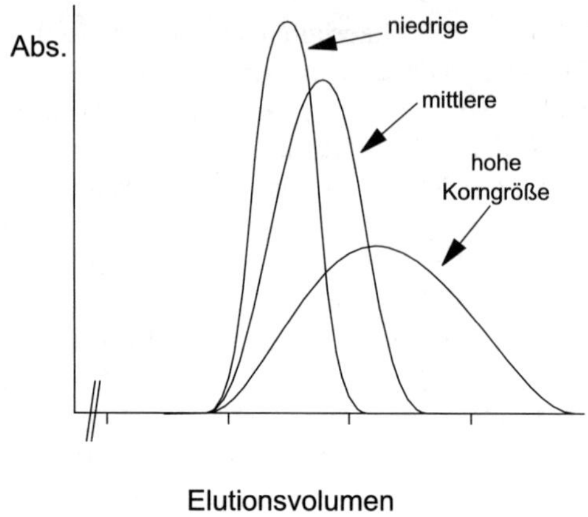

Abb. 4-6: Abhängigkeit der Trennschärfe von der Korngröße.
Je geringer die Korngröße bei einer gegebenen Flußgeschwindigkeit ist, desto kleiner sind die Diffusionsstrecken und desto schneller wird das Verteilungsgleichgewicht zwischen porösen Partikeln und Ausschlußvolumen erreicht, was zu schmaleren *peaks* führt.

als Einwegmaterialien angeboten, z.B. die mit Sephadex G-25 gefüllten NAP-Säulen oder die mit Bio-Gel P-6 gefüllten Bio-Spin-Säulen, mit denen Nukleinsäuren von Salzen getrennt werden können. Umpufferungen sind oft Bestandteil einer Proteinaufarbeitung, wenn z.B. nach einer Ammoniumsulfatfällung eine Ionenaustauschchromatographie angeschlossen werden soll: statt den aufgelösten Niederschlag zu dialysieren, kann die Lösung schnell über eine Sephadex G-25 *coarse* Säule auf die Startbedingungen der Ionenaustauschchromatographie umgepuffert werden. Für Entsalzungen bzw. Umpufferungen können ca. 15 – 20 % des Säulenvolumens als Probenvolumen aufgetragen werden.

Die anspruchsvollste Applikation der Gelfiltration ist allerdings die fraktionierte Trennung nach Größe. Je nach Problemstellung wird man eine der preiswerteren Gelfiltrationsmaterialien der Sephadex G-, Sepharose Cl-, oder Sephacryl HR- bzw. Bio-Gel P- oder Bio-Gel A-Serie wählen, oder für Trennungen, bei denen höchste Auflösung gefordert ist, die deutlich teureren, aber auch leistungsfähigeren Superose- oder Superdex-Materialien. Die Größe der zu trennenden Moleküle bestimmt dann, welche Porengröße das gewählte Säulenfüllmaterial haben muß. Unter optimalen Bedingungen kann ein globuläres Protein von einem doppelt so großen anderen globulären Protein getrennt werden. Dazu darf das Auftragsvolumen nicht zu groß sein: 0.5 – 5 % des Bettvolumens werden empfohlen (d.h. wenige ml bei einer 2.5 cm x 180 cm Säule). Die Viskosität der Probe darf nicht viel höher als die des Eluens sein, da es sonst zu einem ungleichmäßigen Fluß durch die Säule kommt. Sehr konzentrierte Proteinlösungen (100 mg/ml) werden deshalb mit einem üblichen Puffer als Eluens nur unbefriedigende Trennungen ergeben. Ebenso problematisch sind Zusätze von Glycerol oder Glucose zur Probe in Konzentrationen von > 20 % (w/v), wenn das Eluens diese Zusätze nicht enthält. Als Limit wird empfohlen, daß die Viskosität der Probe die des Eluens nicht um mehr als einen Faktor 2 übersteigt. Die Viskosität kann einfach durch die Messung der Ausflußgeschwindigkeit einer Lösung aus einer Pipette bestimmt werden. Bei schwierigen Trennungen kann sich bei gegebenem Probenvolumen die Verlängerung der Säule und/oder die Reduktion der Flußgeschwindigkeit als günstig erweisen. Falls mehrere Partikelgrößen für ein bestimmtes Gelfiltrationsmaterial angeboten werden, sollte man

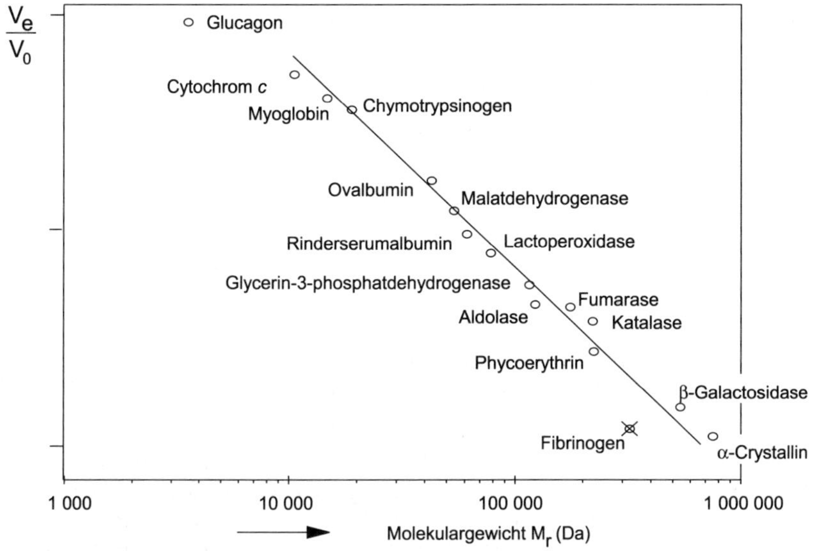

Abb. 4-7: Molekulargewichtsbestimmung globulärer Proteine durch Gelfiltration.
Über einen weiten Molekulargewichtsbereich besteht für globuläre Proteine ein linearer Zusammenhang zwischen dem gemessenen Elutionsvolumen (V_e oder normiert auf V_0, d.h. V_e/V_0) und dem Logarithmus der relativen Molmasse (lg M_r). Für Proteine, die nicht globulär sind, wie z.B. Fibrinogen (rechts unten im Bild), gilt dieser Zusammenhang nicht.

in diesem Fall die kleinste Partikelgröße wählen, weil diese die beste Auftrennung liefert (bei Sephadex G – 50 z.B. die Gradation *superfine*, entsprechend bei Bio-Gel P-6 die Gradation *extra fine*). Andererseits braucht das Probenvolumen bei einfachen Trennproblemen nicht sehr klein, bzw. die Säule nicht sehr lang, und die Flußgeschwindigkeit nicht unnötig gedrosselt zu sein. Auch kann man dann auf ein Gelfiltrationsmaterial mit einer mittleren Partikelgröße zurückgreifen (bei Sephadex G-50 bzw. bei Bio-Gel P-6 z.B. auf die Gradation *medium*). Der Zusammenhang von Trennschärfe einerseits und Partikelgröße andererseits ist in Abb. 4-6 dargestellt.

Gelfiltrationen werden oft auch für analytische Zwecke eingesetzt, insbesondere für die Bestimmung des Molekulargewichtes nativer Proteine. Für Moleküle gleichartiger Form gilt, daß das Elutionsvolumen (V_e) proportional zum Logarithmus des Molekulargewichtes ist. Durch Kalibrierung einer Säule mit z.B. globulären Standard-Proteinen kann das Molekulargewicht eines Proteins unter der Annahme, daß dieses Protein globulär ist, bestimmt werden (Abb. 4-7). Umgekehrt kann bei bekanntem Molekulargewicht auf die Form des Proteins zurückgeschlossen werden: je mehr die Form von der einer Kugel abweicht, desto geringer ist das Elutionsvolumen. Manche Proteine treten in unspezifische Wechselwirkung mit dem Gelfiltrationsmaterial, z.B. über Carboxylatgruppen bei Sephadexmaterialien, was zu einer Verzögerung bei der Elution dieser Proteine führt. Deswegen sollte man solche analytischen Läufe in Gegenwart von z.B. 0.1 M NaCl oder dergleichen durchführen. Es mögen auch hydrophobe Effekte auftreten; dann empfiehlt es sich, die Säule mit einem Eluens zu äquilibrieren, das ein Detergenz enthält, z.B. 0.1 % (w/v) Lubrol PX. Da die meisten vernetzten Gelfiltrationsmaterialien chemisch sehr stabil sind, können Molekulargewichtsbestimmun-

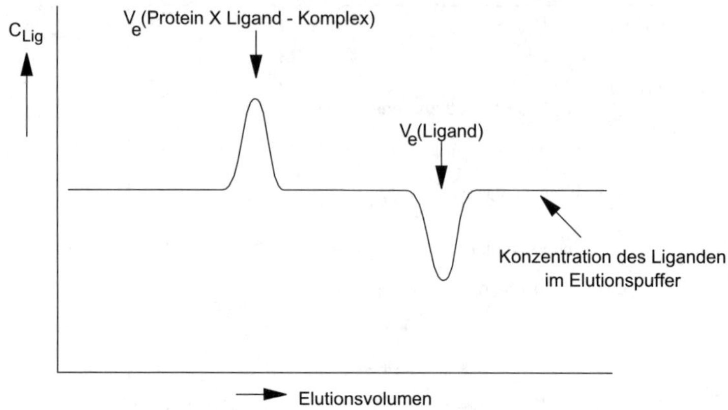

Abb. 4-8: Nachweis intermolekularer Wechselwirkung durch Gelfiltration.
Äquilibriert man eine Gelfiltrationssäule mit dem Liganden eines Proteins, kann man die Wechselwirkung über Gelfiltration analysieren, indem man die Proteinlösung auf diese Säule aufträgt und im Eluat die Konzentration des Liganden bestimmt, z.B. über eine Radioaktivitätsmessung, wenn der Ligand radioaktiv markiert war. Aus dem Profil läßt sich die relative Molmasse und die Stöchiometrie des Komplexes bestimmen. Führt man ähnliche Experimente bei verschiedenen Liganden- bzw. Proteinkonzentrationen durch, lassen sich Gleichgewichtskonstanten abschätzen.

gen unter sehr verschiedenen Pufferbedingungen durchgeführt werden, sogar in 6 M Guanidiniumchlorid, d.h. unter denaturierenden Bedingungen. Mit Hilfe analytischer Gelfiltration lassen sich auch intermolekulare Wechselwirkungen untersuchen. Bei hochaffinen Wechselwirkungen dissoziieren die Komplexe während der Gelfiltration nicht merklich: dann kann die Stöchiometrie der Komplexe direkt bestimmt werden. Bei weniger stabilen Komplexen muß die Säule mit einem der beiden Wechselwirkungspartner äquilibriert werden, der andere wird auf die Säule aufgetragen. Während der Gelfiltration wird er stets komplexiert vorliegen, da er immer, wenn er seinen Wechselwirkungspartner verliert, einen neuen findet (Abb. 4-8; siehe auch Kap. 7.3.3.).

4.1.2.3 Ionenaustauschchromatographie

Ionenaustauschchromatographie ist eines der für die präparative Biochemie wichtigsten flüssigkeitschromatographischen Trennverfahren (Überblick: Rossomando 1990; Sheehan & FitzGerald 1996; Karlsson et al. 1989). Das ihr zugrunde liegende Prinzip ist die Wechselwirkung von gelösten positiv oder negativ geladenen Teilchen mit einer gegensinnig geladenen festen Matrix. Bei der Anionenaustauschchromatographie enthält das Säulenfüllmaterial positiv geladene Gruppen, z.B. Diethylaminoethylgruppen (DEAE), die über einen weiten pH-Bereich protoniert vorliegen und als Gegenion z.B. Cl^--Ionen aufweisen. Unter Austausch dieses Gegenions kann ein negativ geladenes Molekül von dem Ionenaustauscher gebunden werden. Ganz analog funktioniert die Kationenaustauschchromatographie an einer Matrix, die negativ geladene Gruppen enthält, z.B. Carboxymethylgruppen, die ebenfalls über einen weiten pH-Bereich geladen sind, und zwar negativ; entsprechend haben sie Kationen als Gegenionen, z. B. Na^+-Ionen, gegen die das aufzureinigende, positiv geladene Molekül ausgetauscht wird. Da viele Biomoleküle, insbesondere Proteine, geladen sind,

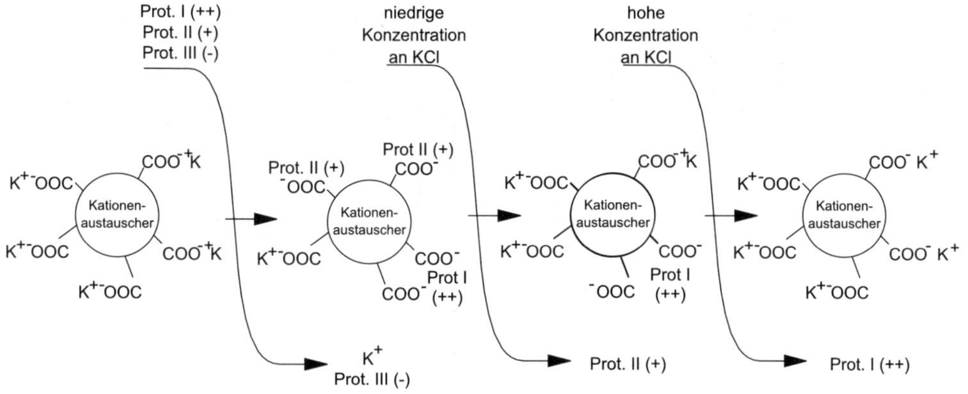

Abb. 4-9: Prinzip der Ionenaustauschchromatographie.
Gezeigt ist ein Partikel eines Kationenaustauschers, das auf seiner äußeren (ggf. auch inneren) Oberfläche negativ geladene Gruppen trägt, die mit positiv geladenen Gruppen auf Proteinen in Wechselwirkung treten können. Im hier gezeigten Beispiel werden drei unterschiedlich geladene Proteine auf die Säule aufgetragen. Die mehr oder weniger positiv geladenen Proteine I und II werden an den Kationenaustauscher gebunden, das negativ geladene Protein III nicht. In der Gradientenelution wird bei niedriger Salzkonzentration zunächst das schwach positiv geladene Protein II und später bei hoher Salzkonzentration das stark positiv geladene Protein I von der Säule eluiert.

eignet sich die Ionenaustauschchromatographie ganz besonders für die Aufreinigung von Proteinen und ist deshalb regelmäßig Bestandteil von Aufarbeitungsverfahren zur Reindarstellung von Proteinen. Nach dem Ionenaustauschvorgang sind die Moleküle an die Matrix gebunden, und zwar je nach Affinität und Konzentration mehr oder weniger stark. Um sie wieder abzulösen, muß die elektrostatische Bindung an die Matrix durch Zugabe von Inertsalz geschwächt werden. Üblicherweise wird ein Ionenstärkegradient verwendet, d.h. die Konzentration von z.B. NaCl wird kontinuierlich erhöht und damit zuerst die schwächer, dann die stärker gebundenen Moleküle von der Säule verdrängt (Abb. 4-9). Dieser Gradient wird im Regelfall linear sein; je nach Problemstellung mag aber ein konkaver oder ein konvexer Gradient besser geeignet sein. Oft wird die Elution auch durch einen Stufengradienten bewerkstelligt, insbesondere am Anfang einer Aufarbeitung, wenn die Chromatographie nicht in einer Säule sondern auf einer Fritte im *batch*-Verfahren durchgeführt wird. Ein Stufengradient ist auch immer dann anzuwenden, wenn die Ionenaustauschchromatographie zur Konzentrierung eingesetzt wird. Statt Ionenstärkegradienten können auch pH-Gradienten bei der Elution von geladenen Molekülen verwendet werden. Ihre Wirkung beruht auf der Protonierung oder Deprotonierung der für die Bindung verantwortlichen Gruppen und der damit einhergehenden Schwächung der Wechselwirkungen zwischen der Matrix und den zu trennenden Molekülen. Bei einer Anionenaustauschchromatographie würde man dementsprechend einen pH-Gradienten mit abnehmendem pH, bei Kationenaustauschchromatographie mit zunehmendem pH verwenden. Aufgrund der Empfindlichkeit von Proteinen gegenüber extremen pH-Werten werden bei der Ionenaustauschchromatographie von Proteinen allerdings nur selten pH-Gradienten, sondern in den meisten Fällen Ionenstärkegradienten verwendet.

Tabelle 4-2: Ionenaustauschmaterialien für die Chromatographie von Biopolymeren

Säulenmaterial	Matrix	Partikel-durchmesser [µm]	Funktionelle Gruppe	pH-Bereich	Typ
Whatman					
DE 23, 92	Cellulose	(faserförmig)	Diethylaminoethyl-	2–9.5	schwacher Anionenaustauscher
DE 32, 51, 52, (53)	Cellulose	(feinkörnig)	Diethylaminoethyl-	2– 9.5 (12)	schwacher Anionenaustauscher
QA 52	Cellulose	(feinkörnig)	Triethylaminoethyl-	2–12	starker Anionenaustauscher
CM 23, 92	Cellulose	(faserförmig)	Carboxymethyl-	3–10	schwacher Kationenaustauscher
CM 32, 52	Cellulose	(feinkörnig)	Carboxymethyl-	3–10	schwacher Kationenaustauscher
P 11	Cellulose	(faserförmig)	Phosphat-	3–10	mittelstarker Kationenaustau-scher
SE 92	Cellulose	(faserförmig)	Sulfoethyl-	2–12	starker Kationenaustauscher
SE 52, 53	Cellulose	(feinkörnig)	Sulfoethyl-	2–12	starker Kationenaustauscher
Pharmacia					
DEAE Sephacel	Cellulose	40–160	Diethylaminoethyl-	2–9	schwacher Anionenaustauscher
DEAE Sephadex A-25, A-50	Dextran	40–125	Diethylaminoethyl-	2–9	schwacher Anionenaustauscher
DEAE Sepharose Fast Flow	Agarose	45–165	Diethylaminoethyl-	2–9	schwacher Anionenaustauscher
DEAE Sepharose CL-6B	Agarose	45–165	Diethylaminoethyl-	2–9	schwacher Anionenaustauscher
QAE Sephadex A-25, A-50	Dextran	40–125	Diethyl-(2-hydroxy-propyl)-	2–10	starker Anionenaustauscher
Q Sepharose Fast Flow	Agarose	45–165	Trimethylaminomethyl	3–11	starker Anionenaustauscher
Hiload Q Sepharose HP	Agarose	24–44	Trimethylaminomethyl	2–12	starker Anionenaustauscher
Hiload Q Sepharose FF	Agarose	45–165	Trimethylaminomethyl	3–11	starker Anionenaustauscher
Mono Q	hydrophiler Polyether	9.5–10.5	Trimethylaminomethyl	3–11	starker Anionenaustauscher
CM Sephadex C-25, C-50	Dextran	40–125	Carboxymethyl-	6–13	schwacher Kationenaustauscher
CM Sepharose Fast Flow	Agarose	45–165	Carboxymethyl-	1–10	schwacher Kationenaustauscher
CM Sepharose CL-6B	Agarose	45–165	Carboxymethyl-	1–10	schwacher Kationenaustauscher
CM Sephadex C-25	Dextran	40–125	Carboxymethyl-	1–13	starker Kationenaustauscher

SP Sephadex C-50	Dextran	40–125	Sulfopropyl-	2–10	starker Kationenaustauscher
S Sepharose Fast Flow	Agarose	45–165	Sulfomethyl-	4–11	starker Kationenaustauscher
Hiload S Sepharose HP	Agarose	24–44	Sulfomethyl-	3–12	starker Kationenaustauscher
Hiload S Sepharose FF	Agarose	45–165	Sulfomethyl-	4–11	starker Kationenaustauscher
Mono S	hydrophiler Polyether	9.5–10.5	Sulfomethyl-	3–11	starker Kationenaustauscher
Merck					
Fractogel EMD DEAE 650 (M)	hydrophiler Polyether	40–90	Diethylaminoethyl-		schwacher Anionenaustauscher
Fractogel EMD DEAE 650 (S)	hydrophiler Polyether	20–40	Diethylaminoethyl-		schwacher Anionenaustauscher
Fractogel EMD DMAE 650 (M)	hydrophiler Polyether	40–90	Dimethylaminoethyl-		schwacher Anionenaustauscher
Fractogel EMD DMAE 650 (S)	hydrophiler Polyether	20–40	Dimethylaminoethyl-		schwacher Anionenaustauscher
Fractogel EMD TMAE 650 (M)	hydrophiler Polyether	40–90	Trimethylaminoethyl-		starker Anionenaustauscher
Fractogel EMD TMAE 650 (S)	hydrophiler Polyether	20–40	Trimethylaminoethyl-		starker Anionenaustauscher
Fractogel EMD COO- 650 (M)	hydrophiler Polyether	40–90	Carboxymethyl-		schwacher Kationenaustauscher
Fractogel EMD COO- 650 (S)	hydrophiler Polyether	20–40	Carboxymethyl-		schwacher Kationenaustauscher
Fractogel EMD SO3- 650 (M)	hydrophiler Polyether	40–90	Sulfoisobutyl-		starker Kationenaustauscher
Fractogel EMD SO3- 650 (S)	hydrophiler Polyether	20–40	Sulfoisobutyl-		starker Kationenaustauscher
Hydroxylapatit	$[Ca_3(PO_4)_2]_3\ Ca(OH)_2$	15	Ca^{2+}, PO_4^{2-}	6–9	schwacher Kationen- und Anionenaustauscher
Bio-Rad					
DEAE-Bio-Gel A	Agarose	80–150	Diethylaminoethyl-	2–9.5	schwacher Anionenaustauscher
CM-Bio-Gel A	Agarose	80–300	Carboxymethyl-	2.4–10	schwacher Kationenaustauscher
Macro-Prep DEAE	hydrophiles Polymer	um 50	Diethylaminoethyl-	4– 8	schwacher Anionenaustauscher
Macro-Prep Q (high Q)	hydrophiles Polymer	um 50	Trimethylaminoethyl-	1–10	starker Anionenaustauscher
Macro-Prep CM	hydrophiles Polymer	um 50	Carboxymethyl-	4–13	schwacher Kationenaustauscher
Macro-Prep S (high S)	hydrophiles Polymer	um 50	Sulfoisobutyl-	1–10	starker Kationenaustauscher
Bio-Gel HT (HTP)-Gel	$[Ca_3(PO_4)_2]_3\ Ca(OH)_2$		Ca^{2+}, PO_4^{2-}	5.5–10	schwacher Kationen- und Anionenaustauscher
Macro-Prep Ceramic Hydroxylapatit	$[Ca_3(PO_4)_2]_3\ Ca(OH)_2$	20, 40, 80	Ca^{2+}, PO_4^{2-}	5.5–10	schwacher Kationen- und Anionenaustauscher

Als Säulenfüllmaterialien werden für die Ionenaustauschchromatographie verschiedene Polymere benutzt, z.B. Cellulose, Dextran, Agarose, Polyacrylsäure, Polyacrylamid, Polystyrol, sowie andere synthetische Polymere, die verschiedene geladene Gruppen tragen (Überblick: Patel 1993) . Schwach basische Ionenaustauscher haben primäre oder sekundäre Aminogruppen (pK-Wert: 8 – 10), stark basische quartäre Aminogruppen (pK-Wert $>$ 13). Schwach saure Ionenaustauscher haben Carboxylgruppen (pK-Wert: 4 – 6), stark saure Sulfonsäuregruppen (pK-Wert $<$ 1) (Tab. 4-2). Die schwach sauren Ionenaustauscher sind nur bei pH-Werten deutlich über pH 4 sinnvoll einzusetzen, während die schwach basischen Ionenaustauscher weit unter pH 11 verwendet werden sollen, weil sie entsprechend den pK-Werten ihrer funktionellen Gruppen nur dann geladen sind. Bei darunter oder darüber liegenden pH-Werten muß ein stark saurer oder stark basischer Ionenaustauscher gewählt werden. Ein Ionenaustauscher mit besonderen Eigenschaften ist Hydroxylapatit (Überblick: Gorbunoff 1990; Doonan 1996), ein wasserunlösliches Calciumphosphat, das durch Reaktion von $CaCl_2$ mit Na_2HPO_4 und anschließendem Kochen mit Natronlauge entsteht. Hydroxylapatit kann über Ca^{2+} mit negativ geladenen Molekülen, über Phosphationen mit positiv geladenen Molekülen interagieren. Hydroxylapatitsäulen werden normalerweise mit aufsteigenden Na- oder K-Phosphatgradienten eluiert.

Die Auswahl des Ionenaustauschers richtet sich zunächst nach der Ladung der zu trennenden Moleküle. Es ist allerdings zu berücksichtigen, daß man durch die Wahl des pH-Wertes die Ladung verändern kann, so daß ein gegebenes Molekül, sofern es basische und saure Gruppen enthält, je nach pH-Wert als Kation oder Anion vorliegen kann und entsprechend von einem Kationen- oder Anionenaustauscher gebunden wird. Ein Protein mit einem isoelektrischen Punkt (pI, das ist der pH-Wert, an dem das Protein netto ungeladen ist, also gleich viele positive wie negative Ladungen hat) von z.B. pI = 7 wird also bei pH 6 positiv geladen sein und an einen Kationenaustauscher binden, bei pH 8 überschüssige negative Ladungen aufweisen und von einem Anionenaustauscher gebunden werden. Es mag sogar der Fall eintreten, daß ein Protein z.B. bei pH = 7 an einen Kationen- und einen Anionenaustauscher bindet. Das tritt immer dann auf, wenn seine Ladungen sehr ungleichmäßig verteilt sind, im Extremfall die positiven Ladungen auf einer Seite, die negativen auf der anderen. Mit der positiven Seite bindet das Protein an den Kationenaustauscher, mit der negativen an den Anionenaustauscher. Der Zusammenhang von pH-Wert, Nettoladung und Bindung an Ionenaustauscher ist schematisch in Abb. 4-10 wiedergegeben. Oft kennt man aber den Ladungszustand eines Moleküls nicht, so daß man empirisch herausfinden muß, unter welchen Bedingungen (pH-Wert, Ionenstärke) ein Protein an einen Kationen- oder Anionenaustauscher bindet. Das geschieht am besten durch ein Serienexperiment, bei dem man in einer Serie von Reagenzgläsern oder Eppendorf-Reagiergefäßen eine bestimmte Menge Ionenaustauschermaterial vorlegt, in Puffern mit verschiedenen pH-Werten (z.B. pH 5 – 9) und bei konstanter geringer Ionenstärke (I $\sim$ 50 mM) äquilibriert, dann eine geringe aber meßbare Menge des zu analysierenden Proteins (Proteingemisches) hinzugibt, zentrifugiert oder absetzen läßt und dann mißt, ob das Protein an den Ionenaustauscher gebunden vorliegt oder sich im Überstand befindet. Hat man den pH-Bereich erfaßt, in dem das Protein von dem Austauscher gebunden wird, kann man in analoger Weise als nächstes die Salzkonzentration bestimmen, die notwendig ist, um bei gegebenem pH-Wert die Elution des Proteins von dem Austauscher zu bewerkstelligen. Nachdem die Pufferbedingungen, unter denen die Bindung an den Austauscher gewährleistet ist, herausgefunden wurden, kann die Kapazität des Austauschers für die zu isolierende Substanz durch Variation der Probenmenge bestimmt werden (Abb. 4-11).

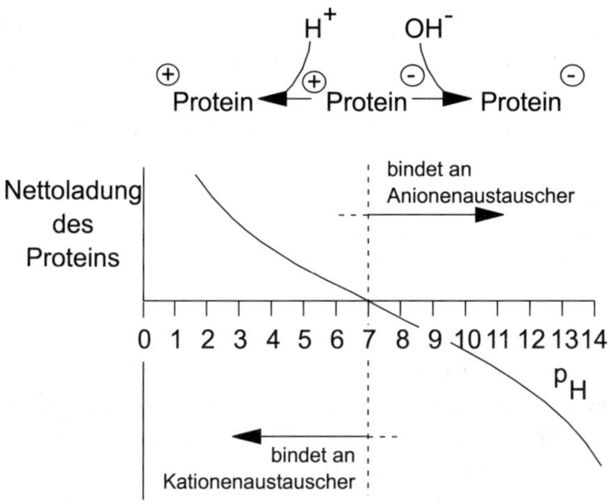

Abb. 4-10: pH-Wert, Nettoladung und Bindung an einen Ionenaustauscher.
An seinem isoelektrischen Punkt ist ein Protein netto ungeladen und wird nicht oder nur sehr schwach an einen Ionenaustauscher binden. Bei pH > pI ist ein Protein insgesamt negativ geladen und wird von einem Anionenaustauscher gebunden. Bei pH < pI dagegen ist ein Protein insgesamt positiv geladen und wird an einen Kationenaustauscher binden.

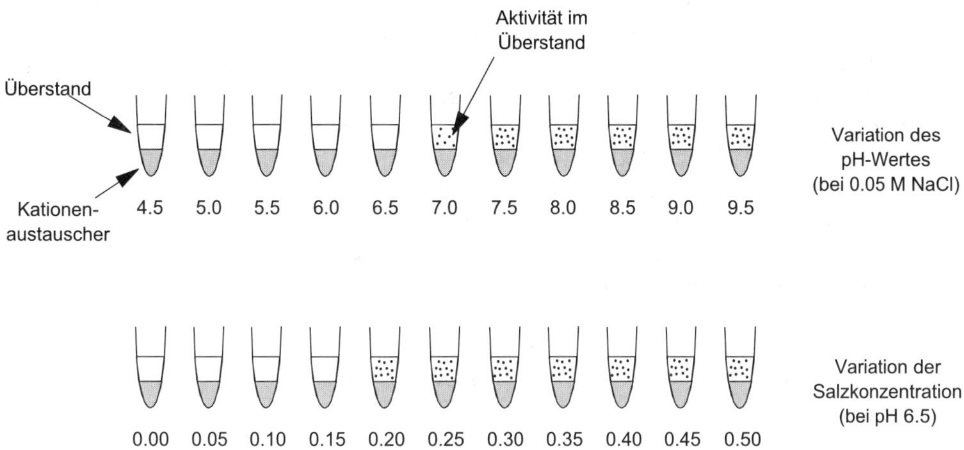

Abb. 4-11: Bestimmung optimaler Bedingungen für die Bindung und Elution eines Proteins an einen Ionenaustauscher.
Optimale Bedingungen für die Bindung und Elution eines Proteins an einen Ionenaustauscher können durch Vorexperimente herausgefunden werden, indem man in kleinem Maßstab systematisch pH-Wert (oben) und Salzkonzentration (unten) ändert und mißt, wieviel von dem Protein an das Ionenaustauschermaterial gebunden vorliegt.

Welchen Typ von Ionenaustauscher man sinnvollerweise einsetzt, hängt von den Eigenschaften der zu trennenden Substanzen ab, insbesondere von ihrer Ladung, Größe, Stabilität, aber auch von der Menge und der Komplexität des Probenmaterials. Für Trennungen bei stärker basischen oder sauren pH-Werten sind nur starke Ionenaustauscher geeignet. Für Nukleinsäure-bindende Proteine hat sich Chromatographie über Phosphocellulose bewährt. Die Phosphatreste des Ionenaustauschers simulieren die DNA-Kette, so daß Elemente der Affinitätschromatographie in den Chromatographieprozeß einbezogen werden. Große Proteine und Nukleinsäuren werden besser auf Austauschermaterialien mit großen Poren chromatographiert (z.B. auf Sephadex A-50 und nicht auf Sephadex A-25); makromolekulare Komplexe, z.B. Ribosomen, auf DEAE Sepharosen, wenn eine Anionenaustauschchromatographie durchgeführt wird. Bei großen Probenmengen und entsprechend großem Bedarf an Austauschermaterial wird man einen preiswerten Austauscher einsetzen (z.B. CM 23 und nicht CM 52, wenn man eine Kationenaustauschchromatographie durchführen will). Je nachdem, wie anspruchsvoll das Trennproblem ist, wird man ein sehr gut trennendes Säulenfüllmaterial mit geringem Partikeldurchmesser auswählen, das dann aber normalerweise nur mit geringen Durchflußraten benutzt werden kann (z.B. HiLoad Q Sepharose HP statt HiLoad Q Sepharose FF, oder Fractogel EMD TMAE 650(S) statt Fractogel EMD TMAE 650(M)). Für die Trennung von kleinen Molekülen, seien es Aminosäuren, Peptide, Nukleotide, Oligonukleotide oder andere niedermolekulare geladene Stoffe, stehen neben den Ionenaustauschergelen, die in Tab. 4-2 exemplarisch aufgeführt sind, eine Reihe von synthetischen Harzen zur Verfügung, z.B. die von Polystyrol abgeleiteten AG-, Aminex-, Bio-Rex- und Chelex-Ionenaustauscher (Bio-Rad), die chemisch, mechanisch und thermisch sehr stabil sind. Sie werden in verschiedenen Korn- und Porengrößen angeboten und werden entsprechend für unterschiedliche analytische oder präparative Zwecke verwendet.

Für die Abschätzung der sinnvollerweise auf eine Ionenaustauschersäule aufzutragende Menge einer Probe, z.B. einer Proteinlösung, kann man die nominellen Kapazitäten, die für jedes Austauschermaterial in mmol/g oder mmol/ml angegeben werden, heranziehen. Da so aber nur die Zahl der geladenen Gruppen angegeben wird, nicht aber ihre Zugänglichkeit, ist die Angabe nur als Richtwert zu verstehen. Für die Planung einer chromatographischen Trennung nützlicher ist die Information, wieviel von einem Standardprotein pro ml Säulenbett gebunden werden (z.B. 170 mg Serumalbumin/ml DEAE Sepharose CL-6B in 0.05 M Tris-HCl pH 8.3). Allerdings ist auch hier zu berücksichtigen, daß sich solche Angaben auf bestimmte Pufferbedingungen beziehen; unter anderen Bedingungen, insbesondere bei anderen Proteinen mag die Kapazität deutlich geringer sein (z.B. 2 mg Thyreoglobulin/ml DEAE Sepharose Cl-6B in 0.05 M Tris-HCl pH 8.3). Es empfiehlt sich, bei der Ionenaustauschchromatographie nicht die volle Kapazität des Austauschers auszunutzen: ca. 25 % Belegung sind ein bewährter Kompromiß zwischen der Sicherheit, die Säule nicht zu überladen, und der ökonomischen Ausnutzung des Säulenfüllmaterials.

Bei der Kationenaustauschchromatographie sollten Puffer anionisch sein, z.B. sollte für Phosphocellulose ein Phosphatpuffer benutzt werden. Entsprechendes gilt für die Anionenaustauschchromatographie, bei der die Puffer kationisch sein sollen, z.B. bei DEAE-Cellulose-Chromatographie ein Tris-Puffer. Dann ist gewährleistet, daß die puffernden Ionen nicht an die Ionenaustauschermatrix gebunden werden und damit während der Chromatographie in konstanter Konzentration für die Pufferung zur Verfügung stehen. Es ist selbstverständlich, daß die Puffer eine ausreichende Pufferkapazität haben und auf einen pH-Wert eingestellt sein sollten, der nicht zu einer (partiellen) Entladung der austauschenden Gruppen des Ionenaustauschers führt. Eine Chromatographie an CM-Sepharose sollte z.B. nicht in Citratpuffer pH 3 durchgeführt werden, weil bei diesem pH-Wert die überwiegende Zahl der Carboxymethylgruppen in der protonierten, nicht austauschenden Form vorliegen würde (vgl. Abb. 4-12).

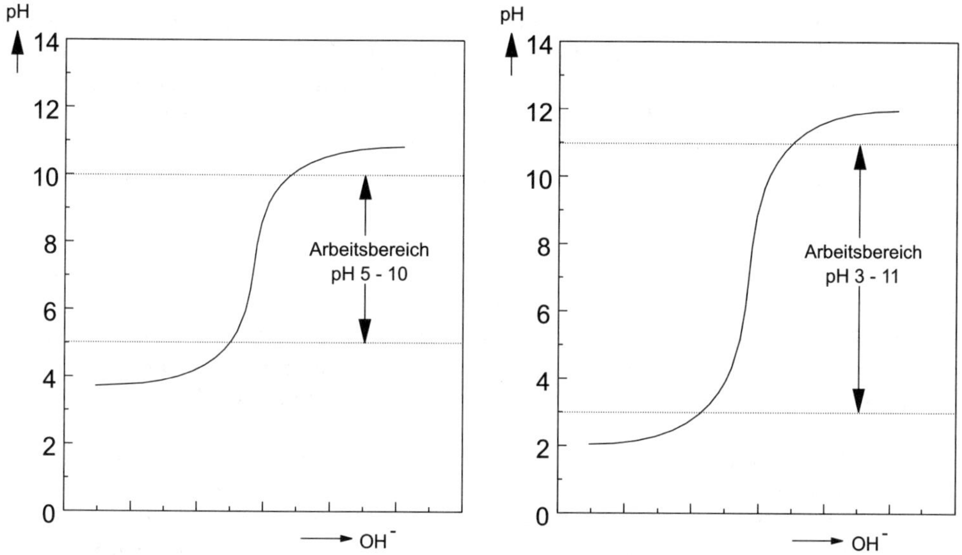

Abb. 4-12: Titrationskurve für einen schwachen und starken Kationenaustauscher.
Ein schwacher Kationenaustauscher, z.B. mit Carboxymethylresten (links), liegt nur zwischen ca. pH 5 und pH 10 deprotoniert vor, während ein starker Kationenaustauscher, z.B. mit Sulfoethylresten (rechts) zwischen ca. pH 3 und pH 11 in ionisierter Form vorliegt. Entsprechend enger oder weiter sind die jeweiligen Arbeitsbereiche, in denen diese Ionenaustauscher mit geladenen Molekülen interagieren können.

Wie andere Chromatographiematerialien enthalten auch Ionenaustauscher (insbesondere die auf Cellulose basierenden) durch Abrieb entstandene *fines*. Vor dem Packen müssen diese Materialien suspendiert und die *fines* durch Absetzenlassen und Dekantieren entfernt werden. Andere Materialien (z.B. Sephadex A-25 und A-50) müssen, da sie trocken geliefert werden, nach Zugabe von Wasser oder Puffer zuerst einmal quellen. Für alle Ionenaustauschermaterialien gilt, daß sie vor Benutzung aktiviert und äquilibriert bzw. regeneriert werden müssen. Die Aktivierung besteht üblicherweise für Anionenaustauscher darin, daß sie auf einer Fritte zuerst mit verdünnter Salzsäure (0.5 M HCl), dann mit Wasser, schließlich mit verdünnter Natronlauge (0.5 M NaOH) gewaschen werden. Bei Kationenaustauschern ist die Reihenfolge umgekehrt: erst Waschen mit Lauge, dann mit Wasser und schließlich mit Säure. Die Säure- und Alkalibehandlung sollte nicht länger als jeweils 30 min dauern; bei Phosphocellulose und anderen pH-empfindlichen Ionenaustauschern sollten statt 0.5 M 0.1 M Lösungen verwendet werden und die Zeit der Exposition bei den extremen pH-Werten verkürzt werden, um die hydrolyseempfindliche Phosphorsäureesterbindung nicht zu zerstören. Diese Behandlung ist obligatorisch für die Erstbenutzung mancher Ionenaustauscher, empfiehlt sich aber auch allgemein zur Regenerierung von Ionenaustauschern; vor der Ionenaustauscherchromatographie sollte man die Regenerierung immer mit einer Hochsalz-Waschprozedur (Spülen des Säulenfüllmaterials mit 1 – 4 M NaCl Lösung) einleiten, um fest adsorbierte Stoffe weitgehend von der Säule zu eluieren. Für die Äquilibrierung empfiehlt es sich, das Material zuerst mit einem hochkonzentrierten Puffer zu waschen, bevor man es mit dem Startpuffer ausgiebig spült. Kationenaustauscher binden Schwermetallionen, die zur Inaktivierung von Proteinen, aber auch von Nukleinsäuren führen können. Sie sollten deshalb, z.B. bei der Äquilibrierung, mit 1 mM EDTA-Lösung gespült werden. Anionenaustauscher binden auch HCO_3^-, das im Gleichgewicht mit im Puffer gelöstem CO_2 steht. Um die Reduktion der Kapazität des Anionenaustauschers durch HCO_3^--Bindung zu vermindern, empfiehlt es sich, beim Ansetzen der für die Chromatographie vorgesehenen Puffer entgastes Wasser zu benutzen, bzw. bereits angesetzte Puffer luftdicht verschlossen aufzubewahren.

Für die Säulenchromatographie an Ionenaustauschermaterialien gilt ganz im Gegensatz zur Gelfiltration, daß bevorzugt kurze und dicke und nicht lange und schmale Säulen verwendet werden sollen. Bei gleichem Säulenvolumen würden lange und schmale Säulen längere Laufzeiten benötigen und damit zur Diffusionsverbreitung der Banden führen. Im übrigen sind lange Säulen nicht so einfach homogen zu packen wie kurze Säulen und zeigen stärkere Wandeffekte, was zusätzlich zur Bandenverbreiterung führt. Eine Ausnahme von dieser Regel ist bei isokratisch (d.h. bei konstanter Pufferzusammensetzung) durchgeführter Ionenaustauschchromatographie gegeben, bei der die Verlängerung der Säule zu einer besseren Auftrennung führen kann. Normalerweise wird allerdings Ionenaustauschchromatographie unter Gradientenelution durchgeführt; bei den dafür benutzten Säulen sollte die Säulenhöhe etwa dem 4-fachen Säulendurchmesser entsprechen, also z.B. Dimensionen von 5 x 20 cm aufweisen.

Für die Probenlösung, die auf die Ionenaustauschersäule aufgetragen werden soll, gilt, daß sie in ihrer Zusammensetzung weitgehend der des Äquilibrierpuffers bzw. der des Startpuffers der Gradientenelution entsprechen soll. Das gilt insbesondere für den pH-Wert und die Ionenstärke. Es empfiehlt sich deswegen, z.B. bei der Chromatographie von Proteingemischen, die Probe gegen den Äquilibrierpuffer zu dialysieren oder über Gelfiltration umzupuffern. Oft reicht auch eine einfache Verdünnung. Das Volumen der Probenlösung ist an sich unkritisch; es wird höchstens dadurch limitiert, daß z.B. ein Protein in zu geringer Konzentration nicht stabil ist oder für den Auftrag auf die Säule nur eine bestimmte Zeit gegeben ist. Nach dem Auftrag sollte ausgiebig mit Äquilibrierpuffer (= Startpuffer der Gradientenelution) nachgewaschen werden (2 – 3 Säulenvolumina). Ein kritischer Aspekt bei der Ionenaustauschchromatographie ist die Steilheit des Gradienten und damit zusammenhängend das Gradientenvolumen. Hier lassen sich nur Hinweise geben. Die Grenzen des Gradienten haben sich natürlich nach der Elutionscharakteristik der zu trennenden Stoffe in der Probe zu richten, d.h. daß die Startbedingungen bezüglich pH und Ionenstärke so eingestellt werden, daß die interessierende Substanz von dem Ionenaustauscher gebunden wird und die Endbedingungen gewährleisten, daß diese Substanz vollständig eluiert wird. Beispielsweise würde man, wenn ein Protein bei einem gegebenen pH-Wert von 0.3 M NaCl eluiert, die Ionenaustauschchromatographie bei 0.05 – 0.2 M NaCl beginnen und bei 0.4 – 0.55 M NaCl beenden. Das Gradientenvolumen sollte nicht mehr als das 10-fache des Säulenvolumens ausmachen; das bedeutet für eine 5 x 20 cm Säule, wenn mit einem linearen Gradienten eluiert werden soll, einen Gradient von max. 2 x 2 l, bei einer 2.5 x 10 cm Säule einen Gradient von max. 2 x 250 ml Volumen. Diese Angaben sind Richtwerte, die einen Kompromiß zwischen der Trennschärfe und dem Volumen, in dem die eluierte Substanz anfällt, darstellen.

4.1.2.4 Hydrophobe Interaktionschromatographie

Moleküle haben je nach Konstitution, Konfiguration und Konformation mehr oder weniger ausgeprägte hydrophobe Bereiche auf ihrer Oberfläche. Bei niedermolekularen Stoffen

Tabelle 4-3 Materialien für die Hydrophobe Interaktionschromatographie

Säulenmaterial	Matrix	Partikel-größe (μm)	Funktionelle Gruppe	Substitutions-grad [μmol/ml Gel]
Pharmacia				
Phenyl Sepharose CL-4 B	Agarose	45–165	Phenyl-	40
Octyl Sepharose CL-6 B	Agarose	45–165	Octyl-	40
Phenyl Sepharose 6 Fast Flow			Phenyl-	20
(low sub)	Agarose	45–165		
Phenyl Sepharose 6 Fast Flow			Phenyl-	40
(high sub)	Agarose	45–165		
Butyl Sepharose 4 Fast Flow	Agarose	45–165	Butyl-	50
Octyl Sepharose 4 Fast Flow	Agarose	45–165	Octyl-	
Phenyl Sepharose High Performance	Agarose	22–44	Phenyl-	25
Merck				
Fractogel EMD Phenyl 650 (S)	hydrophiles Polymer	20–40	Phenyl-	
Fractogel EMD Propyl 650 (S)	hydrophiles Polymer	20–40	Propyl-	
Bio-Rad				
Macro-Prep t-Butyl HIC	Polymethacrylat	um 50	t-Butyl-	
Macro-Prep Methyl HIC	Polymethacrylat	um 50	Methyl-	

wird der unpolare Charakter eines Moleküls in der Adsorptions- bzw. Verteilungschromatographie ausgenutzt, bei Makromolekülen, insbesondere bei Proteinen, in der Hydrophoben Interaktionschromatographie (HIC) oder kurz Hydrophoben Chromatographie (Überblick: Eriksson 1989; O'Farrell 1996; Kennedy 1990). Dafür wurden spezielle, auf hydrophilen Gelen basierende HIC-Materialien entwickelt, die auf ihrer Oberfläche mit unpolaren Alkyl- (z.B. Methyl- oder Octyl-) oder Arylresten (z.B. Phenyl-) substituiert sind (Tab. 4-3), allerdings nicht so dicht wie bei *reverse-phase*-Materialien (10 – 50 μmol/ml Gel und nicht 100 – 500 μmol/ml Gel). Dementsprechend werden bei der HIC im Gegensatz zu der *reverse-phase*-Chromatographie (RPC) nicht organische Lösungsmittel für die Elution der auf dem Säulenfüllmaterial gebundenen Stoffe verwendet, sondern Puffer mit niedriger Ionenstärke.

Die Bindung eines Proteins an eine HIC-Matrix hängt von der Art der HIC-Matrix (Art der funktionellen Gruppe, Substitutionsgrad), der Natur des Proteins (Art und Größe der oberflächenexponierten hydrophoben Regionen) und der Zusammensetzung des Puffers ab. Proteine mit größeren hydrophoben Bereichen auf ihrer Oberfläche werden stärker binden als solche mit kleineren hydrophoben Bereichen. Je länger die Alkyl-Ketten und je höher der Substitutionsgrad der HIC-Materialien ist, desto stärker werden Proteine gebunden. Alkyl-substituierte HIC-Materialien binden Proteine fester als Aryl-substituierte. Da der hydrophobe Effekt stark von der Konzentration und Art des im Eluens gelösten Salzes abhängig ist, kann die Adsorption und Desorption von Proteinen auf einer HIC-Matrix durch die Pufferbedingungen gesteuert werden. Je höher die Salzkonzentration ist, desto fester ist die Bindung, wobei die Wirkung mit der Hofmeister-Serie

$$NH_4^+ > Rb^+ > K^+ > Cs^+ > Li^+ > Mg^{2+} > Ca^{2+} > Ba^{2+}$$

bzw.

$$PO_4^{3-} > SO_4^{2-} > CH_3COO^- > Cl^- > Br^- > NO_3^- > ClO_4^- > I^- > SCN^-$$

abnimmt. Vorzüglich zur Bindung von Proteinen auf einer HIC-Säule geeignete Salze sind demnach z.B. $(NH_4)_2SO_4$ oder K-Phosphat. Typischerweise erfolgt die Bindung in einem 20 mM Na-Phosphatpuffer pH 7.0 in Gegenwart von 1 M $(NH_4)_2SO_4$ und die Elution mit einem linear abfallenden $(NH_4)_2SO_4$-Gradienten (1 M $\rightarrow$ 0 M). Die Desorption kann durch Zugabe von Glycerol oder Ethylenglykol sowie durch nicht-ionische Detergenzien wie Triton-X-100 erleichtert werden. Da der hydrophobe Effekt stark temperaturabhängig ist, kann auch eine Temperaturerniedrigung für die Desorption ausgenutzt werden. Der pH-Wert des Puffers beeinflußt die Bindung von Proteinen an HIC-Materialien, allerdings in einer nicht einfach vorhersagbaren Weise. Damit sind viele Parameter gegeben, die zu variieren sind, um eine Hydrophobe Chromatographie erfolgreich durchzuführen. Unabdingbare Voraussetzung ist dabei, daß der Kontakt mit dem HIC-Säulenfüllmaterial nicht zu einer irreversiblen Denaturierung des interessierenden Proteins führt, was manchmal der Fall ist und die Einsatzfähigkeit der HIC begrenzt.

HIC-Materialien haben eine recht hohe Kapazität für Proteine, z.B. hat Phenyl-Sepharose 6 Fast Flow (*high sub*) eine Kapazität von ca. 40 mg Albumin/ml Gel bei 1.5 M $(NH_4)_2SO_4$, wodurch diese Materialien auch für Konzentrierungszwecke interessant sind.

Die Praxis der Hydrophoben Interaktionschromatographie ist nicht unähnlich jener der Ionenaustauschchromatographie: es können große Probenvolumina aufgetragen werden, die Probenlösung sollte in ihrem Ionenmilieu dem des Äquilibrierungspuffers (= Startpuffer der Gradientenelution) entsprechen, nach dem Auftrag sollte mit Äquilibrierungspuffer nachgewaschen werden. Das Gradientenvolumen sollte max. das 10-fache des Säulenvolumens betragen.

4.1.2.5 Aussalzchromatographie

Die Aussalzchromatographie ist ein für Proteine entwickeltes spezielles Trennverfahren, das darauf beruht, daß Proteine in Gegenwart von Säulenfüllmaterialien wie Cellulose, Dextran, insbesondere aber Agarose (z.B. Sepharose 4B) bei einer geringeren $(NH_4)_2SO_4$-Konzentration ausfallen als in freier Lösung (von der Haar 1976). Der Grund dafür ist vermutlich eine Änderung des Hydratationsgleichgewichts. Bei der Aussalzchromatographie werden Proteinlösungen bei einer bestimmten $(NH_4)_2SO_4$-Konzentration auf die mit derselben $(NH_4)_2SO_4$-Konzentration äquilibrierte Säule aufgetragen. Diese Konzentration muß etwas geringer sein als die für die Präzipitation der interessierenden Proteine in Lösung notwendige $(NH_4)_2SO_4$-Konzentration. Nach dem Nachwaschen mit Äquilibrierungspuffer wird mit einem absteigenden $(NH_4)_2SO_4$-Gradienten eluiert. Die Kapazität von Agarosematerialien für die Aussalzchromatographie liegt bei ca. 40 mg Protein/ml Bettvolumen. Typischerweise kommen kurze, dicke Säulen, die mit hohen Flußgeschwindigkeiten betrieben werden können, zum Einsatz, z.B. 5 $\times$ 20 cm Säulen, die mit 2 $\times$ 1 Liter Gradienten von 50 % nach 40 % Sättigung an $(NH_4)_2SO_4$ eluiert werden, wenn das Protein von Interesse durch $(NH_4)_2SO_4$ bei 60 % Sättigung in freier Lösung gefällt würde. Es ist darauf zu achten, daß nur klare Probenlösungen auf die Säule aufgetragen werden, die am einfachsten durch Zentrifugation der Probenlösung erhalten werden.

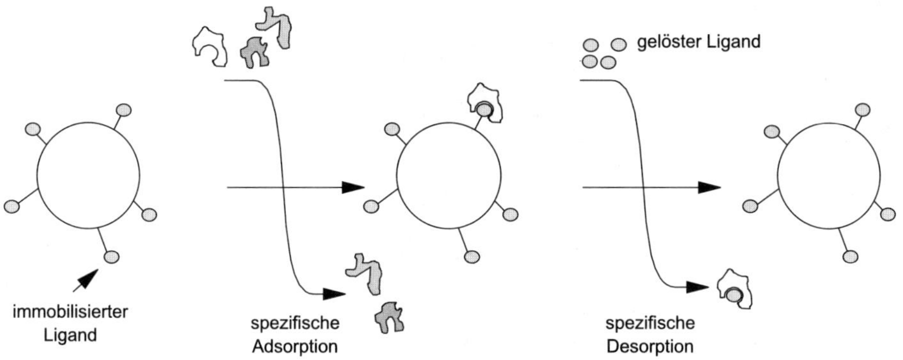

Abb. 4-13: Prinzip der Affinitätschromatographie.
Durch Kopplung von geeigneten Liganden an Gelpartikel entsteht eine Affinitätsmatrix, die in der Lage ist, hochspezifisch bestimmte Wechselwirkungspartner zu binden (links). Mit denselben oder ähnlichen Liganden in gelöster Form können die Wechselwirkungspartner wieder eluiert werden (rechts).

4.1.2.6 Affinitätschromatographie

Die Affinitätschromatographie (Überblick: Carlsson et al. 1989; Ostrove 1990; Ostrove & Weiss 1990; Cutler 1996b) ist sicherlich das leistungsfähigste Chromatographieverfahren, allerdings nicht allgemein anwendbar. Sie beruht auf der spezifischen Interaktion zweier Reaktionspartner, z.B. von Antikörper und Antigen, Enzym und Substrat(analogon), Enzym und Coenzym, allgemein Protein und Ligand (Tab. 4-4). Sie findet aber auch Anwendung für andere Stoffe, z.B. Nukleinsäuren, die spezifisch mit komplementären Nukleinsäuren in Wechselwirkung treten können. Das Prinzip ist in Abb. 4-13 dargestellt. Voraussetzung für die Affinitätschromatographie ist, daß eine Säulenmatrix existiert, die kovalent gebunden einen Liganden enthält, an den der zu isolierende Stoff spezifisch gebunden und von der er spezifisch eluiert werden kann. Der Ligand mag zum Beispiel ein Antigen sein, das über einen *spacer* mit der Matrix verbunden ist und an den bei gegebener Zugänglichkeit ein gegen dieses Antigen gerichteter Antikörper aus einem Antiserum gebunden werden kann. Die Elution erfolgt mit löslichem Antigen oder durch Pufferbedingungen, die mit der Antigen-Antikörperwechselwirkung interferieren (saurer pH-Wert, hohe Konzentration chaotroper Salze, wie z.B. KSCN oder KI). Der Ligand kann auch ein Cofaktor für ein Enzym sein, z.B. Glutathion, das an eine Matrix gebunden erlaubt, Enzyme zu isolieren, die eine Glutathionbindungsdomäne enthalten. Die Elution wird hierbei mit einer Glutathionlösung erfolgen. Diese Art von Chromatographie ist so leistungsfähig, daß man zu reinigende Proteine durch rekombinante DNA-Technologie mit Glutathionbindungsdomänen fusioniert, um sie nach Expression durch Affinitätschromatographie aus dem Zellextrakt zu isolieren. Oft werden solche Fusionen über einen zusätzlichen Peptid-*linker* gemacht, um das Fusionsprotein nach Aufreinigung mit einer Protease abspalten zu können. Ähnliche Affinitäts-*tags* leiten sich z.B. von Zuckerbindungsdomänen ab oder sind kurze Peptide, die wie der Strep-*tag* an ein bestimmtes Protein, hier Streptavidin, binden.

Spezifische Nukleinsäuren können affinitätschromatographisch über eine Matrix gereinigt werden, die die komplementäre Sequenz kovalent gebunden trägt. Die Elution erfolgt dabei unter Bedingungen, bei denen DNA-Doppelstränge getrennt werden, z.B. bei alkalischem pH oder in Gegenwart von Harnstoff. Es gibt Varianten der Affinitätschromatogra-

Tabelle 4-4 Affinitätschromatographie

Funktionelle Gruppe	Spezifität für
2', 5'-ADP	Enzyme mit $NADP^+$ als Cofaktor
5'-AMP	Enzyme mit NAD^+ als Cofaktor, ATP abhängige Kinasen
Arginin	Prothrombin, Plasminogen
Benzamidin	Proteasen (z.B. Trypsin)
Boronat	cis-Diole
Calmodulin	Calmodulin-abhängige Enzyme
Cibacron Blue	Enzyme, die mit Nukleotiden, Nukleotidcofaktoren, sowie Oligo- oder Polynukleotiden interagieren
Concanavalin A	Glykoproteine mit endständiger α-D-Glucose oder α-D-Mannose
Gelatine	Fibronectin
Helix pomatia Lektin	Glykoproteine mit endständigem N-Acetyl-α-D-Galactosamin
Heparin	Nukleinsäure-bindende Proteine
Lysin	Plasminogen
Nickel-Nitrilotriessigsäure (Ni-NTA)	Proteine mit His_6-*tag*
Polymycin	Endotoxin
Poly-U	Polyadenylierte mRNAs
Protein A	IgG
Protein G	IgG
Procion Red	Enzyme, die mit Nukleotiden, Nukleotidcofaktoren, sowie Oligo- oder Polynukleotiden interagieren
Weizenkeim-Lektin	Glykoproteine mit endständigem N-Acetyl-α-D-Glucosamin

phie, bei denen über gruppenspezifische Substituenten Klassen von Molekülen angereichert werden. Beispiele dafür sind Oligo-dT-Cellulose oder PolyU-Sepharose, mit deren Hilfe $PolyA^+$-mRNAs aus Gesamt-RNA isoliert werden, oder Protein A-Säulen, mit denen aus Serum Antikörper der IgG-Klasse gewonnen werden. Zu diesen gruppenspezifischen Affinitätsmaterialien sind auch DNA-Cellulose, Heparin-Sepharose u.ä. Materialien zu rechnen, die unspezifisch an DNA bindende Proteine zu reinigen erlauben, sowie mit Triazinfarbstoffen (wie Cibacron-Blau) belegte Säulen (Blue-Sepharose, Affi-Gel-Blue) (Überblick: Stellwagen 1990b; Worrall 1996), die bevorzugt Proteine binden, die mit Nukleotiden interagieren. Nicht zuletzt muß in diesem Zusammenhang auch die Metallchelatchromatographie oder *immobilized metal ion affinity chromatography* (IMAC) (Überblick: Kagedal 1989; Yip & Hutchens 1996) erwähnt werden, die die Tatsache ausnützt, daß Proteine, die in geeigneter Anordnung mehrere Histidin- oder Cysteinreste enthalten, von Säulen gebunden werden, die Metallchelate kovalent gebunden haben. Von besonderer Bedeutung ist die Ni-Chelatchromatographie, die immer mehr dazu benutzt wird, rekombinante Proteine, die N- oder C-terminal mit einem His_6-*tag* fusioniert sind, durch Affinitätschromatographie zu reinigen. Ni^{2+} ist auf diesen Säulen durch Nitrilotriessigsäure-Reste gebunden und kann mit zwei Histidin-Resten des Proteins im Austausch gegen Wasser interagieren (Abb. 4-14). Die Elution erfolgt mit einer Imidazollösung entweder im *batch*-Verfahren oder mit einem Imidazolgradienten. IMAC kann unter nativen wie auch denaturierenden Bedingungen betrieben werden. In Tab. 4-4 sind verschiedene bewährte Affinitätschromatographiematerialien aufgeführt, die zum Teil kommerziell angeboten werden. Affinitätschromatographiemedien können aber auch ausgehend von aktivierten Agarosematerialien (z.B. CNBr-aktivierte Se-

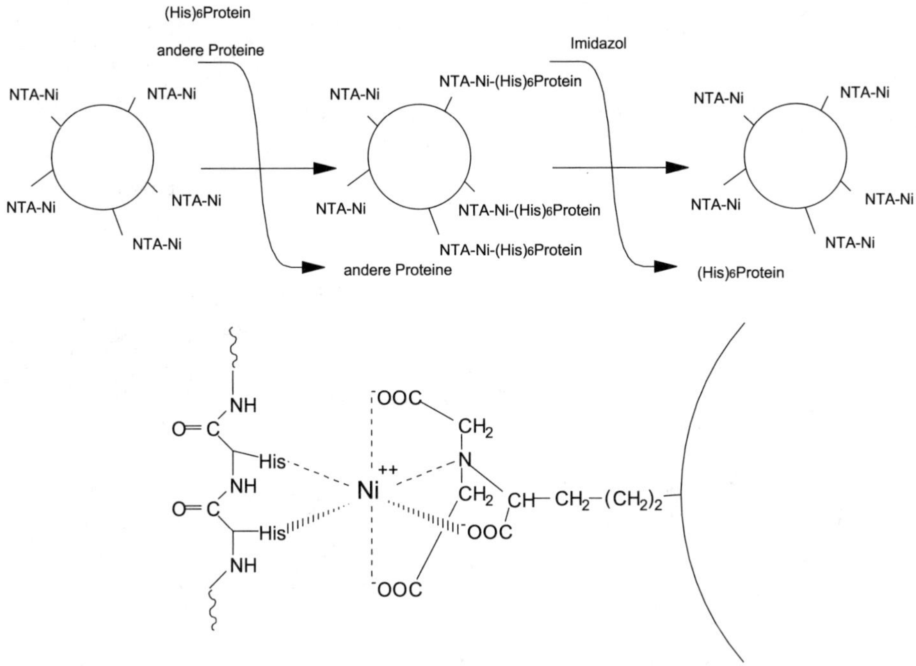

Abb. 4-14: Prinzip der Metallchelatchromatographie.
Das Prinzip der Metallchelatchromatographie wird im Bild am Beispiel der Wechselwirkung zwischen einer Ni-Nitrilotriessigsäure beladenen Matrix mit Proteinen, die einen His_6-*tag* tragen, illustriert. Proteine mit einem solchen *tag* binden an die Matrix (links) und lassen sich mit Imidazol spezifisch eluieren (rechts).

pharose, Epoxy-aktivierte Sepharose, Vinylsulfon-Agarose) selbst hergestellt werden. Unter Verwendung von Kopplungsreagenzien wie Carbodiimiden können ausgewählte Liganden direkt oder über *spacer* an Agarosematerialien gekoppelt werden (Abb. 4-15). Es ist darauf zu achten, daß die Kopplungsreaktion in einem Puffer durchgeführt wird, der selbst keine reaktiven Gruppen enthält, z.B. Phosphat- oder Boratpuffer, aber nicht Tris-Puffer. Nach der Kopplung müssen verbleibende reaktive Gruppen auf dem Trägermaterial umgesetzt („geblockt“) werden, z.B. durch Ethanolamin. Für die Praxis der Affinitätschromatographie gilt, daß diese als letzter (wenn nicht als einziger) Chromatographieschritt in einem Aufreinigungsschema eingeordnet wird, um das meist kostbare Affinitätschromatographiematerial nicht unnötig zu verschmutzen. Es kommen normalerweise kurze Säulen zum Einsatz, deren Kapazität weitgehend ausgenutzt werden soll. Die Elution kann im *batch* oder durch einen Gradienten erfolgen, meist mit einem hohen Überschuß des Liganden oder eines Analogons oder durch chaotrope Salze (KSCN, KI) bzw. Änderung des pH-Werts. Wenn die Bindung sehr fest ist, mag es notwendig sein, die Elution sehr langsam vonstatten gehen zu lassen, um Gleichgewichtseinstellung und damit die weitgehend vollständige Desorption zu gewährleisten.

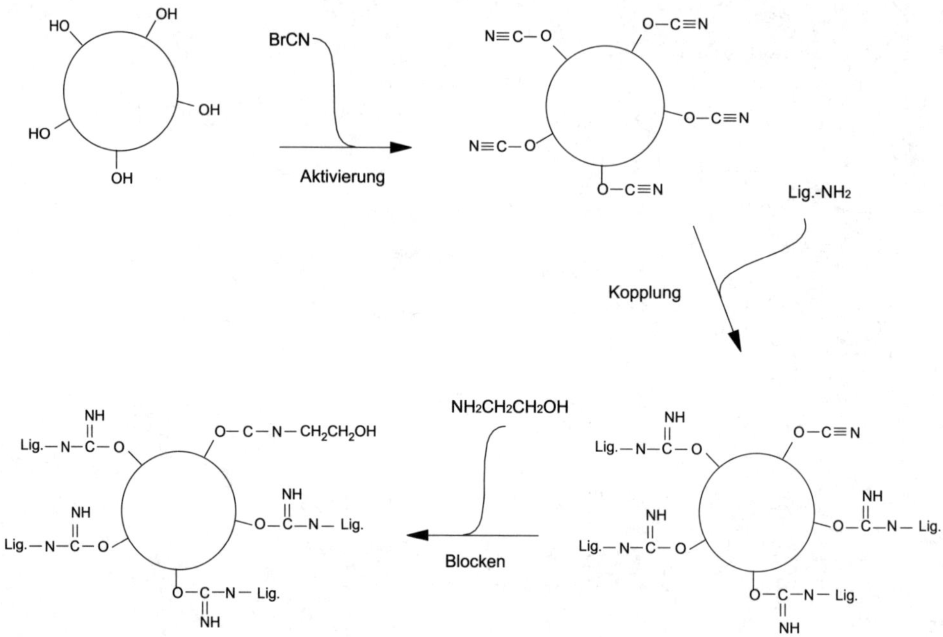

Abb. 4-15: Herstellung einer Affinitätsmatrix.
Ausgehend von einem Chromatographiematerial mit freien OH-Gruppen, wie z.B. Agarose, wird eine Aktivierung mit BrCN durchgeführt. An die aktivierte Matrix wird dann der Ligand gekoppelt, z.B. über freie NH_2-Gruppen. Nicht umgesetzte reaktive Gruppen auf der aktivierten Matrix werden „geblockt".

4.1.2.7 Verteilungs- und Adsorptionschromatographie

Man kann jede Chromatographieart als Verteilungschromatographie definieren, im engeren Sinn meint man damit die Chromatographie auf polaren SiO_2- oder Al_2O_3-Phasen oder auf unpolaren, sogenannten Umkehrphasen (*reverse phase*). Sie ist von großer Bedeutung für die präparative organische Chemie und die Naturstoffchemie. Für die Chromatographie von Biopolymeren, mit Ausnahme von Peptiden und Oligonukleotiden, findet sie kaum Anwendung. Trennprinzip und Praxis der Verteilungschromatographie werden im Detail bei der Darstellung von HPLC und Dünnschichtchromatographie diskutiert (s.u.).

4.1.2.8 HPLC

Der *high performance liquid chromatography* (Ausführliche Darstellung: Lim 1986; Oliver 1989a) liegen dieselben Prinzipien zugrunde wie der klassischen Niederdruckflüssigkeitschromatographie, sie zeigt aber im allgemeinen eine stark verbesserte Trennleistung, d. h. größere Trennschärfe, kürzere Chromatographiedauer und bessere Reproduzierbarkeit. Diese Vorteile werden allerdings durch deutlich größeren instrumentellen Aufwand erkauft, der es aber wiederum erlaubt, HPLC-Trennungen zu automatisieren. Die hohe Trennleistung der HPLC beruht auf der Verwendung kleiner Partikel definierter Größe (Durchmesser 4, 5 oder 10 µm) und hoher Rigidität. Entsprechend haben HPLC-Säulen eine hohe Kapa-

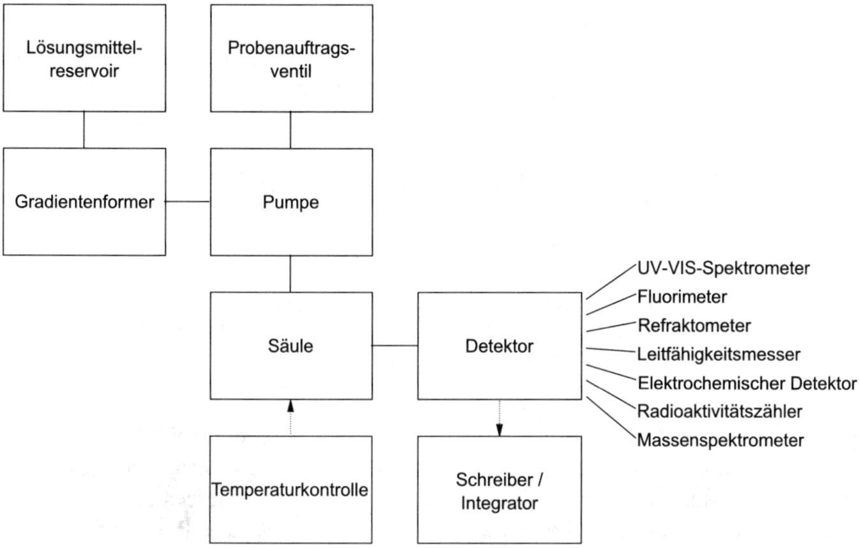

Abb. 4-16: Blockdiagramm einer HPLC-Anlage.
Die typische HPLC-Anlage besteht aus einer Säule, die über eine Pumpe mit einem Lösungsmittelreservoir verbunden ist. Wie die verschiedenen Lösungsmittel miteinander gemischt werden, wird durch einen dazwischen geschalteten Gradientenformer gesteuert. Im Nebenschluß befindet sich ein Probenaufgabeventil. Sehr oft befindet sich die Säule in einem thermostatisierbaren Säulenkompartiment. Das Eluat passiert einen Detektor, dessen Signal auf einem Schreiber mit Integrator aufgezeichnet oder durch einen PC registriert wird.

zität und erlauben hohe Durchflußgeschwindigkeiten (z.B. 2 ml/min für eine 4 x 250 mm Säule). Da abhängig vom Säulenfüllmaterial und vom Laufmittel diese Durchflußgeschwindigkeit nur bei hohem Druck (bis zu 10^7 Pa (100 bar) und mehr) erreicht wird, müssen die Säulen druckstabil sein. Dementsprechend bestehen Säulenmäntel aus präzisionsgeschliffenem Edelstahl oder dickwandigem Glas. Für die Förderung werden Hochleistungskolbenpumpen eingesetzt, die auch bei hohem Gegendruck eine konstante Förderleistung aufweisen. Die hohe Trennleistung kann natürlich nur bei entsprechend leistungsfähiger Peripherie (Steuersystem mit Gradientenformer, Detektor) adäquat genutzt werden (Oliver 1989b). In Abb. 4-16 ist eine typische HPLC-Anlage schematisch wiedergegeben: sie besteht aus dem Steuergerät, einem Einspritzventil, Hochleistungspumpe (bei einigen Anlagen wird auf der Niederdruckseite gemischt, dann benötigt man nur eine Pumpe; bei anderen Anlagen geschieht die Mischung auf der Hochdruckseite, wodurch zwei Pumpen benötigt werden), einem UV/VIS-Detektor mit Schreiber und Integrator als Basisausstattung. Hinzu kommt oft ein Säulenofen, um HPLC-Läufe bei höheren Temperaturen durchführen zu können und ein automatischer Probengeber, um Serienuntersuchungen ohne größeren Personalaufwand zu ermöglichen. Wie oben erwähnt, können je nach Problemstellung andere Detektortypen von Vorteil sein (Diodenarrayphotometer, Fluorimeter, Refraktometer, Leitfähigkeitsdetektor, elektrochemischer Detektor, Radioaktivitätszähler, bis hin zu Massenspektrometer und NMR-Geräten).

Die Säulenfüllmaterialien, die für die HPLC eingesetzt werden (Johns 1989; Unger 1990; Patel 1993), müssen druckstabil sein. Deshalb kommen im Gegensatz zu der Niederdruck-

Tabelle 4-5 *Normal-phase* und *reverse-phase*-HPLC

	normal phase	*reverse phase*
Säulenmaterial	SiO_2, Al_2O_3	C_4, C_8, C_{18}
Lösungsmittel für die Probe	Hexan, Toluol	H_2O (Puffer)
Lösungsmittel für die Elution	Methylenchlorid, Acetessigester, Aceton, Acetonitril	H_2O /Methanol, H_2O /Acetonitril
Reihenfolge der eluierten Substanzen	zuerst unpolare Substanzen, dann polare Substanzen	zuerst polare Substanzen, dann unpolare Substanzen
Gradientenpolarität	zunehmend (z.B. Hexan → Methylenchlorid)	abnehmend (z.B. $H_2O \rightarrow H_2O$ /Methanol)

chromatographie keine Gele zum Einsatz, sondern rigide, überwiegend sphärische Partikel von definiertem Durchmesser. Um die wirksame Oberfläche zu vergrößern, sind diese Teilchen nur oberflächlich oder mehr oder weniger durchgängig porös. Sie bestehen aus SiO_2, seltener aus Al_2O_3, und kommen in dieser Form für die *normal phase*-HPLC zum Einsatz. Sie können aber auch mit organischen Gruppen derivatisiert werden, z.B. mit Alkyl- oder Arylresten, gemäß

$$SiOH + ROH \rightarrow SiOR + H_2O$$
$$SiCl + RMgBr \rightarrow SiR + MgBrCl$$
$$SiOH + R_3SiCl \rightarrow SiOSiR_3 + HCl$$

und bilden dann sogenannte Umkehrphasen (*reverse phase*). Typische *reverse-phase*-Materialien enthalten folgende Gruppen:

– C_4H_9 (Butyl-)
– C_8H_{17} (Octyl-)
– $C_{18}H_{37}$ (Octadecyl-)
– C_6H_5 (Phenyl-)
– $(CH_2)_3CN$ (Cyano-)
– $(CH_2)_3NH_2$ (Amino-)
– $(CH_2)_3OCH(OH)CH_2OH$ (Diol-)

Darüber hinaus gibt es eine große Zahl unterschiedlicher, spezieller *reverse-phase*-Materialien, die z.B. chiral sind, um Enantiomere zu trennen, oder geladen sind, um Ionenaustauschchromatographie zu ermöglichen.

Bei der *normal-phase*-HPLC ist die mobile Phase weniger polar als die stationäre Phase. Polare Moleküle werden stärker an die stationäre Phase binden als unpolare und dementsprechend werden unpolare Moleküle eher eluiert als polare. Typische Eluenzien sind Hexan, Methylenchlorid und Essigester sowie Mischungen dieser Lösungsmittel. Bei der *reverse-phase*-HPLC ist die mobile Phase polarer als die stationäre Phase. Unpolare Substanzen werden stärker an das Säulenfüllmaterial binden als polare. Das bedeutet, daß polare Verbindungen eher eluiert werden als unpolare. Typische Eluenzien sind Acetonitril, Methanol und Wasser, sowie Mischungen dieser Lösungsmittel. Diese Zusammenhänge sind in Tab. 4-5 wiedergegeben.

Die verschiedenen Chromatographiearten, die bei der Niederdruckchromatographie zum Einsatz kommen, können auch bei der HPLC verwendet werden: Verteilungs- und Adsorp-

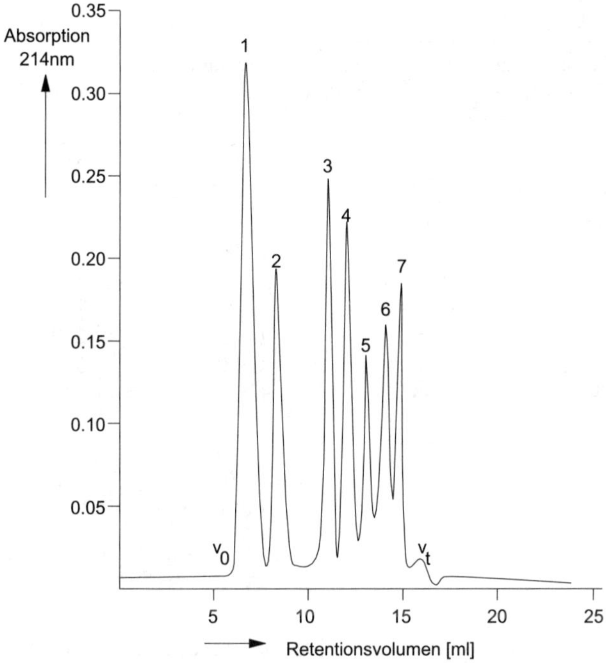

Abb. 4-17: HPLC von Peptiden.
Chromatogramm einer Peptidtrennung auf einer Gelfiltrationssäule, Superdex Peptide HR 10/30, auf die 25 µl einer Lösung verschiedener Peptide (1 Cytochrom *c*, M_r = 12500; 2 Aprotinin, M_r = 6500; 3 Gastrin, M_r = 2126; 4 Substanz P, M_r = 1348; 5 Gly_3, M_r = 360; 6 Gly_2 , M_r = 189; alle 0.2 mg/ml) und von einer Aminosäure (7 Glycin, M_r = 75; 7 mg/ml) aufgetragen wurde. Die Trennung erfolgte in 0.02 M Phosphatpuffer pH 7.2, 0.25 M NaCl, mit einer Flußrate von 0.25 ml/min (mit freundlicher Genehmigung von Pharmacia Biotech).

tionschromatographie, Gelfiltration (Abb. 4-17), Ionenaustauschchromatographie, Hydrophobe Interaktionschromatographie und Affinitätschromatographie. Entsprechende HPLC-Säulen werden für diese verschiedenen Chromatographiearten kommerziell angeboten.

Eine Variante der HPLC ist die FPLC (*fast protein liquid chromatography*) (Überblick: Sheehan 1996), eine auf die Zwecke der Präparation und Analyse von Proteinen apparativ wie auch in Bezug auf die Säulenfüllmaterialien zugeschnittene Chromatographieart. Das bedeutet allerdings nicht, daß normale HPLC-Anlagen, die mit entsprechenden Säulen ausgerüstet sind, nicht mit der Chromatographie von Proteinen kompatibel wären.

Obwohl sich die HPLC nicht grundsätzlich von der Niederdruckchromatographie unterscheidet, sind einige mit den Anlagen und den besonderen Säulenfüllmaterialien zusammenhängende Besonderheiten zu berücksichtigen. Die Säulen werden meist fertig gepackt bezogen, für analytische Zwecke meist 4 × 125 mm oder 4 × 250 mm, oder *narrow-bore-* bzw. *micro-bore*-Säulen mit 2 bzw. 1 mm Innendurchmesser, für präparative Zwecke 25 × 250 mm, 50 × 250 mm, oder größer. Sie sind teuer und sollten deshalb mit Sorgfalt betrieben werden. Sie sollten nicht starken Druckschwankungen ausgesetzt werden; das kann zur Kompaktierung des Säulenbettes führen, was einen unnormal hohen Gegendruck nach sich zieht, bzw. das Totvolumen am Säulenkopf vergrößert. Ebenso sind abrupte Wechsel

Tabelle 4-6 Lösungsmittel für die HPLC

Lösungsmittel	Elutionsstärke ($\varepsilon°$, Al_2O_3)	Viskosität (10^{-3} Pa s, 20 °C)	Brechungsindex	UV *cut off* (nm) (50 % Transmission, 1 cm Schichtdicke)
n-Hexan	0.01	0.33	1.375	210
Cyclohexan	0.04	1.00	1.427	230
CCl_4	0.18	0.97	1.466	275
Toluol	0.29	0.59	1.496	300
$CHCl_3$	0.40	0.57	1.443	255
CH_2Cl_2	0.42	0.44	1.424	240
Tetrahydrofuran	0.45	0.55	1.408	260
Aceton	0.56	0.32	1.359	345
Dioxan	0.56	1.54	1.422	245
Acetessigester	0.58	0.45	1.370	270
Acetonitril	0.65	0.37	1.344	193
2-Propanol	0.82	2.30	1.380	220
Ethanol	0.88	1.20	1.361	225
Methanol	0.95	0.60	1.329	220

des Lösungsmittels zu vermeiden; insbesondere sollte man nicht direkt von wässrigen Pufferlösungen auf organische Lösungsmittel wechseln, da dabei Salze ausfallen können, die die Säule verstopfen würden. Vielmehr sollten HPLC-Anlagen so programmiert werden, daß ein bestimmter gewünschter Fluß langsam aufgebaut, bzw. daß der Wechsel von Puffer zu Methanol über einen Puffer $\rightarrow$ Wasser-Gradienten und dann einen Wasser $\rightarrow$ Methanol-Gradienten erfolgt. Auf SiO_2 basierende *normal-phase-* und *reverse-phase-*Materialien sind nur in einem pH-Bereich von pH 2 – 8 zu betreiben. Säulen sollten zu Lagerungszwecken mit Hexan (*normal-phase-*Säulen) oder Methanol (*reverse-phase-*Säulen) äquilibriert sein. Für die HPLC vorgesehene Laufmittel bzw. Proben sollten filtriert oder zentrifugiert werden, um ein Verstopfen der Säule mit Staubteilchen zu verhindern. Überdies sollte einer Säule immer eine kleine Vorsäule (*guard column*) vorgeschaltet sein, die mit dem gleichen Säulenfüllmaterial gefüllt ist, und Staubteilchen, Aggregate, Niederschläge, etc. festhalten soll. Die Vorsäule kann je nach Bedarf ausgetauscht werden. Für die HPLC verwendete Lösungsmittel (dazu zählt auch Wasser) sollten von bester Qualität (HPLC *grade*) sein. Verunreinigungen würden akkumulieren und sich im Laufe einer Gradientenelution als störende *peaks* bemerkbar machen. HPLC-Läufe werden durch Freisetzung der im Laufmittel gelösten Luft beeinträchtigt. Laufmittel sollten deswegen prinzipiell im Wasserstrahlvakuum entgast werden. Zusätzlich mag es notwendig sein, während des Laufes die Laufmittel in den Reservoirs durch Einleitung von Helium zu entgasen, das im Laufmittel gelöste Luft im Gasstrom aufnimmt. In Tab. 4-6 sind typische Lösungsmittel, die in der HPLC Verwendung finden, mit ihren für die HPLC relevanten Eigenschaften aufgeführt.

HPLC findet in der Biochemie breite Anwendung, primär als analytische Methode für den Nachweis von kleinen Molekülen, wie Aminosäuren, biogenen Aminen, Kohlenhydraten, Lipiden, Gallensäuren, Steroidhormonen, Vitaminen, Nukleobasen, Nukleosiden, Nukleotiden, Porphyrinen u.a. (Ausführliche Darstellung: Lim 1986), darüber hinaus aber auch von Makromolekülen (Ausführliche Darstellung: Oliver 1989a), insbesondere Peptiden und Proteinen, sowie Nukleinsäuren (Ausführliche Darstellung: Hearn 1991).

Während bei den kleinen Molekülen *normal-phase-* und *reverse-phase-*HPLC, mitunter auch Ionenaustausch-HPLC, zum Einsatz kommt, sind es bei Makromolekülen *reverse-phase-*, Ionenaustausch- und Gelfiltrations-HPLC. Besonders hervorgehoben werden soll die Auftrennung von Peptidgemischen durch *reverse-phase-*HPLC, wobei üblicherweise das Laufmittel 0.1 % Trifluoressigsäure (TFA) enthält und Gradienten von z.B. 0 – 80 % Acetonitril zur Elution der Peptide verwendet werden. HPLC findet zunehmend Verwendung als präparative Methode, z.B. für die Reinigung synthetischer Oligodesoxynukleotide durch *reverse-phase-*HPLC unter Verwendung von flüchtigem Triethylammoniumacetat-Puffer und Acetonitril-Gradienten (Überblick: Pingoud et al. 1989). Von großem Interesse ist der Einsatz der präparativen HPLC (Ausführliche Darstellung: Chicz & Regnier 1990) und FPLC (Überblick: Sheehan 1996) bei der Aufreinigung von Proteinen, wobei verschiedene Trennprinzipien der Chromatographie genutzt werden, insbesondere Gelfiltrations- und Ionenaustauschchromatographie, aber auch Hydrophobe Interaktionschromatographie bzw. *reverse-phase-*Chromatographie.

4.1.3 Papier- und Dünnschichtchromatographie

Papier- und Dünnschichtchromatographie sind analytische Techniken, die allerdings auch semipräparativ genutzt werden können. Als stationäre Phase dienen solvatisiertes Papier oder ein Dünnschichtmaterial, als mobile Phase das Laufmittel, dessen Transport entlang der stationären Phase durch Kapillarkräfte erfolgt. Im folgenden wird nur auf Dünnschichtchromatographie (Ausführliche Darstellung: Grinberg 1990; Touchstone 1992) eingegangen, weil sie für fast alle Zwecke die Papierchromatographie verdrängt hat.

Wie der Name impliziert, findet der chromatographische Prozeß in einer dünnen (0.1 – 1 mm) Schicht statt, die möglichst homogen auf eine Glas-, Aluminium- oder Kunststoffplatte aufgebracht ist. Die Dünnschichtplatte wird, nachdem die Proben aufgetragen sind, in einem meist geschlossenen Gefäß (Dünnschichtkammer oder Becherglas) „entwickelt". Dazu taucht sie mit dem unteren Ende in das bis zu 1 cm Höhe in die Dünnschichtkammer gefüllte Laufmittel ein, welches durch Kapillarkraft in der Dünnschicht nach oben steigt. Dabei werden die etwa 1.5 cm vom unteren Rand der Dünnschichtplatte aufgetragenen Proben je nach Verteilungskoeffizient mehr oder weniger gut mittransportiert (Abb. 4-18 und Abb. 4-19). Die Dünnschichtkammer wird normalerweise verschlossen, um zu erreichen, daß die Zusammensetzung des Laufmittels konstant bleibt, was bei Kammersättigung, die oft durch Auskleiden der Kammerwände mit Filterpapier forciert wird, gegeben ist. Die Chromatographie wird beendet, wenn das Laufmittel den oberen Rand fast erreicht hat.

Das chromatographische Verhalten eines Stoffes wird durch den R_f-Wert definiert:

$$R_f = \text{Wanderungsstrecke der Substanz/Wanderungsstrecke des Laufmittels}$$

Der R_f-Wert ist eine stoffspezifische Konstante, vergleichbar einem Verteilungskoeffizienten. Er ist für einen gegebenen Stoff abhängig von der Natur der beiden Phasen, d.h. der Art des Dünnschichtmaterials und der Zusammensetzung des Laufmittels. Er ist nicht abhängig davon, wie weit das Laufmittel gewandert ist.

Als Dünnschichtmaterial kommen für die *normal phase-*Dünnschichtchromatographie hauptsächlich SiO_2, Al_2O_3, Cellulose und Cellulosederivate (z.B. DEAE-Cellulose oder PEI-Cellulose) in Frage, für die *reverse phase-*Dünnschichtchromatographie mit Kohlenwasserstoffketten derivatisiertes SiO_2. Als Laufmittel werden üblicherweise Lösungsmittelgemi-

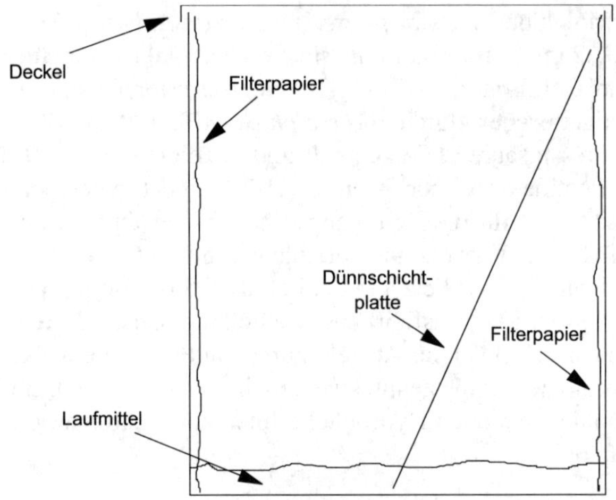

Abb. 4-18: Dünnschichtchromatographieaufbau.
Die Dünnschichtkammer, z.B. ein bedecktes Becherglas, wird zur Kammersättigung meist mit einem Filterpapier ausgekleidet. Das Laufmittel wird bis zu einer Höhe von ca. 1 cm in die Kammer eingefüllt. Die Chromatographie wird gestartet, indem die Dünnschichtplatte nach dem Auftrag in die Kammer gestellt wird.

sche benutzt, deren Zusammensetzung für ein gegebenes Trennproblem auf Erfahrungswerten beruht und durch Versuch und Irrtum optimiert wird. Als Beispiel der dünnschichtchromatographischen Trennung sei erwähnt, daß mit n-Hexan/Ethylacetat/Triethylamin im Verhältnis 145 : 75 : 30 auf Kieselgelplatten Chlorophyll a von Chlorophyll b getrennt und verschiedene Xanthophylle, die sich in der Zahl der Hydroxylgruppen voneinander unterscheiden, getrennt werden können. Mit Hexan/Diethylether/Ameisensäure im Verhältnis 80 : 80 : 2 können auf Kieselgelplatten Cholesterinester, Neutralfette, freie Fettsäuren, Cholesterin, 1,3- und 1,2-Diacylglycerole, Monoacylglycerole und Phospholipide voneinander separiert werden. Als spezielle Anwendung der Dünnschichtchromatographie sei die Trennung von radioaktiv-markierten Oligonukleotiden auf DEAE-Cellulose-Platten erwähnt, bei der als Laufmittel ein RNA-Hydrolysat in 7 M Harnstofflösung dient. Bei dieser als Homochromatographie bezeichneten Dünnschichtchromatographie verdrängen die je nach Kettenlänge schneller oder langsamer wandernden Oligoribonukleotide die radioaktiv markierten Oligonukleotide, die entsprechend ihrer Kettenlänge zunehmend stärker festgehalten werden.

Die meisten Substanzen, die mit Hilfe von Dünnschichtchromatographie analysiert werden sollen, werden nicht durch ihre Eigenfärbung zu erkennen sein, so daß sie auf der Platte sichtbar gemacht werden müssen. Üblicherweise geschieht das durch Ausnutzung der UV-Lichtabsorption bzw. durch Fluoreszenzlöschung. Dazu werden Dünnschichtplatten benutzt, die mit einem Fluorophor dotiert sind. Die Fluoreszenz des Fluorophors wird durch Bestrahlung bei 260 nm angeregt. Dort, wo sich auf der Dünnschichtplatte aufgrund der chromatographischen Wanderung die nachzuweisenden Substanzen befinden, werden, sofern die Substanzen bei 260 nm absorbieren oder eine unspezifische Löschung der Fluoreszenz bewirken, auf der grünfluoreszierenden Platte bei Beleuchtung mit einer Fluoreszenzhandlampe dunkle Flecken erscheinen. Substanzen können auch durch Färbereaktionen sichtbar gemacht werden, z.B. ungesättigte Verbindungen durch Bedampfen mit Jod,

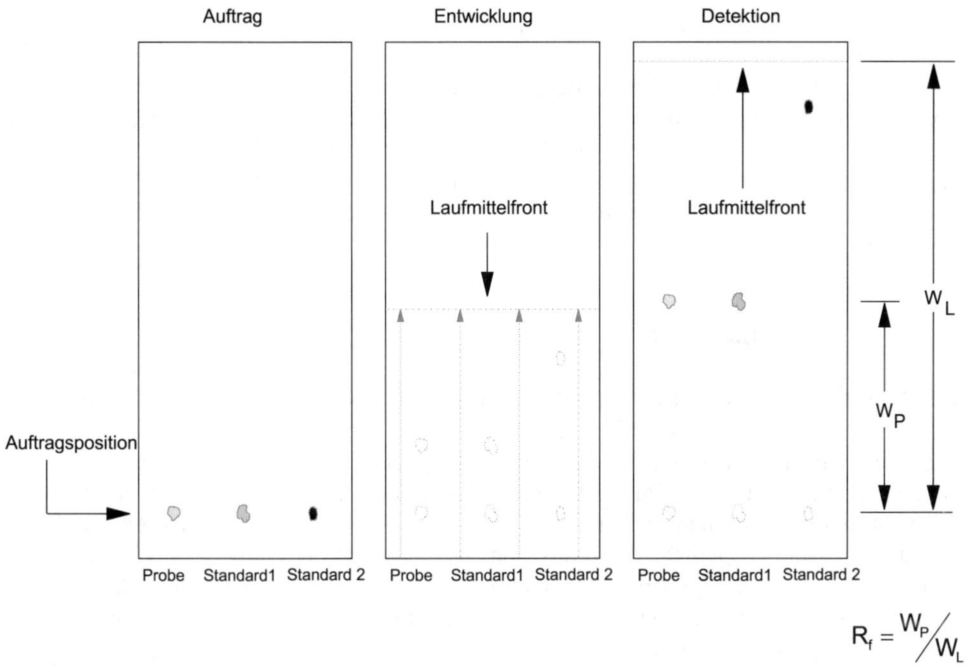

Abb. 4-19: Durchführung der Dünnschichtchromatographie.
Die Durchführung einer Dünnschichtchromatographie beginnt mit dem Auftrag der Probe auf die trockene Platte. Die Chromatographie findet in der Dünnschichtkammer statt. Zur Detektion wird die Platte nach Trocknung unter Fluoreszenzlicht betrachtet oder mit spezifischen Färbereagenzien behandelt. Der R_f-Wert ist als der Quotient der Wanderungsstrecken von Probe und Laufmittel definiert.

Aminosäuren durch Ansprühen mit Ninhydrin-Reagenz, etc.. Allgemein können ungesättigte oder Heteroatom-haltige organische Verbindungen durch Besprühen mit 50 % H_2SO_4 und Erhitzen auf Temperaturen von ca. 100 °C detektiert werden, wodurch die meisten dieser Verbindungen zersetzt werden und eine dunkelbraune Färbung annehmen.

Meist werden Dünnschichtchromatogramme nur qualitativ oder semi-quantitativ ausgewertet. Für quantitative Auswertungen stehen Dünnschicht-*scanner* zur Verfügung, die das reflektierte Licht messen. Alternativ können Substanzflecken ausgekratzt werden und die zu bestimmenden Substanzen nach Extraktion in Lösung quantitativ in ihrer Menge bzw. Konzentration bestimmt werden. Radioaktiv markierte Verbindungen können natürlich durch Autoradiographie nachgewiesen werden.

Bei sehr anspruchsvollen Trennproblemen kann eine Dünnschichtchromatographie auch zweidimensional durchgeführt werden. Dazu wird das Probengemisch ca. 2 cm vom linken und 2 cm vom unteren Rand der Dünnschichtplatte punktförmig aufgetragen und die Dünnschichtchromatographie in einem bestimmten Laufmittel durchgeführt (1. Dimension). Danach wird die Platte getrocknet, um 90 ° gedreht, so daß der linke Rand der untere Rand wird, und eine Dünnschichtchromatographie in einem anderen Laufmittel angeschlossen (2. Dimension). Auf diese Weise können nicht oder schlecht aufgelöste Substanzflecken getrennt werden.

Ähnlich wie die Bereitstellung von Partikeln mit definiertem, kleinen Durchmesser die Trennleistung der Säulenchromatographie verbessert hat, ist die Trennschärfe der normalen Dünnschichtchromatographie durch Verwendung von Partikeln mit geringer mittlerer Korngröße (z.B. 5 μm) und enger Kornbandbreite deutlich gesteigert worden. Entsprechend bezeichnet man Dünnschichtchromatographie auf Platten mit solchen Partikeln als *high performance thin layer chromatography* (HPTLC).

4.1.4 Gaschromatographie

Gaschromatographie war lange Zeit das am meisten verwendete analytische chromatographische Verfahren, sie hat allerdings durch die Entwicklung der HPLC an Bedeutung etwas verloren. Es ist aber nach wie vor das Trennverfahren der Wahl für flüchtige, unpolare Substanzen. In Gestalt der Kapillargaschromatographie hat sie das höchste Trennvermögen von allen chromatographischen Verfahren und ist aus den Bereichen der Naturstoffchemie, Lebensmittelchemie und der Pharmazeutischen Chemie sowie der Umweltanalytik nicht wegzudenken (Überblick: Clement 1990; Gottwald 1995). Die Gaschromatographie zeichnet sich durch hohe Trenngeschwindigkeiten aus, weil die Gleichgewichtseinstellung zwischen mobiler und stationärer Phase sehr schnell erfolgt.

Die Gaschromatographie beruht auf der unterschiedlichen Verteilung von Stoffen zwischen einer in einer Säule befindlichen stationären flüssigen Phase und einer mobilen, gasförmigen Phase, welche die Säule durchströmt (*gas liquid chromatography*). Die stationäre Phase besteht aus einer dünnen Schicht (ca. 0.2 μm) einer nicht-flüchtigen Flüssigkeit (z.B. Methylsilikon oder Methylphenylsilikon), die an der inerten Oberfläche der Säule haftet. Die Flüssigkeiten werden nach ihrer Polarität eingeteilt; dabei werden unpolare Phasen am häufigsten eingesetzt, weil sie einfach zu handhaben sind und in einem weiten Temperaturbereich stabil sind. Die mobile Phase besteht aus einem inerten Trägergas, meist Stickstoff, Helium oder Wasserstoff, das mit einem definierten, aber einstellbaren Fluß durch die Säule strömt. Durchgesetzt haben sich offene Kapillarsäulen (*fused silica*, einem aus reinem Siliciumtetrachlorid gewonnenen Siliciumdioxid) mit einem inneren Durchmesser von 0.1 – 0.6 mm und bis zu 100 m Länge, die in Spiralen aufgedreht sind. Injektor, Säule und Detektor befinden sich in separat thermostatisierbaren Kompartimenten.

Bei der am häufigsten angewandten Auftragsmethode wird die gelöste flüssige (seltener gasförmige) Probe mit Hilfe einer Spritze in μl-Mengen in den heißen Injektor gespritzt und dort verdampft. Der Gasstrom transportiert die Substanzen durch die Säule. Für die gaschromatographische Analyse müssen alle Komponenten der Probe unzersetzt einen Dampfdruck von ca. 1 Torr (entspr. 133 Pa) erreichen. Je nach Wechselwirkung mit der stationären Phase werden sie mehr oder weniger stark in der Säule zurückgehalten. Bei komplexen Probegemischen lassen sich nur mit Temperaturprogrammen in vertretbaren Zeiten gute Trennungen erreichen. Als Richtwert für Säulen mit 0.3 mm Innendurchmesser kann bei Wasserstoff als Trägergas ein Fluß von ca. 2 ml/min und eine Temperaturanstiegsrate von 2.5 °C/min gelten.

Für den Nachweis der chromatographisch getrennten Substanzen können verschiedene Detektoren verwendet werden. Fast universell einsetzbar ist der Flammenionisationsdetektor (FID), der alle in einer Wasserstoff/Luft-Flamme brennbaren Substanzen erfaßt. Bei der Verbrennung entstehen Ionen, die die elektrische Leitfähigkeit der Flamme erhöhen. Die Empfindlichkeit dieses Detektors liegt für Kohlenwasserstoffe bei $3 \cdot 10^{-12}$ g/s. Der Elektroneneinfangdetektor (*electron capture detector*, ECD) spricht auf Substanzen an, die thermische Elektronen einfangen können. Dazu gehören insbesondere Verbindungen, die Halogenatome enthalten. Passiert eine solche Verbindung die Elektronenquelle, kommt es durch Einfangen der Elektronen zu einer Abnahme der Leitfähigkeit. Dieser Detektortyp hat große Bedeutung für die Umweltanalytik, und zwar nicht nur wegen seiner Selektivität (chlorhaltige Pestizide, Dioxine, etc.), sondern auch wegen seiner Sensitivität, die bei $2 \cdot 10^{-14}$ g/s liegt.

Andere Detektoren sind der Wärmleitfähigkeitsdetektor (*thermal conductivity detector*, TCD), der Phosphor-Stickstoff-Detektor (*phosphorus nitrogen detector*, PND), der wegen seiner Selektivität für N-haltige Verbindungen viel in der Toxikologie eingesetzt wird und verschiedene Spektrometer, wie Infrarot-, NMR-, insbesondere aber Massenspektrometer (GC-MS-Kopplung). Diese haben den Vorteil, Strukturinformationen zu liefern, die zur Identifikation einer unbekannten Substanz herangezogen werden können.

Normalerweise kann die Zuordnung eines *peaks* in einem Gaschromatogramm durch seinen relativen Retentionsindex erfolgen. Sie kann durch gaschromatographische Läufe mit authentischen Vergleichssubstanzen bestätigt werden, wobei zu analysierende Probe und Vergleichssubstanz oft co-chromatographiert werden (*spiking*). Eine eindeutige Identifizierung einer unbekannten Probe verlangt allerdings eine strukturelle Analyse, die *on-line* (z.B. durch GC-MS) oder *off-line* erfolgen kann.

Hauptanwendungsgebiet der Gaschromatographie ist die quantitative Analyse von bestimmten Substanzen in Probengemischen, die als flüchtige Substanzen in organischen Lösungsmitteln vorliegen. Sind Verbindungen nicht ausreichend flüchtig, wie z.B. Kohlenhydrate, Aminosäuren, Steroide, etc. lassen sie sich oft durch chemische Derivatisierung wie Methylierung, Acetylierung, Trimethylsilylierung, etc. in flüchtige Derivate überführen.

4.2 Elektrophorese

Während chromatographische Verfahren analytische wie präparative Anwendung finden, dienen elektrophoretische Verfahren ganz vorwiegend analytischen Zwecken und sind für die meisten Fragestellungen der Protein- und Nukleinsäureanalytik die Methoden der Wahl (ausführliche Darstellung: Hames & Rickwood 1990; Rickwood & Hames 1990). Elektrophoretische Trennverfahren werden darüber hinaus auch für den Nachweis anderer geladener Teilchen benutzt; dafür sind sie allerdings von chromatographischen Verfahren weitgehend verdrängt worden. Im folgenden wird deshalb das Schwergewicht auf die Vorstellung von elektrophoretischen Verfahren für die Protein- und Nukleinsäureanalytik gelegt.

4.2.1 Allgemeine Prinzipien und Definitionen

Unter Elektrophorese versteht man die Wanderung von positiv oder negativ geladenen Molekülen in einem elektrischen Feld. Die Wanderungsgeschwindigkeit ist durch das Verhältnis zwischen elektrischer Beschleunigung und der Reibung des Teilchens gegeben:

$$v = \frac{Q \cdot F}{f} \tag{4.1}$$

$v \Rightarrow$ Wanderungsgeschwindigkeit $[\mathrm{m} \cdot \mathrm{s}^{-1}]$
$Q \Rightarrow$ Nettoladung des Moleküls [C]
$F \Rightarrow$ elektrische Feldstärke $[\mathrm{V} \cdot \mathrm{m}^{-1}]$
$f \Rightarrow$ Reibungskoeffizient $[\mathrm{kg} \cdot \mathrm{s}^{-1}]$

Nach der Stokes-Beziehung hängt f von der Größe und Form der geladenen Moleküle ab und ist bei einem sphärischen Teilchen gegeben durch:

$$f = 6 \cdot \pi \cdot r \cdot \eta \tag{4.2}$$

$\eta \Rightarrow$ Viskosität des Mediums $[\mathrm{Pa} \cdot \mathrm{s}]$
$r \Rightarrow$ Radius des Teilchens [m]

Während mit dieser Beziehung die trägerfreie Elektrophorese in Lösungsmitteln beschrieben werden kann, kommen bei Wanderungen in Gelen Einflüsse der Gelmatrix hinzu, die von der Art des Gels und der Natur der geladenen Teilchen abhängen, und sich einer allgemeinen und einfachen Beschreibung entziehen. Für ein bestimmtes Teilchen unter definierten Bedingungen (pH, Ionenstärke, Temperatur, etc.) ist die Wanderungsgeschwindigkeit von der Spannung abhängig, da die Feldstärke durch

$$F = \frac{U}{d} \tag{4.3}$$

$U \Rightarrow$ an den Elektroden anliegende Spannung [V]
$d \Rightarrow$ Abstand der Elektroden [m]

gegeben ist. Die auf die Feldstärke bezogene Wanderungsgeschwindigkeit ist dann eine reine Eigenschaft des Teilchens:

$$\mu = \frac{v}{F}$$

$\mu \Rightarrow$ elektrophoretische Beweglichkeit $[\mathrm{m}^2 \cdot \mathrm{V}^{-1} \cdot \mathrm{s}^{-1}]$

Je höher die angelegte Spannung ist, desto schneller wandert das geladene Teilchen und desto weniger Zeit wird für die elektrophoretische Trennung benötigt. Allerdings nimmt nach dem Ohmschen Gesetz die Spannung mit dem Strom (I) zu:

$$I = \frac{U}{R} \tag{4.4}$$

$I \Rightarrow$ Stromstärke [A]
$U \Rightarrow$ Spannung [V]
$R \Rightarrow$ Widerstand [Ω]

Wenn der Strom keine mechanische oder chemische Arbeit leistet, wird über die Zeit die von der Stromquelle aufgenommene Energie als Wärme abgegeben:

$$W = U \cdot I \cdot t = I^2 \cdot R \cdot t$$

$W \Rightarrow$ abgegebene Wärmemenge [J]

Diese Wärme muß abgeführt werden, was selbst bei aktiver Kühlung nur in begrenztem Maße möglich ist. Generell gilt deshalb, daß die Wärmedissipation normalerweise der limitierende Faktor für die schnelle Durchführung von Elektrophoresen ist, da eine zu starke Erwärmung zu einer ungleichmäßigen Elektrophorese mit geringer Trennschärfe führt. Die Gründe dafür liegen in der Konvektion (bei trägerfreier Elektrophorese) und der Tempera-

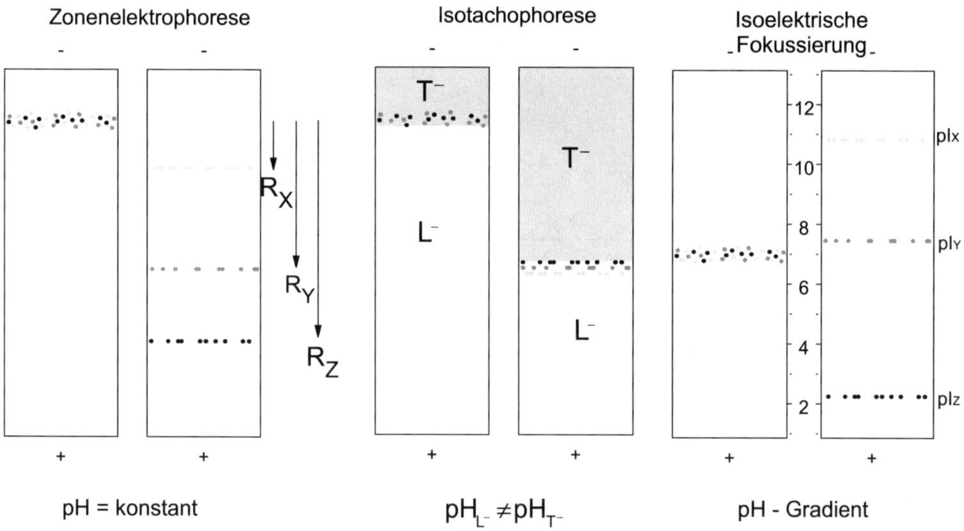

Abb. 4-20: Prinzipien verschiedener elektrophoretischer Trennmethoden.
Bei der Zonenelektrophorese (links) wandern die zu trennenden geladenen Teilchen entsprechend ihrer elektrophoretischen Mobilität in mehr oder weniger gut separierten Zonen von der Auftragstelle zu der gegensinnig geladenen Elektrode. Für die Isotachophorese (Mitte) werden unterschiedliche Elektrodenpuffer und Trennpuffer verwendet. Zwischen den Leit- (L^-) und Folgeionen (T^-) wandern die zu trennenden geladenen Teilchen gemäß ihrer elektrophoretischen Mobilität in direkt aufeinanderfolgenden Zonen. Die isoelektrische Fokussierung (rechts) findet in einem sich während der Elektrophorese ausbildenden oder präformierten pH-Gradienten statt, der bewirkt, daß amphotere Teilchen so lange wandern, bis sie netto ungeladen sind, d.h. bis zu der Position pH = pI. Je nach pI der zu trennenden amphoteren Teilchen wird die Trennung mehr oder weniger ausgeprägt sein.

turabhängigkeit der Viskosität und der Diffusion. Zu hohe Temperaturen können im übrigen zu einer unerwünschten Denaturierung von Proteinen oder Nukleinsäuren führen. Je dünner die Schicht ist, in der die Elektrophorese stattfindet, desto besser kann die Joulesche Wärme abgeführt werden, und desto höhere Spannungen können angelegt werden. Man wird also bestrebt sein, die Schichten, in denen die Elektrophorese stattfindet, so dünn wie möglich zu halten, natürlich nur soweit es die geforderte Kapazität bzw. gegebene Nachweisempfindlichkeit zuläßt. Damit der Anteil der Probenionen am Gesamtstrom und damit die Wanderungsgeschwindigkeit der Probenionen ausreichend hoch ist, wird man eine geringe Ionenstärke für den Elektrophoresepuffer wählen, ebenfalls natürlich nur soweit, wie es für die Pufferkapazität tolerabel ist.

Elektrophoresen werden im einfachsten Fall als Zonenelektrophoresen ausgeführt, d.h. die Probe wird in einem kleinen Volumen auf die Folie, das Gel oder allgemein das Trennmedium aufgetragen und wandert in einem homogenen Puffersystem mehr oder weniger in ihre Komponenten getrennt in diskreten, von einander mehr oder weniger stark separierten Zonen zur Anode bzw. Kathode (Abb. 4-20).

Von der Zonenelektrophorese zu unterscheiden ist die Isotachophorese, die in einem diskontinuierlichen Puffersystem durchgeführt wird. Die Komponenten der Probe wandern zwischen einem schnellen Leition und einem langsamen Folgeion, und zwar direkt hinter-

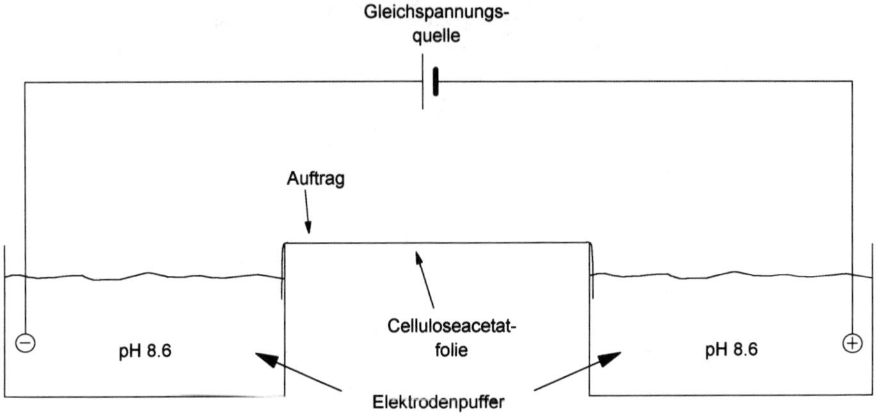

Abb. 4-21: Serumelektrophorese.
Bei der Serumelektrophorese handelt es sich um eine einfache Version der Zonenelektrophorese, die für die Auftrennung von Serumproteinen genutzt wird. Üblicherweise wird sie bei schwach alkalischem pH durchgeführt, bei dem die relevanten Proteine bzw. Proteinklassen negativ geladen sind und zur Anode wandern.

einander in der Reihenfolge ihrer elektrophoretischen Mobilitäten. Die Komponente mit der höchsten Mobilität wandert hinter dem Leition, die mit der niedrigsten vor dem Folgeion (Abb. 4-20).

Die Isoelektrische Fokussierung findet in einem pH-Gradienten statt. Die amphoteren Moleküle, wie z.B. Proteine, wandern im Gradienten bis zu der Position, wo der pH-Wert ihrem isoelektrischen Punkt entspricht, ihre Nettoladung also Null ist (Abb. 4-20).

4.2.2 Celluloseacetatfolienelektrophorese

Die trägerfreie Elektrophorese, mit der die Entwicklung von elektrophoretischen Trennungen eingeleitet wurde, hat heute außer in der Form der Kapillarelektrophorese (s.u.) keine große Bedeutung mehr. Der trägerfreien Elektrophorese nahe kommt die Papier- und Celluloseacetatfolienelektrophorese, erstere wird kaum noch praktiziert, letztere hat als Serumelektrophorese eine klinisch-chemische Relevanz (Überblick: Greiling & Gressner 1995). Bei dieser Elektrophorese dienen die Cellulose- bzw. Celluloseacetatfasern der Stabilisierung der Lösung, in der sich die geladenen Teilchen in Zonen zu dem entgegensetzt geladenen Pol hin bewegen. Abb. 4-21 zeigt den typischen Aufbau einer Apparatur für die Serumelektrophorese: der Celluloseacetatstreifen wird, nachdem er mit dem Elektrophoresepuffer befeuchtet wurde, in einen Rahmen eingespannt und mit seinen Enden in die beiden Elektrodenkammern eingetaucht, in denen sich der Elektrophoresepuffer befindet. Die an den Seiten der Elektrodenkammern angeordneten Platindrähte sind mit den positiven bzw. negativen Ausgängen des regelbaren Gleichspannungsnetzgerätes verbunden und stellen die Anode (positiver Pol) bzw. Kathode (negativer Pol) dar, zu dem sich die negativ geladenen Anionen bzw. positiv geladenen Kationen hin bewegen. In dem gewählten Puffer (pH 8.6) sind die meisten Serumproteine negativ geladen. Der Auftrag von wenigen µl Serum, der mit Hilfe eines Applikators in reproduzierbarer Weise erfolgt, geschieht an dem Kathoden-nahen Ende des Celluloseacetatstreifens, so daß die ganze Wanderungsstrecke zum Anoden-nahen Ende ausgenutzt werden kann. Aufgrund ihrer unterschiedlichen elektrophoretischen Beweglichkeit, die durch die Nettoladung und die Größe bzw. Form der Proteine bestimmt wird, wandern die verschiedenen Serumproteine mehr oder weniger schnell zur Anode, und zwar in der Reihenfolge abnehmender Geschwindigkeit: Albumin, α_1-, α_2-, β- und γ-Globuline. Nach der elektrophoretischen Trennung, die bei dem üblichen Format 1/2 – 1 h dauert, wird der Celluloseacetatstreifen in ein Färbebad getaucht (z.B. in eine Amidoschwarz B-Lösung), gewaschen, transparent gemacht und einer densitometrischen Analyse unterworfen (Abb. 4-22). Die ganze Prozedur dauert ca. 1 h, ist wenig aufwendig und liefert differentialdiagnostisch wertvolle Hinweise. Im Routinebetrieb wird die Serumelektrophorese zunehmend auf Agarosefertiggelen automatisiert durchgeführt.

4.2.3 Gelelektrophorese

Sehr viel variabler in der Anwendung als die Papier- oder Celluloseacetatfolien-Elektrophorese und zudem sehr viel leistungsfähiger ist die Gelelektrophorese, die früher auf Stärkegelen, heute auf Agarose- und Polyacrylamidgelen durchgeführt wird (Ausführliche Darstellung: Westermeier 1990; Überblick: Patel 1994). Unabhängig davon, welches Polymer als Matrix verwendet wird, kann der Vernetzungsgrad variiert und damit die Maschenweite der Gele der Größe der zu trennenden Makromoleküle, Proteine oder Nukleinsäuren, angepaßt werden. Man kann die Porösität nicht-restriktiv einstellen, so daß quasi die Bedingungen einer trägerfreien Elektrophorese herrschen oder restriktiv, was zu einem mehr oder weniger ausgeprägten Siebeffekt bei der Elektrophorese führt.

4.2.3.1 Polyacrylamidgelelektrophorese

Polyacrylamidgele entstehen durch Polymerisation von Acrylamid

$$CH_2 = CH - CO - NH_2$$

und Vernetzung der linearen Polymere

$$\ldots\ldots\text{-}\ CH_2 - CH\,(CONH_2) - CH_2 - CH\,(CONH_2) - \ldots$$

durch N, N'-Methylenbisacrylamid

$$CH_2 = CH - CO - NH - CH_2 - NH - CO - CH = CH_2$$

Auf die Toxizität von Acrylamid muß nachdrücklich hingewiesen werden. Es ist ein Carcinogen und Neurotoxin und zeigt akkumulative Effekte. Es sollte als Feststoff immer unter dem Abzug gehandhabt werden, sicherheitshalber sollten Mund- und Nasenschutzmaske, Schutzbrille und Laborhandschuhe getragen werden. Letztere sollten auch beim Hantieren mit Acrylamidlösungen benutzt werden. Wenn möglich, sollte im übrigen auf kommerziell erhältliche Fertiglösungen zurückgegriffen werden. Polymerisierte Gele sind vergleichsweise wenig toxisch; eine Restgefährdung kann allerdings durch Acrylamidspuren verursacht werden. Deswegen sollten auch Polyacrylamidgele, z.B. zum Zweck der Anfärbung oder Entsorgung nicht mit bloßen Händen angefaßt werden. Bei längerer Lagerung als Feststoff, insbesondere aber in Lösung, zersetzt sich Acrylamid. Dabei entsteht u.a. Acrylsäure,

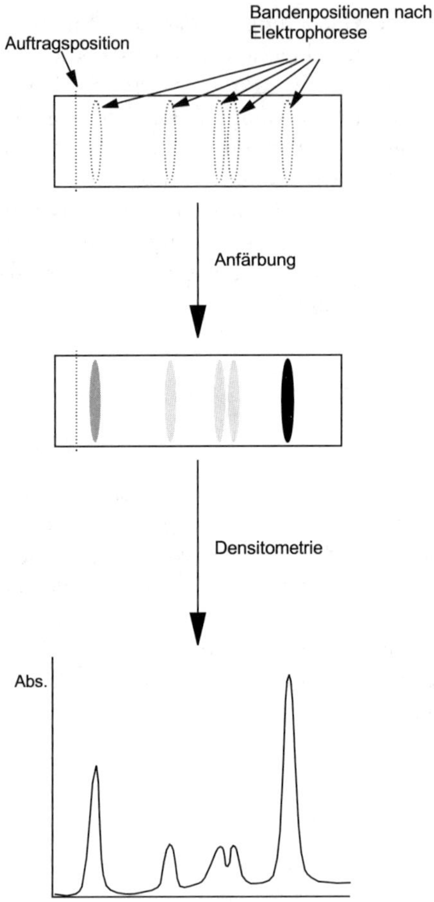

Abb. 4-22: Densitometrische Auswertung nach der Serumelektrophorese.
Nach der Elektrophorese wird die Celluloseacetatfolie aus der Apparatur entfernt und in ein Färbebad getaucht. Überschüssiger, nicht an Proteine gebundener Farbstoff wird durch Waschen in einem Entfärbebad entfernt und dann die Folie in ein Transparenzbad überführt. Die transparente Folie mit den blau gefärbten Proteinbanden wird auf einem Träger mit Hilfe eines Schlittens durch den Strahlengang eines Photometers geschoben. Das Ergebnis ist ein Densitogramm, dessen *peaks* integriert werden können und dann die Proteinverteilung im Serum quantitativ wiedergeben.

die sich nachteilig auf die elektrophoretische Trennung auswirkt. Acrylsäure läßt sich aus Lösungen einfach durch Filtrieren über Anionenaustauscherharz entfernen.

Die Polymerisation von Acrylamid und Bisacrylamid wird durch Ammoniumperoxodisulfat, kurz Ammoniumpersulfat, $(NH_4)_2S_2O_8$, das leicht Radikale bildet, initiiert. Als Katalysator dient dabei N,N,N',N'-Tetramethylethylendiamin (TEMED). Sauerstoff inhibiert die chemisch induzierte Polymerisation; Lösungen sollten deshalb entgast sein. 2-Mercaptoethanol, Dithiothreitol etc. wirken ebenfalls inhibierend. Als Alternative zu Ammoniumpersulfat und TEMED für die Polymerisation von Acrylamid kann Riboflavin verwendet werden, das unter Belichtung in Gegenwart von geringen Mengen Sauerstoff eine ebenfalls radikalische Polymerisation induziert. Die Acrylamidkonzentration im Polymerisationsansatz bestimmt die Länge der Polyacrylamidketten, die Bisacrylamidkonzentration den Vernetzungsgrad. Beide zusammen bestimmen die Eigenschaften des Gels, insbesondere die Porengröße, Elastizität und Dichte. 2.5 % Gele (die Prozentangabe bezieht sich auf die Gesamtkonzentration an Acrylamid und Bisacrylamid) sind mechanisch sehr labil, 30 % Gele dagegen sind extrem spröde. Je nach Größe der zu trennenden Moleküle wird man Gele unterschiedlicher Porösität verwenden: 2.5 % Gele (Verhältnis Acrylamid zu Bisacrylamid von 40 : 1) erlauben es, Moleküle mit einem Molekulargewicht von 10^6, 30 % Gele solche mit einem Molekulargewicht von 10^3 zu trennen. Die Porösität steht in keinem einfachen Zusammenhang mit der Acrylamid- und Bisacrylamidkonzentration; bei einer gegebenen Gesamtkonzentration sinkt sie zunächst bei Zunahme der Bisacrylamidkonzentration bis ungefähr 4 % (w/w) Bisacrylamidanteil an der gesamten Konzentration, um dann wieder zu steigen.

Wenn man statt Bisacrylamid N,N'-(1,2-Dihydroxyethylen)-bisacrylamid

$$CH_2 = CH - CO - NH - CHOH - CHOH - NH - CO - CH = CH_2$$

oder N,N'-Bisacrylcysteamin

$$CH_2 = CH - CO - NH - CH_2 - S - S - CH_2 - NH - CO - CH = CH_2$$

als *crosslinker* benutzt, kann man Gele herstellen, die chemisch durch Periodat bzw. durch Dithiothreitol solubilisiert werden können, eine Möglichkeit, die genutzt werden kann, um z.B. Proteine nach der Elektrophorese aus Polyacrylamidgelen herauszulösen (Überblick: Dunn 1993).

Die Polyacrylamidgelelektrophorese wird entweder in Röhrchengelen (3 - 5 mm Durchmesser, 5 – 15 cm Länge) oder in Flachbettgelen (*slab gels*) unterschiedlicher Breite, Länge (Minigele: 4.3 cm breit, 5 cm lang; Standardgele: 14 x 16 cm; DNA-Sequenziergele: 20 – 30 x 50 – 100 cm) und Dicke (0.05 – 1.5 mm) durchgeführt. Röhrchengele werden heute fast nur noch im Zusammenhang mit einer 2-D-Elektrophorese benutzt. Um Röhrchengele zu gießen, werden sie am unteren Ende mit Parafilm verschlossen und mit einer Pasteurpipette mit der Gellösung gefüllt, die während der Polymerisation mit Butanol überschichtet wird, um Sauerstoff fernzuhalten und für eine gerade Oberfläche zu sorgen. Vor dem Probenauftrag wird Butanol durch Spülen mit Elektrodenpuffer entfernt. Abb. 4-23 zeigt den typischen Aufbau einer Röhrchengelelektrophoreseapparatur. Sie besteht aus einem oberen und einem unteren Pufferreservoir, in dem sich Kathode bzw. Anode befinden, je einem den Dimensionen des Pufferreservoirs angepaßten Platindraht, der mit dem negativen bzw. positiven Ausgang des Netzgerätes verbunden ist. Üblicherweise ist die Elektrophoreseapparatur aus Sicherheitsgründen geschlossen. Zur Elektrophorese wird die Probe mit Hilfe einer Spritze oder Pipette auf das Gelbett aufgetragen. Damit die Durchmischung mit dem Elektrodenpuffer gering bleibt, wird der Probe Glycerol- oder Sucroselösung zugesetzt. Außerdem wird zu der Probenlösung ein Farbstoff gegeben, um den Fortgang der Elektrophorese überprüfen zu können. Häufig verwendete anionische Farbstoffe sind bei Proteintrennungen Bromphenolblau und Orange G, bei Nukleinsäuretrennungen Bromphenolblau und Xylencyanol FF. Als kationische Farbstoffe sind Bromkresolgrün oder Methylenblau geeignet. Nach der Elektrophorese wird das Gel mit einer wassergefüllten Spritze, deren Nadel man vorsichtig unter stetigem Wasserfluß zwischen Gel und Glaswand schiebt, aus dem Röhrchen entfernt. Alternativ kann man versuchen, mit Wasser- oder Luftdruck das Gel aus dem Röhrchen zu drücken. Das ist mit silanisierten Glasröhrchen besonders einfach zu bewerkstelligen. Bei

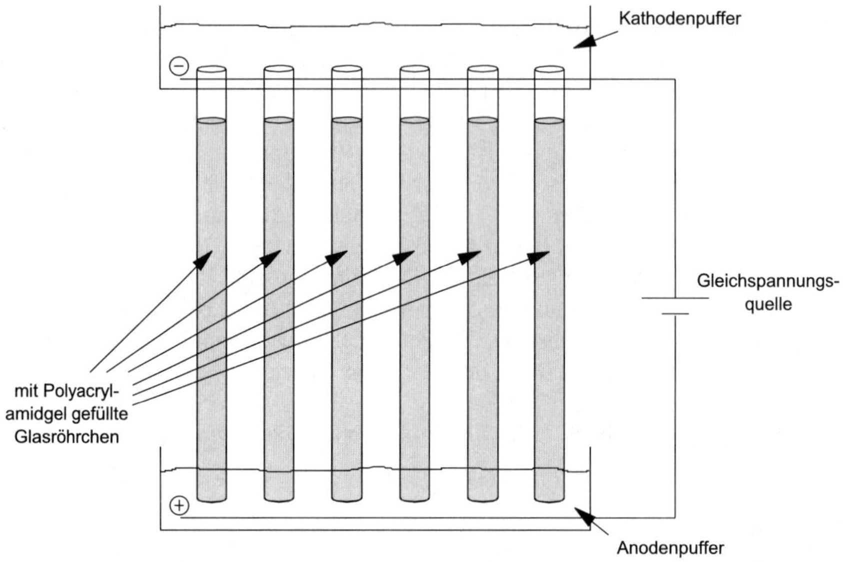

Abb. 4-23: Röhrchengelelektrophorese.
Die Elektrophorese findet in zylinderförmigen Gelen statt, die in unten z. B. mit Parafilm verschlossenen Glasröhrchen polymerisiert werden. Zur Durchführung der Elektrophorese wird der Parafilm am unteren Ende entfernt, Puffer in die oberen und unteren Pufferreservoirs eingefüllt, die Proben aufgetragen und die Elektroden an die Spannungsquelle angeschlossen.

Harnstoffgelen mag es sich als notwendig erweisen, das Gel durch Zerstörung des Glases aus den Röhrchen zu entfernen.

Für die meisten Zwecke werden heute elektrophoretische Trennungen in vertikalen oder horizontalen Flachbettgelen ausgeführt. Polyacrylamidgele werden dafür in Gelkassetten mit der gewünschten Dimension hergestellt. Diese bestehen aus zwei Glasplatten, die durch *spacer* definierter Dicke unten und an den Seiten auf Abstand gehalten werden. Die Glasplatten werden durch Klammern zusammengedrückt und wenn nötig mit warmer 1 – 2 % Agaroselösung abgedichtet. Danach wird die Gellösung eingefüllt und ein Kamm mit 10 – 20 rechteckigen Zähnen, die die Auftragstaschen definieren, in die Gellösung eingeführt (Abb. 4-24). Nach der Polymerisation wird die Gelkassette nach Entfernung des unteren *spacer* in der Elektrophoresekammer montiert, Elektrodenpuffer eingefüllt und der Kamm entfernt. Der Probenauftrag erfolgt in analoger Weise wie für Röhrchengele beschrieben. Nach der Elektrophorese wird das Gel, nach Entfernung der seitlichen *spacer* zwischen den Glasplatten, entnommen. Je nach Dicke und Größe der Gele, die ihre Handhabbarkeit bestimmen, mag es vorteilhaft sein, das Gel auf der einen Glasplatte zu belassen. Ist das beabsichtigt, sollte man die Glasplatten vor dem Zusammenbau der Gelkassette mit Binde- bzw. Repelsilan behandeln.

Für die meisten Anwendungen wird man homogene Trenngele benutzen. Allerdings sollte man sich klar darüber sein, daß die Gelkonzentration (Gesamtkonzentration an Acrylamid und Bisacrylamid) den Trennbereich festlegt (für Proteine: Tab. 4-7). Für eine Erweiterung des Trennbereiches empfehlen sich Gradientengele, die mit Hilfe eines Gradientenmischers hergestellt werden (Abb. 4-25). Mit einem linearen Gradienten von 5 – 20 % Gesamtkon-

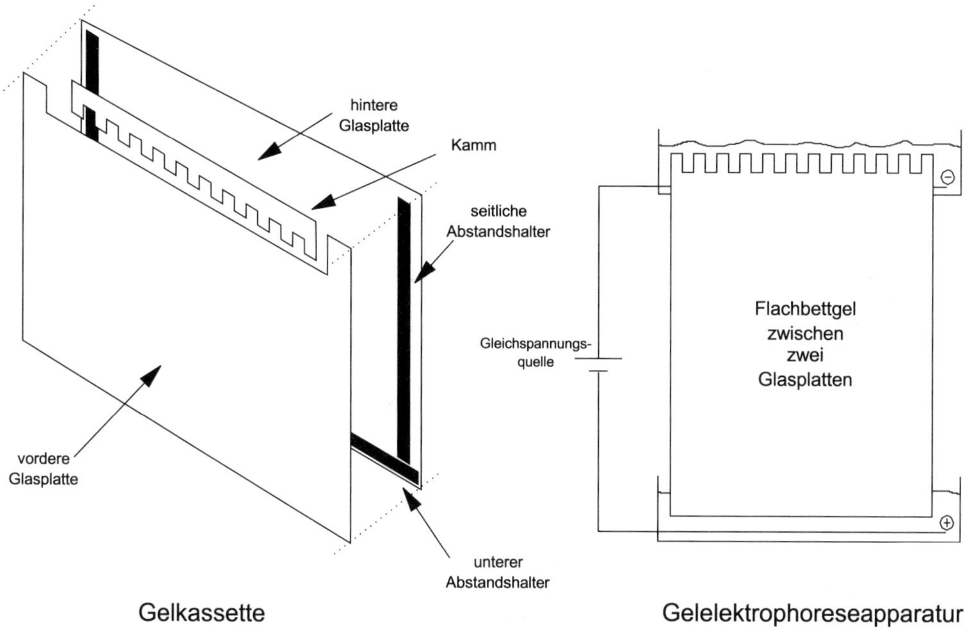

Abb. 4-24: Flachbettgelelektrophorese.
Die Elektrophorese findet in Flachbettgelen statt, die zwischen zwei seitlich und unten mit abgedichteten Abstandshaltern verschlossenen Glasplatten polymerisiert werden. Die Probentaschen werden durch Eintauchen eines Kamms in die zu polymerisierende Lösung geformt (links). Zur Durchführung der Elektrophorese wird der untere Abstandshalter und der Kamm entfernt, die Gelkassette in der Gelelektrophoreseapparatur montiert, Puffer in die Pufferreservoirs gefüllt, die Proben aufgetragen und die Elektroden an die Spannungsquelle angeschlossen (rechts).

Tabelle 4-7: Polyacrylamidkonzentration und Trennbereich für Proteine

Gelkonzentration [% (w/v)]	M_r-Bereich (kDa)	Gelkonzentration [% (w/v)]	M_r-Bereich (kDa)
3 – 5	>100	10 – 15	10 – 80
5 – 12	20 – 150	>15	<15

zentration an Acrylamid und Bisacrylamid (Verhältnis: Acrylamid zu Bisacrylamid von 40 : 1) können Proteine mit Molekulargewichten zwischen 15 und 200 kDa getrennt werden.

Die einfachste Form der Polyacrylamidgelelektrophorese ist die kontinuierliche Zonenelektrophorese, bei der der Puffer im Gel und in den Elektrodenkammern gleich ist. Die Trennung erfolgt nach Ladung und Größe, wobei man die Ladung mit der Wahl des Puffers bestimmen kann. Bei einem pH-Wert von 8 – 9 (z.B. in einem Diethylbarbitursäurepuffer) werden die meisten Proteine negativ geladen sein und zur Anode wandern; man wird sie deshalb auf der Kathodenseite auftragen. Sehr basische Proteine werden bei diesem pH-Wert nicht ins Gel eindringen. Bei einem pH-Wert von 5 – 6 (z.B. in einem Maleinsäurepuffer) werden die meisten Proteine dagegen positiv geladen sein und zur Kathode wandern; die Probe wird entsprechend auf der Anodenseite aufgetragen und stark saure Proteine werden

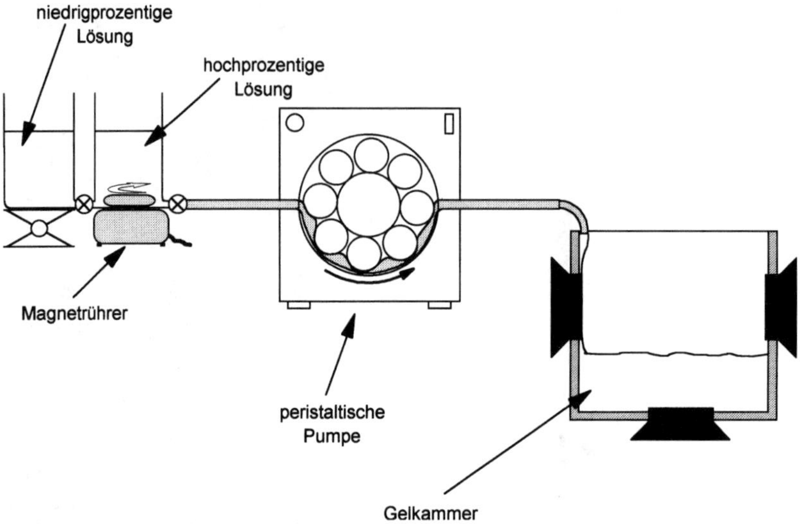

Abb. 4-25: Herstellung von Gradientengelen.
Für die Herstellung von Gradientengelen wird eine miniaturisierte Version des für Chromatographiezwecke beschriebenen Gradientenmischers benutzt. Die beiden Gefäße des Gradientenmischers werden in der angegebenen Anordnung mit den unterschiedlich konzentrierten Acrylamid/Bisacrylamid-Lösungen gefüllt. Bei dem Transfer der zu polymerisierenden Lösung in die Gelkammer sollte darauf geachtet werden, daß der Auslauf des Schlauches aus der peristaltischen Pumpe eine Glaswand berührt, so daß die Tropfen die Glaswand entlanggleiten können und sich der Gradient unverwirbelt aufbaut.

verloren gehen. Die kontinuierliche Zonenelektrophorese ist nicht für verdünnte Lösungen geeignet, da hierbei im Gegensatz zu den diskontinuierlichen Systemen kein Konzentrierungseffekt auftritt. Diese Art der Elektrophorese ist zwar sehr einfach in der Vorbereitung, ihre Trennschärfe ist allerdings nicht sehr groß, sie ist deshalb nur für sehr spezielle Anwendungen zu empfehlen.

Eine der wichtigsten Anwendungen der kontinuierlichen Zonenelektrophorese von Proteinen in Polyacrylamidgelen ist die Bestimmung des Molekulargewichtes nativer Proteine. Nach Ferguson besteht nämlich eine lineare Beziehung zwischen dem Logarithmus der relativen Mobilität und der Gelkonzentration, wenn Puffer, Temperatur und der Anteil an Bisacrylamid konstant gehalten werden:

$$\log R_f = \log Y_0 - K_R \cdot C_T \qquad (4.5)$$

$R_f \Rightarrow$ relative Mobilität
$C_T \Rightarrow$ Gesamtkonzentration an Acrylamid und Bisacrylamid
$Y_0 \Rightarrow$ Maß für die Nettoladung des Proteins
$K_R \Rightarrow$ Maß für die relative Molmasse des Proteins

Führt man Elektrophoresen in z.B. 5, 7.5, 10, 12.5 und 15 % Gelen mit Markerproteinen bekannten Molekulargewichtes und dem zu analysierenden Protein durch, erhält man aus dem Ferguson-*plot* (lg R_f *vs.* C_T) die Steigung – K_R (Abb. 4-26). Aus der K_R *vs.* M_r -Auftragung kann das Molekulargewicht des zu analysierenden Proteins abgeschätzt werden (Überblick: Dunn 1993).

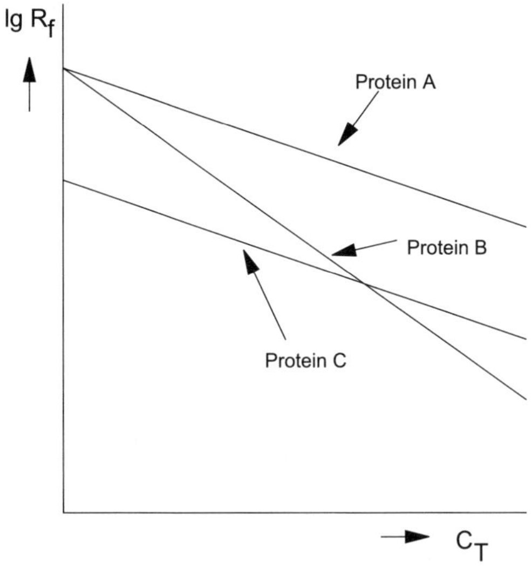

M_r(Protein A) ≃ M_r(Protein C) < M_r(Protein B)
Q (Protein A) ≃ Q (Protein B) > Q (Protein C)

Abb. 4-26: Ferguson-Analyse zur Bestimmung der Molekulargewichte nativer Proteine.
Für die Ferguson-Analytik zur Bestimmung der relativen Molmasse nativer Proteine müssen Polyacrylamidgelelektrophoresen in demselben Puffer aber bei verschiedenen Acrylamid/Bisacrylamidkonzentrationen (C_T) durchgeführt werden. Aus dem Ferguson-*plot* (lg R_f *vs.* C_T) läßt sich unter Verwendung von Eichproteinen aus der Steigung die relative Molmasse (M_r) bestimmen.

Eine weitere spezielle Anwendung der kontinuierlichen Zonenelektrophorese von Proteinen ist die Harnstoffgradienten-Gelelektrophorese zur Bestimmung der Stabilität von Proteinen. Dazu werden Gele benutzt, die rechtwinklig zur Laufrichtung einen Harnstoffgradienten aufweisen (Ausführliche Darstellung: Goldenberg 1989; Überblick: Dunn 1993).

Während die kontinuierliche Zonenelektrophorese für die Proteinanalytik keine verbreitete Anwendung gefunden hat, mit der Ausnahme der Bestimmung des Molekulargewichtes von nativen Proteinen, ist sie für die Nukleinsäureanalytik sehr gebräuchlich (Überblick: Ausubel et al. 1989; Maniatis et al. 1989; Rickwood & Hames 1990). Üblicherweise verwendet wird ein 30 – 90 mM Tris-Boratpuffer pH 8.3. Tab. 4-8 gibt den Trennbereich für verschiedene Gelkonzentrationen bei einem Acrylamid zu Bisacrylamid-Verhältnis von 30 : 1 wieder. Mit dieser Elektrophoresemethode können auch einzelsträngige Nukleinsäuren analysiert werden. Meist setzt man dem Gel dann Harnstoff zu, um Sekundärstrukturen aufzulösen und eine strikte Längenabhängigkeit der Wanderungsgeschwindigkeit zu gewährleisten. Solche Gele dienen z.B. der Analyse von synthetischen Oligonukleotiden oder der Sequenzierung von Nukleinsäuren.

Als Methode der Wahl für die Analyse von Proteinen hat sich die von Ornstein und Davis entwickelte diskontinuierliche Zonenelektrophorese, oder kurz Disk-Elektrophorese, auf Polyacrylamidgelen durchgesetzt, insbesondere in ihrer Variante der SDS-PAGE (s.u.) wie sie von Laemmli (1970) modifiziert wurde (Ausführliche Darstellung: Westermeier 1990; Hames & Rickwood 1990; Dunn 1993; Coligan et al. 1995; Patel & Rickwood 1996). Der

Tabelle 4-8 Polyacrylamidkonzentration und Trennbereich für doppelsträngige DNA

Gelkonzentration [% (w/v)]	Trennbereich (Bp)	BPB*	XC*
3.5	1000–2000	100	450
5.0	80–500	65	250
8.0	60–400	50	150
12.0	40–200	20	75
20.0	5–100	10	50

* Die Zahl gibt die Größe der DNA in Basenpaaren an, die mit Bromphenolblau (BPB) oder Xylencyanol FF (XC) unter den angegebenen Bedingungen in einer Bande wandern.

Vorteil dieser Methode liegt in der höheren Trennschärfe und besseren Nachweisempfindlichkeit. Sie beruht auf der Diskontinuität der Gelstruktur und der unterschiedlichen Pufferzusammensetzung in den Elektrodenpuffern, im Sammel- und im Trenngel. Das typische Disk-Elektrophoresesystem hat folgende Eigenschaften: 1. das Sammelgel, in dem die Probe konzentriert wird, ist großporig, hat also eine geringe Polyacrylamidkonzentration, so daß ein Siebeffekt nicht zum Tragen kommt; 2. das Trenngel, in dem die Komponenten der Probe nach Größe und Ladung (bei SDS-PAGE nur nach Größe) aufgetrennt werden, ist engporig, und zwar so engporig, daß ein Siebeffekt eintritt; 3. die Probe, wie auch das Sammel- und das Trenngel, enthalten Cl^--Ionen, während der Elektrodenpuffer Glycin-Ionen enthält; 4. der pH-Wert des Sammelgels ist niedriger (pH 6.8) als der des Trenngels (pH 8.8). Der Mechanismus der Konzentrierung beruht darauf, daß beim Anlegen der Spannung die Cl^--Ionen im Gel mit hoher Mobilität zur Anode wandern, während die in das Sammelgel eindringenden Glycinionen aufgrund des neutralen pH-Wertes überwiegend als Zwitterion vorliegen und deshalb nur sehr langsam wandern. Die Proteine in der Probe werden mehr oder weniger negativ geladen sein und sich gemäß ihrer elektrophoretischen Mobilitäten zwischen den schnell wandernden Cl^-- und langsam wandernden Glycin-Ionen anordnen. Dabei werden sie konzentriert, da sich zwischen den Leit- und Folgeionen ein Spannungsgradient aufbaut, der zur Beschleunigung der negativ geladenen Proteine in der Probe führt, bis sie in Form direkt aufeinanderfolgender Stapel (*stacks*) zum Leition aufgeschlossen haben. Die Wirkung im Sammelgel folgt also dem Prinzip der Isotachophorese. Wenn die Ionenfront das Trenngel erreicht hat, wird Glycin vollständig dissoziieren, damit eine hohe elektrophoretische Mobilität annehmen und die Proteine überholen, die nun im engporigen Sammelgel dem Siebeffekt ausgesetzt sind und deshalb wie bei der kontinuierlichen Zonenelektrophorese nach Größe und Ladung aufgetrennt werden (Abb. 4-27).

Die Polyacrylamidgelelektrophorese in Gegenwart von 0.1 % Natriumdodecylsulfat (SDS-PAGE; SDS steht für *sodium dodecyl sulfate*) ist die am weitesten verbreitete Elektrophoresetechnik für Proteine (Überblick: See & Jackowski 1989). SDS-PAGE, die von Shapiro, Vinuela und Maizel entwickelt wurde, trennt Proteine, genauer die Untereinheiten von Proteinen, ausschließlich nach ihrem Molekulargewicht. Das anionische Detergenz SDS bindet mit ca. 1.4 g SDS/g Protein an Proteine und denaturiert diese so weit, daß sie ihre Quartär-, Tertiär- und zum Teil auch ihre Sekundärstruktur verlieren und eine mehr oder weniger einheitliche Form annehmen. Im kontinuierlichen Puffersystem, z.B. nach Weber und Osborn, wie im diskontinuierlichen Puffersystem, z. B. nach Laemmli, ergibt sich dann eine lineare Beziehung zwischen dem Logarithmus des Molekulargewichtes und der elektrophoretischen Mobilität des Polypeptids im Bereich von 10 bis 200 kDa (Abb. 4-28),

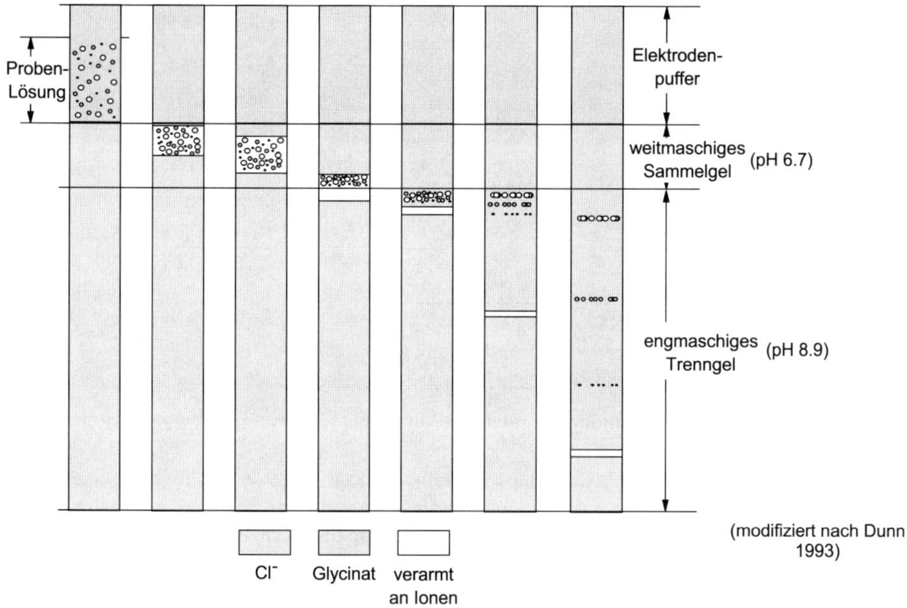

Abb. 4-27: Vorgänge bei der diskontinuierlichen Gelelektrophorese.
Bei der diskontinuierlichen Gelelektrophorese werden Röhrchen- bzw. Flachbettgele mit einem großporigen Sammelgel und einem engporigen Trenngel benutzt. Elektroden-, Sammelgel- und Trenngelpuffer unterscheiden sich in ihrer Zusammensetzung. Im Elektrodenpuffer befinden sich Glycin-, im Sammel- und Trenngel Chloridionen (links). Beim Anlegen der Spannung wandern die Chloridionen schnell zur Anode, während Glycin nur langsam in das Sammelgel eindringt und sich dort nur langsam bewegt, weil es bei pH 6.7 überwiegend als Zwitterion vorliegt. Zwischen Glycin- und Chloridionen entsteht eine an Ionen verarmte Zone. Im Sammelgel übernehmen die Proteine in der Zwischenzone den Ladungstransport, wobei sie sich direkt hintereinander gemäß ihrer elektrophoretischen Mobilität anordnen (links bis Mitte). Es resultiert ein Konzentrierungseffekt. Im Trenngel überholen die Glycinionen, die bei pH 8.9 negativ geladen sind, die Proteine (Mitte). Diese werden im Trenngel gemäß ihrer unterschiedlichen elektrophoretischen Beweglichkeit getrennt (rechts).

mit Variation der Gelkonzentration im Trenngel (8 – 18 %) bis 1000 kDa. Für Molekulargewichtsbestimmungen von Proteinen bzw. Proteinuntereinheiten sind Proteinmarkersets kommerziell erhältlich, die den Bereich zwischen 10 und 200 kDa abdecken. Für die Trennung von Peptiden im Bereich unter 10 kDa empfiehlt sich ein von Schägger und Jagow (1987) entwickeltes diskontinuierliches Gel- und Puffersystem. Dieses Gel- und Puffersystem ist besonders für das *peptide mapping* von Interesse, bei dem Proteine durch proteolytischen Verdau, z.B. enzymatisch mit Trypsin oder *Staphylococcus aureus* V8-Protease und chemisch durch Bromcyan oder N-Chlorsuccinimid, in Peptide gespalten werden und das Peptidfragmentmuster über SDS-PAGE charakterisiert wird.

Für die SDS-PAGE müssen die Proteinproben in geeigneter Weise vorbereitet werden. Um die Proteine mit SDS zu beladen und gleichzeitig intra- bzw. interchenare Disulfidbrücken zu spalten, wird die Probe üblicherweise mit 2 % SDS und 5 % (v/v) 2-Mercaptoethanol im Auftragspuffer einige min bei 100 °C inkubiert. Durch diese Hitzebehandlung werden fast alle Proteine denaturiert. Der Auftragspuffer enthält meist 10 % Gly-

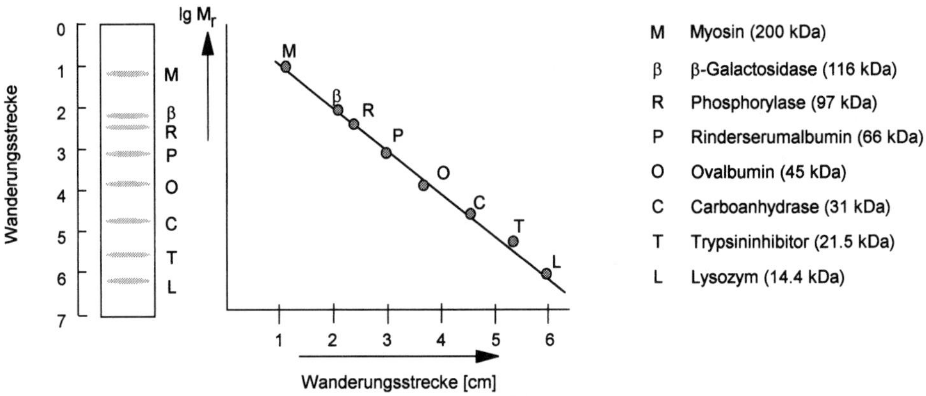

Abb. 4-28: SDS-PAGE zur Bestimmung der relativen Molmasse von Proteinen unter denaturierenden Bedingungen.
Links dargestellt ist das Bandenmuster eines Proteinstandards, wie es sich nach einer SDS-Polyacrylamidgelelektrophorese ergibt. Die halblogarithmische Auftragung von M_r gegen die Wanderungsstrecke des Proteins ergibt eine Eichgerade, mit deren Hilfe die relative Molmasse eines Proteins bzw. seiner Untereinheiten bestimmt werden kann.

cerol, damit die Probe eine höhere Dichte als der Elektrodenpuffer hat und deswegen ohne Vermischung mit diesem Puffer auf das Gel aufgetragen werden kann, sowie 0.001 % Bromphenolblau, damit der Auftrags- und Elektrophoreseprozeß visuell verfolgt werden kann. Die SDS-PAGE, insbesondere in ihrer diskontinuierlichen Version, zeichnet sich durch hohe Trennschärfe aus. Dies und die Tatsache, daß bei der SDS-PAGE alle Proteine in die gleiche Richtung (zur Anode) wandern und auch an sich schlecht lösliche Proteine durch die SDS-Behandlung gelöst werden, hat dazu geführt, daß diese Elektrophoresetechnik allgemein für die Analyse von Proteinen und Proteingemischen verwendet wird. Die SDS-PAGE eignet sich damit nicht nur für die Bestimmung der Größe von Proteinen, sondern auch für den Nachweis der Homogenität einer Proteinprobe oder für die Bestimmung des mengenmäßigen Anteils eines Proteins in einem Proteingemisch. Hinzu kommt, daß empfindliche Färbeverfahren existieren, die es erlauben, routinemäßig 0.1 µg Protein mit Coomassie-Brilliant-Blue- bzw. ca. 0.1 ng Protein mit Silberfärbung nachzuweisen (Überblick: Westermeier 1990; Dunn 1993).

Die Färbung mit Coomassie Brilliant Blue (es gibt verschiedene Derivate, wie z.B. R-250 und G-250, die allein oder in Kombination eingesetzt werden) geschieht in saurer Lösung bei erhöhter Temperatur, z.B. mit einer 0.02 % Coomassie Brilliant Blue R-250 Lösung in 10 % (v/v) Essigsäure bei 50 °C. Dabei werden die Proteine fixiert und positiv geladen und binden in dieser Form den Farbstoff (deswegen werden basische Proteine stärker angefärbt als saure). Zusätzliche Farbstoffmoleküle lagern sich aufgrund hydrophober Effekte an das Protein und proteingebundenen Farbstoff an. Insgesamt werden mehr als 1 g Farbstoff/g Protein gebunden. Aufwendiger, aber empfindlicher als die Färbung mit Coomassie Brilliant Blue ist die Silberfärbung. Sie beruht auf der Reduktion von Ag^+ zu metallischem Silber durch schwefelhaltige (Cys, Met) und basische Aminosäurereste (Arg, Lys, His) in Proteinen. Die Silberfärbung führt nicht nur zu braun bzw. schwarz gefärbten Banden, sondern abhängig von den Färbebedingungen und den verschiedenen getrennten Proteinen zu gelben, orangenen bis roten Banden, was auf Brechungseffekte an verschieden großen Silberparti-

Tabelle 4-9 Proteinstandards für die SDS-PAGE*

Protein	M_r (kDa)	Protein	M_r (kDa)
Cytochrom *c*	12.4	Albumin	66.3
Myoglobin	17.0	Ovotransferrin	78.0
Carboanhydrase	30.0	Phosphorylase b	97.4
Ovalbumin	42.7	β-Galactosidase	116.3
Glutamatdehydrogenase	56.0	Myosin	200.0

* Merck, Darmstadt

keln zurückzuführen ist. Es gibt verschiedene Silberfärbungsverfahren: sie beinhalten alle eine Fixierung der auf dem Gel getrennten Proteine durch Essigsäure, gefolgt von einer Behandlung zuerst mit Glutaraldehyd oder Formaldehyd und dann mit einer $AgNO_3$-Lösung. Die Entwicklung erfolgt in einer $Na_2S_2O_3$- oder Na_2CO_3-Lösung. Die Bindung ist reversibel, aber stark genug, daß die Gele nach der Färbung durch Waschen in 10 % (v/v) Essigsäure weitgehend von Hintergrundfärbung befreit werden können.

Sollte eine Proteinlösung zu verdünnt sein, um direkt auf das Gel aufgetragen zu werden, kann sie einfach durch Fällung mit 10 % (w/v) Trichloressigsäure konzentriert werden. Der Niederschlag muß nach der Auflösung im Auftragspuffer mit konzentrierter Tris-Lösung neutralisiert werden (was durch Farbumschlag des Bromphenolblaus von gelb nach blau festgestellt werden kann). Alternativ kann die Konzentrierung durch Zugabe von 5 Volumina kalten Acetons erfolgen. Nach 10 min bei – 20 °C kann der Niederschlag abzentrifugiert und in Auftragspuffer gelöst werden.

Die Größe von Glykoproteinen mit sehr großem Zuckeranteil wird bei der SDS-PAGE im Tris-Glycin-Puffersystem überschätzt, weil nur der Proteinanteil SDS bindet. Bessere Ergebnisse erreicht man mit Tris-Boratpuffer, weil Borsäure mit vicinalen Diolen Komplexe ausbildet, die negativ geladen sind und z.T. das Defizit an SDS-Bindung kompensieren. Sehr basische und sehr saure Proteine, ebenso wie sehr Prolin-haltige Proteine zeigen ebenfalls ein aberrantes Wanderungsverhalten in der SDS-PAGE.

Proteinstandardmischungen für die Eichung von SDS-PAGE sind kommerziell erhältlich. Üblicherweise dafür verwendete Proteine sind in Tab. 4-9 aufgeführt.

4.2.3.2 Agarosegelelektrophorese

Agarose, ein Polysaccharid aus roten Meeresalgen, ist ein lineares Polymer aus alternierend 1,3-verknüpften β-D-Galactopyranose- und 1,4-verknüpften 3,6-Anhydro-α-L-Galactopyranose-Resten. Agarose löst sich beim Erhitzen in Wasser und bildet beim Abkühlen doppelhelikale Strukturen, die sich parallel zu ihrer Längsachse zu Bündeln zusammenlagern, die ein dreidimensionales Netzwerk mit je nach Agarosekonzentration unterschiedlich großen Poren bilden. Ein 1 % Gel ist z.B. durch Poren mit einem mittleren Durchmesser von 150 nm charakterisiert. Agarosegele werden im Gegensatz zu Polyacrylamidgelen nicht in Gelkassetten sondern in einer die Dimension des Gels festlegenden offenen Wanne gegossen.

0.7 – 1 % Agarosegele werden zunehmend häufiger an Stelle von Celluloseacetatfolien für die Zonenelektrophorese von Serumproteinen, von Isoenzymen der Lactatdehydrogenase und Creatinkinase sowie für die Immunelektrophorese im klinisch-chemischen Labor eingesetzt (Überblick: Westermeier 1990).

Die eigentliche Domäne der Agarosegelelektrophorese ist allerdings die Trennung von hochmolekularen Nukleinsäuren für analytische und präparative Zwecke (Ausführliche Darstellung: Ausubel et al. 1989; Maniatis et al. 1989; Rickwood & Hames 1990). Sie wird als kontinuierliche Zonenelektrophorese in horizontalen Flachbettgelen (mit den ungefähren Dimensionen von 7 x 10 cm bis 15 x 30 cm und 8 bis 60 Auftragstaschen) durchgeführt. Je nach Größe der zu trennenden Nukleinsäuren werden unterschiedliche Agarosekonzentrationen (normalerweise zwischen 0.3 – 2 % (w/v) benutzt; an Stelle von höherprozentigen Agarosegelen können Polyacrylamidgele verwendet werden), wobei für doppelsträngige lineare DNA-Moleküle die obere Grenze für die Trennung bei < 50 kBp liegt (Tab. 4-8). Für Elektrophorese unter nativen Bedingungen wird normalerweise ein Tris-Acetat-, Tris-Borat- oder Tris-Phosphatpuffer bei pH-Werten von 7.5 – 8.5 benutzt. Soll einzelsträngige DNA untersucht werden, wird 0.1 N NaOH verwendet, um eventuell vorhandene Sekundärstrukturen zu zerstören. Um solche bei RNA, die alkalilabil ist, aufzulösen, wird RNA vor der Elektrophorese mit Glyoxal behandelt oder die Elektrophorese in Gegenwart von 2 M Formaldehyd durchgeführt. Ähnlich wie bei der SDS-PAGE von Proteinen besteht bei Nukleinsäuren über einen weiten Bereich eine umgekehrte Proportionalität zwischen dem Logarithmus des Molekulargewichtes und der elektrophoretischen Mobilität, so daß die Größe z.B. einer DNA (eines Restriktionsfragments oder eines PCR-Produkts) einfach im Vergleich mit einem DNA-Längenstandard bestimmt werden kann (Abb. 4-29). Die große Popularität, die die Agarosegelelektrophorese für die Analyse von Nukleinsäuren besitzt, beruht auf ihrer großen Trennschärfe, mit der kleinere (≈ 0.1 kBp) und größere (≈ 10 kBp) DNA-Moleküle getrennt werden, sowie der Tatsache, daß Agarosegelelektrophorese in Vorbereitung, Durchführung und Analyse extrem einfach und preiswert ist, sowie zu sehr gut reproduzierbaren Ergebnissen führt. Hinzu kommt, daß der apparative Aufwand gering ist.

Die üblicherweise verwendeten Gelkammern (Abb. 4-30) sind nach oben offen. Sie werden mit heißer Agaroselösung gefüllt. Auf der Kathodenseite wird ein Kamm in die Agaroselösung getaucht und dort fixiert. Nach dem Erstarren der Agaroselösung und der Entfernung des Kammes wird die Kammer mit Elektrodenpuffer gefüllt, wobei das Gel mit dem Puffer überschichtet wird (*submarine* Elektrophorese). Während der Elektrophorese wird das Wasser im Bereich der Elektroden elektrolytisch zersetzt. Um eine lokale pH-Erhöhung im Bereich der Anode zu vermeiden, sollte für eine ständige Umwälzung des Puffers gesorgt werden. Für die Spannungsversorgung kommen bereits einfache Netzgeräte mit einer Leistung von ca. 200 W (bis zu 200 V, sowie 2 A) in Frage, an denen mehrere gleichartige Gele parallel angeschlossen werden können und die auch für *electro-blotting*-Zwecke (s. u.) geeignet sind.

Die wichtigste Anwendung der Agarosegelelektrophorese ist die Analyse und Charakterisierung von DNA, sei es native DNA oder DNA nach Verdauung durch Restriktionsenzyme bzw. nach Rekombination mit Ligase. Dabei ist zu berücksichtigen, daß ringförmige entspannte (*open circular*) eine geringere und ringförmige überspiralisierte (*supercoiled*) DNA eine größere elektrophoretische Mobilität als lineare DNA aufweist. Mit Hilfe von Agarosegelelektrophorese können auch Topoisomere von überspiralisierter DNA, die sich durch die Zahl der superhelikalen Windungen unterscheiden, aufgelöst werden. Eine weitergehende Auflösung wird durch 2D-Agarosegelelektrophorese erreicht, wobei die erste Dimension eine Elektrophorese in Tris-Acetatpuffer, die zweite Dimension eine Elektrophorese in Tris-Acetatpuffer plus einem intercalierenden Liganden, z.B. 1 µM Chloroquin, darstellt.

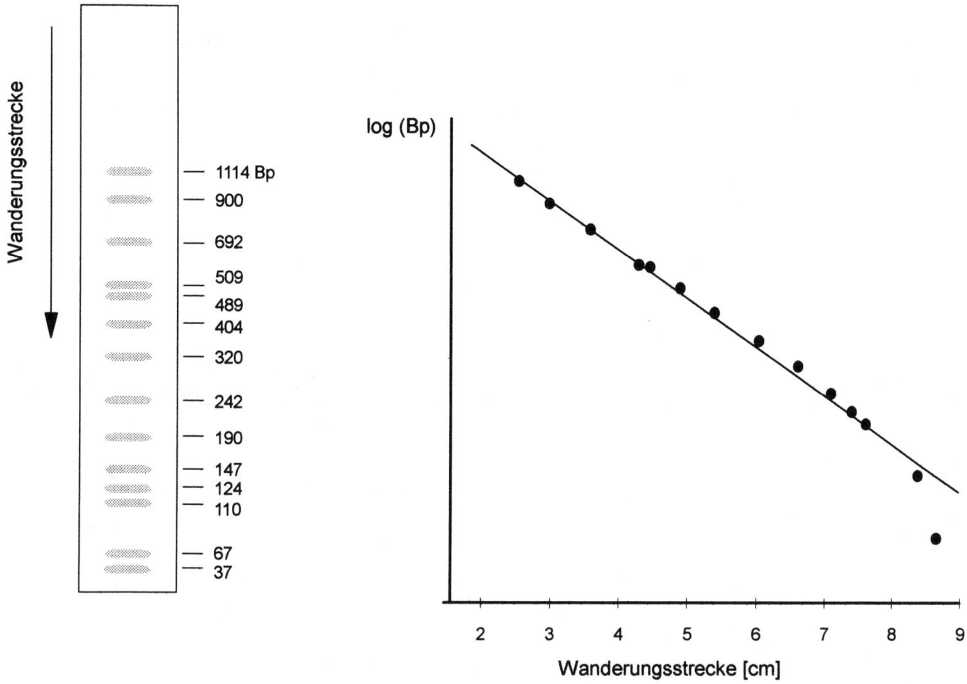

Abb. 4-29: Agarosegelelektrophorese zur Bestimmung der Größe von doppelsträngigen DNA-Molekülen.
Links dargestellt ist das Bandenmuster eines DNA-Standards, wie es sich nach einer Agarosegelelektrophorese ergibt. Die halblogarithmische Auftragung der Größe der DNA-Moleküle im Standard (Zahl der Basenpaare, Bp) gegen die Wanderungsstrecke ergibt eine Eichgerade, mit deren Hilfe die Länge einer unbekannten DNA (z.B. Restriktionsfragment) bestimmt werden kann.

Die Intercalation bewirkt eine Veränderung der Überspiralisierung, die zu einer besseren Auflösung gering und stark überspiralisierter DNA führt.

Agarosegelelektrophorese, wie auch Polyacrylamidgelelektrophorese von Nukleinsäuren, kann zudem für semipräparative Zwecke genutzt werden. Dazu muß nach der Elektrophorese die Bande, in der sich die DNA (oder RNA) befindet, identifiziert werden, z.B. durch Anfärbung. Dann kann das Gelstück herausgeschnitten werden und die DNA durch Elektroelution in einem Dialysesäckchen in die Lösung oder auf eine DEAE-Cellulosemembran transferiert und damit aus dem Gel entfernt werden. Alternativ kann bei Agarosegelelektrophorese Agarose mit einem niedrigen Schmelzpunkt (*low melting agarose*) verwendet werden und die DNA nach dem Erhitzen des Gelstücks aus der Lösung auf einer kleinen DEAE-Cellulose-Säule gebunden und nach dem Waschen mit einer Salzlösung eluiert werden. Der Nachweis von DNA (oder RNA) nach Agarosegelelektrophorese bzw. Polyacrylamidgelelektrophorese erfolgt am einfachsten durch Ethidiumbromid, einem roten Farbstoff, der zwischen die Basenpaare der DNA intercaliert und in diesem Zustand sehr stark fluoresziert, während der in der Lösung befindliche Farbstoff nur sehr schwach fluoresziert. Die Fluoreszenzanregung (Fluoreszenzexcitation) erfolgt im nahen UV (z.B. bei 302 nm), die Fluoreszenzemission im rot-orangenen Bereich des sichtbaren Lichts (bei ca. 509 nm). Op-

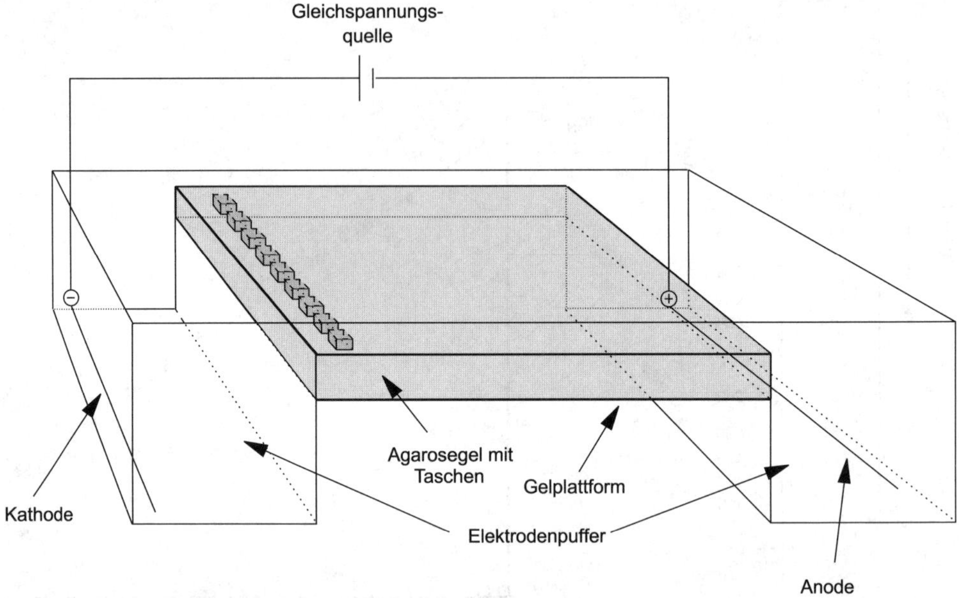

Abb. 4-30: Agarosegelelektrophorese.
Agarosegele werden in der abgebildeten Gelkammer zwischen zwei Stegen gegossen, die das Gel gegenüber den Elektrodenpufferreservoirs begrenzen. In die noch heiße Agarosegellösung wird der Kamm getaucht, der die Auftragstaschen ausspart. Nach Erkalten der Lösung und der Erstarrung des Gels werden Stege und Kamm entfernt, die Elektrodenpufferreservoirs soweit mit Puffer gefüllt, daß auch noch das Agarosegel mit Puffer bedeckt wird, dann die Proben aufgetragen und die Elektroden an die Spannungsquelle angeschlossen.

timale Anfärbung erreicht man bereits mit 1 µg/ml Ethidiumbromid in der Färbelösung nach der Elektrophorese oder durch die gleiche Konzentration im Gel und im Elektrodenpuffer während der Elektrophorese. Obwohl eine Entfärbung nicht unbedingt notwendig ist, empfiehlt es sich, um die Hintergrundfluoreszenz zu minimieren, das gefärbte Gel kurz zu wässern. Dokumentation erfolgt durch Photographie des Gels auf einem UV-Leuchttisch. Die hohe Lichtintensität, die von solchen UV-Leuchttischen ausgeht, macht es erforderlich, bei der Aufnahme Schutzbrillen bzw. bei längerer Exposition sogar Schutzvisiere zu tragen. Mit Ethidiumbromid kann doppelsträngige DNA in Mengen von wenigen ng nachgewiesen werden. Für einzelsträngige DNA oder RNA ist die Empfindlichkeit deutlich geringer. Alternativ kann zur RNA-Anfärbung Acridinorange oder Methylenblau verwendet werden. Mit *stains all* können nicht nur RNA (lila) sondern auch DNA (blau) und Proteine (rot) angefärbt werden, allerdings nur in Polyacrylamidgelen, weil der Farbstoff auch mit Polysacchariden (z.B. Agarose) reagiert. Es muß nachdrücklich darauf hingewiesen werden, daß Ethidiumbromid stark toxisch ist. Deshalb sollten beim Arbeiten mit Ethidiumbromidlösungen Laborhandschuhe getragen werden. Färbelösungen sollten nach Gebrauch chemisch dekontaminiert werden; dazu sind geeignete Präparate kommerziell erhältlich. Für Nukleinsäuren in ng-Mengen empfiehlt sich eine Silberfärbung.

Für manche Zwecke mag es erforderlich sein, sub-ng-Mengen an DNA (oder RNA) nachzuweisen. Dann bietet sich an, die zu analysierende Nukleinsäure radioaktiv zu markieren und nach der Elektrophorese über Autoradiographie nachzuweisen bzw. einen *imager* zu verwenden.

Normale Agarosegelelektrophorese ist in der Lage, DNA-Moleküle bis zu einer Größe von 20 – 40 kBp aufzutrennen. DNA dieser Größe hat einen Gyrationsradius, der die Porengröße von 0.3 % Agarosegelen übertrifft. Ab dieser Größe wandern DNA-Moleküle unabhängig von ihrer Größe mit gleicher, sehr langsamer Geschwindigkeit quasi in Längsrichtung durch das Agarosegel. Durch temporäres Anlegen eines zusätzlichen Feldes in einem Winkel zu dem Hauptfeld (*pulsed field gel electrophoresis*: PFGE) oder kurzfristige Inversion des Hauptfeldes (*field inversion gel electrophoresis*: FIGE) bzw. Varianten dieser Techniken ist es möglich, DNA-Moleküle bis zu einer Größe von 5 000 kBp aufzutrennen, z.B. ganze Hefechromosomen (260 bis 850 kBp) (Schwartz & Cantor 1984; Carle et al. 1986; Burmeister & Ulanovsky 1992). Der Grund für die Ausdehnung des Trennbereichs um mehr als das 100fache ist, daß die Veränderung des Feldes zu einer Reorientierung der DNA-Moleküle führt und daß diese Reorientierung sich für kleinere DNA-Moleküle schneller vollzieht als für größere, so daß die kleineren Moleküle eher als die größeren eine für die Vorwärtsbewegung (Reptation = Schlängeln) durch das Gel günstige Anordnung eingenommen haben. Die Wanderung von unterschiedlich langen DNA Molekülen bei der PFGE und ihren Varianten ist sehr abhängig von Amplitude, Dauer und Frequenz der Pulse, so daß für eine gegebene Probe je nach Zusammensetzung unterschiedliche, unter Umständen sogar während der Elektrophorese zu ändernde Parameter optimal sind. Da Gelkonzentration (0.6 – 1.5 %), Temperatur und Ionenstärke wie auch Pufferzusammensetzung Einfluß auf die Trennung haben können, sind auch diese je nach Problemstellung zu adaptieren. PFGE benötigt gegenüber der normalen Agarosegelelektrophorese deutlich anspruchsvollere Elektrophoreseapparaturen. Sie braucht mehr Zeit für die Probenvorbereitung, da hochmolekulare DNA nicht in Lösung sondern nur in Agaroseblöcken bearbeitet werden kann, wo sie vor Scherkräften geschützt ist. Die Elektrophorese selbst dauert auch deutlich länger als die normale Agarosegelelektrophorese, in Extremfällen mehrere Tage.

4.2.4 Isoelektrische Fokussierung

Aminosäuren, Peptide und Proteine sind amphotere Moleküle, die positiv und negativ geladene Gruppen enthalten, und deshalb einer besonderen Art von Elektrophorese, der Isoelektrischen Fokussierung (IEF), unterworfen werden können, einer Trenntechnik, die auf theoretische Überlegungen von Svensson 1961 und ihre praktische Realisierung durch Vesterberg 1969 zurückgeht (Ausführliche Darstellung: Righetti 1983; Laas 1989; Righetti 1989; Hames & Rickwood 1990; Righetti 1990; Westermeier 1996; Dunn 1993). Je nach pH-Wert werden amphotere Moleküle mehr oder weniger positiv bzw. negativ geladen sein und zwar abhängig von der Zahl und Art ihrer protonierbaren bzw. deprotonierbaren Gruppen. Eine Aminosäure wie Glycin wird bei niedrigem pH-Wert positiv geladen, bei neutralem pH-Wert netto ungeladen und bei hohem pH-Wert negativ geladen sein:

$$^{+}H_3N - CH_2 - COOH \leftrightarrow {}^{+}H_3N - CH_2 - COO^{-} \leftrightarrow H_2N - CH_2 - COO^{-}$$

Bei niedrigem pH-Wert wird Glycin in einem elektrischen Feld zur Kathode wandern, bei neutralem pH-Wert (genau: wenn der pH-Wert dem isoelektrischen Punkt des Glycins entspricht, pH = pI) gar nicht wandern und bei hohem pH-Wert zur Anode. Diese Tatsache macht man sich bei der IEF zu Nutze, indem man eine Elektrophorese in einem Gel

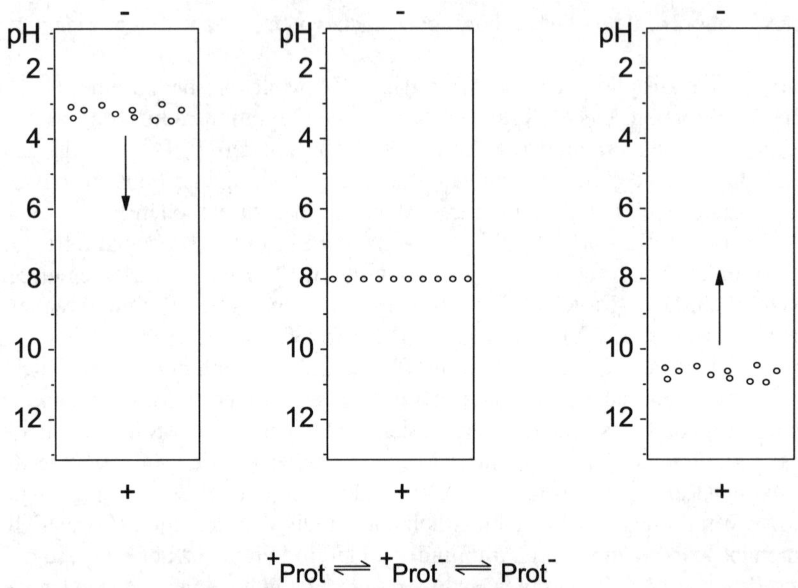

Abb. 4-31: Wanderung eines amphoteren Moleküls bei der Isoelektrischen Fokussierung. Dargestellt ist die Wanderung eines amphoteren Teilchens (pI = 8) in einem IEF-Gel, das den Bereich von pH 3 bis pH 11 abdeckt. Bei anodenseitigem Auftrag (links) ist das Molekül zunächst positiv geladen und wandert in Richtung der Kathode bis es an der Position pH = pI als elektrisch neutrales Zwitterion stehen bleibt (Mitte). Wenn es kathodenseitig aufgetragen wird (rechts), ist es zunächst negativ geladen und wandert in Richtung der Anode bis es ebenfalls an der Position pH = pI stehen bleibt (Mitte).

durchführt, in dem sich ein pH-Gradient aufbaut oder bereits aufgebaut ist. In diesem pH-Gradienten wird also Glycin, wenn man es auf der alkalischen Seite aufträgt, als Anion in Richtung der Anode wandern, bis es in einen pH-Bereich kommt, der seinem pI entspricht und wo es liegen bleibt. Umgekehrt gilt: wenn Glycin auf der sauren Seite aufgetragen wird, bewegt es sich als Kation zur Kathode, wiederum nur so lange, bis es den pH-Bereich erreicht hat, der seinem pI entspricht (Abb. 4-31). Das bedeutet, daß, gleichgültig an welcher Stelle Glycin auf einem IEF-Gel aufgetragen wird, es sich immer zu einer definierten Position bewegt und in einer schmalen Zone fokussiert wird, deren pH-Wert seinem pI entspricht. In dieser Form ist die IEF eine Gleichgewichtsmethode. Was hier für Glycin demonstriert wurde, gilt in gleicher Weise für andere amphotere Moleküle, insbesondere Proteine. Deren pI-Wert hängt von der Aminosäurezusammensetzung ab und wird durch die Konformation beeinflußt. In Tab. 4-10 sind die pI-Werte einiger Proteine aufgeführt. Unter optimalen Bedingungen können Proteine mit pI-Differenzen von unter 0.01 pH-Einheiten getrennt werden. Die IEF ist eine Trennmethode mit vergleichbarer Auflösung wie SDS-PAGE, beruht aber auf einem ganz anderen Trennprinzip und ergänzt deshalb SDS-PAGE in idealer Weise. So ist es z.B. mit SDS-PAGE oft nicht möglich, für IEF aber ein Leichtes, Isoenzyme voneinander zu trennen, die sich meist weniger in der Größe als vielmehr in der Ladung unterscheiden. Ebensowenig ist es mit SDS-PAGE kaum möglich, phosphorylierte Proteine von ihren unphosphorylierten Varianten zu separieren, was kein Problem für die IEF

Tabelle 4-10 Proteinstandards für die IEF

Protein	pI (25 °C)	Protein	pI (25 °C)
Amyloglucosidase (*A. niger*)	3.6	Myoglobin (Pferdeherz)	7.2
Glucoseoxidase (*A. niger*)	4.2	Lactatdehydrogenase (Kaninchenmuskel)	8.6
Trypsininhibitor (Sojabohne)	4.6	Trypsinogen (Rinderpankreas)	9.3
β-Lactoglobulin A (Kuhmilch)	5.1	Lysozym (Hühnereiweiß)	10.0
Carboanhydrase (Rindererythrozyten)	5.9		

darstellt. Mit IEF ist es sogar möglich, die während der Proteinbiosynthese fehlerhaft produzierten Varianten, bei denen es zu einem Fehleinbau einer geladenen Aminosäure statt einer ungeladenen, oder umgekehrt, gekommen ist, als Satellitenbanden nachzuweisen.

Um eine IEF durchführen zu können, muß im Gel, üblicherweise einem 3 – 4 % Polyacrylamidgel, seltener einem Agarosegel, ein stabiler kontinuierlicher pH-Gradient aufgebaut werden. Das geschieht am einfachsten dadurch, daß dem Polymerisationsgemisch Trägerampholyte in einer Konzentration von 2 – 2.5 % (w/v) zugesetzt werden. Ampholyte sind niedermolekulare Oligoamino-Oligocarbonsäuren von unterschiedlicher Zusammensetzung und dementsprechend unterschiedlichen pI-Werten. Sie verteilen sich bei Anlegen des elektrischen Feldes im Gel so, daß die Trägerampholyte mit dem niedrigsten pI-Wert zur Anode (mit verdünnter Phosphorsäure, Essigsäure oder einem sauren Puffer als Anodenpuffer) wandern, die mit dem höchsten pI-Wert zur Kathode (mit verdünnter NaOH, Triethanolamin oder einem basischen Puffer als Kathodenpuffer). Alle anderen verteilen sich gemäß ihrem pI-Wert dazwischen. Je nachdem, welche Trägerampholyte man wählt, werden mehr (z.B. pH 3 – 10) oder weniger (z.B. 4 – 5) steile pH-Gradienten erhalten. Das Trennproblem bestimmt also, in welchem pH-Bereich fokussiert werden soll. Je enger der gewählte pH-Bereich, desto größer ist die Auflösung. Obwohl die mit Trägerampholyten produzierten pH-Gradienten recht stabil sind, beginnen sie nach längeren Fokussierungszeiten zu driften. Dann kann es passieren, daß Proteine auf der Kathoden- bzw. Anodenseite verlorengehen. Dieses Problem umgeht man, wenn man bei der Herstellung des IEF-Gels dem Polymerisationsansatz statt löslicher Ampholyte Acrylamidderivate mit puffernden Gruppen, sogenannte Immobiline, zusetzt, die einpolymerisiert werden. Durch Mischen von zwei Polymerisationslösungen, die verschiedene saure bzw. basische Immobiline enthalten, erhält man IEF-Gele mit stabilen pH-Gradienten. Das Mischen erfolgt am besten mit Hilfe eines Gradientenmischers, indem man z.B. der sauren Lösung Glycerol zusetzt.

Analytische Fokussierungen werden normalerweise in dünnen, großporigen Röhrchen- oder Flachbettgelen durchgeführt. Kommerziell erhältlich sind IEF-Gele mit Trägerampholyten bzw. mit einpolymerisierten Immobilinen. Bei IEF im Röhrchengel erfolgt der Auftrag meist auf der Kathodenseite unter Verwendung eines *overlay*-Puffers, mit dem die Probe überschichtet wird, um sie vor dem direkten Kontakt mit dem u.U. sehr basischen (beim Auftrag auf der Kathodenseite) oder sehr sauren (beim Auftrag auf der Anodenseite) Elektrodenpuffer zu schützen. Im Flachbettgel kann die Probe in ausgesparten Auftragstaschen oder einfacher durch Auflegen auf das Gel von Filterpapierstückchen, die mit der Probenlösung getränkt sind, erfolgen. Der Vorteil des Flachbettgels ist, daß man die Probe an verschiedenen Positionen auftragen kann, und damit auf einem Gel feststellen kann, ob das Gleichgewicht erreicht wurde. Die Bestimmung des pI kann mit Hilfe von Markerproteinen mit bekannten pI-Werten durchgeführt werden oder durch Messung des pH-Werts der interessierenden Zone. IEF-Gele, die Trägerampholyte enthalten, können nicht direkt nach der Fokussierung mit Coomassie Brillant Blue angefärbt werden. Erst nachdem die Ampholyte durch ausgiebiges Waschen, z.B. mit 5 – 10 % Trichloressigsäure, entfernt wurden, können sie der Färbeprozedur unterzogen werden.

IEF kann auch unter denaturierenden Bedingungen, z.B. in Gegenwart von bis zu 9 M Harnstoff durchgeführt werden. Für die IEF von hydrophoben Proteinen kann dem Gel und der Probe ein nicht-ionisches Detergenz, wie Nonidet NP-40 oder Triton X-100 zugesetzt werden.

Analytische IEF dient im biochemischen Labor der Überprüfung der Reinheit von Proteinpräparationen und der Bestimmung des pI eines Proteins. Darüber hinaus kann damit die Identität oder Komplexität eines Proteingemisches erfaßt werden. Das ist von besonderem Interesse für bestimmte Applikationen in der Lebensmittelchemie (z.B. Nachweis der Herkunft von Proteinen in Milchpräparaten) und in der klinischen Chemie (z.B. Bestimmung von Isoformen bei der Apolipoproteinanalytik).

Präparative Fokussierungen werden im Flachbettformat hauptsächlich in granulierten Gelen, z.B. in Dextrangelen (Sephadex G-75 oder dergleichen) durchgeführt, die die gewünschten Trägerampholyte enthalten. Üblicherweise wird eine Vorfokussierung durchgeführt, um den pH-Gradienten auszubilden. Dann wird an der Auftragsstelle ein Stück des Gels entfernt, mit der Probe vermischt und wieder an die Auftragsstelle zurückgebracht. Nach der IEF wird das Gel fraktioniert und die Fraktionen auf ihren Gehalt an dem gewünschten Protein getestet. Alternativ kann man auf das Gel ein Filterpapier legen, einige Minuten liegen lassen und dann den Papierabklatsch (*blot*) anfärben, um die Proteinbanden zu lokalisieren.

Da die pK-Werte der Trägerampholyte bzw. der Immobiline, sowie die pI-Werte von Proteinen temperaturabhängig sind, sollte man, um reproduzierbare Ergebnisse zu erhalten, IEF bei konstanten Temperaturen durchführen. Außerdem wird man versuchen, die IEF in kurzer Zeit durchzuführen, d.h. also bei hohen Feldstärken zu arbeiten, was zu hoher Wärmeproduktion führt, die abgeleitet werden muß. Aus diesen Gründen empfiehlt es sich, IEF unter aktiver Kühlung durchzuführen, z.B. bei Flachbettgelen auf einer Kühlplatte bei 10 °C, und leistungsstabilisierte Netzgeräte (bis zu 3000 V, bis zu 400 mA, bis zu 400 W), wie sie auch für die DNA-Sequenzierung gebraucht werden, zu verwenden.

4.2.5 2 D-Elektrophorese

Die Trennung von Proteinen durch IEF beruht auf Ladungsdifferenzen, die Trennung durch SDS-PAGE auf Unterschieden in der Größe. Für besonders anspruchsvolle Trennprobleme können die beiden hochauflösenden elektrophoretischen Trennverfahren zu einer zweidimensionalen Elektrophorese verbunden werden, wie es zum ersten Mal durch O'Farrell (1975; O'Farrell et al. 1977) durchgeführt wurde (Ausführliche Darstellung: Johansson 1989a; Hames & Rickwood 1990; Westermeier 1990; Dunn 1993; Pollard 1994). Dazu wird das Proteingemisch zunächst einer IEF in einem Röhrchengel oder in einem Flachbettgel (von dem man nur einen Streifen benutzt) unterzogen. Der Gelzylinder bzw. der Gelstreifen wird dann auf ein SDS-PAGE-Gel transferiert und dann eine SDS-PAGE durchgeführt. Um z.B. einen Ganzzellextrakt zu analysieren, mit der Absicht mehrere tausend Proteine aufzutrennen, wird man die IEF in ein zylindrisches Röhrchengel von 18 cm Länge und 1 – 2 mm

Durchmesser mit 3 – 5 % Polyacrylamid, 2 % Trägerampholyte (pH 3 – 10) in Gegenwart von 8 M Harnstoff, 0.5 – 2 % NP-40 durchführen. Als Anodenpuffer wird z.B. 10 mM H_3PO_4, als Kathodenpuffer 20 mM NaOH verwendet. Nach einer Vorfokussierung (600 V, 1 h) wird die Probe auf der Kathodenseite aufgetragen, und zwar 10 – 50 µg Protein bei Silberfärbung und 100 – 1000 µg bei Coomassie-Brilliant-Blue-Färbung. Die Fokussierung wird bei 400 V durchgeführt und dauert ca. 12 h. Unter diesen Bedingungen, bei denen das Gleichgewicht erreicht wird, gehen basische Proteine (pI > 8) verloren. Deshalb sollte parallel dazu eine zweite IEF gestartet werden, die unter Nicht-Gleichgewichtsbedingungen (deswegen heißt das Verfahren *non-equilibrium pH gradient electrophoresis*, NEPHGE) die basischen Proteine auftrennt. Dabei wird man auf die Vorfokussierung verzichten, die Probe auf der Anodenseite auftragen und die Fokussierung bei 1000 V in 4 h durchführen. Bei dieser nicht ganz einfach zu reproduzierenden Variante werden Proteine mit einem pI < 7 nicht erfaßt. Damit decken IEF und NEPHGE alle Proteine in einem Bereich von pI 3 – 10 ab. Zur Vorbereitung auf die Trennung in der 2. Dimension, der SDS-PAGE, werden die Gele den Röhrchen entnommen (eine sehr delikate Prozedur) und dann für einige Minuten in 0.125 M Tris-HCl pH 6.8, 2 % SDS, 1 % Dithiothreitol (DTT) und 0.05 % Bromphenolblau bei Zimmertemperatur inkubiert. Ohne die Gele zu strecken oder zu stauchen, werden sie dann auf ein SDS-PAGE Gel von 1 – 2 mm Dicke gelegt und dort vorsichtig mit Agarosegellösung fixiert. Diese Manipulationen sind deutlich einfacher, wenn in der 1. Dimension die IEF statt im Röhrchengel im Flachbett durchgeführt wurde und damit für die 2. Dimension Gelstreifen zur Verfügung stehen, die durch eine Trägerfolie stabilisiert sind. Üblicherweise wird für die 2. Dimension die SDS-PAGE nach Laemmli z.B. in 10 % Gelen durchgeführt, obwohl auch hier eine native Elektrophorese durchgeführt werden kann. Die Größe des SDS-PAGE-Gels richtet sich nach der Dimension des IEF-Gels; des SDS-PAGE-Gel sollte aber etwas breiter sein als das IEF-Gel lang war, um einen SDS-PAGE-Größenstandard mit auftragen zu können.

Die Auflösung von 2D-Gelen hängt unter anderem von der Größe der verwendeten Gele ab. Standardgele mit ca. 20 cm Länge in beiden Dimensionen können ungefähr 1000 – 2000 Proteine auflösen, kleinere Gele entsprechend weniger, größere entsprechend mehr.

Die rasante Entwicklung auf dem Gebiet der 2D-Elektrophorese zur Analyse der Proteinzusammensetzung zellulärer Extrakte mag man daraus ersehen, daß 2D-PAGE-Datenbanken für verschiedene Zelltypen existieren, die über das Internet (z.B. http://biobase.dk/cgi-bin/celis) abgerufen werden können (Wilkins et al. 1996; Celis et al. 1996).

4.2.6 *Blotting*-Verfahren

Für spezielle analytische Nachweisverfahren wie auch für mikropräparative Zwecke (Kellner et al. 1994) müssen elektrophoretisch aufgetrennte Nukleinsäuren oder Proteine aus dem Trenngel entfernt werden, ohne daß es zu einer Vermischung der einzelnen Nukleinsäure- oder Proteinspezies kommt. Das geschieht üblicherweise durch Transfer auf eine Folie, auf deren Oberfläche die Nukleinsäuren oder Proteine adsorptiv oder kovalent gebunden fixiert werden. Auf der Folie können die Nukleinsäuren oder Proteine verschiedensten Nachweisreaktionen unterworfen werden. Diese Abklatsch- oder *blotting*-Techniken wurden von Southern 1975 für DNA (Southern *blot*) entwickelt und später auf RNA (Northern *blot*) und Proteine (Towbin et al. 1979) (Western *blot*) adaptiert (Ausführliche Darstellung: Ausubel et

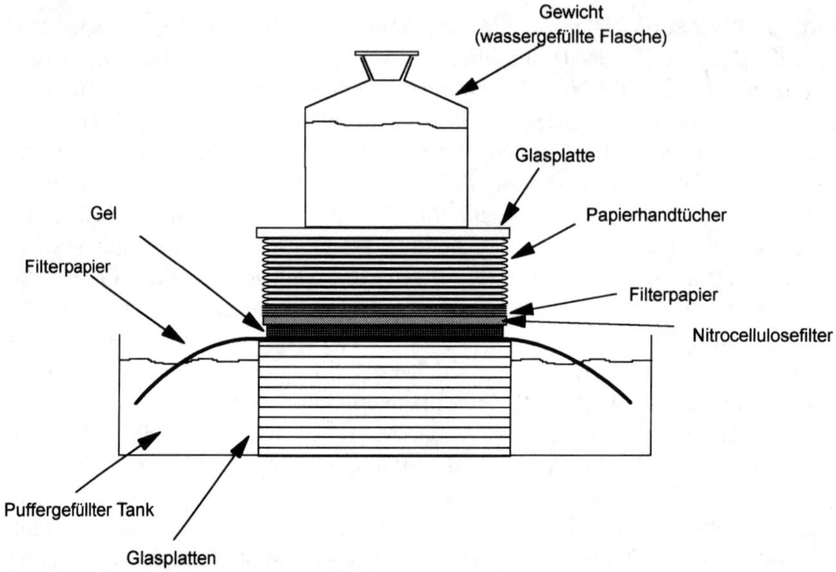

Abb. 4-32: Southern *blotting*.
Beim Southern *blotting* werden elektrophoretisch aufgetrennte DNA-Fragmente aus einem Elektrophoresegel durch Kapillarkräfte auf eine Nitrocellulosemembran transferiert. Dazu werden in einer *sandwich*-Anordnung Filterpapier – Gel – Nitrocellulosefilter – Filterpapier – Papierhandtücher so fest übereinandergelegt, daß von dem zuunterst liegenden Filterpapier Puffer über das Gel und den Nitrocellulosefilter nach oben fließt.

al. 1989; Maniatis et al. 1981; Johansson 1989b; Westermeier 1990; Dunn 1993; Eckerskorn 1994; Dunn 1996a, b).

In der ursprünglichen Version des Southern *blotting* werden die in einem Agarosegel elektrophoretisch getrennten DNA-Moleküle nach Denaturierung durch Alkali auf eine Nitrocellulosefolie transferiert, indem ein Puffer (beim alkalischen *blotting* z.B. 0.4 M NaOH) durch Kapillarkräfte durch das Agarosegel gesaugt wird. Dabei werden die DNA-Moleküle mitgenommen und auf der auf dem Agarosegel liegenden Nitrocellulosefolie adsorbiert (Abb. 4-32). Das Kapillar-*blotting* ist relativ langsam. Als schnelle Alternative kann Vakuum-*blotting* durchgeführt werden, wozu eine spezielle Apparatur und eine regulierbare Vakuumpumpe (100 Pa (mbar) Bereich) gebraucht wird. Wegen der kürzeren Dauer des *blotting*, 30 min gegenüber 12 h, sind die Banden beim Vakuum-*blotting* schärfer und damit die Auflösung besser als beim Kapillar-*blotting*. Statt der Nitrocellulosefolie wird heute oft eine flexiblere Nylonfolie benutzt, auf der die DNA nach dem *blot* durch UV-Bestrahlung fixiert wird. Auf der Folie lassen sich die einzelsträngigen Nukleinsäuren mit einer radioaktiv markierten (oder alternativ mit einem Antigen markierten) komplementären DNA nachweisen. Dazu wird, nachdem unbesetzte Bindungstellen auf der Folie blockiert worden sind (z.B. durch Denhardts Lösung), eine Hybridisierungsreaktion zwischen aufgetrennter und transferierter DNA einerseits und markierter Sonde andererseits durchgeführt. Nach ausgiebigem Waschen unter mehr oder weniger stringenten Bedingungen, das heißt bei unterschiedlicher Pufferzusammensetzung und Temperatur, wird der *blot* durch Autoradiographie (oder über eine immunologische Nachweisreaktion) analysiert. Auf diese Weise können z.B. elektrophoretisch aufgetrennte Restriktionsfragmente genomischer DNA einzelnen Genen zugeordnet werden. Ganz analog funktioniert das Northern *blotting*, bei dem elektrophoretisch auf Polyacrylamid- oder Agarosegelen getrennte RNA-Moleküle auf dem *blot* spezifisch durch komplementäre DNA-Sonden nachgewiesen werden. Southern und Northern *blotting* sind von unschätzbarer Bedeutung für die molekularbiologische Analytik, obwohl sie z.T. durch PCR- (*polymerase chain reaction*) bzw. RT-PCR- (*reverse transcription*-PCR) Techniken ersetzt wurden.

Beim Western *blotting*, das auf Towbin zurückgeht, werden Proteine aus einem SDS-PAGE-Gel elektrophoretisch auf eine Nitrocellulose-Membran, heute oft auch auf eine Polyvinylidendifluorid-Membran (PVDF), transferiert. Beide Membrantypen haben eine hohe Bindungskapazität von 100 – 200 $\mu g/cm^2$, was von besonderem Interesse ist, wenn Proteine mikropräparativ für proteinchemische Zwecke isoliert werden sollen. Beim Western *blotting* wird der Transfer meist durch Elektrophorese bewerkstelligt (Elektro-*blotting*). Dazu wird das Gel auf die Folie gelegt und dieser *sandwich* über zwei mit Puffer angefeuchtete Filterpapiere zwischen horizontal angeordnete Graphitplatten gelegt, die als Elektroden dienen. Bei einem Strom von 0.8 mA/cm^2 ist der Transfer nach ca. 1 h beendet. Neben diesem als *semidry blotting* bezeichneten Verfahren wird auch noch das Tank-*blotting* verwendet, wobei das Gel mit der Folie durch ein Kunststoffgeflecht unterstützt in einem Tank eingespannt wird, der mit dem Transferpuffer (bei SDS-Gelen üblicherweise Tris-Glycin pH 8.3 mit 20 % Methanol, um das Quellen des Gels zu verhindern) gefüllt ist. Transferierte Proteine lassen sich auf der Folie reversibel anfärben, z.B. mit PonceauS oder Fast Green. Für die immunologische Nachweisreaktion auf dem Western *blot* müssen unbesetzte Bindungsstellen auf der Folie mit Proteinen belegt werden. Üblicherweise werden dafür Lösungen von Rinderserumalbumin oder, preiswerter, Magermilchpulver benutzt. Der Nachweis der interessierenden Proteine erfolgt mit spezifischen Antikörpern in einer gekoppelten Reaktion mit Anti-Immunglobulinen, an die Enzyme wie Alkalische Phosphatase oder Peroxidase gekoppelt sind, die chromogene Substrate zu Farbstoffen umsetzen (s. Kap. 6.2.4).

4.2.7 Auswertung von Elektropherogrammen

Für die Dokumentation der Ergebnisse (Ausführliche Darstellung: Westermeier 1990; Dunn 1993) einer Agarosegelelektrophorese von Restriktionsfragmenten einer DNA oder einer SDS-PAGE eines Proteingemisches wird es meist ausreichend sein, das gefärbte Gel mit einer Polaroidkamera oder mit einer Videokamera aufzunehmen, wobei letztere den Vorteil hat, daß das Bild digital gespeichert und bearbeitet werden kann. Für die quantitative Auswertung müssen die Gele densitometrisch ausgewertet werden. Das kann aufwendig und mit hoher Auflösung mit Hilfe eines Laserdensitometers oder einer CCD-Kamera erfolgen. Für viele Zwecke ausreichend dürfte aber die Auswertung von digital gespeicherten Videobildern sein; alternativ dazu können Polaroidnegative durch einen Schwarz/Weiß-*scanner* digitalisiert werden und stehen dann ebenfalls für eine quantitative Auswertung durch entsprechende Programme zur Verfügung. Gleichgültig, welches Verfahren angewandt wird, muß durch Eichung die Beziehung zwischen Stoffmenge (Nukleinsäure, Protein) und *peak*-Fläche ermittelt werden.

Für die Zwecke der Dokumentation ist es oft erwünscht, das angefärbte Gel aufzubewahren. Das kann im feuchten Zustand erfolgen. Dazu wird das Gel in einer Folie eingeschweißt. Meist wird aus Gründen des Platzbedarfs das Gel aber getrocknet; dazu muß das Gel auf ein Filterpapier gelegt und mit einer Folie bedeckt werden. Dieser *sandwich* wird in einen Geltrockner gelegt, der bei erhöhter Temperatur und durch ein mäßiges Vakuum unterstützt innerhalb von wenigen Stunden das Gel trocknet.

4.2.8 Kapillarelektrophorese

Die oben vorgestellten Elektrophoresetechniken haben drei prinzipielle Nachteile:

1. Die bei der Elektrophorese auftretende Joulesche Wärme wird bei den normalen Elektrophoreseformaten nur ungenügend abgeführt, so daß bei vergleichsweise niedrigen Feldstärken gearbeitet werden muß und deshalb elektrophoretische Analysen sich meist über Stunden hinziehen; um wegen der schlechten Wärmedissipation Konvektion und damit Bandenverzerrung zu vermeiden, muß in Gelen gearbeitet werden, auch dann, wenn kein Siebeffekt angestrebt wird.
2. Der Nachweis der getrennten Substanzen erfolgt meist *off-line*, d.h. nach Entfernung des Gels aus der Elektrophoreseapparatur; Gele sind dementsprechend kaum wiederverwendbar.
3. Konventionelle Elektrophoresetechniken sind nur schwer zu automatisieren.

Mit der Kapillarelektrophorese werden diese Nachteile überwunden (Überblick: Thormann & Firestone 1989; Weinberger 1993; Schwer 1994; Altria 1996). Die Entwicklung der Kapillarelektrophorese geht auf Versuche zurück, durch Verwendung immer dünnerer Röhrchen die Wärmedissipation zu verbessern. 1981 wurde zum ersten Mal durch Jorgenson und Lukacs von einer Zonenelektrophorese in 75 µm dünnen Kapillaren berichtet, bei der die Analyse bereits *on-line* durch Fluoreszenzdetektion erfolgte. Seit 1988 sind Kapillarelektrophoresegeräte kommerziell erhältlich. Der prinzipielle Aufbau eines solchen Geräts ist in Abb. 4-33 wiedergegeben. Es besteht aus einem Hochspannungsnetzgerät, das bis zu 30 kV Spannung liefern kann, Pufferreservoiren mit den Elektroden, der Kapillare, die normalerweise in einem thermostatisierbaren Kompartiment untergebracht ist, dem Detektor (üblicherweise ein UV/VIS-Photometer, seltener ein Fluorimeter) und einer Mikroprozessor-gesteuerten Kontrolleinheit.

Für die Kapillarelektrophorese gelten die gleichen Prinzipien wie für jede andere Elektrophoresemethode auch. Zusätzlich müssen aber für manche kapillarelektrophoretischen Techniken Grenzflächenphänomene berücksichtigt werden, die nur für dünne Schichten, also auch für Kapillaren, relevant sind. Kapillaren bestehen meist aus *fused silica*. Die Silanolgruppen an der Oberfläche können dissoziiert vorliegen, so daß die Kapillarwand negativ geladen ist und von positiven Gegenionen belegt ist, die in der ersten Schicht (Stern-Schicht) weitgehend immobil sind, aber in darauffolgenden Schichten (Gouy-Chapman-Schicht) beweglich sind. Jenseits von ca. 10 nm fällt das sogenannte Zeta-Potential ab (Abb. 4-34). Wird eine Spannung an die Kapillare angelegt, wandern die beweglichen Kationen zur Kathode und ziehen Moleküle des Puffers mit sich. Dieser Fluß in Richtung Kathode wird als elektroendoosmotischer Fluß (EOF) bezeichnet. Er wird nach Smoluchowski bestimmt zu:

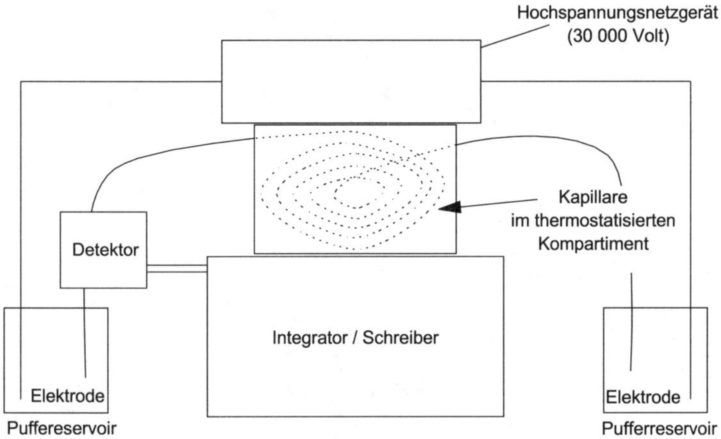

Abb. 4-33: Blockdiagramm einer Kapillarelektrophorese-Apparatur.
Eine Kapillarelektrophoreseanlage besteht aus einer thermostatisierten Kapillare, die mit ihren Enden in ein Kathoden- und ein Anodenpufferreservoir taucht. Die durch ein Hochspannungsnetzgerät versorgten Elektroden befinden sich in diesen Reservoirs. Nahe dem anodenseitigen Ende ist die Kapillare „durchsichtig" und reicht durch den Strahlengang eines Photometers oder Fluorimeters. Das Signal des Detektors wird auf einen Schreiber/Integrator oder einen PC übertragen.

$$v_{eo} = \varepsilon \cdot \zeta \cdot \frac{E}{\eta} \quad (4.6)$$

v_{eo} ⇒ elektroendoosmotischer Fluß
ε ⇒ Dielektrizitätskonstante
ζ ⇒ Zeta-Potential
E ⇒ elektrische Feldstärke
η ⇒ Viskosität

Die Größe des EOF kann experimentell einfach bestimmt werden, indem man dem Anodenpuffer eine ungeladene absorbierende Substanz zusetzt und mißt, wie lange es dauert, bis diese Substanz am Detektor, der in der Nähe der Kathode angeordnet ist, ankommt. Typische Werte für die Geschwindigkeit des EOF sind 1 mm/sec. Für eine 50 cm Kapillare mit 50 µm Durchmesser, die ein Volumen von ca. 1 µl hat, bedeutet das, daß eine neutrale Substanz allein aufgrund des EOF nach ca. 10 min den Detektor passiert. Der EOF ist stark pH-abhängig: hoch bei alkalischem pH, niedrig bei saurem pH. Er kann auch durch die Ionenstärke des Puffers beeinflußt werden: je höher die Ionenstärke desto niedriger der EOF. Der Zusatz von organischen Lösungsmitteln vermindert den EOF. Allgemein gilt, daß die Geschwindigkeit, mit der sich ein Teilchen bei der Kapillarelektrophorese bewegt, die Summe aus der Geschwindigkeit des EOF (v_{eo}) und der elektrophoretischen Wanderungsgeschwindigkeit (v_{ep}) ist:

$$v = v_{eo} + v_{ep} \quad (4.7)$$

Üblicherweise ist $v_{eo} \geq v_{ep}$, so daß sogar negativ geladene Teilchen zur Kathode wandern. In unbehandelten *fused-silica*-Kapillaren können deswegen Kationen, Anionen und ungeladene Moleküle in einem Lauf analysiert werden.

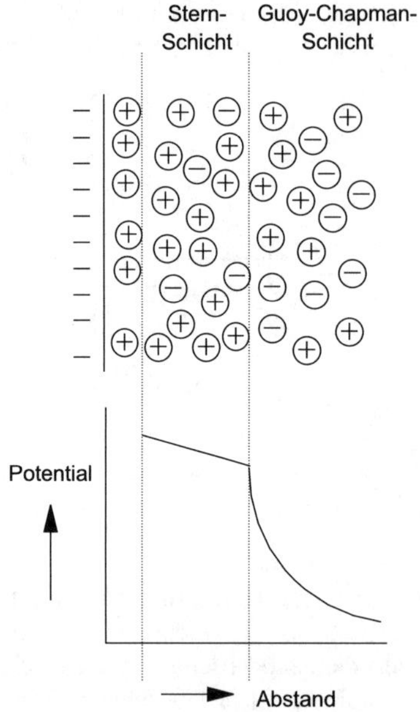

Abb. 4-34: Wandphänomene bei der Kapillarelektrophorese.
Die normalerweise aus *fused silica* bestehenden Kapillarwände tragen zu geringem Anteil dissoziierte Silanolgruppen, die positiv geladene Gegenionen gebunden haben. Je weiter man sich von der Kapillarwand entfernt, desto beweglicher werden diese Gegenionen. Ihre Verteilung definiert das sogenannte Zeta-Potential, das in der Sternschicht kaum und in der Gouy-Chapman-Schicht stark abfällt.

Durch Belegung (*coating*) der *fused-silica*-Kapillare und/oder durch Additive im Elektrophoresepuffer (EOF *modifier*) läßt sich der EOF weitgehend unterdrücken, was für manche Techniken wie Isoelektrische Fokussierung und Isotachophorese in der Kapillare von Bedeutung ist. Durch kationische Detergenzien wie z.B. Cetyltrimethylammoniumbromid (CTAB) läßt sich der EOF „umdrehen". Es können natürlich auch Kapillaren verwendet werden, die aus Materialien wie Teflon bestehen, die keine geladenen Gruppen enthalten und deshalb keine Elektroendoosmose aufweisen.

Die Auflösung bei der Kapillarelektrophorese ist bei gegebener Länge der Kapillare proportional zu der Feldstärke. Allerdings kann man die Feldstärke nicht beliebig erhöhen, weil gewährleistet sein muß, daß die bei der Elektrophorese auftretende Joulesche Wärme abgeführt wird. Die Optimierung einer kapillarelektrophoretischen Trennung bedeutet, daß man verschiedene Parameter variiert, die sich unterschiedlich auf Elektrophoresedauer, Auflösung und Sensitivität auswirken. Die Erniedrigung des Querschnitts einer Kapillare zum Beispiel gewährleistet eine bessere Wärmedissipation, erlaubt deswegen bei höheren Feldstärken zu arbeiten, was zu einer besseren Auflösung und geringeren Analysezeiten führt; gleichzeitig bewirkt der erniedrigte Kapillardurchmesser, der bei der photometrischen Detektion den Lichtweg bestimmt, eine Verringerung der Sensitivität. Die Verlängerung einer Kapillare verbessert die Auflösung, aber nur solange wie die Spannung erhöht wird, um die Feldstärke konstant zu halten. Andererseits werden die Analysezeiten länger, was unter Umständen zu Diffusionsverbreiterungen führt. Ähnliche Optimierungsprobleme, die hier für die Geometrie einer Kapillare diskutiert werden, treten auf, wenn man die Pufferzusammensetzung des Elektrophoresepuffers variiert: Puffer mit hoher Leitfähigkeit führen zu größerer Wärmeproduktion, der man womöglich mit Erniedrigung der Feldstärke begegnen muß, mit den nachteiligen Effekten auf Elektrophoresedauer und Auflösung. Andererseits verringern sich bei Verwendung bestimmter Puffer unerwünschte Wechselwirkungen der zu trennenden Moleküle, z.B. Peptide, mit der Kapillarwand.

Die Probenaufgabe erfolgt bei der Kapillarelektrophorese durch Injektion, wobei wegen des geringen Volumens typischer Kapillaren (1 µl bei einer 50 µm x 50 cm Kapillare) nur wenige nl injiziert werden können, ohne die Auflösung zu beeinträchtigen. Prinzipiell werden zwei Injektionstechniken unterschieden, die hydrodynamische und die elektrokinetische. Bei der hydrodynamischen Injektion wird Druck auf das Probengefäß, das mit dem oberen Ende der Kapillare verbunden ist, appliziert oder aber auf der Detektorseite ein Vakuum angelegt. Soll die Probenaufgabe elektrokinetisch erfolgen, wird, während die Kapillare mit dem Probengefäß verbunden ist, kurzzeitig eine niedrige Spannung angelegt, so daß durch die elektrophoretische und elektroendoosmotische Wanderung definierte Mengen der Probe in die Kapillare gelangen. Im Gegensatz zu der hydrodynamischen Injektion erfolgt bei der elektrokinetischen Injektion bereits eine Vortrennung, da Teilchen mit geringer elektrophoretischer Mobilität nicht so effektiv in die Kapillare gelangen wie solche mit hoher.

Die Detektion erfolgt bei der Kapillarelektrophorese überwiegend in der Kapillare durch Lichtabsorption oder Fluoreszenz. Wegen der geringen Volumina, die in die Kapillare aufgenommen werden können, und des geringen Durchmessers der Kapillaren werden nur moderate Empfindlichkeiten erreicht, die bei Stoffen mit hohen Extinktionskoeffizienten für UV/VIS-Detektion bei 10^{-6} M liegen. Stoffe mit hoher Quantenausbeute können bei Laser-induzierter Fluoreszenz (LIF) noch in Konzentrationen bis 10^{-12} M nachgewiesen werden. Damit ist ein Nachteil der Kapillarelektrophorese angesprochen. Während die Kapillarelektrophorese in Verbindung mit den üblichen aus der HPLC abgeleiteten Detektoren eine sehr gute Nachweisgrenze aufweist, was die Mengen angeht (*mass limit of detection*, MLOD), ist die Nachweisgrenze bezogen auf die Konzentration (*concentration limit of detection*, CLOD) eher schlecht. Das bedeutet, daß Kapillarelektrophorese nicht eingesetzt werden kann, wenn der zu analysierende Stoff nur in geringer Konzentration vorliegt. Anders ausgedrückt: Kapillarelektrophorese bedarf oft eines Konzentrierungsschrittes vor der elektrophoretischen Trennung, wobei darauf zu achten ist, daß die Salzkonzentration der Probe, die dann in die Kapillare injiziert wird, nicht zu hoch sein darf. Kapillarelektrophorese wird gelegentlich auch mit anderen Detektionssystemen betrieben, insbesondere elektrochemischen Detektoren und Massenspektrometern. Manche Kapillarelektrophoreseapparaturen erlauben, Fraktionen zu sammeln und damit die mikropräparative Isolierung elektrophoretisch getrennter Substanzen. Wenn die so gewonnenen Mengen auch nur gering sind, so können sie doch ausreichen, eine Substanz, die sonst kaum zugänglich ist, näher zu charakterisieren. Als Beispiel sei genannt, daß durch Kapillarelektrophorese Peptide präparativ isoliert werden, die dann sequenziert werden können.

Kapillarelektrophoretische Techniken beinhalten Zonenelektrophrese (*capillary zone electrophoresis*, CZE), Isotachophorese (*capillary isotachophoresis*, CITP), Gelelektrophorese (*capillary gelelectrophoresis*, CGE), Isoelektrische Fokussierung (*capillary isoelectric focusing*, CIEF) und micellare elektrokinetische Chromatographie (*micellar electrokinetic capillary chromatography*, MECC), die zum einen Teil bereits eine breite Verwendung gefunden haben, insbesondere CZE und CGE, zum anderen Teil vielversprechende neue Möglichkeiten für die analytische Biochemie eröffnen, insbesondere MECC (Tab. 4-11). Im folgenden soll etwas näher auf CZE, CGE und MECC eingegangen werden.

Tabelle 4-11 Anwendungsgebiete für verschiedene Kapillarelektrophoresetechniken

Anorganische Ionen	Kleine geladene und ungeladene Moleküle	Peptide/Proteine	Oligonukleotide/Nukleinsäuren
CZE	MECC	CZE	CGE
CITP	CZE	CIEF	MECC (nur Oligonukleotide)
	CITP	CITP	
	CGE	MECC (nur Peptide)	

CZE *capillary zone electrophoresis* CGE *capillary gelelectrophoresis*
CITP *capillary isotachophoresis* CIEF *capillary isoelectric focusing*
MECC *micellar electrokinetic capillary chromatography*

4.2.8.1 Kapillarzonenelektrophorese (CZE)

CZE ist die am meisten angewandte und einfachste Technik der Kapillarelektrophorese. Sie erlaubt die Trennung von anorganischen Ionen und geladenen aber auch ungeladenen Molekülen, insbesondere auch von zwitterionischen Molekülen wie Peptiden und Proteinen. Charakteristisch für CZE ist, daß die Elektrophorese in homogenen Puffersystemen und bei homogenem elektrischen Feld stattfindet. Voraussetzung für gute Trennungen ist, daß sich die Mobilitäten der zu trennenden Teilchen unterscheiden und die Teilchen nicht mit der Kapillarwand in Wechselwirkung treten. Die Trennleistung der CZE ist besonders eindrucksvoll mit Zwitterionen wie Peptiden, nicht zuletzt deshalb, weil durch Variation des pH-Wertes die Ladung der zu trennenden Teilchen effektiv beeinflußt werden kann. Bei Proteinen mag es zusätzlich von Vorteil sein, die Pufferzusammensetzung zu variieren: z.B. lassen sich durch Zugabe von verschiedenen zweiwertigen Metallionen, die selektiv mit bestimmten Proteinen interagieren, wie Ca^{2+}, Mg^{2+}, Zn^{2+}, Trennungen verbessern. Andere Additive finden bei der CZE Verwendung, um die Wechselwirkung mit der Kapillarwand zu unterdrücken (anorganische Salze, organische Lösungsmittel, Amine) oder den EOF zu beeinflussen (organische Lösungsmittel, oberflächenaktive Stoffe, Cellulosederivate). Um für die Trennung störende Interaktionen zwischen der Kapillarwand und den zu separierenden Molekülen zu vermindern, werden zunehmend mehr oberflächenbelegte (*coated*) oder funktionalisierte *fused-silica*-Kapillaren eingesetzt. Ein Problem ist dabei die Stabilität der Belegung, die an sich nur mit einer chemischen Funktionalisierung erreicht wird. Vielversprechend scheinen in diesem Zusammenhang Alkylsilan-behandelte Kapillaren zu sein, wie man sie aus der Gaschromatographie kennt.

4.2.8.2 Kapillargelelektrophorese (CGE)

SDS-PAGE von Proteinen und Agarose- bzw. Polyacrylamidgelektrophorese von Nukleinsäuren gehören zu den wichtigsten analytischen Techniken im biochemischen bzw. molekularbiologischen Laboratorium. Dementsprechend hat man versucht, diese auf die Kapillarelektrophorese zu adaptieren. Obwohl das im Prinzip gelungen ist, hat CGE die klassischen Elektrophoresetechniken im vertikalen oder horizontalen Flachbettformat nicht verdrängt, was sicherlich damit zusammenhängt, daß die klassischen Techniken parallele Analysen erlauben und technisch vergleichsweise anspruchslos sind, während die Kapillarelektrophorese im typischen Fall seriell benutzt wird und apparativ höhere Ansprüche stellt. Die hohe Durchsatzgeschwindigkeit, die direkte Quantifizierung und die Möglichkeit der Automatisierung geben der CGE aber zukunftsweisendes Potential. Als Gele kommen für die CGE von Proteinen Polyacrylamid, für Nukleinsäuren Agarose und Polyacrylamid in Frage. Da allerdings eine hohe mechanische Stabilität des Gels nicht erforderlich ist, können auch niedrigkonzentrierte Agarose- und Polyacrylamidgele verwendet werden, darüber hinaus auch Dextran, Polyethylenglykol, Methylcellulose und Hydroxypropylcellulose. Besonders populär für die CGE ist lineares, d.h. nicht vernetztes Polyacrylamid. Diese Gele können in der Kapillare durch Polymerisation von Acrylamid gebildet werden, oder als Gel in die Kapillare gefüllt werden. Seit kurzem werden für verschiedene Applikationen gelgefüllte Kapillaren kommerziell angeboten, oder Systeme, mit denen Kapillaren automatisch mit dem Gel gefüllt und dann mit der Probe beladen werden.

4.2.8.3 Micellare elektrokinetische Kapillarchromatographie (MECC)

Bei der MECC handelt es sich um eine Kombination aus Elektrophorese und Chromatographie. Wie bei jeder Chromatographie existieren zwei Phasen: eine mobile Phase, die im wesentlichen durch den Elektrophoresepuffer gegeben ist, und eine ebenfalls mobile zweite Phase, die durch Micellen gegeben ist. Diese bestehen aus amphoteren Detergenzien, die im Elektrophoresepuffer in Konzentrationen gelöst sind, die über der kritisch micellaren Konzentration liegen. SDS bildet z.B. Micellen bei Konzentrationen > 8 mM. Die SDS-Micelle ist negativ geladen, würde also in Abwesenheit eines EOF zur Anode wandern, mit einem EOF sich aber langsam zur Kathode bewegen. Werden in die Kapillare Stoffe injiziert, die mit der SDS-Micelle in eine mehr oder weniger starke Wechselwirkung treten, werden sie mehr oder weniger stark bei ihrer Wanderung retardiert werden. MECC wird mit verschiedenen Detergenzien durchgeführt, anionischen wie z.B. SDS oder Na-Cholat, kationischen wie z.B. Cetyltrimethylammoniumbromid (CTAB) und nichtionischen wie z.B. Triton-X-100. MECC wird für die Trennung unterschiedlicher Substanzklassen angewandt: Aminosäuren und Peptide, Nukleobasen, Nukleoside und Nukleotide, wasserlösliche Vitamine, Steroidhormone, Catecholamine etc.. Zunehmend mehr wird MECC auch für die Analyse von Pharmaka und deren Abbauprodukte verwendet.

Im Zusammenhang mit der MECC sollte auch erwähnt werden, daß der EOF benutzt werden kann, um den Fluß durch Kapillarsäulen zu gewährleisten. Damit kann z.B. ein Fluß von ca. 1 µl/min durch eine gepackte Kapillarsäule von 100 – 200 µm Durchmesser reproduzierbar eingestellt werden. Die sogenannte Elektrochromatographie könnte damit den Anschluß zur *micro-bore*-HPLC bieten, die in Säulen von 1 mm Durchmesser mit einem Fluß von ca. 50 µl/min betrieben wird.

4.3 Zentrifugation (Hydrodynamik)

Zentrifugation ist ein in vielen Varianten auftretendes Trennverfahren, bei dem unterschiedliches Verhalten im Schwerefeld das Trennprinzip darstellt. Die Größe des verwendeten Gravitationsfeldes bestimmt dabei den technischen Aufwand des jeweiligen Verfahrens. Auch das Absinken oder Flotieren von Partikeln im Erdschwerefeld muß man grundsätzlich zu den Zentrifugationen rechnen. Für die meisten molekularen Partikel reicht jedoch das Schwerefeld der Erde nicht für eine merkliche Bewegung aus. Man muß daher die Schwerkraft künstlich erzeugen, indem man die Proben in einem Rotor zentrifugiert.

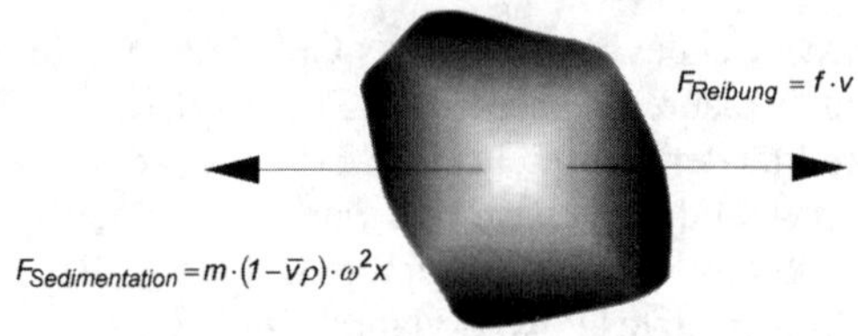

Abb. 4-35: Kräftegleichgewicht am sedimentierenden Teilchen.
Reibungskraft und Schwerkraft heben sich auf und das Teilchen wandert mit konstanter Geschwindigkeit v.

Bei einer Zentrifugation soll eine Trennung suspendierter Partikel voneinander oder vom Lösungsmittel erreicht werden. Im einfachsten Fall geschieht dies durch Pelletierung der Partikel am Boden des Zentrifugengefäßes. Partikel verschiedener Größe können durch Pelletierungen bei unterschiedlichen Schwerefeldern voneinander getrennt werden. Daneben können auch Unterschiede in Dichte und Masse der zu trennenden Partikel zur Auftrennung genutzt werden (Überblick: Birnie & Rickwood 1978; Harding et al. 1992).

4.3.1 Quantifizierung

Die Schwerkraft in einer Zentrifuge ist von zwei Parametern abhängig, der Umdrehungsgeschwindigkeit des Rotors und dem Abstand vom Rotormittelpunkt. Man kann sie als relative Zentrifugalbeschleunigung in Einheiten der Erdbeschleunigung (g) angeben:

$$Z_{rel} = 1.119 \cdot 10^{-5} \cdot rpm^2 \cdot r \qquad (4.8)$$

Z_{rel} ⇒ relative Zentrifugalbeschleunigung [g]
rpm ⇒ Umdrehungszahl des Rotors $[\mathrm{min}^{-1}]$
r ⇒ Entfernung vom Rotormittelpunkt [cm]

Auf ein in einer Flüssigkeit suspendiertes Teilchen (Abb. 4-35) in einem Zentrifugenröhrchen wirkt dann eine Schwerkraft von

$$F_{Sed} = m(1 - \bar{v}\rho) \cdot (2 \cdot \pi \cdot rpm/60)^2 \cdot x = m(1 - \bar{v}\rho) \cdot \omega^2 \cdot x \qquad (4.9)$$

F_{Sed} ⇒ Schwerkraft $[\mathrm{kg} \cdot \mathrm{m} \cdot \mathrm{s}^{-2}]$
x ⇒ Abstand vom Rotormittelpunkt [m]
m ⇒ Masse des sedimentierenden Teilchens [kg]
$\bar{v}$ ⇒ partielles spezifisches Volumen des sedimentierenden Teilchens $[\mathrm{m}^2 \cdot \mathrm{kg}^{-1}]$
ρ ⇒ Dichte der Lösung, in der das Teilchen sedimentiert $[\mathrm{kg} \cdot \mathrm{m}^{-3}]$
ω ⇒ Winkelgeschwindigkeit des Rotors $[\mathrm{s}^{-1}]$
rpm ⇒ Umdrehungsgeschwindigkeit des Rotors $[\mathrm{min}^{-1}]$

Dabei stellt $m(1 - \bar{v}\rho)$ die „reduzierte Masse" dar, wie sie sich aus der Masse des Teilchens, reduziert um den Auftrieb in der Lösung, ergibt. Die Schwerkraft beschleunigt das Teilchen. Dadurch entsteht eine Reibungskraft, die der Schwerkraft entgegengesetzt ist und die der Geschwindigkeit des sedimentierenden Teilchens proportional ist

$$F_R = f \cdot v \tag{4.10}$$

F_R ⇒ Reibungskraft [N]
f ⇒ Reibungskoeffizient $\left[\mathrm{kg} \cdot \mathrm{s}^{-1}\right]$
v ⇒ Geschwindigkeit der Sedimentation $\left[\mathrm{m} \cdot \mathrm{s}^{-1}\right]$

Nach wenigen Stößen des Teilchens mit der umgebenden Lösung wird sich eine gleichförmige Bewegung und somit ein Kräftegleichgewicht einstellen:

$$F_{Sed} = F_R \tag{4.11}$$

Damit ergibt sich für die Geschwindigkeit eines sedimentierenden Teilchens:

$$v = \frac{m(1 - \bar{v}\rho)}{f} \omega^2 x = s\omega^2 x \tag{4.12}$$

s ist der Sedimentationskoeffizient des Teilchens. Er liegt für viele biologische Moleküle und Partikel in der Größenordnung von 10^{-13} Sekunden. Man hat in Erinnerung an T. Svedberg, den Erfinder der analytischen Ultrazentrifuge, die Einheit des Sedimentationskoeffizienten $1S(vedberg) = 1S = 10^{-13}s$ definiert.

Der Sedimentationskoeffizient ist von Viskosität, Dichte und Temperatur der Lösung abhängig. Um vergleichbare Werte zu erhalten, gilt als Standard der Sedimentationskoeffizient bei 20 °C in Wasser ($s_{20^oC,W}$). Die Umrechnung erfolgt nach

$$s_{20^oC,W} = s_{T,L} \frac{\eta_{T,L}}{\eta_{20^oC,W}} \left(\frac{1 - \bar{v}\rho_{20^oC,W}}{1 - \bar{v}\rho_{T,L}} \right) \tag{4.13}$$

$s_{T,L}$ ⇒ Sedimentationskoeffizient in der Lösung L bei der Temperatur T [s]
$\eta_{T,L}$ ⇒ Viskosität der Lösung L bei der Temperatur T $[\mathrm{Pa} \cdot \mathrm{s}]$
$\eta_{20^oC,W}$ ⇒ Viskosität von Wasser bei 20 °C $[\mathrm{Pa} \cdot \mathrm{s}]$
$\rho_{T,L}$ ⇒ Dichte der Lösung L bei der Temperatur T $\left[\mathrm{kg} \cdot \mathrm{m}^{-3}\right]$
$\rho_{20^oC,W}$ ⇒ Dichte von Wasser bei 20 °C $\left[\mathrm{kg} \cdot \mathrm{m}^{-3}\right]$

Neben diesen Sedimentationseigenschaften der gelösten oder suspendierten Teilchen ist ein weiterer für Zentrifugationen wichtiger Parameter die Gesamteinwirkung der Schwerkraft auf die Probe. Bei einem bestimmten Abstand vom Rotormittelpunkt x ist die Wanderungsstrecke r eines Teilchens nach einer Zeit t gegeben durch:

$$r = s \cdot x \int_0^t \omega^2 \cdot dt \tag{4.14}$$

Soll nun eine Zentrifugation bei einer anderen Drehzahl oder auch in einem anderen Rotor dasselbe Ergebnis liefern, so muß die Zentrifugationsdauer so geändert werden, daß der Wert des Integrals

$$x \int_0^t \omega^2 dt \tag{4.15}$$

gleich bleibt. Besonders bei Ultrazentrifugen ist daher neben der Steuerung der Zentrifugationsdauer durch die Laufzeit auch eine Steuerung über $\omega^2 t$ vorgesehen.

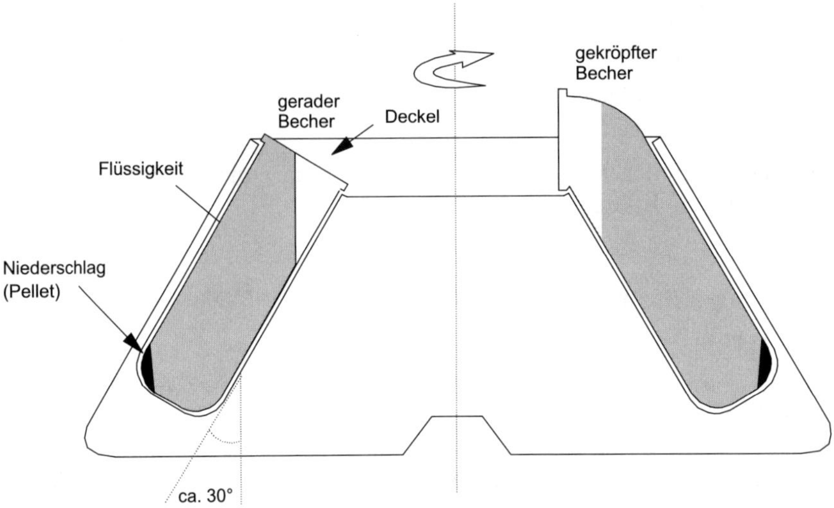

Abb. 4-36: Festwinkelrotor.
Links ist ein konventioneller Zentrifugenbecher gezeigt, bei dem während der Zentrifugation Flüssigkeit gegen den Deckel drückt, rechts ein gekröpfter Becher, bei dem dies vermieden wird.

4.3.2 Zentrifugen und Rotortypen

Zentrifugen besitzen einen Rotor aus Metall oder Kunststoff, in dem in mehreren Bohrungen oder Ausschwingbechern die Probenröhrchen untergebracht werden. Die Kammer, in der sich der Rotor dreht, ist bei einer Kühlzentrifuge temperiert. Verzichtet man auf eine Temperierung, so ist besonders bei hohen Drehzahlen und langen Zentrifugationszeiten mit einer Erwärmung der Proben durch die Luftreibung zu rechnen. Um das zu vermeiden, muß man die Rotorkammer evakuieren. Solche Zentrifugen, bei denen der Rotor im Hochvakuum (< 1 Pa) gedreht wird und die dadurch hohe Umdrehungsgeschwindigkeiten zulassen, werden dann als Ultrazentrifugen bezeichnet.

4.3.2.1 Rotortypen

Für die Konstruktion von Rotoren gibt es mehrere Möglichkeiten. Für die meisten Routineanwendungen gibt es Festwinkelrotoren (Abb. 4-36). In diesen Rotoren stehen die Probenröhrchen in einem festen Winkel von ca. 30° zur Rotorachse. Der Abstand der zu zentrifugierenden Lösung zum Rotormittelpunkt liegt dabei in der Regel zwischen 6 und 8 cm, bei großvolumigen Rotoren ist er größer. Die sedimentierten Teilchen sammeln sich auf einer Seite des Zentrifugenbechers, was mitunter die Wiedergewinnung des Sediments erschwert. Ein Nachteil von Festwinkelrotoren ist, daß bei vollständig gefüllten Zentrifugenbechern die Lösung während der Zentrifugation gegen den Deckel des Zentrifugenbechers drückt. Dies erhöht die Gefahr des Auslaufens. Es gibt für einige Rotoren spezielle gekröpfte Becher, mit denen dies vermieden werden kann (Abb. 4-36). Leider ist die Rückgewinnung eines Niederschlags aus diesen speziellen Zentrifugenbechern schwierig. Festwinkelrotoren werden fast ausschließlich zur Pelletierung benutzt.

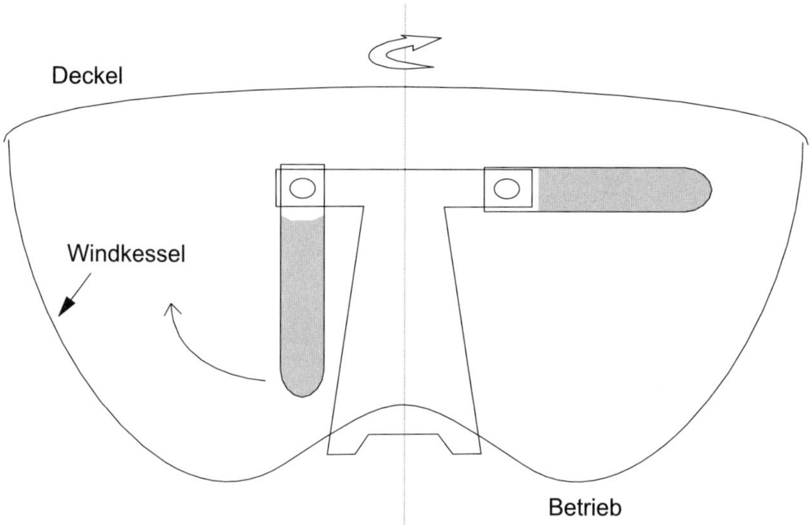

Abb. 4-37: Ausschwingrotor (Schwenkbecherrotor).
In diesem Rotor zeigt das Schwerefeld immer auf den Boden des Zentrifugenbechers. Ein Auslaufen ist nicht möglich. Wird ein Rotor ohne Windkessel benutzt, müssen die Einsätze verschlossen sein, um ein „Ausblasen“ des Inhalts zu vermeiden.

Das Problem, daß die Lösung gegen einen möglicherweise undichten Deckel drückt, gibt es für Ausschwingrotoren (Abb. 4-37) nicht. Hier steht der Zentrifugenbecher immer in Richtung des Schwerefeldes, so daß die sedimentierenden Teilchen sich direkt am Boden des Gefäßes ansammeln. Allerdings ist der konstruktive Aufwand für einen Ausschwingrotor ungleich größer als für einen Festwinkelrotor. Ausschwingrotoren kommen bei Pelletierung geringer Mengen und auch bei Trennungen nach Dichte und Masse zum Einsatz. Zur Vermeidung von Luftreibung haben viele Ausschwingrotoren einen Windkessel aus dünnem Aluminiumblech. In Ultrazentrifugen ist das wegen des Vakuums nicht nötig. Hier ist allerdings die Gefahr eines sehr schweren Rotorunfalls dann gegeben, wenn aus Versehen die Vakuumkammer im Betrieb belüftet wird.

In einem Vertikalrotor (Abb. 4-38) stehen die Zentrifugationsröhrchen parallel zur Rotorachse. Hierdurch ergeben sich sehr kurze Sedimentationsstrecken und kurze Zentrifugationszeiten. Um nach dem Abbremsen des Rotors eine exakte Umorientierung der Flüssigkeitsschichten relativ zum Erdschwerefeld zu erreichen, ist ein Dichtegradient erforderlich. Vertikalrotoren werden fast ausschließlich in Ultrazentrifugen eingesetzt.

Alle diese Rotortypen werden vor Beginn der Zentrifugation mit dem Trenngut gefüllt und verschlossen. Während der Rotor in der Zentrifuge dreht, ist ein Zugriff auf das Trenngut nicht möglich.

Bei einem Durchflußrotor kann man während des Laufes die zu zentrifugierende Lösung durch den Rotor pumpen. Während der Verweilzeit werden die sedimentierenden Partikel an die Rotorwand zentrifugiert. Ein Durchflußrotor wird immer dann eingesetzt, wenn große Volumina zentrifugiert werden müssen, wie zum Beispiel beim Ernten von Zellen aus Fermentationen.

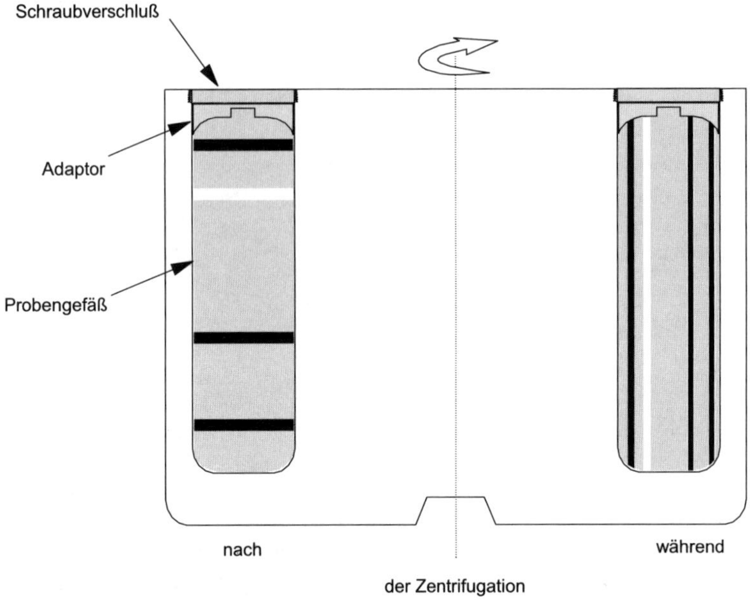

Abb. 4-38: Vertikalrotor.
Rechts ist die Schichtung während der Zentrifugation, links die Schichtung nach Umorientierung ins Erdschwerefeld am Ende der Zentrifugation bei Stillstand der Zentrifuge gezeigt.

Bei einem Elutriator wird in dem drehenden Rotor ständig das Lösungsmittel vom Boden zur Innenseite hin gepumpt. Dieser Flüssigkeitsstrom wird so eingestellt, daß er die Sedimentationsbewegung der Partikel ausgleicht. Durch Einstellen der Pumpgeschwindigkeit lassen sich verschieden schnell sedimentierende Partikel voneinander trennen. Das Verfahren ist besonders zur Trennung empfindlicher Zellen geeignet, da eine Sedimentation der Teilchen gegen die Gefäßwand vermieden wird.

4.3.2.2 Sicherheit und Rotorpflege

Oberstes Gebot der Sicherheit beim Umgang mit Zentrifugen ist die gleichmäßige Beladung der Rotoren. Eine gleichmäßige Beladung läßt sich entweder durch gleiches Gewicht einander gegenüberstehender Probengefäße oder bei einer durch drei teilbaren Anzahl an Bohrungen durch dreiecksförmige Anordnung von drei gleichgewichtigen Probengefäßen erreichen. Beim Austarieren der Probengefäße muß berücksichtigt werden, daß die vom Hersteller genannten Toleranzen Maximalwerte darstellen, die keinesfalls überschritten werden dürfen. Da das Schwerefeld in einem Rotor mit zunehmender Entfernung von der Rotorachse zunimmt, müssen austarierte Probegefäße nicht nur gleiche Masse sondern auch die gleiche Dichteverteilung aufweisen. Bei höherer Dichte und entsprechend geringem Volumen befindet sich die zentrifugierte Masse weiter vom Rotormittelpunkt entfernt, so daß beim Zentrifugieren eine dynamische Unwucht entsteht, wenn die Probengefäße zwar gleiches Gewicht aber ungleiche Dichteverteilung aufweisen.

In letzter Zeit sind einige Rotortypen aus Carbonfaser verstärktem Kunststoff auf den Markt gekommen. Die Rotoren der meisten Zentrifugen bestehen aber aus Aluminium- oder

Titanlegierungen. Aluminiumrotoren sind trotz ihrer Eloxalschicht äußerst empfindlich gegen Korrosion, Titanrotoren sind gegen Umwelteinflüsse etwas beständiger. Bei allen Rotoren, besonders aber bei Aluminiumrotoren, muß darauf geachtet werden, daß niemals Reste von Lösungen (Salze, Puffersubstanzen) in den Bohrungen verbleiben. Durch Korrosion bilden sich feine Risse in der Rotorwand und es kann Unfälle bis hin zur Explosion des Rotors und der Zentrifuge geben. Alle Rotoren – besonders die aus Aluminium – müssen zur Vermeidung von Korrosion trocken gelagert werden. Das bedeutet, daß verschließbare Bohrungen offen zu halten sind. Auch die verbreitete Unsitte, Rotoren im Kühlraum oder Kühlschrank zu lagern, um sie bei Bedarf gleich gekühlt einsetzen zu können, ist ein Grund für beschleunigte Korrosion bei Aluminiumrotoren. Wenn ein Rotor schnell vorgekühlt werden muß, so sollte man ihn in einem wasserdichten Kunststoffbeutel für einige Minuten in eine Eis/Wasser Mischung legen. Ausschwingrotoren sind besonders empfindlich gegen Korrosion, da hier die Halter für die Zentrifugenbecher relativ dünne Wände haben. Einzelne Salzkristalle können bei einer Zentrifugation in das Rotormaterial einwandern und es schwächen. Auf jeden Fall sind die Angaben der Rotorhersteller zur Rotorpflege einzuhalten. In den meisten Ländern unterliegen Zentrifugen und ihre Rotoren besonderen Unfallverhütungsvorschriften, die im Sinne der eigenen Sicherheit zu beachten sind. Leichtsinniger Umgang mit Zentrifugen ist lebensgefährlich!

Bei der Sicherheit von Zentrifugen sind neben den mechanischen auch chemische und biologische Sicherheitsbestimmungen zu beachten. Man muß nämlich grundsätzlich bei jeder Zentrifugation damit rechnen, daß das Zentrifugationsgut auch aus einem gut verschlossenen Röhrchen austritt. Wegen der hohen Drehzahl bilden sich beim Austreten von Flüssigkeit mit Sicherheit Aerosole. Bei chemisch aggressiven Substanzen ist dann mit einer heftigen und mitunter zerstörerischen Korrosion des Rotors und der Rotorkammer zu rechnen. Bei Ultrazentrifugen wird das austretende Aerosol in das Labor gepumpt. Dies ist besonders bei radioaktiven und biologisch gefährlichen Proben zu beachten. Bei Arbeiten mit potentiell infektiösen Proben muß daher neben den Zentrifugenröhrchen auch die Zentrifugenkammer hermetisch gegen die Umgebung abgedichtet sein. Ein potentieller Austritt von Aerosolen muß durch entsprechende Filter verhindert werden. Besteht bei solch infektiösen Proben der Verdacht auf Bruch eines Röhrchens, so muß die Zentrifuge vor dem Öffnen mit desinfizierenden Mitteln begast werden. Ist bei einer Zentrifuge eine solche Maßnahme nicht möglich, so darf infektiöses Material gar nicht erst zentrifugiert werden.

4.3.2.3 Zentrifugentypen

Tischzentrifugen nehmen Probengefäße mit einigen ml bis hin zu ca. 100 ml auf. Sie sind oft ungekühlt. Beim biochemischen Arbeiten ist eine Tischzentrifuge unentbehrlich, in der die standardisierten 1.6 ml oder 2.5 ml Reaktionsgefäße bei Drehzahlen bis 15 000 rpm entsprechend einer relativen Zentrifugalbeschleunigung von bis zu 12 000 g zentrifugiert werden können. Es empfiehlt sich, für diese Zentrifugen ständig einen Satz verschieden hoch gefüllter Gegengewichtsgefäße bereit zu halten. Bei Tischzentrifugen für größere Volumina werden üblicherweise nur Drehzahlen um 5 000 rpm und relative Zentrifugalbeschleunigungen von 6 000 g erreicht. Eingesetzt werden sie für den alltäglichen Laborbetrieb, wenn aus kleineren Volumina Niederschläge abgetrennt werden müssen. Als Rotoren werden meist Ausschwingrotoren angeboten. Es stehen aber auch Festwinkel- und Durchflußrotoren zur Verfügung.

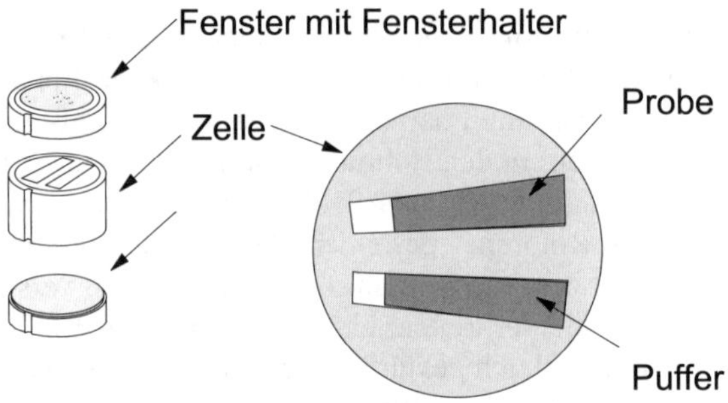

Abb. 4-39: Sektorförmige Zellen einer analytischen Ultrazentrifuge.
Die Zellen werden mit dicken Quarzglasscheiben abgeschlossen und stellen so eine Absorptionsküvette dar. Zur besseren Übersicht sind der Zellen- und die Fensterhalter weggelassen.

Für größere Volumina und empfindlichere Substanzen werden gekühlte Hochgeschwindigkeitszentrifugen eingesetzt. In diesen Zentrifugen können Volumina bis zu mehreren Litern bei relativen Zentrifugalbeschleunigungen bis zu 20 000 g zentrifugiert werden. Kühlzentrifugen sollten immer dann eingesetzt werden, wenn eine Erwärmung des Rotors während der Zentrifugation vermieden werden soll.

Zentrifugen, bei denen der Rotor im Hochvakuum läuft, werden als Ultrazentrifugen bezeichnet. Die erreichbaren Drehzahlen sind hier nicht mehr durch die Luftreibung begrenzt und die Form der Rotoren braucht nicht mehr aerodynamisch günstig zu sein. Daher können in diesen Zentrifugen sehr hohe Drehzahlen erreicht werden. Es gibt Ultrazentrifugen sowohl für analytische als auch für präparative Zwecke.

4.3.3 Analytische Zentrifugation

Eine analytische Ultrazentrifuge ist eine Kombination aus einer Zentrifuge und einem Spektralphotometer bzw. einem Diffraktometer. Die Zentrifugenröhrchen einer analytischen Zentrifuge sind gleichzeitig die Küvetten für die optische Registrierung (Abb. 4-39). Während in der Vergangenheit für analytische Anwendungen spezielle Zentrifugen konstruiert worden sind, handelt es sich bei den zwei auf dem Markt befindlichen analytischen Zentrifugen um Umbauten einer präparativen Ultrazentrifuge.

Die Zellen einer analytischen Zentrifuge sind sektorförmig (Abb. 4-39), so daß jegliche Wanderung von Teilchen gegen eine seitliche Zellenwand vermieden wird. Bis auf wenige Spezialzellen werden die Zellen einer analytischen Zentrifuge zu Beginn des Experiments homogen mit der Untersuchungslösung gefüllt. Die Zellen sind 12 mm dick und haben einen Öffnungswinkel von 2.5^0. Damit ergibt sich ein maximales Füllvolumen von 440 µl.

Grundsätzlich kann man analytische Zentrifugationen nach Gleichgewichts- und Nicht-Gleichgewichtsverfahren einteilen (Überblick: Byron 1996).

4.3.3.1 Bestimmung von Sedimentationskoeffizienten

Die Bestimmung eines Sedimentationskoeffizienten ist ein Nicht-Gleichgewichtsverfahren. Dabei wird eine anfänglich homogene Lösung zentrifugiert und es bildet sich mit der

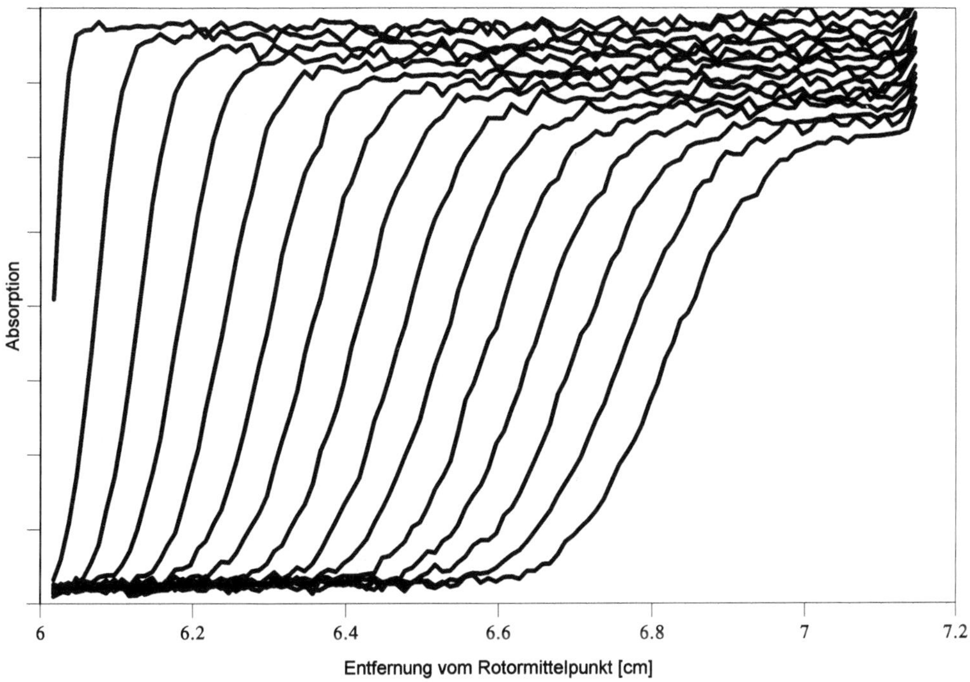

Abb. 4-40: Sedimentationslauf in der analytischen UZ.
Die Grenzschicht in der anfänglich homogen gefüllten Zelle wandert von links nach rechts. Wegen der Diffusion verbreitert sie sich dabei. Aufgrund der Sektorform der Zelle und der mit der Entfernung vom Rotormittelpunkt zunehmenden Wanderungsgeschwindigkeit der Teilchen nimmt während der Zentrifugation die Konzentration im Plateaubereich ab.

Zeit eine Grenzschicht zwischen der Lösung der sedimentierenden Partikel und dem freien Lösungsmittel aus. Aus der Wanderungsgeschwindigkeit der Grenzschicht kann der Sedimentationskoeffizient der Teilchen ermittelt werden nach

$$\frac{d\ln\bar{x}}{dt} = s\omega^2 \tag{4.16}$$

$\bar{x} \Rightarrow$ Entfernung der wandernden Grenzschicht vom Rotormittelpunkt

Bei der Bestimmung der Position der wandernden Grenzschicht treten jedoch häufig Probleme auf. Selbst bei einer einheitlich sedimentierenden Substanz wird die Grenzschicht durch Diffusion verbreitert sein und damit die Bestimmung der Position erschweren. In guter Näherung gilt jedoch, daß der Wendepunkt einer Auftragung der Konzentration gegen die Entfernung vom Rotormittelpunkt die Position dieser Grenzschicht darstellt (s. Abb. 4-40).

Besteht die Probe aus mehreren Komponenten, so wird sich bei geringen Unterschieden im Sedimentationskoeffizienten zunächst nur eine außergewöhnliche Bandenverbreiterung einstellen. Bei größeren Differenzen des Sedimentationskoeffizienten gibt es dann eine Trennung in mehrere Banden. Sedimentationsgeschwindigkeitsläufe können auch zur Analyse von molekularen Wechselwirkungen eingesetzt werden. Bindet ein relativ kleines Molekül (beispielsweise ein Protein) im Überschuß an ein größeres (z.B. DNA) so ergeben sich

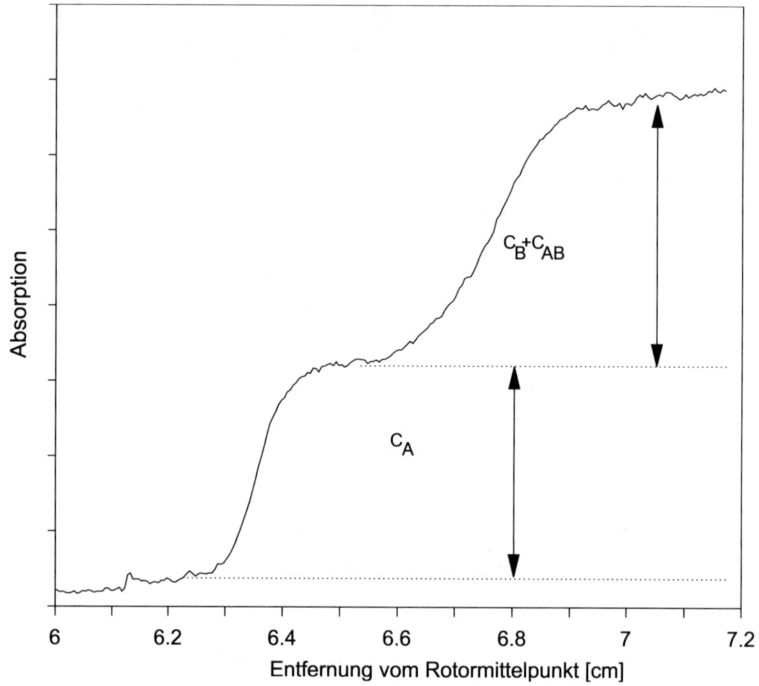

Abb. 4-41: Sedimentation eines Komplexes aus einer leichten und einer schweren Komponente. A ist im Überschuß vorhanden und bildet eine langsam wandernde Grenzschicht. B und der Komplex AB wandern in einer gemeinsamen Grenzschicht in Anwesenheit von freiem A (s.a. Kap. 7.3).

normalerweise nur zwei sedimentierende Banden: Eine langsam wandernde für den Überschuß an kleinen Molekülen und eine schnell wandernde für den Komplex und das freie große Molekül (Abb. 4-41). Dies läßt sich vereinfacht dadurch erklären, daß in einem dynamischen Gleichgewicht das kleine Molekül immer wieder von dem großen abdissoziiert, eine gewisse Strecke dann freie kleine und große Moleküle nebeneinander sedimentieren, um dann anschließend wieder in einem gemeinsamen Komplex zu wandern. Die Zeiten, in denen diese Dissoziations-Reassoziationsprozesse ablaufen, liegen in der Regel bei wenigen Sekunden und die dazu gehörenden Sedimentationsstrecken sind demnach äußerst klein verglichen mit der Strecke der gesamten Sedimentation. Aus den Konzentrationsverhältnissen beider wandernder Banden kann man die Gleichgewichtskonstante der Interaktion errechnen.

4.3.3.2 Gleichgewichtszentrifugation

Bei diesen analytischen Zentrifugationsverfahren kommt es nicht mehr auf die Beobachtung der Wanderung der Teilchen im Schwerefeld an. Vielmehr wird bei relativ niedrigen Drehzahlen so lange zentrifugiert, bis sich ein Gleichgewicht zwischen der Sedimentation der Teilchen zum Boden hin und ihrer Diffusion zum Meniskus hin eingestellt hat (Abb. 4-42). Vergleichen kann man dieses Gleichgewicht mit der Abnahme des Luftdruckes auf der Erde mit zunehmender Höhe. Auch hier besteht ein Gleichgewicht zwischen der Anziehung der

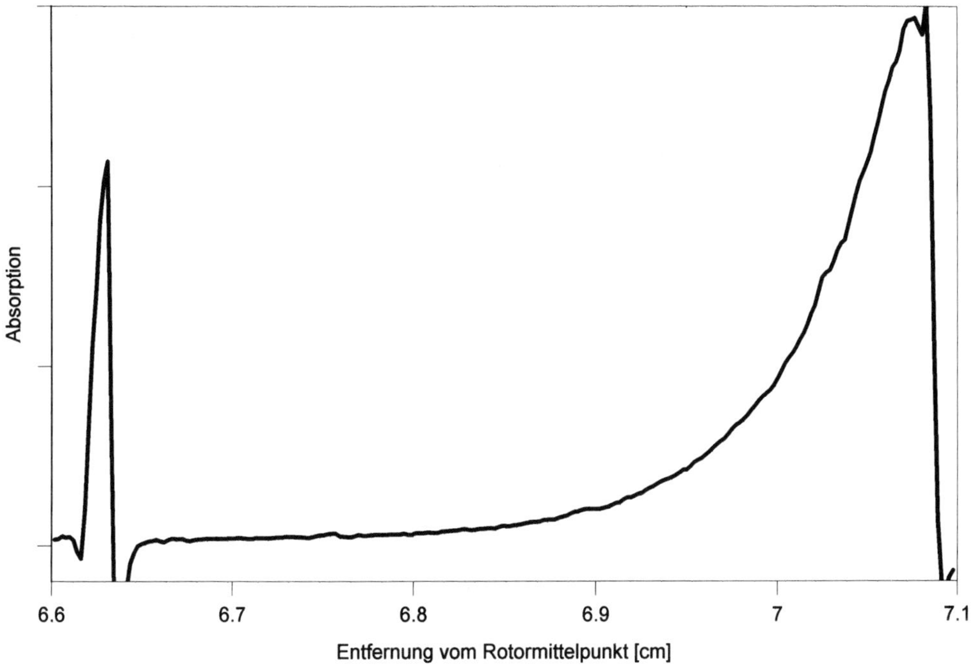

Abb. 4-42: Sedimentations-Diffusionsgleichgewichtszentrifugation.
Die „Spitze“ links stellt den Meniskus der Lösung und der steile Absorptionsabfall rechts den Boden des Zentrifugationsröhrchens dar. Aus dem gleichmäßigen Anstieg der Absorption bzw. Konzentration zwischen Meniskus und Boden wird die Molmasse des hier analysierten Proteins zu 75 kg/mol bestimmt. Der aus der Sequenz abgeleitete Wert betrug 75.15 kg/mol.

Luftmoleküle durch das Erdschwerefeld und ihrer Tendenz, durch Diffusion die Atmosphäre zu verlassen. Der Konzentrationsgradient, der sich in einem solchen Gleichgewicht einstellt, ist ein Maß für die Molmasse der sedimentierenden Teilchen:

$$\frac{\partial \ln c}{\partial x^2} = \frac{M(1-\bar{v}\rho)}{2RT}\omega^2 \qquad (4.17)$$

$c(x) \Rightarrow$ Konzentration am Ort x in beliebigen Einheiten
$M \Rightarrow$ Molmasse $[\mathrm{kg}\cdot\mathrm{mol}^{-1}]$
$R \Rightarrow$ Gaskonstante $= 8.31441\ [\mathrm{m}^2\cdot\mathrm{kg}\cdot\mathrm{s}^{-2}\cdot\mathrm{K}^{-1}\cdot\mathrm{mol}^{-1}]$

wobei die anderen Symbole wie oben definiert sind. Um mit diesem Verfahren die Molmasse bestimmen zu können, ist eine genaue Kenntnis des partiellen spezifischen Volumens notwendig. Für Proteine und Nukleinsäuren ist $\bar{v}$ unabhängig von der Konformation und daher aus der Aminosäurezusammensetzung bzw. den Nukleotidanteilen berechenbar (Laue et al. 1992). In erster Näherung gilt für Proteine $\bar{v} = 0.735\cdot 10^{-3}\mathrm{m}^3\mathrm{kg}^{-1}$. Das partielle spezifische Volumen kann auch dadurch gemessen werden, daß man die Gleichgewichtseinstellung einmal in H_2O und einmal in D_2O durchführt und die Konzentrationsgradienten bei den unterschiedlichen Dichten ρ miteinander vergleicht.

Mit der Gleichgewichtszentrifugation können auch Mischungen und miteinander Komplexe bildende Teilchen analysiert werden. Hierbei sollte allerdings bedacht werden, daß in einem exponentiell verlaufenden Konzentrationsgradienten keine Trennung der einzelnen Komponenten erfolgen kann. Daher ist das Verfahren auf Substanzgemische mit nur wenigen Bestandteilen beschränkt.

Eine weitere analytische Gleichgewichtszentrifugationstechnik ist die isopyknische oder Dichtegradientenzentrifugation. Hierbei wird eine zunächst homogene Lösung hergestellt, die einen Gradientenbildner (z.B. CsCl, Cs_2SO_4, Sucrose) und das zu trennende makromolekulare Gemisch enthält. Zentrifugiert man diese Lösung längere Zeit, so stellt sich für den Gradientenbildner ein Konzentrations- und damit ein Dichtegradient ein. In diesem Dichtegradienten ist das Makromolekül zu der Stelle gewandert, an der die Dichte der Lösung genau der Dichte des Makromoleküls entspricht. Durch Diffusion verteilt sich das Makromolekül um diese Stelle. Aus dieser Konzentrationsverteilung läßt sich die untere Grenze des Molmasse ermitteln:

$$M = \frac{8RT\rho_s \ln 2}{\omega^2 x_s \Delta x_{1/2}^2 \frac{\partial \rho}{\partial x}} \qquad (4.18)$$

ρ_s ⇒ Dichte der Lösung an der Bande des Makromoleküls $\left[\mathrm{kg \cdot m^{-3}}\right]$
x_s ⇒ Position der Bande des Makromoleküls [m]
$\frac{\partial \rho}{\partial x}$ ⇒ Dichtegradient an x_s $\left[\mathrm{kg \cdot m^{-4}}\right]$
$\Delta x_{1/2}$ ⇒ Halbwertsbreite der Konzentrationsverteilung [m]

Die Schärfe einer Bande in der isopyknischen Zentrifugation ist um so größer, je höher die Molmasse der Substanz ist. Isopyknische Zentrifugation wird daher meist für die Analyse und Präparation hochmolekularer Nukleinsäuren oder auch ganzer Phagenpartikel eingesetzt. Wegen der hohen Osmolarität der benutzten Gradientenbildner verbietet sich dagegen der Einsatz zur Zellaufreinigung.

Bei einer Gleichgewichtszentrifugation ist die Form der Zentrifugationszelle oder des Zentrifugationsröhrchens für das Ergebnis grundsätzlich nicht von Belang. Man kann daher analytisch auszuwertende Gleichgewichtszentrifugationen auch in einer präparativen Zentrifuge durchführen. Dazu wird nach der Gleichgewichtseinstellung der Rotor vorsichtig angehalten und der Inhalt der Zentrifugenröhrchen fraktioniert (Überblick: Pollet 1985).

4.3.4 Präparative Zentrifugation

4.3.4.1 Pelletierungen

Die häufigste Anwendung einer Zentrifugation ist die Abtrennung von Niederschlägen durch Pelletierung am Boden des Zentrifugenröhrchens. In einfachen Fällen wird man sich von dem Erfolg einer solchen Zentrifugation durch Augenschein – ist die Lösung klar und sauber vom Bodensatz zu dekantieren – überzeugen. Die Wahl des Rotors richtet sich nach den zu zentrifugierenden Mengen. Bei größeren Volumina und höheren relativen Beschleunigungen wird man einen Festwinkelrotor wählen. Für die Isolierung geringer Niederschlagsmengen ist ein Ausschwingrotor vorzuziehen, da sich hier der gesamte Niederschlag am Boden des Röhrchens sammelt, während es sich beim Festwinkelrotor über eine ganze Seite eines Röhrchens verteilt.

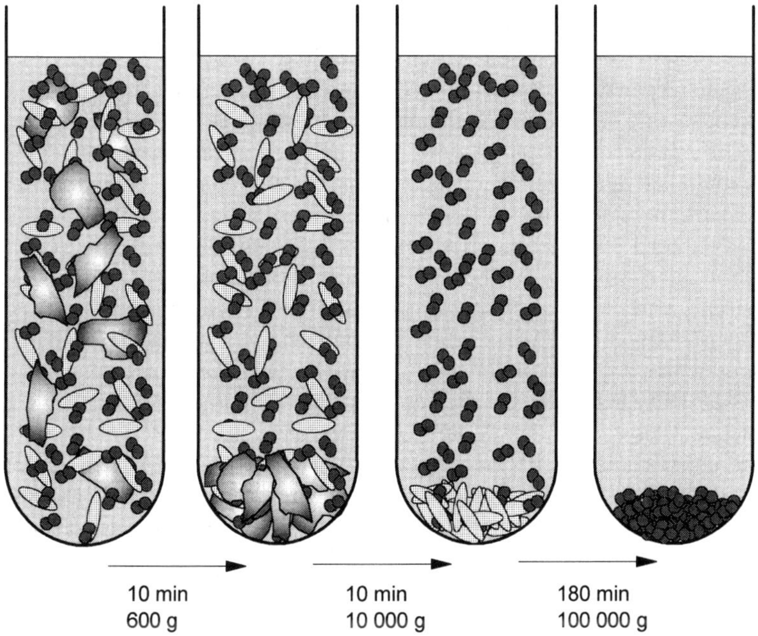

Abb. 4-43: Fraktionierte Pelletierung.
Aus dem Zellaufschluß (A) werden zunächst grobe Zelltrümmer bei 600 g in 10 Minuten entfernt. Aus diesem Überstand pelletieren bei 10 000 g in weiteren 10 min Zellorganellen und ander größere Zellbestandteile, während die Ribosomen bei 100 000 g 3 Stunden zum Absedimentieren benötigen.

Für komplexere Gemische, wie man sie beispielsweise bei einem Zellaufschluß erhält, werden die Komponenten durch eine fraktionierte Pelletierung zu trennen sein. Abb. 4-43 zeigt den prinzipiellen Verlauf einer solchen fraktionierten Pelletierung zur Auftrennung verschiedener Zellbestandteile. Dabei werden zunächst bei einer geringen Drehzahl (3 000 rpm in 6 cm Entfernung vom Rotormittelpunkt, d.h. 600 g (vgl. Gl. (4.8)) in etwa 10 min grobe Zelltrümmer sowie die Zellkerne abzentrifugiert. Im Überstand verbleiben dabei Zellorganellen (bei eukaryontischen Zellen), Ribosomen und alle löslichen Bestandteile. Die größeren Partikel aus diesem Überstand mit Ausnahme der Ribosomen können dann in einer weiteren 10-minütigen Zentrifugation bei einer relativen Beschleunigung von 10 000 g (ca. 12 000 rpm) pelletiert werden. Die Ribosomen und evtl. noch vorhandene größere DNA-Bruchstücke werden dann bei 100 000 g (40 000 rpm) in ca. 3 Stunden abzentrifugiert, so daß die löslichen Zellbestandteile im Überstand verbleiben. Bei einer solchen Trennung muß man sich natürlich darüber im klaren sein, daß die pelletierten Bestandteile immer durch Reste des Überstands verunreinigt sind und daß die aus den am Boden des Zentrifugenröhrchens festgepreßten Sedimenten durch Resuspension isolierten biologischen Strukturen in vielen Fällen denaturiert sind.

4.3.4.2 Dichtegradienten

Hier unterscheidet man prinzipiell zwei Verfahren, die Differentialsedimentation und die bereits als analytisches Verfahren beschriebene Gleichgewichtsdichtegradientenzentrifugation.

Bei beiden Verfahren stellt man in dem Zentrifugenröhrchen eine Flüssigkeitssäule her, deren Dichte zum Boden des Röhrchens hin ansteigt. Ein solcher Dichtegradient stabilisiert die Flüssigkeitssäule gegen Störungen durch mechanische oder thermische Konvektionsströme und ermöglicht so eine quantitative Trennung verschiedener Komponenten.

Bei der Differentialsedimentation wird als Trennprinzip die unterschiedliche Wanderungsgeschwindigkeit der zu trennenden Komponenten ausgenutzt. In einem Ausschwingrotor wird das zu trennende Gemisch in einem möglichst kleinen Volumen auf die Flüssigkeitssäule aufgetragen. Dabei sollte die Dicke der aufgetragenen Probe 10 % der Höhe der trennenden Flüssigkeitssäule nicht übersteigen, da sonst die Auflösung zu gering wird. In der Flüssigkeitssäule wird vor Beginn der Zentrifugation der Dichtegradient hergestellt. Dabei kann man grundsätzlich dieselben Verfahren benutzen, die bei der Herstellung von Konzentrationsgradienten zur Elution bei chromatographischen Trennungen angewandt werden (vgl. Abb. 4-4). Die Dichte der Gradientenlösung ist aber immer geringer als die Dichte der zu trennenden Substanzen, damit die Komponenten auch zum Boden hin sedimentieren und nicht auf dem Gradienten liegen bleiben. Gradientenbildner ist häufig Sucrose, das als kleines, sehr gut wasserlösliches und elektrisch neutrales Molekül stabile und während der Zentrifugation konstante Dichtegradienten zuläßt. Nachteilig bei Sucrose ist seine hohe Osmolarität, so daß man für die Trennung von Zellen hochmolekulare Gradientenbildner wie Dextran oder Ficoll benutzt. Dabei muß darauf geachtet werden, daß der Gradientenbildner selbst während der Zentrifugation nicht pelletiert wird. Als Form des Gradienten kommen sowohl linear als auch exponentiell konvex ansteigende Konzentrationen in Frage. Die letztere Form bewirkt, daß die Sedimentationsgeschwindigkeit der Teilchen an jedem Ort des Röhrchens nahezu gleich ist (isokinetischer Gradient). Der wegen des Dichtegradienten zum Boden hin ansteigende Auftrieb und die steigende Viskosität der Flüssigkeitssäule heben also die Steigerung der Sedimentationsgeschwindigkeit auf Grund der zunehmenden Entfernung vom Rotormittelpunkt gerade auf. Für die genaue Kontrolle der Zentrifugationszeiten ist eine $\omega^2 t$-Steuerung zu empfehlen.

Bei einer Gleichgewichtsdichtegradientenzentrifugation werden die Komponenten auf Grund ihrer unterschiedlichen Schwebedichten aufgetrennt. Man kann dabei sowohl mit vorgeformten Gradienten als auch mit Gradienten arbeiten, die sich erst während der Zentrifugation einstellen. Im letzteren Fall wird das zu trennende Gemisch und eine homogene Lösung des Gradientenbildners bei hohen Schwerefeldern zentrifugiert. Auf Grund des hohen Schwerefeldes wird der Gradientenbildner sich am Boden des Röhrchens anreichern und so einen Dichtegradienten ausbilden (s.o.). Die zu trennenden Komponenten werden nun zu der Stelle im Gradienten wandern, an der ihre Schwebedichte genau der Dichte des Gradienten entspricht und dort verbleiben. Die Zeit, die für die Ausbildung des Dichtegradient benötigt wird, ist um so länger, je höher die Flüssigkeitssäule im Zentrifugenröhrchen ist und kann mehrere Tage betragen. Man kann die Zentrifugationszeit in Vertikalrotoren erheblich verkürzen, da sich hier der Dichtegradient während der Zentrifugation über den Querschnitt des Röhrchens (1 – 2 cm) ausbildet und sich erst nach Abschluß der Zentrifugation im Erdschwerefeld über den Längsschnitt des Röhrchens umorientiert (Abb. 4-38).

Eine weitere Beschleunigung des Verfahrens läßt sich dann erreichen, wenn man nur zwei, in ihrer Dichte aber deutlich unterschiedliche Substanzen voneinander trennen will. Man bildet dann in einem Ausschwingrotorröhrchen einen Stufengradienten vor. Will man beispielsweise RNA und DNA voneinander trennen, so füllt man das Röhrchen etwa zur Hälfte mit einer CsCl-Lösung der Dichte $1.76 \cdot 10^3$ kg m^{-3} und überschichtet mit einer weniger dichten (ca. $1.65 \cdot 10^3$ kg m^{-3}) Lösung. Da DNA mit ca. $1.7 \cdot 10^3$ kg m^{-3} eine geringere

Schwebedichte hat als RNA, kann man so die DNA nach der Zentrifugation in der Mitte des Röhrchens und die RNA am Boden abziehen. Handelt es sich um hochmolekulare Nukleinsäuren, reichen Zentrifugationszeiten von etwa zwei Stunden bei 20 000 bis 30 000 rpm meistens aus. Bei niedermolekularer DNA und RNA muß mit Diffusionsverbreiterung (4.15) gerechnet werden, was eine saubere Trennung verhindern kann.

Nach der Zentrifugation muß der Inhalt der Zentrifugenröhrchen fraktioniert werden. Entscheidend für den Erfolg der Trennung ist dabei zunächst der sorgfältige Umgang mit dem Rotor und den Röhrchen, da jede Erschütterung zu einer teilweisen Durchmischung und zu einer Verschlechterung der Trennung führt. Die stärksten Erschütterungen werden dabei übrigens beim Abbremsen der Zentrifuge durch schlecht austarierte Röhrchen ausgelöst. Am einfachsten ist es, das Röhrchen vorsichtig in einem Ständer zu befestigen und von oben eine feine Glaskapillare mit Schlauch (z.B.: Schmelzpunktröhrchen) bis zum Boden hin einzuführen. Mit einer peristaltischen Pumpe (Abb. 2-7) kann dann der Inhalt vorsichtig abgepumpt und in einem Fraktionssammler aufgefangen werden. Bei weicheren Röhrchenmaterialien kann man auch mit einer Hohlnadel den Boden punktieren und so ohne Pumpe den Inhalt des Röhrchen in einen Fraktionssammler fraktioniert entleeren. Über die weitere Analyse entscheidet dann natürlich die Art der Probe.

4.4 Literatur

Altria, K.D. (1996) Ed. *Capillary Electrophoresis: Principles, Instrumentation and Application* (Methods in Molecular Biology, Vol. 52) Humana Press, Totowa.

Ausubel, F.M., Brent, R., Kingston, R.E., Moore, D.D., Seidman, J.G., Smith, J.A. & Struhl, K. (1989) *Current Protocols in Molecular Biology*. John Wiley & Sons, Inc., New York.

Birnie, G.D. & Rickwood, D. (1978) *Centrifugal Separations in Molecular and Cell Biology.* Butterworths, London.

Burmeister, M. & Ulanovsky, L. (1992) *Pulsed-Field Gel Electrophoresis: Protocols, Methods and Theories* (Methods in Molecular Biology, Vol. 12). Humana Press, Totowa.

Byron, O. (1996) *Size Determination of Proteins – A. Hydrodynamic Methods* in: Proteins Labfax (N.C. Price, Ed.) BIOS, Cambridge.

Carle, G., Frank, M. & Olson, M. (1986) *Electrophoretic Separations of Large Molecules by Periodic Inversion of the Electrophoretic Field*. Science 232, 65-68.

Carlsson, J., Janson, J.-C., & Sparrman, M. (1989) *Affinity Chromatography* in: Protein Purification-Principles, High Resolution Methods and Applications (J.-C. Janson & L. Rydén, Eds.) VCH, Weinheim.

Celis, J.E., Gromov, P., Ostergaard, M., Madsen, P., Honoré, B., Dejgaard, K., Olsen, E., Vorum, H., Kristensen, D.B., Gromova, I., Haunso, A., Van Damme, J., Puype, M., Vandekerckhove, J. & Rasmussen, H.H. (1996) *Human 2-D PAGE Databases for Protein Analysis in Health and Disease: http: // biobase. dk / cgi-bin / celis*. FEBS Lett. 398, 129-134.

Chicz, R.M. & Regnier, F.E. (1990) *High Performance Liquid Chromatography: Effective Protein Purification by Various Chromatographic Modes*. Meth. Enzymol. 182, 392-421.

Clement, R.E. (1990) Ed. *Gaschromatography: Biochemical, Biomedical and Clinical Applications.* John Wiley & Sons, Inc., New York.

Coligan, J.E., Dunn, B.M., Ploegh, H.L., Speicher, D.W., Wingfield, P.T. (1995) *Current Protocols in Protein Science*. John Wiley & Sons, Inc., New York.

Cutler, P. (1996a) *Size-Exclusion Chromatography*. Meth. Mol. Biol. 59, 269-275.

Cutler, P. (1996b) *Affinity Chromatography.* Meth. Mol. Biol. 59, 157-168.

Doonan, S. (1996) *Chromatography on Hydroxyapatite*. Meth. Mol. Biol. 59, 211-215.

Dunn, M.J. (1993) *Gel Electrophoresis: Proteins*. BIOS, Oxford.

Dunn, M.J. (1996a) *Electroelution of Proteins from Polyacrylamide Gels.* Meth. Mol. Biol. 59, 357-362.

Dunn, M.J. (1996b) *Electroblotting of Proteins from Polyacrylamide Gels.* Meth. Mol. Biol. 59, 363-370.

Eckerskorn, C. (1994) *Blotting Membranes as the Interface Between Electrophoresis and Protein Chemistry* in: Microcharacterization of Proteins (R. Kellner, F. Lottspeich & H.E. Meyer, Eds.) VCH, Weinheim.

Eriksson, K.-O. (1989) *Hydrophobic Interaction Chromatography* in: Protein Purification – Principles, High Resolution Methods and Applications. (J.-C. Janson & L. Rydén, Eds.) VCH, Weinheim.

Goldenberg, D.P. (1989) *Analysis of Protein Conformation by Gel Electrophoresis* in: Protein Structure (T.E. Creighton, Ed.) IRL Press, Oxford.

Gorbunoff, M.J. (1990) *Protein Chromatography on Hydroxyapatite* Columns. Meth. Enzymol. 182, 329-339.

Gottwald, W. (1995) *GC für Anwender*. VCH, Weinheim.

Greiling, H. & Gressner, A.M. (1995) *Lehrbuch der Klinischen Chemie und Pathobiochemie*, 3. Aufl., Schattauer, Stuttgart.

Grinberg, N. (1990) Ed. *Modern Thin-Layer Chromatography.* Marcel Decker, New York.

Hagel, L. (1989). *Gel Filtration* in: Protein Purification-Principles, High-Resolution Methods, and Applications (J.-C. Janson & L. Rydén, Eds.) VCH Publishers, Weinheim.

Hames, B.D. & Rickwood, D. (1990) *Gel Electrophoresis of Proteins,* 2nd ed. IRL Press, Oxford.

Harding, S.E., Rowe, A.J., & Horton, J.C. (1992) Eds. *Analytical Ultracentrifugation in Biochemistry and Polymer Science.* Royal Society of Chemistry, Cambridge.

Harris, E.L.V. & Angal, S. (1989) Eds. *Protein Purification Methods*. IRL Press, Oxford.

Hearn, M. T. W. (1991) Ed. *HPLC of Proteins, Peptides and Polynucleotides*. VCH, Weinheim.

Janson, J.-C. & Rydén, L. (1989) Eds. *Protein Purification: Principles, High Resolution Methods and Applications*. VCH Publishers, New York.

Johansson, K.-E. (1989a) *Protein Mapping by Two-dimensional Polyacrylamide Gel Electrophoresis (O' Farrell Technique)* in: Protein Purification – Principles, High Resolution Methods and Applications (J.-C. Janson & L. Rydén, Eds.) VCH, Weinheim.

Johansson, K.-E. (1989b) *Protein Recovery and Blotting Techniques* in: Protein Purification Principles, High-Resolution Methods and Applications (J.-C. Janson & L. Rydén, Eds.) VCH, Weinheim.

Johns, D. (1989) *Columns for HPCL Separation of Macromolecules* in: HPLC of Macromolecules (R.W.A. Oliver, Ed.) IRL Press, Oxford.

Kagedal, L. (1989) *Immobilized Metal Ion Affinity Chromatography* in: Protein Purification – Principles, High Resolution Methods and Applications (J.-C. Janson & L. Rydén, Eds.) VCH, Weinheim.

Karlsson, E., Rydén, L. & Brewer, J. (1989) *Ion Exchange Chromatography* in: Protein Purification-Principles, High Resolution Methods and Application (J.-C. Janson & L. Rydén, Eds.) VCH, Weinheim.

Kellner, R., Lottspeich, F. & Meyer, H.E. (1994) *Microcharacterization of Proteins.* VCH, Weinheim.

Kennedy, R.M. (1990) *Hydrophobic Chromatography.* Meth. Enzymol. 182, 339-343.

Laas, T. (1989) *Isoelectric Focusing in Gels* in: Protein Purification – Principles, High Resolution Methods, and Applications (J.-C. Janson & L. Rydén, Eds.) VCH, Weinheim.

Laemmli, U.K. (1970) *Cleavage of Structural Proteins During the Assembly of the Head of Bacteriophage T4.* Nature 227, 680-685.

Laue, T.M., Shah, B.D., Ridgeway, T.M. & Pelletier, S.M. (1992) *Computer-Aided Interpretation of Analytical Sedimentation Data for Proteins* in: Analytical Ultracentrifugation in Biochemistry and Polymer Science (S.E. Harding, A.J. Rowe, & J.C. Horton, Eds.) Royal Society of Chemistry, Cambridge.

Lim, C.K. (1986) Ed., *HPLC of Small Molecules.* IRL Press Oxford.

Maniatis, T., Fritsch, E. & Sambrook, J. (1989) *Molecular Cloning, a Laboratory Manual,* 2nd ed. Cold Spring Harbor Laboratory Press, Cold Spring Harbor.

O'Farrell, P.H. (1975) *High Resolution Two-Dimensional Electrophoresis of Proteins.* J. Biol. Chem. 250, 4007-4021

O'Farrell, P. H. (1996) *Hydrophobic Interaction Chromatography.* Meth. Mol. Biol. 59, 151-155.

O'Farrell, P.Z., Goodman, H.M. & O'Farrell, P.H. (1977) *High Resolution Two-Dimensional Electrophoresis of Basic as well as Acidic Proteins.* Cell 12, 1133-1142

Oliver, R.W.A. (1989a) Ed. *HPLC of Macromolecules.* IRL Press, Oxford.

Oliver, R.W.A. (1989b) *HPLC Instrumentation* in: HPLC of Macromolecules (R.W.A. Oliver, Ed.) IRL Press, Oxford.

Ostrove, S. (1990) *Affinity Chromatography: General Methods.* Meth. Enzymol. 182, 357-371.

Ostrove, S. & Weiss, S. (1990) *Affinity Chromatography: Specialized Techniques.* Meth. Enzymol. 182, 371-380.

Patel, D. (1993). *Chromatographic Fractionation Media* in: Biochemistry Labfax (J.A.A. Chambers & D. Rickwood, Eds.) BIOS, Oxford.

Patel, D., (1994) *Gel Electrophoresis – Essential Data.* John Wiley & Sons Ltd., Chichester.

Patel, D. & Rickwood, D. (1996) *Electrophoresis Methods* in: Proteins Labfax (N.C. Price, Ed.) BIOS Scientific Publishers, Oxford.

Pingoud, A., Fliess, A. & Pingoud, V. (1989) *HPLC of Oligonucleotides* in: HPLC of Macromolecules (R.W.A. Oliver, Ed.) IRL Press, Oxford.

Pollard, J.W. (1994) *Two-Dimensional Polyacrylamide Gel Electrophoresis of Proteins.* Meth. Mol. Biol. 32, 73-85.

Pollet, R.J. (1985) *Characterization of Macromolecules by Sedimentation Equilibrium in the Air-Turbine Ultracentrifuge.* Methods Enzymol. 117, 3-27.

Rickwood, D. & Hames, B.D. (1990) *Gel Electrophoresis of Nucleic* Acids, 2nd ed. IRL Press, Oxford.

Righetti, P. (1983) *Isoelectric Focusing: Theory, Methodology and Applications.* Elsevier, Amsterdam.

Righetti, P. (1989) *Isoelectric Focusing of Proteins in Conventional and Immobilized pH Gradients* in: Protein Structure (T.E. Creighton, Ed.), IRL Press, Oxford.

Righetti, P. (1990) *Immobilized pH Gradients: Theory and Methodology.* Elsevier, Amsterdam.

Rossomando, E.F. (1990) *Ion-Exchange Chromatography*. Meth. Enzymol. 182, 309-317.

Schägger, H. & Jagow, G. (1987) *Tricine-Sodium Dodecyl Sulfate-Polyacrylamide Gel Electrophoresis for the Separation of Proteins in the Range from 1 to 100 kDa*. Anal. Biochem. 166, 368-379.

Schwartz, D. & Cantor, C. (1984) *Separation of Yeast Chromosome-Sized DNAs by Pulsed Field Gradient Gel* Electrophoresis. Cell 37, 67-75.

Schwer, C. (1994) *Analysis of Peptides and Proteins by Capillary Electrophoresis* in: Microcharacterization of Proteins (R. Kellner, F. Lottspeich & H.E. Meyer, Eds.) VCH, Weinheim.

Scopes, R. (1996). *Chromatographic Procedures* in: Proteins Labfax (N.C. Price, Ed.) BIOS, Oxford.

See, Y.P. & Jackowski, G. (1989) *Estimating Molecular Weights of Polypeptides by SDS PAGE* in: Protein Structure (T.E. Creighton, Ed.) IRL Press, Oxford.

Sheehan, D. & FitzGerald, R. (1996) *Ion-Exchange Chromatography.* Meth. Mol. Biol. 59, 145-155.

Sheehan, D. (1996) *Fast Protein Liquid Chromatography.* Meth. Mol. Biol. 59, 269-275.

Stellwagen, E. (1990a) *Gel Filtration*. Meth. Enzymol. 182, 317-328.

Stellwagen, E. (1990b) *Chromatography on Immobilized Reactive Dyes*. Meth. Enzymol. 182, 343-357.

Sternbach, H. (1991). *Chromatographische Methoden in der Biochemie*. Georg Thieme Verlag, Stuttgart.

Thormann, W. & Firestone, M.A. (1989) *Capillary Electrophoretic Separations* in: Protein Purification – Principles, High Resolution Methods, and Applications (J.-C. Janson & L. Rydén, Eds.) VCH, Weinheim.

Touchstone, J.C. (1992) *Practice of Thin Layer Chromatography,* 3rd ed. John Wiley & Sons. Inc., New York.

Towbin, H., Staehelin, T. & Gordon, J. (1979) *Electrophoretic Transfer of Proteins from Polyacrylamide Gels to Nitrocellulose Sheets: Procedure and Some Applications*. Proc. Natl. Acad. Sci. USA 76, 4350-4354.

Unger, K.K. (1990) Ed. *Packings and Stationary Phases in Chromatographic Techniques*. Marcel Decker, New York.

von der Haar, F. (1976) *Purification of Proteins by Fractional Interfacial Salting out on Unsubstituted Agarose Gels*. Biochem. Biophys. Res. Commun. 70, 1009-1013.

Weinberger, R. (1993) *Practical Capillary Electrophoresis*. Academic Press, San Diego.

Westermeier, R. (1996) *Isoelectric Focusing*. Meth. Mol. Biol. 59, 239-248.

Westermeier, R. (1990) *Elektrophorese Praktikum*. VCH, Weinheim.

Wilkins, M.R., Hochstrasser, D.F., Sanchez, J.-C., Bairoch, A. & Appel, R.D. (1996) *Integrating Two-dimensional Gel Databases Using the Melanie II Software.* Trends Biochem. Sci. 21, 496-497.

Worrall, D.M. (1996) *Dye-Ligand Affinity Chromatography*. Meth. Mol. Biol. 59, 169-176.

Yip, T.-T. & Hutchens, T.W. (1996) *Immobilized Metal Ion Affinity Chromatography.* Meth. Mol. Biol. 59, 197-210.

5 Analytik

In diesem Kapitel werden verschiedene Aspekte biochemischer und molekularbiologischer Analytik behandelt. Das Schwergewicht liegt auf der Protein- und Nukleinsäureanalytik. Diskutiert werden Techniken der Molekulargewichts-, Mengen- und Konzentrationsbestimmung sowie Verfahren, mit denen Informationen über Primär-, Sekundär- und Tertiärstruktur gewonnen werden können. In diesem Zusammenhang werden auch Methoden vorgestellt, mit denen die konformationelle Stabilität von Proteinen und Nukleinsäuren bestimmt werden kann. Auch präparative Ansätze wie chemische Derivatisierung von Proteinen und Nukleinsäuren sowie Peptid- und Oligonukleotidsynthese, soweit sie analytischen Fragestellungen dienen, werden angesprochen. Zum Schluß werden Prinzipien enzymatischer Verfahren zur Bestimmung von Substratkonzentrationen diskutiert.

Der wesentliche Teil biochemischer Arbeit ist analytischer Art. Als Beispiele seien genannt: die Bestimmung der Konzentration eines Proteins oder der Aktivität eines Enzyms, die Sequenzanalyse einer Nukleinsäure oder die Messung der Affinität eines Proteins zu einem Substrat, usw. Im Folgenden werden daher häufig verwendete Methoden der Protein- und Nukleinsäureanalytik aufgeführt, soweit sie Konzentration, Struktur und Stabilität betreffen, sowie Prinzipien enzymatischer Testverfahren.

5.1 Proteinanalytik

Zum Standardrepertoire proteinchemischer Arbeiten zählen Bestimmungen der Konzentration und Reinheit, der Konstitution (Aminosäurezusammensetzung), Konfiguration (Sequenz) und Konformation (Raumstruktur) sowie der Stabilität von Proteinen.

Die Zusammensetzung eines Proteingemisches bzw. die Reinheit eines Proteinpräparates wird im allgemeinen durch chromatographische oder elektrophoretische Methoden bestimmt. Die dafür verwendeten Methoden werden in Kap. 4 beschrieben. Hier wollen wir uns auf Meßmethoden zur Mengenbestimmung und zur Charakterisierung struktureller Parameter konzentrieren. Vorweggeschickt sei eine Zusammenfassung der Methoden zur Erfassung des Molekulargewichts von Proteinen.

5.1.1 Methoden zur Molekulargewichtsbestimmung von Proteinen

Zur Charakterisierung eines Proteins wird besonders häufig dessen Molekulargewicht bestimmt. Man betrachte nur die aktuelle molekular- und zellbiologische Literatur, in der viele Proteine nur über ihr Molekulargewicht charakterisiert werden, z.B. das H-ras Onkogenprodukt p21 (p steht für Protein, 21 für $M_r = 21$ kDa). Molekulargewichte von nativen Proteinen werden überwiegend durch elektrophoretische und chromatographische Methoden, seltener durch Ultrazentrifugation oder Lichtstreuung, und zunehmend mehr durch Massenspektrometrie bestimmt (Überblick: Bahr et al. 1994; Metzger & Eckerskorn 1994).

5.1.1.1 Elektrophorese

Die einfachste Methode zur Bestimmung des Molekulargewichts eines Proteins ist die Elektrophorese. Üblicherweise wird eine SDS-PAGE durchgeführt, die allerdings nur das Molekulargewicht der Untereinheiten eines Proteins zu bestimmen erlaubt (Überblick: See & Jackowski 1989). Will man dagegen das Molekulargewicht eines nativen Proteins erhalten, muß man unabhängige Informationen über die Größe des Proteins heranziehen, die z.B. durch eine Ferguson-Analytik (Kap. 4.2.3.1) oder durch *blue-native*-PAGE (Schägger & von Jagow 1991) erhalten werden kann.

5.1.1.2 Gelfiltration

Eine ebenfalls häufig verwendete Methode zur Bestimmung des Molekulargewichts eines nativen Proteins ist die Gelfiltration (Kap. 4.1.2.2). Voraussetzung für eine genaue Bestimmung ist, daß das Protein nicht unspezifisch mit dem Gelfiltrationsmaterial in Wechselwirkung tritt, was man meist durch geeignete Wahl der Pufferbedingungen gewährleisten kann. Das Verfahren ist nicht sehr genau und bedarf der Standardisierung durch gleich geformte Proteine. Hat das Protein eine nachweisbare, z.B. enzymatische, Aktivität, kann man die Bestimmung des Molekulargewichts auch mit nicht-homogenen Präparationen durchführen, indem man das Eluat der Gelfiltrationschromatographie fraktioniert auffängt und auf seine Aktivität testet.

5.1.1.3 Ultrazentrifugation

Ein bewährtes, wenn auch nicht mehr sehr verbreitetes Verfahren zur Bestimmung des Molekulargewichts eines Proteins ist die Ultrazentrifugation (Überblick: Byron 1996). Durch Sedimentationsgleichgewichtsläufe läßt sich das Molekulargewicht von homogenen Proteinpräparationen sehr genau bestimmen, wenn das partielle spezifische Volumen bekannt ist (s. Kap. 4.3.3.2).

5.1.1.4 Massenspektrometrie

Neue Verfahren der Ionisierung, insbesondere *electrospray ionization* und *matrix assisted laser desorption/ionization* (MALDI) haben es möglich gemacht, Biopolymere mit relativen Massen bis zu mehreren 100 kDa massenspektroskopisch zu untersuchen (Überblick: Pitt 1996). Insbesondere die MALDI-Technik in Kombination mit *time-of-flight*-Massenspektrometern erlaubt, das Molekulargewicht nativer Proteine mit hoher Empfindlichkeit (typischerweise pmol, in besonderen Fällen fmol) und Präzision (bei Proteinen bis zu 30 kDa z.B. $\pm$ 0.01 %) zu bestimmen (Kap. 7.1.6).

5.1.2 Mengen- bzw. Konzentrationsbestimmungen

Biochemische Arbeiten erfordern oft die Bestimmung der Menge bzw. Konzentration eines Proteins (Ausführliche Darstellung: Stoschek 1990; Copeland 1994; Coligan et al. 1995; Price 1996). Das mag im Zuge einer Proteinaufarbeitung notwendig sein, um den Fortschritt des Reinigungsverfahrens zu analysieren und zu dokumentieren, oder sich bei der Charak-

Tabelle 5-1 Colorimetrische und spektrophotometrische *assays* zur Bestimmung der Proteinkonzentration

assay	Prinzip	Bereich	Störungen	Bemerkungen
Biuret	Cu^{2+}-Reaktion mit Peptidbindung	1 – 20 mg	NH_4^+, Tris, Good's Puffersubstanzen	schnell; wenig empfindlich
Lowry	Cu^{2+}-Reaktion mit Peptidbindung; Reduktion von Phosphormolybdat und Phosphorwolframat durch Tyr und Trp	2 – 100 µg	NH_4^+, Mercaptoverbindungen	langsam; abhängig von Proteinzusammensetzung; Färbung nicht stabil
BCA	Cu^{2+}-Reaktion mit Peptidbindung; Cu^+ -Reaktion mit Bicinchoninat	0.2 – 50 µg	NH_4^+ , EDTA	geeignet für detergenzhaltige Lösungen
Bradford	Coomassie-Brilliant-Blue-Bindung an basische und aromatische Aminosäurereste	0.2 – 20 µg	Triton X-100, SDS	schnell
280 nm	π-π* Absorption aromatischer Aminosäurereste	20 – 3 000 µg	Nukleinsäuren	Störungen durch Nukleinsäuren können korrigiert werden; keine Eichung notwendig
205 nm	n-π* Absorption der Peptidbindung	1 – 100 µg	viele Puffersubstanzen, Additive, etc.	verlangt sehr exakte Messung (Wellenlängeneinstellung, Abgleich mit Puffer); sehr empfindlich gegenüber Streuung; keine Eichung notwendig

terisierung eines Proteins ergeben, bei der thermodynamische und kinetische Parameter der Wechselwirkung zwischen einem Protein und seinem Liganden bestimmt werden sollen. In der Literatur wurden mehrere genaue Methoden zur Mengenbestimmung beschrieben, die allerdings entweder viel Material erfordern, aufwendig sind, Sequenzinformation voraussetzen oder einer speziellen Ausrüstung bedürfen. Dazu zählen die gravimetrische Analyse, die Stickstoffbestimmung nach Kjeldahl, die quantitative Aminosäureanalyse und die refraktometrische Analyse. Für die Routine wird man deshalb colorimetrische oder direkte spektrophotometrische Verfahren einsetzen (Tab. 5-1). In diesem Zusammenhang muß auch auf die Möglichkeit hingewiesen werden, Proteinmengen bzw. Proteinkonzentrationen nach einer Elektrophorese direkt im Polyacrylamidgel zu quantifizieren (Smith 1994a).

5.1.2.1 Biuret-, Lowry- und BCA-*assay*

Verbindungen mit mehreren Peptidbindungen reagieren im Alkalischen mit Cu^{2+} unter Bildung einer violett gefärbten Verbindung, eine Reaktion, die man bei der Biuret-Methode ausnutzt. Das dafür notwendige Reagenz ist kommerziell erhältlich, kann aber auch durch Lösen von 1.5 g $CuSO_4 \cdot 5\ H_2O$ und 6 g Na-tartrat in 500 ml H_2O, Hinzufügen von 300 ml 10 % (w/v) NaOH unter Rühren und Auffüllen auf 1 l mit Wasser hergestellt werden. Zur Konzentrationsbestimmung werden z.B. 50 µl Proteinlösung mit 2 ml Reagenzlösung gemischt, ca. 30 min bei Raumtemperatur stehengelassen, und dann die Extinktion bei 540 nm bestimmt. Die Biuret-*assay* bedarf wie alle anderen colorimetrischen Verfahren der Standardisierung, z.B. mit Serumalbumin oder Ovalbumin, die in bekannter Konzentration in einem parallelen Ansatz mit dem Reagenz umgesetzt werden. Der Biuret-*assay* ist relativ unabhängig von der Aminosäurezusammensetzung, da er die Peptidbindung erfaßt, aber leider sehr unempfindlich. Darüber hinaus wird er durch NH_4^+, Tris und Good's Puffersubstanzen gestört (Tab. 5-1 und Tab. 2-2).

Die Empfindlichkeit der Biuret-Methode, die im mg-Bereich liegt, wird im Lowry-*assay* (Lowry et al. 1951; Hartree 1972) durch Zugabe des Folin-Ciocalteau-Reagenz mehr als 100fach gesteigert, indem die Farbreaktion an der Peptidbindung, bei der Cu^+ entsteht, mit der Reduktion von Phosphormolybdat und Phosphorwolframat durch Tyrosin-, Tryptophan- und Cysteinreste gekoppelt wird. Damit ist dieser *assay* jedoch stärker von der Art des Proteins abhängig als der Biuret-*assay*. Das Lowry-Reagenz wird hergestellt, indem 15 ml Stammlösung A (100 g Na_2CO_3 in 1 l 0.5 M NaOH) mit 0.75 ml Stammlösung B (1 g $CuSO_4 \cdot 5\,H_2O$ in 100 ml H_2O) und 0.75 ml Stammlösung C (2 g K-tartrat in 100 ml H_2O) gemischt werden. Zur Konzentrationsbestimmung werden z.B. 1 ml Lowry-Reagenz mit 1 ml Proteinlösung 15 min bei Raumtemperatur umgesetzt. Danach gibt man 3 ml des 1 : 10 mit Wasser verdünnten 2 N Folin-Ciocalteau-Reagenzes, das kommerziell erhältlich ist, hinzu, mischt sofort intensiv und inkubiert das Ganze für weitere 45 min bei Raumtemperatur. Die Extinktionsmessung erfolgt bei 650 nm. Zur Standardisierung können wieder Serumalbumin- oder Ovalbuminlösungen bekannter Konzentrationen verwendet werden. Der klare Vorteil des Lowry- gegenüber dem Biuret-*assay* ist die viel höhere Empfindlichkeit. Nachteile sind der größere Zeitbedarf, die relative Instabilität der Färbung, die Abhängigkeit der Farbreaktion vom Tyrosin- und Tryptophangehalt sowie die Störanfälligkeit gegenüber Mercaptoverbindungen (Tab. 5-1).

Vergleichbar empfindlich wie die Lowry-Methode, aber einfacher in der Durchführung und weniger störanfällig, ist der BCA-*assay* (Smith et al. 1985; Walker 1994b), bei der das unter alkalischen Bedingungen an der Peptidbindung entstandene Cu^+ mit Bicinchoninsäure (BCA) zu einem violetten Farbstoff umgesetzt wird. Typischerweise wird 1 ml BCA-Regenzlösung zu 20 µl Proteinlösung gegeben und die Mischung 30 min bei 60 °C inkubiert. Die Intensität der Färbung wird bei 562 nm gemessen. Die Reagenzlösung wird durch Mischen von 100 Teilen Stammlösung A (1 g Na-bicinchoninat, 2 g Na_2CO_3, 0.16 g Na-tartrat, 0.4 g NaOH, 0.95 g $NaHCO_3$ in 100 ml wässriger Lösung, mit NaOH auf pH 11.25 eingestellt) und 2 Teilen Stammlösung B (0.4 g $CuSO_4 \cdot 5\,H_2O$ in 10 ml H_2O) erhalten. Die Stammlösungen sind kommerziell erhältlich. Der BCA-*assay* ist unempfindlich gegenüber Detergenzien wie Triton-X-100 oder SDS (1 %) (Tab. 5-1).

5.1.2.2 Bradford-*assay*

Die mit Abstand populärste Methode zur colorimetrischen Bestimmung von Proteinkonzentrationen ist der Bradford-*assay*, der auf der Bindung des Farbstoffs Coomassie Brilliant Blue G-250 an Protein in saurer Lösung und einer damit verbundenen Verschiebung des Absorptionsmaximums von 465 nm zu 595 nm beruht (Bradford 1976; Krüger 1994). Damit lassen sich Proteinmengen von wenigen µg nachweisen. Das Farbreagenz wird durch Lösen von 100 mg Coomassie Brilliant Blue in 100 ml 85 % Phosphorsäure und 50 ml 95 % Ethanol und anschließendem Auffüllen mit Wasser auf 1 l hergestellt. Die Reaktion wird durch Zugabe von 1 ml Reagenzlösung zu einer Mischung von 20 µl Proteinlösung und 50 µl 1 M

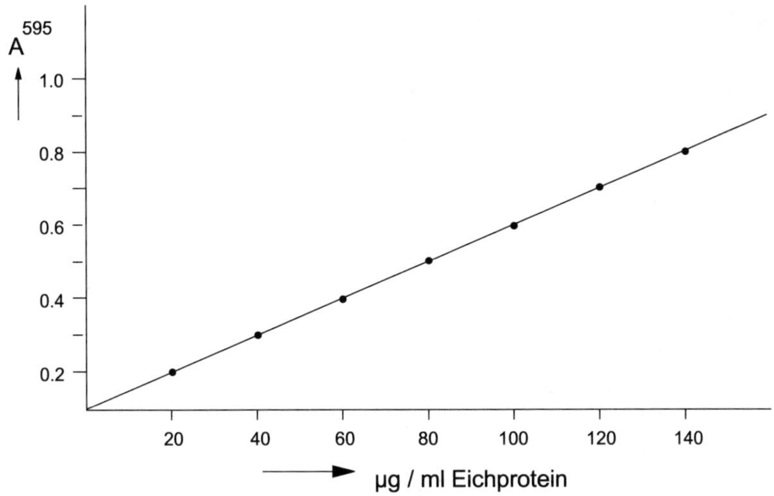

Abb. 5-1: Eichkurve für Bradford-*assay*.
Durch Verwendung einer Stammlösung mit genau, d.h. durch Einwaage oder – bei bekanntem Extinktionskoeffizient – photometrisch bestimmter Proteinkonzentration kann über eine Verdünnungsreihe eine Eichkurve hergestellt werden. Ein für diese Zwecke gut geeignetes Protein ist Ovalbumin.

NaOH gestartet; nach Inkubation für 5 min bei Raumtemperatur kann die Absorption bei 595 nm gemessen werden. Die Proteinkonzentration wird aus einer unter gleichen Bedingungen aufgenommenen Eichkurve abgelesen (Abb. 5-1). Die Farbintensität ist abhängig vom Gehalt an basischen Aminosäureresten, insbesondere Arginin, und aromatischen Aminosäureresten (Tab. 5-1).

5.1.2.3 Spektrophotometrische Methoden

Aufgrund des Gehalts an Chromophoren, die im nahen und fernen UV-Bereich absorbieren, kann die Konzentration von Proteinlösungen auch direkt photometrisch bestimmt werden (Überblick: Manchester 1996). Der Vorteil ist, daß das Protein bei der Messung nicht zerstört wird, allerdings ist diese Bestimmungsmethode wenig empfindlich (naher UV-Bereich) oder sehr störanfällig (ferner UV-Bereich). Im nahen UV-Bereich (280 nm) muß für eine genaue Bestimmung die Aminosäurezusammensetzung bekannt sein.

Die einfachste Methode ist sicherlich die Messung der Absorption bei 280 nm, die im wesentlichen durch den Gehalt an den aromatischen Aminosäureresten Tryptophan und Tyrosin bestimmt wird. Der Vergleich der Absorption bei 280 nm gleich konzentrierter Proteinlösungen zeigt aber, daß sich selbst typische Standardproteine deutlich in ihrer Absorption unterscheiden: Rinderserumalbumin 0.63; Hühnerovalbumin 0.7; Rinderimmunglobulin 1.38; Hühnerlysozym 2.65 (jeweils 1 mg/ml). Ein Protein ohne aromatische Aminosäurereste, wie z.B. Parvalbumin, zeigt fast keine Absorption bei 280 nm. Nukleinsäuren mit ihrer starken Absorption (λ_{max} = 260 nm) stören die Messung; diese Störung kann aber durch eine Messung bei zwei Wellenlängen teilweise korrigiert werden (Layne 1957):

$$C_{\text{Protein}}\left[\text{mg}\cdot\text{ml}^{-1}\right] = 1.55\cdot A_{280nm} - 0.76\cdot A_{260nm} \tag{5.1}$$

oder mit größerer Empfindlichkeit (Groves et al. 1968):

$$C_{\text{Protein}}\left[\text{mg}\cdot\text{ml}^{-1}\right] = \frac{\left(A_{224nm} - A_{233.3nm}\right)}{5.01} \tag{5.2}$$

Da die Peptidbindung bei 192 nm eine Lichtabsorption zeigt, die die der aromatischen Aminosäuren bei 280 nm um 2 Größenordnungen übertrifft, könnte im Prinzip bei 192 nm sehr viel empfindlicher gemessen werden. Allerdings interferiert bei 192 nm die Lichtabsorption des O_2 mit der Messung, so daß man zu längeren Wellenlängen ausweichen muß, z.B. 205 nm (Scopes 1974). Die meisten Proteine haben bei einer Konzentration von 1 mg/ml und bei 205 nm eine Extinktion zwischen 28.5 und 33. Bei dieser Wellenlänge absorbieren aber bereits sehr viele Puffersubstanzen und Pufferadditive, so daß man die Extinktion der reinen Pufferlösung berücksichtigen muß. Da man in einer Flanke des Absorptions*peak* mißt, muß die Wellenlängeneinstellung sehr präzise sein. Eine weitere Komplikation ist die Lichtstreuung an kleinen Partikeln, so daß nur Lösungen, die absolut staubfrei bzw. frei von Aggregaten sind, bei dieser Wellenlänge analysiert werden können. Unter Umständen muß die Lösung kurz vor der Messung zentrifugiert werden oder durch einen Filter aus regenerierter Cellulose filtriert werden. Diese spektrophotometrischen Konzentrationsbestimmungen sind zwar nicht sehr genau, stellen aber in vielen Fällen die einzige Möglichkeit zur Abschätzung geringer Proteinmengen dar, ohne dabei das Präparat zu zerstören.

5.1.2.4 Edelhoch-Methode

Ist die Aminosäurezusammensetzung des Proteins bekannt, so läßt sich der Extinktionskoeffizient dieses Proteins nach einem auf Edelhoch zurückgehenden Verfahren mit relativ geringem Aufwand berechnen. Es gilt nur für Proteine, die die aromatischen Aminosäurereste Tryptophan (Trp) und/oder Tyrosin (Tyr) enthalten. Unter Zugrundelegung durchschnittlicher molarer Extinktionskoeffizienten für Tryptophan, Tyrosin und Cys-S-S-Cys (Cystin) in Proteinen von 5 500 M^{-1} cm^{-1}, 1 490 M^{-1} cm^{-1} bzw. 125 M^{-1} cm^{-1} und der Kenntnis der Zahl n dieser Aminosäure im jeweiligen Protein ergibt sich (Pace et al. 1995):

$$\varepsilon_{280nm} = n_{Trp}\cdot 5500 + n_{Tyr}\cdot 1490 + n_{Cys-S-S-Cys}\cdot 125[\text{M}^{-1}\cdot\text{cm}^{-1}] \tag{5.3}$$

Mit relativ geringem Aufwand kann man den Extinktionskoeffizienten auch bestimmen, indem man je ein Spektrum der gefilterten Proteinlösung in Puffer (z.B. 30 mM MOPS pH 7.0) und in 6 M Guanidiniumchlorid (GdnHCl) im selben Puffer aufnimmt. In 6 M GdnHCl ist das Protein nämlich entfaltet und die Tryptophan-, Tyrosin- und Cystinreste haben eine Extinktion, die unabhängig von der Struktur des Proteins und damit für alle Proteine gleich ist. Mit den molaren Extinktionskoeffizienten bei 280 nm für Tryptophan, Tyrosin und Cystin in 6 M Guanidiniumchlorid von 5 450 M^{-1} cm^{-1}, 1 265 M^{-1} cm^{-1} bzw. 125 M^{-1} cm^{-1} ergibt sich für die molare Konzentration c der Proteinlösung, wenn man die in 6 M GdnHCl gemessene Absorption A bei 280 nm zugrundelegt

$$c = \frac{A_{280nm}^{\text{in 6 M GdnHCl}}}{\varepsilon_{280nm}^{\text{in 6 M GdnHCl}}} \tag{5.4}$$

wobei

$$\varepsilon_{280nm}^{\text{in 6 M GdnHCl}} = n_{Trp}\cdot 5450 + n_{Tyr}\cdot 1265 + n_{Cystin}\cdot 125\left[\text{M}^{-1}\text{cm}^{-1}\right] \tag{5.5}$$

Für den molaren Extinktionskoeffizienten des Proteins in Pufferlösung erhält man dann unter Verwendung der in Pufferlösung bestimmten Absorption

$$\varepsilon_{280nm}^{\text{in Puffer}} = \frac{A_{280nm}^{\text{in Puffer}}}{c} \; [\text{M}^{-1}\text{cm}^{-1}] \tag{5.6}$$

So gemessene Extinktionskoeffizienten sind meist genauer als auf andere Weise bestimmte, zumindest wenn das Protein Tryptophan enthält. Allerdings muß, wie eingangs erwähnt, die Aminosäurezusammensetzung des Proteins bekannt sein.

5.1.2.5 Derivativ-Spektroskopie

Neben der Bestimmung des Extinktionskoeffizienten aus den Absorptionsspektren kann auch die 2. Ableitung dieser Spektren nach der Wellenlänge ($\frac{d^2A}{d\lambda^2}$) herangezogen werden (Levine & Federici 1982). In Anwesenheit von denaturierenden Mengen an GdnHCl gilt:

$$\frac{d^2A}{d\lambda^2}(\lambda) = c_{Trp} \cdot \frac{d^2\varepsilon_{Trp}}{d\lambda^2}(\lambda) + c_{Tyr} \cdot \frac{d^2\varepsilon_{Tyr}}{d\lambda^2}(\lambda) + c_{Phe} \cdot \frac{d^2\varepsilon_{Phe}}{d\lambda^2}(\lambda) \tag{5.7}$$

$c_{xxx} \Rightarrow$ Konzentration der Aminosäure xxx $[M]$

Unspezifische Absorptionen mit einer großen spektralen Bandbreite, wie z.B. durch Streuung von Licht hervorgerufen, oder die schwache Absorption der Cystin-Gruppen tragen nicht zur 2. Ableitung des Spektrums bei und brauchen daher bei diesem Verfahren nicht berücksichtigt werden. Die 2. Ableitung der Extinktionskoeffizienten kann mit den Referenzsubstanzen, N-Acetyl-phenylalanin-ethylester in 6 M GdnHCl für Phenylalaninreste, N-Acetyltyrosinethylester in 55 % wässrigem Methanol für Tyrosinreste und Mellitin in 8 M GdnHCl für Tryptophanreste gemessen werden. Durch Linearkombination der drei Referenzspektren (Gl. (5.7)) läßt sich dann der Gehalt der aromatischen Aminosäuren im Protein der Probe bestimmen. Kennt man weiterhin die Aminosäurezusammensetzung, ist auch der Extinktionskoeffizient des Proteins berechenbar.

5.1.3 Aminosäureanalyse

Aminosäureanalyse (Überblick: Ozols 1990), d.h. die Bestimmung des relativen oder absoluten Gehalts eines reinen Proteins an den 20 proteinogenen Aminosäuren, dient in erster Linie der Charakterisierung dieses Proteins. Darüber hinaus erlaubt sie, Aussagen darüber zu machen, ob eine Proteinpräparation rein ist, denn nur dann ergibt sich ein ganzzahliges Verhältnis zwischen den molaren Anteilen der einzelnen Aminosäuren. Mit Hilfe der quantitativen Aminosäureanalyse kann man außerdem die Konzentration einer Proteinlösung mit hoher Empfindlichkeit (µg-Bereich) und hoher Genauigkeit (± 10 %) bestimmen. Dazu werden allerdings spezielle Aminosäureanalysatoren benötigt.

Für die Aminosäureanalyse, deren Entwicklung auf Stein und Moore aus dem Jahr 1948 zurückgeht, muß das Protein hydrolysiert werden. Das Protein sollte dafür nicht zuviel Salz, Detergenz oder andere Additive enthalten. Es empfiehlt sich eine Dialyse gegen einen dünnen Puffer oder gar Wasser. Die dialysierte Lösung wird dann in ein druckstabiles, verschließbares Reagiergefäß überführt, und im Vakuum getrocknet. Die Proteinprobe, deren Menge sich nach der Empfindlichkeit des Aminosäureanalysators richtet (typischerweise ca. 1 – 10 nmol, ältere Geräte brauchen das 10 – 100 fache), wird anschließend durch 6 M HCl bei 150 °C für 6 h oder bei 125 °C für 24 h oder bei 110 °C für 48 h hydrolysiert. Zum Ausschluß von Sauerstoff werden bei der Hydrolyse 0.02 % (v/v) 2-Mercaptoethanol und 0.25 % (w/v) Phenol zugesetzt. Mit höchstempfindlichen Aminosäureanalysatoren kann als Probe auch ein Protein, das nach einer Polyacrylamidgelelektrophorese durch *blotting* auf eine PVDF-Membran transferiert wurde, analysiert werden.

Unter den Bedingungen der sauren Hydrolyse werden Asparagin zu Asparaginsäure und Glutamin zu Glutaminsäure umgesetzt, Tryptophan wird zerstört, ebenso Cystein und Cystin, bei längerer Inkubation auch Serin und Threonin. Cystein und Cystin kann man mit Perameisensäure in Cysteinsäure umwandeln oder nach Reduktion mit Iodessigsäure alkylieren und so vor der Zerstörung bewahren. Man kann im Prinzip das Tryptophan dadurch erhalten, daß die Hydrolyse unter Ausschluß von Sauerstoff in Methansulfonsäure oder in 2-Mercaptoethansulfonsäure statt in HCl durchgeführt wird. Meist wird allerdings der Tryptophangehalt spektrophotometrisch bestimmt, indem man das Spektrum der Proteinlösung bei pH 12.0 aufnimmt. Bei diesem pH-Wert liegt das λ_{max} für Tryptophan bei 280 nm und das von Tyrosin (als Tyrosinat) bei 293 nm, so daß die Extinktion bei 280 nm fast ausschließlich auf Tryptophan zurückgeht. Den korrekten Serin- und Threoningehalt der Probe erhält man durch Variation der Hydrolysezeit und Extrapolation auf $t = 0$.

Für den Nachweis der einzelnen Aminosäuren nach der Hydrolyse des Proteins müssen diese chromatographisch aufgetrennt und dann hochempfindlich detektiert werden. Dafür werden Aminosäureanalysatoren eingesetzt. Bei älteren Verfahren geschieht die Trennung über Ionenaustauschchromatographie und anschließende (*post-column-*) Derivatisierung mit Ninhydrin. Diese bildet mit der Aminogruppe von Aminosäuren einen violetten Farbstoff, der bei 560 nm mit einem Detektionslimit von ca. 1 nmol nachgewiesen werden kann. Die Iminosäure Prolin liefert einen gelben Farbstoff, der bei 440 nm absorbiert. Neuere Verfahren benutzen *pre-column* Derivatisierung mit Phenylthiocyanaten und trennen die entstehenden Phenylthiocarbamylderivate der Aminosäuren (PTH-Aminosäuren) über RP-HPLC (s. Kap. 4.1.2.8). Deren Detektion erfolgt bei 254 nm und erlaubt, aufgrund der intensiven Lichtabsorption noch 10 pmol einer Aminosäure reproduzierbar nachzuweisen. Noch höhere Empfindlichkeiten können mit fluoreszierenden Aminosäurederivaten, die nach Umsetzung mit Orthophtaldialdehyd, Fluorenylmethylchlorid, Dabsylchlorid u.a. erhalten werden. Es ist klar, daß solche hohen Empfindlichkeiten nur erreicht werden können, wenn hochgereinigte Reagenzien benutzt werden und die verwendeten Gefäße absolut sauber sind.

5.1.4 Endgruppenbestimmung

Die Bestimmung der N- bzw. C-terminalen Aminosäure hat heutzutage, da die Bestimmung der N-terminalen Sequenz oder sogar der ganzen Sequenz eines Proteins bzw. seines Gens zur Standardcharakterisierung eines neu isolierten Proteins gehören, sicherlich nicht mehr die gleiche Bedeutung wie früher. Nach wie vor erlaubt aber die Endgruppenbestimmung, insbesondere die des N-Terminus, eine Aussage über die Homogenität einer Proteinprobe zu machen. Das klassische Verfahren für die Bestimmung des N-terminalen Aminosäurerestes ist die Umsetzung eines Proteins mit dem Sanger-Reagenz (2,4-Dinitrofluorbenzol), das in $NaHCO_3$-Lösung quantitativ mit der Aminogruppe der endständigen Aminosäure unter Bildung des 2,4-Dinitrophenylderivats des Proteins reagiert. Nach Hydrolyse des Proteins in 6 M HCl bei 110 °C für 24 h kann die freigesetzte 2,4-Dinitrophenylaminosäure chromatographisch nachgewiesen und identifiziert werden. Vergleichbar einfach ist die Umsetzung mit Dansylchlorid, deren Produkt nach Hydrolyse des Proteins das Dansylderivat der endständigen Aminosäure ist, das dann über seine Fluoreszenz sehr empfindlich nachgewiesen werden kann.

Die Bestimmung der C-terminalen Aminosäure kann über die Hydrazinolyse, d.h. die Umsetzung des Proteins mit Hydrazin bei 100 °C für 12 h, erfolgen, bei der alle Aminosäurereste bis auf den C-terminalen zu H_2N-CHR-CONHNH_2 umgesetzt werden. Nach Abtrennung der Hydrazide durch Extraktion kann die C-terminale Aminosäure mit 2,4-Dinitrophenol umgesetzt und als 2,4-Dinitrophenylaminosäure chromatographisch identifiziert werden.

5.1.5 Edman-Abbau

Die Ermittlung der Sequenz eines Proteins (Überblick: Findlay & Geisow 1989; Matsudaira 1990) ist das angestrebte Ziel nach der Identifizierung und Isolierung eines neuen Proteins. Obwohl die eigentliche Sequenzierung heute fast ausschließlich über die Klonierung und Sequenzierung des für das Protein codierenden Gens läuft, wird für die Identifizierung des Gens Partialsequenzinformation benötigt, die durch Sequenzierung von Peptiden gewonnen wird. Die Aminosäuresequenzanalyse hat dadurch in ihrer Bedeutung in den letzten Jahren eher zu- als abgenommen. Die Methode der Wahl dazu ist der Edman-Abbau, der in spezialisierten Labors durchgeführt wird, die ihren Sequenzierservice zum Teil kommerziell anbieten.

Der Edman-Abbau ist ein Verfahren zur Ermittlung von Sequenzen durch schrittweisen Abbau vom N-Terminus her. Das ihm zugrundeliegende Prinzip wurde von Bergman und Mitarbeitern 1927 vorgestellt und von Edman und Mitarbeitern in den 50er Jahren entscheidend verbessert und automatisiert (Edman & Begg 1967); es ist immer noch das Standardverfahren zur Ermittlung von Partialsequenzen von Proteinen (Ausführliche Darstellung: Wittmann-Liebold 1989; Lottspeich et al. 1994), das allerdings Konkurrenz durch noch empfindlichere massenspektroskopische Verfahren (s. Kap. 7.1.6) zu bekommen beginnt (Überblick: Weigt et al. 1994; Siuzdak 1996). Die Chemie des Edman-Abbaus ist in Abb. 5-2 dargestellt: jeder Edman-Zyklus beginnt mit der Umsetzung des N-terminalen Aminosäurerestes des Proteins oder Peptids mit Phenylisothiocyanat unter Bildung eines Phenylthiocarbamylpeptids (PTC-Peptid). In Gegenwart von wasserfreier Trifluoressigsäure greift die Aminogruppe des Thiocarbamoyl-Restes die Carbonylgruppe des N-terminalen Aminosäurerestes an, wobei dieser Rest abgespalten wird. Das entstandene Anilinothiazolinonderivat wird von dem um einen Rest verkürzten Peptid abgetrennt und in Gegenwart von wasserhaltiger Trifluoressigsäure zum Phenylthiohydantoinderivat umgelagert, das durch RP-HPLC mit Detektion bei 270 nm identifiziert wird. Ein Edman-Zyklus kann also wie folgt dargestellt werden:

1. Umsetzung des Peptids mit Phenylisothiocyanat
2. Abspaltung der N-terminalen Phenylthiocarbamylaminosäure
3. Umwandlung zum Phenylthiohydantoin (PTH)-Derivat der Aminosäure
4. Identifizierung des PTH-Derivats

Die einzelnen Schritte des Edman-Zyklus können klar voneinander separiert werden. Damit können die einzelnen Zyklen synchronisiert werden und erlauben so den sequentiellen

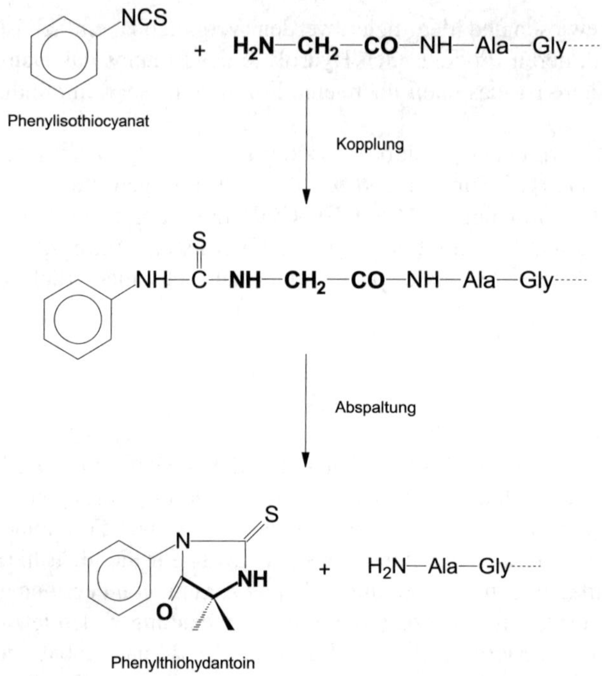

Abb. 5-2: Chemie des Edman-Abbaus.
Beim Edman-Abbau werden Peptide mit Phenylisothiocyanat umgesetzt. Aus dem entstandenen Phenylthiocarbamylpeptid wird das Phenylthiohydantoin freigesetzt, das durch RP-HPLC identifiziert wird, bevor in einem weiteren Zyklus das um eine Aminosäure verkürzte Peptid wieder mit Phenylisothiocyanat umgesetzt wird.

Abbau eines Peptids vom N-Terminus her. Typischerweise können so 30 – 40 Aminosäuren umfassende Sequenzen bestimmt werden. Die nicht ganz mit 100 % Ausbeute ablaufenden Reaktionen und die im Laufe des Edman-Abbaus auftretenden Nebenprodukte verhindern, daß die Sequenzierung, außer in optimalen Fällen, wesentlich weiter vorangetrieben werden kann. Der Edman-Abbau wurde bereits früh automatisiert; in den heute üblichen Sequenatoren wird das zu sequenzierende Peptid immobilisiert, entweder durch kovalente Vernetzung oder durch Adsorption an einen inerten Glasfilter, z.B. auch als *blot* auf einer PVDF-Membran. Die für die chemische Umsetzung notwendigen Chemikalien werden in gasförmiger, seltener in flüssiger Form angeboten bzw. entfernt. Die Zyklendauer liegt bei 30 – 60 min. Mit den modernsten Geräten können Proteinmengen kleiner als 100 pmol zuverlässig analysiert werden. Mit massenspektroskopischen Verfahren, z.B. der *nano-electrospray*-Methode, beginnt der fmol-Bereich zugänglich zu werden, allerdings ist das derzeit nur in sehr wenigen hochspezialisierten Labors technisch machbar.

Der Edman-Abbau ist natürlich nur mit Peptiden durchführbar, deren N-Terminus nicht blockiert ist. Eine beträchtliche Zahl von Proteinen ist jedoch am N-Terminus acetyliert oder trägt am Ende eine modifizierte Aminosäure, wie z.B. Pyroglutaminsäure. Von solchen Proteinen können nur interne Peptide, die durch proteolytische Verdauung erhalten werden, einem Edman-Abbau unterzogen werden. Es gibt Enzyme, die die Aminogruppe

N-terminal blockierter Peptide freilegen, und zwar das *acylaminoacid releasing enzyme* und die Pyroglutamataminopeptidase. Posttranslationale Modifikationen, wie z.B. O- oder N-Glykosylierungen, führen zu schlechten Ausbeuten an der Position der Modifikation; in solchen Fällen sollte man die Proteine vor dem Edman-Abbau enzymatisch deglykosylieren.

5.1.6 Peptidkartierung

Für die Sequenzierung muß ein Protein auf chemischem oder enzymatischem Wege in Peptide zerlegt und diese chromatographisch oder elektrophoretisch voneinander getrennt werden. Spaltung in Peptide ist aber nicht nur speziell für die Sequenzierung von Bedeutung, sondern auch allgemein für die Charakterisierung von Proteinen. Möchte man z.B. die völlige oder zumindest partielle Identität zweier Proteine nachweisen oder will man wissen, wo ein Protein eine Modifikation trägt (Phosphorylierung, Glykosylierung, Disulfidbrücke, etc.), ist die Peptidkartierung die geeignete Methode, die im übrigen einfach durchzuführen ist und keiner speziellen Apparaturen bedarf (Überblick: Carrey 1989; Judd 1990; Walker 1994a; Coligan et al. 1995).

Peptidkartierung (*peptide mapping*), d. h. die Auftrennung von Peptiden, die durch enzymatische oder chemische Hydrolyse des Proteins gewonnen werden, geschieht am einfachsten durch SDS-PAGE oder RP-HPLC. Für die elektrophoretische Trennung werden 15 – 25 % Gele und das Tricinsystem benutzt (siehe Kap. 4.2). Zum Vergleich sollte das unverdaute Protein und ein Standard von definierten Polypeptiden auf demselben Gel mitgeführt werden. Für die RP-HPLC haben sich C_8- und C_{18}-Säulen bewährt. Da die meisten enzymatischen oder chemischen Proteolyseansätze in flüchtigen Puffern durchgeführt werden, können die Proben nach Lyophilisation im Startpuffer aufgenommen und direkt chromatographisch analysiert werden. Obwohl die Peptidkartierung ein analytisches Verfahren ist, können die gleichen Ansätze auch für mikropräparative Zwecke, z.B. für die Gewinnung von Material für die Sequenzierung, genutzt werden. Für die Analyse von phosphorylierten Proteinen hat sich die 2D-Elektrophorese auf Cellulosedünnschichtplatten (1. Dimension bei pH 1.9; 2. Dimension bei pH 3.5) bewährt, wobei [^{32}P]-markierte Proteine eingesetzt werden (Überblick: Ausubel et al. 1989).

5.1.6.1 Spaltung mit spezifischen Endopeptidasen

In Tab. 5-2 sind spezifisch spaltende Proteasen (Ausführliche Darstellung: Beynon & Bond 1989) aufgeführt, die für die Spaltung von Proteinen in definierte Fragmente genutzt werden können. Besonders erwähnenswert sind wegen ihrer sehr engen Spezifität Trypsin und die V8 Protease (Ausführliche Darstellung: Keil 1991).

Trypsin spaltet zwar generell nach Arginin und Lysin, bevorzugt aber Arginin, insbesondere bei höheren pH-Werten. In der Sequenz Arg-X oder Lys-X verhindert an der Stelle X ein Prolin die Spaltung, während eine Glutamin- oder Asparaginsäure die Spaltung ebenso verlangsamt wie N- oder C-terminal folgende weitere Arginin- oder Lysinreste. Trypsinpräparationen enthalten oft Chymotrypsin, das man durch Behandlung mit L-(1-Tosylamido-2-phenyl)ethylchloromethylketon (TPCK) inaktivieren kann. Trypsin sollte in Lösung nur in 10 mM HCl aufbewahrt werden, weil es sonst einer Autoproteolyse unterliegt. Trypsin wird für proteolytische Spaltungen in 100 mM Na-Bicarbonatpuffer in einem Anteil von 2 – 10 % (w/w) relativ zum Proteinsubstrat eingesetzt. Die Reaktion kann mit Phenylmethansulfonyl-

Tabelle 5-2 Eigenschaften von spezifischen Endopeptidasen

Enzym	Spezifität	Reaktionsbedingungen	Inhibitoren
Bromelain (Ananas)	Lys-X, Ala-X, Tyr-X	pH 8.2	Estatin A, B, α_1-Antitrypsin
Chymotrypsin (Rinderpankreas)	Tyr-X, Phe-X, Trp-X, Leu-X, Met-X, Ala-X	pH 8.0	PMSF, TPCK, Aprotinin
Clostripain (*Clostridium histolyticum*)	Arg-X	pH 7.2	Trypsininhibitor, α_2-Macroglobulin, Leupeptin, Antipain
Collagenase (*Achromobacteriophagus*)	X-Gly bei Pro-X-Gly-Pro	pH 7.2	
Endoproteinase Arg-C (*Clostridium histolyticum*)	Arg-X	pH 7.2	TLCK, EDTA
Endoproteinase Asp-N (*Pseudomonas fragii*)	X-Asp	pH 7.5	EDTA
Endoproteinase Lys-C (*Lysobacter enzymogenes*)	Lys-X	pH 8.5	TLCK, Aprotinin, Leupeptin
Faktor Xa (Rinderblut)	Arg-X bei Gly-Arg-X	pH 8.3	GRKα_2-Plasmin, Antithrombin III, Benzamidin
Thermolysin (*Bacillus thermoproteolyticus*)	X-Val, X-Leu, X-Ile, X-Phe, X-Tyr, X-Trp	pH 8.0	Phosphoramidon
Thrombin (Rinderblut)	Arg-X	pH 8.6	Antithrombin
Trypsin (Rinderpankreas)	Arg-X, Lys-X	pH 8.5	Antipain, Aprotinin, Leupeptin, PMSF, TLCK, Sojabohnentrypsininhibitor
V8 Protease (*Staphylococcus aureus*)	Glu-X (Asp-X)	pH 4, pH 7.8	3,4-Dichlorisocumarin, α_2-Macroglobulin

PMSF, Phenylmethansulfonylfluorid; TPCK, N-Tosylphenylalaninchloromethylketon; TLCK, N-α-p-Tosyl-L-lysin-chloromethylketon

fluorid (PMSF) oder Sojabohnentrypsininhibitor (4 mg Inhibitor pro mg Protease) gestoppt werden.

Umsetzung eines Proteins mit Citraconsäureanhydrid (Methylmaleinsäureanhydrid) führt zur Blockierung von Lysinresten, so daß ein so modifiziertes Protein durch Trypsin nur nach Argininresten gespalten werden kann. Nach der Spaltung aufgereinigte Peptide können durch Inkubation in verdünnter Essigsäure von den Citraconylgruppen befreit werden und dann mit Trypsin nach Lysin gespalten werden. Durch chemische Modifikation können auch neue Spaltstellen in Proteinen geschaffen werden, z.B. durch Aminoethylierung von Cysteinresten. Trypsin spaltet nämlich Proteine auch nach Thialysinresten.

Staphylococcus aureus V8 Protease spaltet Proteine spezifisch nach Glutamatresten, sofern nicht auf Glutamat ein Prolin- oder ein weiterer Glutamatrest oder ein Aspartatrest folgen. In Ammoniumbicarbonatpuffer pH 7.8 ist das Enzym sehr spezifisch für Glutamat, in Na-Phosphatpuffer pH 7.8 spaltet es auch nach Aspartatresten. V8 Protease wird in einem Anteil von 1 - 2 % (w/w) zum Proteinsubstrat eingesetzt. Die Spaltung kann durch Einfrieren oder durch Zugabe von PMSF oder α_2-Macroglobulin gestoppt werden.

Tabelle 5-3 Reagenzien für die spezifische chemische Spaltung von Proteinen

Reagenz	Spezifität	Reaktionsbedingungen
CNBr	Met-X	70% (v/v) Ameisensäure (oder 70 % (v/v) Trifluoressigsäure)
BNPS-Skatol	Trp-X	80% (v/v) Essigsäure
Iodosobenzoesäure	Trp-X	80% (v/v) Essigsäure, 4 M GndHCl
HCOOH	Asp-Pro	75% (v/v) Ameisensäure
Hydroxylamin	Asp-Gly	1–2 M NH_2OH bei pH 9–11
NTCB	Cys-X	

BNPS-Skatol 2-(2-nitrophenylsulfenyl)-3-methyl-3´-bromoindoleine
NTCB 2-Nitro-5-thiocyanobenzoesäure

5.1.6.2 Chemische Fragmentierung

Wann immer möglich sind enzymatische Spaltungen den chemischen vorzuziehen, da letztere nur selten mit befriedigender Ausbeute und meist mit Nebenreaktionen ablaufen. Tab. 5-3 gibt einen Überblick über Reagenzien, die für die chemische Fragmentierung eingesetzt werden (Fontana & Gross 1986; Smith 1994b).

Das am häufigsten verwendete Reagenz zur chemischen Spaltung von Proteinen ist sicherlich Bromcyan (CNBr), das spezifisch und mit beinahe quantitativer Ausbeute Proteine nach Methionin spaltet, wobei ein Peptid mit einem Homoserin am C-Terminus entsteht (Abb. 5-3). Die Reaktion findet in 70 % Ameisensäure als Lösungsmittel statt; damit sind Reagenz und Lösungsmittel flüchtig und können nach der Reaktion durch Lyophilisation aus dem Ansatz entfernt werden. Die Reaktion wird mit einem 100 – 1 000 fachen molaren Überschuß über Methioninreste durchgeführt und sollte im Dunkeln ablaufen. Die Reaktionszeit beträgt zwischen 4 und 24 h und wird durch Zugabe von 10 Volumina Wasser gestoppt. Wegen der Giftigkeit von Bromcyan muß die Reaktion unter einem Abzug durchgeführt werden! Bei Met-Ser- und Met-Thr-Bindungen empfiehlt es sich, statt Ameisensäure Trifluoressigsäure als Lösungsmittel zu verwenden.

Alle anderen chemischen Verfahren sind deutlich weniger spezifisch als die Bromcyanspaltung und ergeben sehr unterschiedliche Ausbeuten an spezifischem Produkt. Dementsprechend haben sie keine weite Verbreitung gefunden.

5.1.6.3 Spaltung von Disulfidbrücken

Disulfidbrücken, gleichgültig ob im nativen Protein bereits vorhanden oder unphysiologisch entstanden, müssen vor der Aminosäureanalyse, vor der Sequenzierung oder vor der Peptidkartierung aufgelöst werden (Creighton 1989). Das kann auf verschiedenen Wegen erreicht werden, z. B. durch oxidative Spaltung mit Perameisensäure

$$R_1 - S - S - R_2 \rightarrow R_1SO_3H + R_2SO_3H$$

wobei Tryptophan und Tyrosin z.T. zerstört werden.

Deswegen wird der reduktiven Spaltung der Vorzug gegeben

$$R_1 - S - S - R_2 \rightarrow R_1SH + R_2SH$$

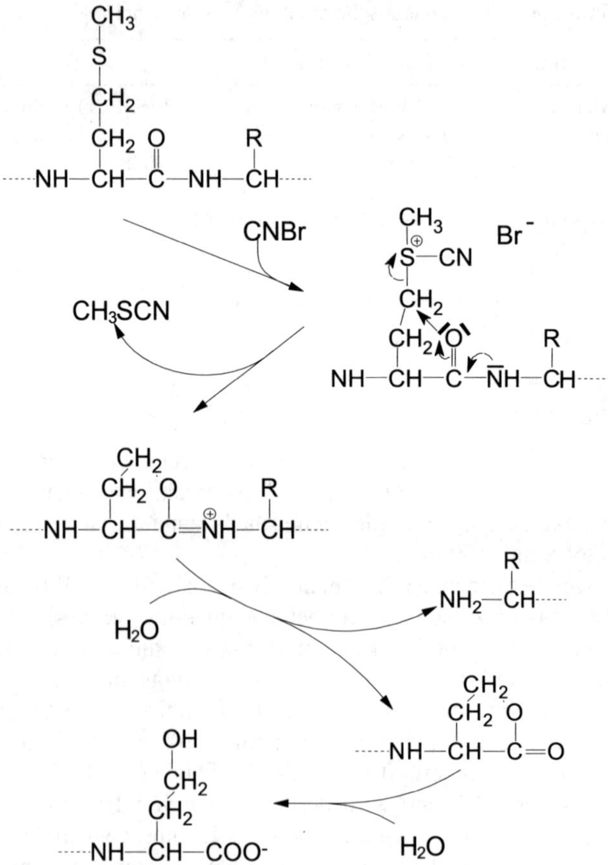

Abb. 5-3: Mechanismus der Bromcyanspaltung.
Bei der Bromcyanspaltung wird eine Peptidkette nach Methionin gespalten. CNBr greift am Schwefel an: unter Abspaltung von Methylthiocyanat entsteht ein Imidolactonderivat, das hydrolytisch gespalten wird, wobei zwei Peptide entstehen, eines davon mit einem Homoserin an Stelle des ursprünglich vorhandenen Methionins am C-Terminus.

wobei Dithiothreitol (DTT), Dithioerythritol, 2-Mercaptoethanol oder Tributylphosphin eingesetzt werden, z.B. 10 - 100 mM DTT in Gegenwart von 8 M Guanidiniumchlorid. Nach der reduktiven Spaltung sollte die SH-Gruppe durch Alkylierung geschützt werden, um eine Reoxidation durch O_2 zu verhindern. Für die Alkylierung wird 4-Vinylpyridin oder Iodessigsäure benutzt. Um die Zahl von Disulfidbindungen zu bestimmen und ihre Zuordnung zu bestimmten Peptidfragmenten herauszufinden, wird eine „diagonale" Polyacrylamidgelelektrophorese durchgeführt (Creighton 1989). Dazu wird das Protein zunächst einer proteolytischen oder chemischen Hydrolyse unterworfen und die resultierenden Fragmente in einer SDS-PAGE ohne Zusatz von reduzierenden Agenzien aufgetrennt. Danach wird das Gel mit Perameisensäure inkubiert und erneut einer Elektrophorese senkrecht zur ursprünglichen Wanderungsrichtung unterzogen (Abb. 5-4).

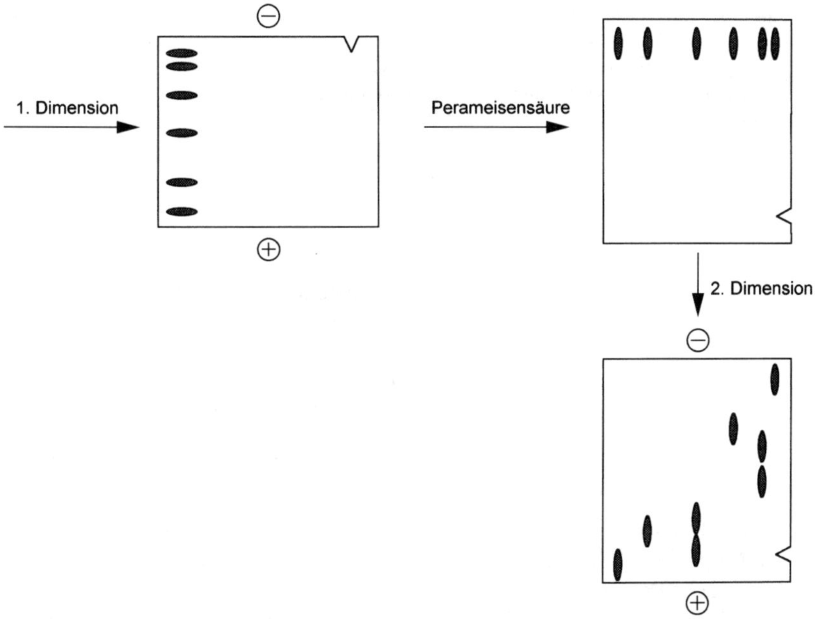

Abb. 5-4: Zweidimensionale SDS-PAGE zur Identifikation von Disulfidbrücken in Proteinen.
Zur Identifikation und ungefähren Lokalisation von Disulfidbrücken in Proteinen wird das Protein auf enzymatischem oder chemischem Weg gespalten und die Fragmente durch SDS-PAGE unter nicht-reduzierenden Bedingungen aufgetrennt. Danach wird das Gel mit Perameisensäure inkubiert; dabei werden die Disulfidbrücken oxidativ gespalten. Durch eine zweite SDS-PAGE senkrecht zu der Richtung, in der die erste SDS-PAGE durchgeführt wurde, werden die Peptidfragmente, die in einer Disulfidbrücke verbunden waren, aufgetrennt und erscheinen versetzt gegenüber der Diagonalen, auf der sich die anderen Peptide befinden.

5.1.7 Co- und posttranslationale Modifikationen

Viele Proteine, zumal aus höheren Eukaryonten, tragen co- oder posttranslational eingeführte Modifikationen (Überblick: Coligan et al. 1995). Besonders erwähnenswert sind Phosphorylierungen, die der Regulation der Aktivität von Proteinen dienen, und Glykosylierungen, die für den Transport, die Verteilung und die Stabilisierung von Proteinen von Bedeutung sind. Daneben gibt es viele andere Modifikationen, auf die hier nicht im Detail eingegangen werden kann (Tab. 5-4), die im Prinzip alle durch massenspektrometrische Analyse von isolierten Peptiden zugänglich sind (Überblick: Meyer 1994), z.T. aber bereits bei der Edman-Sequenzierung erfaßt werden (z.B. Hydroxyprolin oder Methyllysin).

5.1.7.1 Phosphorylierung

Die Phosphorylierung ist eine der häufigsten Modifikationen, die bei Proteinen auftritt. Sie ist meist daran zu erkennen, daß Proteine, die bei der SDS-PAGE einheitlich erscheinen, bei der IEF in mehreren Spezies auftreten. Der Nachweis, daß dafür Phosphorylierungen verantwortlich sind, kann durch Abspaltung der Phosphatreste mit Alkalischer Phosphatase geführt werden. Um herauszufinden, welche Reste (Serin, Threonin; seltener Tyrosin; ganz sel-

Tabelle 5-4 Co- und posttranslationale Modifikationen

N-terminale Pyroglutaminsäurebildung	Farnesylierung
Disulfidbrückenbildung zwischen 2 Cys-Resten	Myristoylierung
C-terminale Amidbildung	Biotinylierung
Deamidierung von Asn und Gln	Pyridoxalphosphatbindung über Schiffsche Base
Methylierung	Palmitoylierung
Hydroxylierung	Stearoylierung
Oxidation von Met	Geranylgeranylierung
Formylierung	N-Glykosialylierung
Acetylierung	Glutathionylierung
Carboxylierung	Adenosylierung
Phosphorylierung	Phosphopantetheinylierung
Cysteinylierung	ADP-Ribosylierung
Glykosylierung	Glykosylierung (komplex)
Lipoylierung	

ten Histidin) phosphoryliert sind, kann eine Phosphoaminosäurenbestimmung durchgeführt werden, mit der allerdings die labile Histidinphosphorylierung nicht erfaßt wird. Dazu wird das *in vivo* mit ^{32}P markierte Protein einer Hydrolyse unterzogen (6 M HCl, 110 °C, 1 h). Die Aminosäuren werden dann über eine 2D-Elektrophorese (1. Dimension bei pH 1.9: 0.58 M Ameisensäure, 1.36 M Eisessig; 2. Dimension bei pH 3.5: 0.87 M Eisessig, 0.5 % (v/v) Pyridin, 0.5 mM EDTA) zusammen mit einer Standardmischung unmarkierter Phosphoaminosäuren auf Dünnschicht-Celluloseplatten elektrophoretisch aufgetrennt (Kamps & Sefton 1989). Die Identifizierung und Quantifizierung erfolgt durch Autoradiographie oder über einen *imager*.

Die Art der Phosphorylierung kann auch durch enzymatische Techniken identifiziert werden, da es Serin/Threonin- bzw. Tyrosin-spezifische Proteinphosphatasen gibt. Die Tyrosin-spezifische Phosphorylierung läßt sich durch Antikörper, die gegen Phosphotyrosin gerichtet sind, nachweisen (Kamps & Sefton 1988).

5.1.7.2 Glykosylierung

Viele Proteine, insbesondere in Eukaryonten, sind glykosyliert, sei es zum Zwecke des Transports nach außen, zum Schutz vor proteolytischem Abbau nach Sezernierung, zum Zwecke der Verteilung auf verschiedene intrazelluläre Kompartimente oder um die Adhäsion an Zelloberflächen zu ermöglichen. Diese Glykosylierungen können über Serin- oder Threoninreste (O-*linked glycosylation*) oder über Asparaginreste (N-*linked glycosylation*) erfolgen. Glykosylierungen können sehr umfangreich sein; in Extremfällen besteht 80 % des Glykoproteins aus Kohlenhydraten. Die Struktur einzelner Glykosylreste ist wegen der Beteiligung verschiedener Zucker, die in unterschiedlicher Zahl und in unterschiedlicher Verknüpfung miteinander vorliegen können, sehr vielfältig. Ihre Analyse (Hart & Lennarz 1993; Fukuda 1993) kann nur in hochspezialisierten Labors durchgeführt werden. Um allerdings herauszufinden, ob ein Protein glykosyliert ist oder nicht, bieten sich elektrophoretische Verfahren in Kombination mit spezifischen Färbetechniken an. So kann nach einer SDS-PAGE und nach Fixierung der Proteine durch 5 % (w/v) Phosphorwolframsäure und anschließender Entfernung des Fixierungsreagenzes und des SDS durch 7 % (v/v) Methanol, 14 % (v/v) Essigsäure, die Anwesenheit von Glykosylresten nachgewiesen werden. Dazu

Tabelle 5-5 Lektine und ihre Spezifitäten*

Lektin	Organismus	Spezifität
Lektin AAA	*Aleuria aurantia*	α(1-6)-verbundene Fucose
Lektin ACA	*Amaranthus caudatus*	Gal-β(1-3)-GalNAc-α Ser/Thr
Lektin ConA	*Canavalia ensiformis*	Mannose
Lektin DSA	*Datura stramonium*	β(1-4)-N-Acetylglucosamin, endständiges α-N-Acetyllactosamin sowie terminale N-Acetyllactosamin-Reste in Glycoproteinen
Lektin GNA	*Galanthus nivalis*	endständige Mannose
Lektin MAA	*Maackia amurensis*	α(2-3)-verbundene Sialinsäure
Lektin PHA-L	*Phaseolus vulgario*	β(1-6)-verbundenes Lactosamin, (Gal-GlcNAc)-Verzweigung, komplexe N-Glycanketten des tri- und tetraantennären Typs
Lektin PNA	*Arachis hypogaea*	Gal–β(1-3)-GalNac
Lektin RCA 120	*Ricinus communis*	endständige β-D-Galactose
Lektin SNA	*Sambucus nigra*	α(2-6)-verbundene Sialinsäure
Lektin WGA	*Triticum vulgaris*	N-Acetylglucosamin

* Boehringer Mannheim

werden in den Zuckern vicinale Diole durch Periodatspaltung in 1 % (w/v) Periodsäure, 7 % (w/v) Trichloressigsäure oxidiert. Anschließend wird die Periodsäure mit 0.5 % (w/v) Metabisulfit in 0.1 M HCl reduziert und die Aldehydgruppen mit Schiffschem Reagenz gefärbt. So können noch µg-Mengen von Glykoproteinen nachgewiesen werden. Alternativ können die Aldehydgruppen mit einem biotinylierten oder digoxigenylierten Hydrazinderivat umgesetzt werden und mit einem Streptavidin- oder Antidigoxigenin-Antikörper/Alkalische Phosphatase-Konjugat auf einem *blot* nachgewiesen werden. Die Empfindlichkeit des Nachweises liegt bei 0.1 µg Glykoprotein.

Information über die Zusammensetzung der Glykosylreste kann durch Nachweisreaktionen mit Lektinen erfolgen. Lektine, wie z.B. Concanavalin A, sind pflanzliche Proteine, die hochspezifisch Zucker erkennen (Tab. 5-5). Dazu werden die über SDS-PAGE aufgetrennten Proteine, wie für den Western-*blot* beschrieben, elektrophoretisch auf eine Nitrocellulosemembran transferiert und dort von Biotin- oder Digoxigenin-gekoppelten Lektinen gebunden, die mit Alkalischer Phosphatase konjugiert oder über Streptavidin- bzw. Antidigoxigenin-Antikörper/Alkalische Phosphatase-Konjugate nachgewiesen werden. Die Nachweisempfindlichkeit liegt bei 0.1 µg Glykoprotein.

Ob eine N- oder O-Glykosylierung vorliegt, kann durch den Vergleich von SDS-PAGE-Analysen erreicht werden, indem die Proteinprobe vor dem Auftrag in An- und Abwesenheit von spezifischen Glykosidasen inkubiert wird. So spaltet z.B. N-Glykosidase F (PNGase F) aus *Flavobacterium meningosepticum* alle Typen von N-Glycan-Resten, die über Asparagin an Proteine gebunden vorliegen. Für O-Glykan-Reste gibt es eine Reihe von Glykosidasen unterschiedlicher Spezifität. Die Anwesenheit von N-Glykan- bzw. O-Glykanresten gibt sich an der Zunahme der elektrophoretischen Mobilität nach Inkubation mit den unterschiedlichen Glykosidasen zu erkennen.

5.1.8 Chemische Modifikation von Proteinen

Proteine werden aus sehr unterschiedlichen Gründen chemisch modifiziert. Durch chemische Modifikationen können Proteine radioaktiv oder spektroskopisch markiert werden, um sie empfindlicher nachweisen oder ihre Reaktionen einfacher verfolgen zu können. Mit Hilfe bestimmter gruppenspezifischer Reagenzien lassen sich funktionell wichtige Aminosäurereste in Proteinen (Überblick: Lundblad 1996), insbesondere den aktiven Zentren von Enzymen (Überblick: Eyzaguirre 1987; Brocklehurst 1996a), nachweisen. Schließlich können mit Hilfe von bifunktionellen *cross-link*-Reagenzien Proteine mit Wechselwirkungspartnern vernetzt werden (Überblick: Coggins 1996).

5.1.8.1 Radioaktive Markierung von Proteinen

Für die Untersuchung der Wechselwirkung von Proteinen, insbesondere Wachstumsfaktoren und Proteohormonen, mit intakten Zellen, aber auch für metabolische Studien, benötigt man radioaktiv markierte Proteine (Überblick: Parker 1990; Kelman et al. 1995; Coligan et al. 1995). Das am häufigsten dafür verwendete Isotop ist ^{125}I, das durch Iodierung von Tyrosin- oder Histidinresten mit $^{125}I^+$ oder durch Umsetzung von primären Aminogruppen (N-Terminus, ε-Aminogruppe von Lysinresten) mit dem Bolton-Hunter-Reagenz N-Succinimidyl-3-(4-hydroxy-5-[^{125}I]iodophenyl)-propionat, in Proteine eingeführt werden kann (Abb. 5-5). Für die Iodierung von Proteinen wird $Na^{125}I$ benutzt, das mit ChloraminT, N-Chlorobenzylsulfonamid oder H_2O_2/Lactoperoxidase zu $^{125}I_2$ oxidiert werden muß, um elektrophil mit Tyrosinresten (bei pH 6.5 – 7.5) oder Histidinresten (bei pH > 8.5) zu reagieren. Die enzymatische Methode ist der chemischen Methode vorzuziehen, da sie deutlich schonender verläuft und besser zu kontrollieren ist. Sind in dem zu markierenden Protein keine Tyrosin- oder Histidinreste vorhanden oder sind sie nicht ohne Aktivitätsverlust des Proteins zu iodieren, kann man eine indirekte Iodierung durch Umsetzung mit dem Bolton-Hunter-Reagenz erreichen, mit dem bei pH 8.5 in einem Boratpuffer N-terminal oder an ε-Aminogruppen von Lysinresten ein 4-Hydroxy-5-[^{125}I]iodophenylpropionylrest eingeführt wird. Es ist wichtig, daß die Reagenzien nach der Umsetzung entfernt werden, was am einfachsten durch Gelfiltration oder Ionenaustauschchromatographie zu bewerkstelligen ist. Chloramin T (Iodogen), N-Chlorobenzylsulfonamid (Iodobeads), sowie Lactoperoxidase (Enzymobeads) sind auch in immobilisierter Form erhältlich, was die Aufreinigung beträchtlich erleichtert. Anzustreben ist in jedem Fall ein homogenes Präparat, an dem nur definierte Aminosäurereste modifiziert vorliegen. Es mag dazu notwendig sein, Hochleistungstrennverfahren wie HPLC (Pingoud 1985), FPLC oder präparative Elektrophorese einzusetzen.

Will man ein weniger stark strahlendes Isotop als ^{125}I verwenden, bietet sich eine Markierung mit ^3H an. Kommerziell erhältlich sind [^{3}H]-substituierte N-Hydroxysuccinimidester, z.B. [^{3}H]-Succinimidylpropionat, die mit primären Aminogruppen (N-Terminus, ε-Aminogruppen von Lysinresten) reagieren.

Eine interessante Alternative für die radioaktive Markierung von Proteinen besteht in der Phosphorylierung mit Proteinkinasen unter Verwendung von γ-[^{32}P]- oder [^{35}S]-ATP. Dazu muß das Protein natürlicherweise eine Phosphorylierungsstelle für eine Proteinkinase (z.B. Proteinkinase A, Proteinkinase C, Casein Kinase II) aufweisen oder über gezielte Mutagenese eine solche erhalten haben.

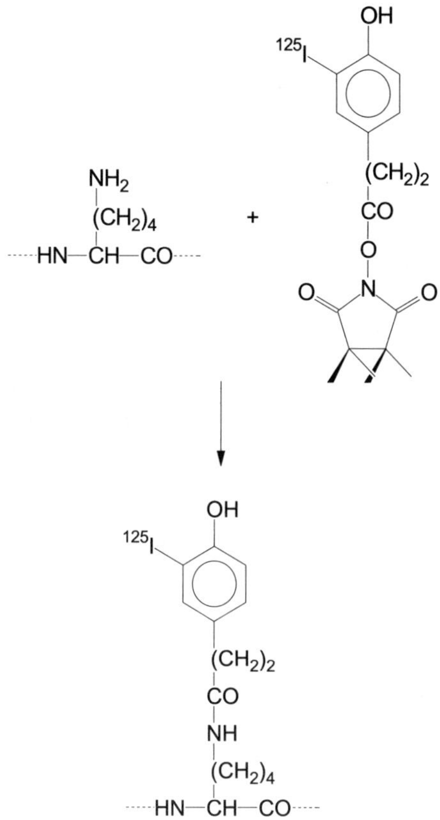

Abb. 5-5: Radioaktive Markierung von Proteinen durch Umsetzung mit dem Bolton-Hunter-Reagenz. Durch Umsetzung mit N-Hydroxysuccinimidestern können Proteine über primäre Aminogruppen chemisch modifiziert werden, z.B. mit dem Bolton-Hunter-Reagenz zur Einführung von ^{125}I.

5.1.8.2 Umsetzung von Proteinen mit gruppenspezifischen Reagenzien

Die Verwendung von gruppenspezifischen Reagenzien, um z.B. für eine enzymatische Reaktion essentielle Aminosäurereste zu identifizieren, hat sicherlich nicht mehr die Bedeutung wie früher, als man noch nicht über die Technik der gezielten Mutagenese verfügte. Nichtsdestoweniger kann man mit Hilfe gruppenspezifischer chemischer Modifikationen orientierende Information über die Beteiligung bestimmter Aminosäurereste an der spezifischen Reaktion eines Proteins gewinnen. Man muß sich allerdings im klaren darüber sein, daß eine chemische Modifikation im Regelfall einen stärkeren Eingriff in die strukturelle Integrität eines Proteins darstellt als ein Aminosäureaustausch, zumal wenn dieser konservativ bleibt, also z.B. wenn ein Serinrest durch einen Cystein-, Threonin- oder Alaninrest ersetzt wird, was sicherlich weniger drastisch ist, als sämtliche Serinreste eines Proteins mit Diisopropylfluorphosphat zu verestern. Chemische Modifikation ist andererseits aber weniger „gewalttätig“ als die Methode, die Bedeutung einer ganzen Region in einem Protein durch ihre Deletion zu sondieren und das Ergebnis durch ein *in vivo* Experiment zu bewerten.

Tabelle 5-6 Gruppenspezifische Reagenzien zur Modifikation von Proteinen

Aminosäure	Reagenz	Nebenreaktion an
Arginin	Butandion	–
	Phenylglyoxal	N-Terminus
Cystein	Iodacetamid, Iodessigsäure	Histidin
	N-Ethylmaleimid	–
	5,5-Dithiobis-(2-nitrobenzoesäure) (DTNB)	–
	p-Chlormercuribenzonat (PCMB)	–
Glutaminsäure, Asparaginsäure	1-Cyclohexyl-3-(2-morpholinoethyl)carbodiimid	Tyrosin, Histidin
	Trialkyloxoniumfluoroborat	Methionin, Histidin
	N-Ethyl-5-phenylisoxazolium-3-sulfonat	–
Histidin	Diethylpyrocarbonat (DEPC)	–
	O_2 mit Rose Bengal als Photosensibilisierer	Methionin, Tryptophan, z.T. auch Tyrosin, Serin, Threonin
Lysin	Methylacetimidat	N-Terminus
	Trinitrobenzolsulfonat (TNBS)	–
	Cyanat	Histidin, Cystein, Serin
	Pyridoxalphosphat	
Serin	Diisopropylfluorphosphat	–
Tryptophan	N-Bromsuccinimid (NBS)	Tyrosin
	2-Hydroxy-5-nitrobenzylbromid	–
Tyrosin	Tetranitromethan	

Idealerweise sollte die chemische Modifikation eines Proteins gruppenspezifisch sein und die Struktur des Proteins nur minimal beeinflussen. Diese Voraussetzungen sind nur in den seltensten Fällen erfüllt und entsprechend begrenzt ist die Aussagekraft eines chemischen Modifikationsexperiments. Tab. 5-6 gibt eine Aufstellung der verbreitet eingesetzten, gruppenspezifischen Reagenzien. Einige der häufiger verwendeten Reagenzien für die chemische Modifikation von Aminosäureresten im aktiven Zentrum von Enzymen sollen im folgenden etwas ausführlicher vorgestellt werden.

Serin im aktiven Zentrum von Serinproteasen (z.B. Chymotrypsin) oder anderen Hydrolasen (z.B. Acetylcholinesterase) wird spezifisch durch Diisopropylfluorphosphat modifiziert. Die Reaktion ist weitgehend irreversibel.

Cystein kommt im aktiven Zentrum sowohl von Cysteinproteasen aber auch anderen Enzymen (z.B. Phosphomevalonatkinase) vor. Zum Nachweis von Cysteinresten wird neben den irreversibel wirkenden alkylierenden Reagenzien, wie Iodacetamid und Iodessigsäure, oder organischen Quecksilberverbindungen, wie p-Chlormercuribenzoat (PCMB), Disulfid-Reagenzien, wie 5,5-Dithio-bis-(2-nitrobenzoesäure) (DTNB: Ellman's Reagenz) eingesetzt, die gemischte Disulfidverbindungen bilden (Abb. 5-6). Die Reaktion mit DTNB kann durch die Freisetzung von 2-Nitro-5-thiobenzoesäure bei 410 nm spektroskopisch verfolgt werden und damit der Cysteingehalt quantifiziert werden (Überblick: Creighton 1989). Die Reaktion ist reversibel und kann auch präparativ genutzt werden, da gemischte Disulfide mit auf Säulenmaterial immobilisiertem 2-Mercaptopyridin gebildet und im Disulfidaustausch wieder gelöst werden können (Überblick: Brocklehurst 1996b).

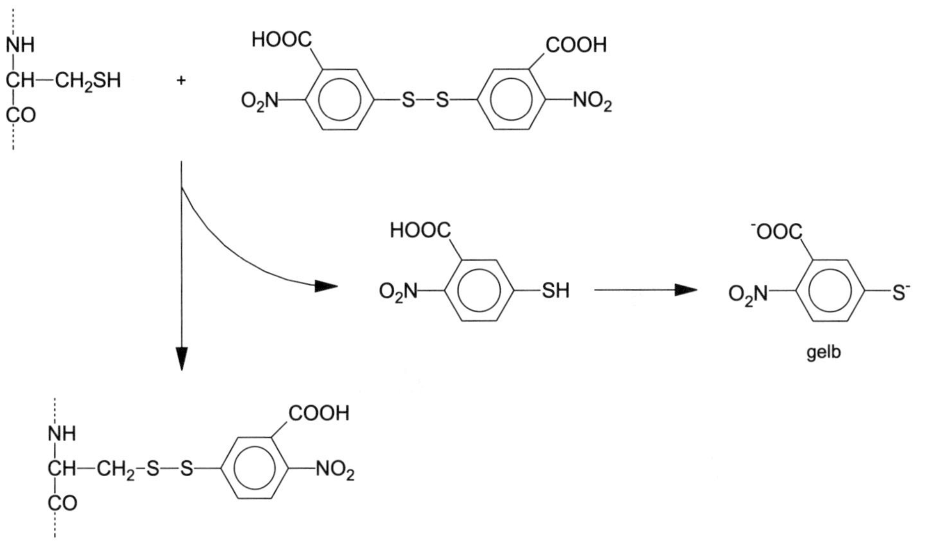

Abb. 5-6: Nachweis von SH-Gruppen mit Ellman's Reagenz.
Sulfhydrylgruppen können in Proteinen durch Ellman's Reagenz [DTNB: 5,5-Dithio-bis-(2-nitrobenzoesäure)] in einer Austauschreaktion nachgewiesen werden. Die freigesetzte 2-Nitro-5-thiobenzoesäure ist intensiv gelb gefärbt und erlaubt die quantitative photometrische Bestimmung von Cysteinresten in Proteinen.

Histidin ist im aktiven Zentrum vieler Hydrolasen, sowohl Proteasen als auch Nukleasen, zu finden. Das am häufigsten verwendete Reagenz für den Nachweis essentieller Histidinreste ist Diethylpyrocarbonat (DEPC) (Miles 1977). Die Carboxyethylierung läßt sich mit Hydroxylamin bei schwach saurem pH rückgängig machen. Die Oxidation von Histidinresten durch Singulettsauerstoff, der durch Bestrahlung von O_2-haltigen Methylenblau- oder Rose-Bengal-Lösungen entsteht, ist nicht reversibel und vergleichsweise wenig spezifisch.

Arginin, das häufig im aktiven Zentrum von Enzymen vorkommt, die anionische Substrate umsetzen (z.B. Pyruvatkinase), kann chemisch durch Dicarbonylverbindungen wie Butandion (Riordan 1979) oder Phenylglyoxal (Takahashi 1968) weitgehend spezifisch modifiziert werden.

Zum Nachweis, ob eine bestimmte Aminosäure für die Funktion eines gegebenen Proteins essentiell ist, genügt nicht, festzustellen, daß die Umsetzung des Proteins mit dem Reagenz die Funktion dieses Proteins zerstört. Vielmehr sollte gezeigt werden, daß die Modifikation die Struktur des Proteins nicht wesentlich verändert und daß die Inaktivierungskinetik des Proteins mit der Kinetik der Modifizierung einer bestimmten Aminosäure übereinstimmt. Diesen Nachweis zu führen, dürfte manchmal als zu aufwendig angesehen werden. Dann sollte man zumindest zeigen, daß die Anwesenheit des Substrats (oder eines Liganden) das Protein vor Inaktivierung durch die chemische Modifizierung schützt.

5.1.8.3 Affinitätsmarkierung

Ligandenbindungsstellen in Proteinen, d.h. also auch Substratbindungsstellen von Enzymen, lassen sich durch Affinitätsmarkierung lokalisieren. Voraussetzung dafür ist, daß der Ligand

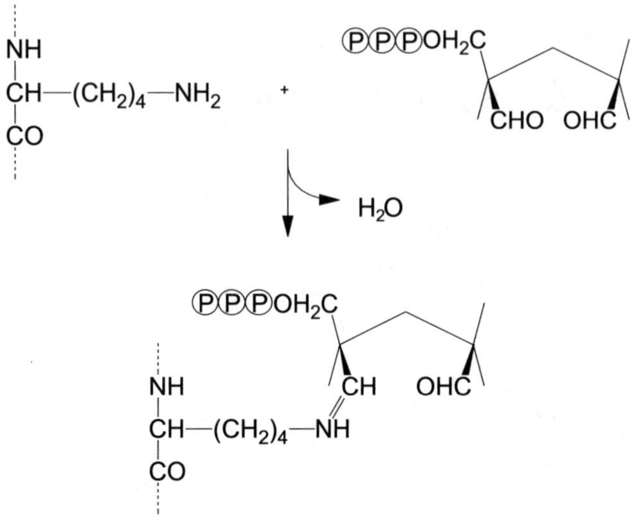

Abb. 5-7: Affinitätsmarkierung von Nukleotid-bindenden Proteinen mit Periodat-gespaltenen Nukleotiden.
Durch Spaltung von Nukleotiden an der vicinalen Diolgruppierung mit Periodat entsteht ein hochreaktiver Dialdehyd, der spezifisch mit primären Aminogruppen von Lysinresten in oder in der Nähe der Nukleotidbindungsstelle von Nukleotid-bindenden Proteinen reagiert. Die entstehende Schiffsche Base kann durch $NaBH_4$ reduziert und damit stabilisiert werden.

selbst oder ein Analogon des Liganden in eine chemisch reaktive Form überführt werden kann, die nach spezifischer Bindung mit reaktiven Gruppen in der Ligandenbindungsstelle reagiert. Entweder wird der Ligand vor der Bindung an das Protein durch eine einfache chemische Reaktion aktiviert, oder nach Bindung photochemisch angeregt. Aus der reichhaltigen Literatur seien einige Anwendungen exemplarisch vorgestellt. Die Identifizierung einer Nukleotidbindungsstelle in einem Protein kann z.B. über das Periodat-Oxidationsprodukt des Nukleotids erfolgen, das nach Bindung mit in der Nähe befindlichen ε-Aminogruppen von Lysinresten eine Schiffsche Base bilden kann (Easterbrook-Smith et al. 1976) (Abb. 5-7). Diese kovalente Modifikation ist reversibel, kann aber durch Reduktion mit $NaBH_4$ irreversibel gemacht werden.

Statt einen chemisch reaktiven Liganden anzubieten, kann auch ein photochemisch aktivierbarer Ligand eingesetzt werden. Im Gegensatz zu chemisch reaktiven Liganden, die bereits vor der Bindung an die spezifische Bindungsstelle reagieren können, z.B. mit Komponenten der Lösung oder unspezifisch mit dem Protein, werden photochemisch aktivierbare Liganden nach der Bindung an die spezifische Bindungsstelle durch Bestrahlung in eine reaktive Form gebracht (Überblick: Bayley & Knowles 1977). Üblicherweise werden Verbindungen gewählt, die durch Bestrahlung in Radikale, Carbene oder Nitrene überführt werden, die mit ihrer unvollständigen Elektronenhülle (7 bzw. 6 Elektronen) sehr effektiv mit elektronenreichen Gruppen in der direkten Umgebung reagieren, um das Elektronenoktett zu komplettieren. Solche elektronenreichen Gruppen sind in Proteinen insbesondere NH_2-, OH- und SH-Funktionen, aber auch aromatische Reste. *Photoaffinity labels* enthalten oft Azidogruppen (Abb. 5-8). Diese können relativ einfach durch Diazotierung einer Aminogruppe in Liganden eingeführt werden. Azidoverbindungen sind im Dunkeln chemisch inert und wer-

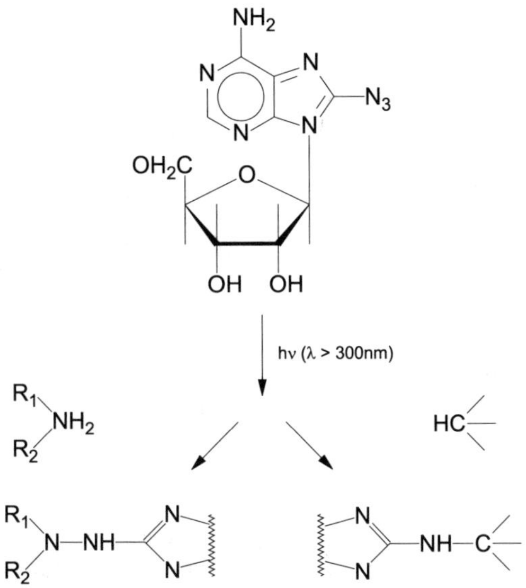

Abb. 5-8: Photoaffinitätsmarkierung von ATP-bindenden Proteinen mit 8-Azido-ATP.
Durch Bestrahlung von 8-Azido-ATP entsteht unter Stickstoffabspaltung ein reaktives Radikal, das sowohl mit CH- als auch mit NH-Gruppen eine kovalente Verknüpfung ausbildet.

den durch langwelliges UV-Licht ($\lambda \geq 300$ nm) zum Nitren aktiviert. Da das Nitren nicht zur Umlagerung neigt, werden meistens hohe Ausbeuten an photoaffinitätsmarkiertem Produkt erhalten. Für die Affinitätsmarkierung von Proteinen, die mit Nukleinsäuren interagieren, haben sich Brom- bzw. Ioduracil-substituierte Nukleinsäuren bewährt (Abb. 5-9). Vorstufen zur Synthese dieser Derivate in Form der entsprechenden Phosphoramidite sind kommerziell erhältlich und können über konventionelle DNA- oder RNA-Synthese in gewünschter Position in Oligonukleotide eingeführt werden. Die Photoaktivierung erfolgt mit langwelligem UV-Licht, für Bromderivate am besten durch Laser bei 305 nm (NeCl-Laser) bzw. für Iodderivate bei 325 nm (HeCd-Laser) (Willis et al. 1993).

Um die Spezifität von Affinitätsmarkierungen zu überprüfen, sollte untersucht werden, ob die Markierung unterbleibt, wenn der eigentliche Ligand im Überschuß angeboten wird. Eine hohe Ausbeute an Affinitätsmarkierung deutet daraufhin, daß die Markierung spezifisch war. Dies ist anzustreben, um die Identifizierung der Vernetzungsstelle zu erleichtern. Wenn möglich, sollte nicht umgesetztes Protein abgetrennt werden. Das markierte Protein wird anschließend proteolytisch verdaut, die Peptide werden über RP-HPLC aufgetrennt, das die Markierung tragende Peptid isoliert und einem Edman-Abbau unterzogen, um die Vernetzungsstelle zu bestimmen.

5.1.8.4 *Cross-linking* von Proteinen

Um die Wechselwirkung von Proteinen oder den Untereinheiten eines Proteins untereinander zu studieren, kann man versuchen, reaktive Aminosäuren in der Nähe der Kontaktregionen auf den Proteinen bzw. auf den Untereinheiten mit bifunktionellen Reagenzien zu vernetzen (Ausführliche Darstellung: Wong 1993; Überblick: Coggins 1996). Dafür können *cross-*

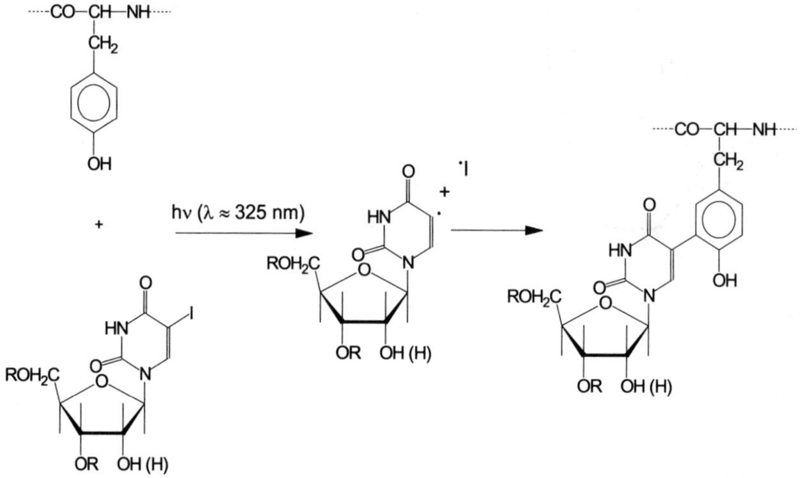

Abb. 5-9: Photoaffinitätsmarkierung von DNA-bindenden Proteinen mit Ioduracil.
Ioduracil läßt sich chemisch oder enzymatisch in RNA oder DNA inkorporieren. Bei Bestrahlung zerfällt der Ioduracilrest unter Bildung eines Radikals. In einem Nukleoproteinkomplex werden von diesem Radikal bevorzugt aromatische Aminosäurereste angegriffen.

linker, die spezifisch mit Aminogruppen reagieren, wie z.B. Dimethylsuberimidat oder Disuccinimidylglutarat (Abb. 5-10), benutzt werden. Alternativ können *cross-linker* eingesetzt werden, die mit Sulfhydrylgruppen reagieren, wie z.B. Bismaleimidohexan (Abb. 5-10), oder weitgehend unspezifisch Gruppen der zu vernetzenden Proteine oder Proteinuntereinheiten elektrophil angreifen, wie Azidoverbindungen (Abb. 5-10). Die meisten *cross-linker* führen zu irreversiblen Verknüpfungen von Polypeptidketten; einige allerdings sind spaltbar, wie z.B. die durch Lomants Reagenz, Dithio-bis-(succinimidylpropionat), bewirkten Verknüpfungen, die eine Disulfidbrücke enthalten und es erlauben, die vernetzten Polypeptidketten durch Inkubation mit SH-Reagenzien zu trennen. Ähnliches gilt für Disuccinimidyltartrat, das ein vicinale Diolgruppierung enthält, die durch Periodatoxidation gespalten werden kann. Ein Überblick über verschiedene *cross-linker* ist in Tab. 5-7 gegeben.

Die Analyse eines *cross-linking*-Experiments erfolgt üblicherweise durch SDS-PAGE. Durch die Konzentrationsabhängigkeit der *cross-link*-Ausbeute und die Analyse der Reaktionsprodukte kann meist entschieden werden, ob es sich um eine spezifische oder unspezifische Reaktion handelt: Proteine, die miteinander wechselwirken, lassen sich bereits bei niedrigen Proteinkonzentrationen und bei mäßigem Überschuß an *cross-linker* miteinander vernetzen; über eine weiten Konzentrationsbereich treten nur einfach vernetzte Produkte auf, bevor bei längerer Inkubation auch vernetzte Aggregate entstehen (Rehm 1996).

5.1.9 Sekundär-, Tertiär- und Quartärstrukturanalyse

Die Begriffe Sekundär-, Tertiär- und auch Quartärstruktur beschreiben verschiedene Aspekte der räumlichen Anordnung der Polypeptidkette, deren Sequenz die Primärstruktur darstellt. Die Sekundärstruktur (Abb. 5-11) wird durch die Nahordnung definiert, d.h. der Wechselwirkung von Aminosäureresten untereinander, die in einer α-Helix (und Variatio-

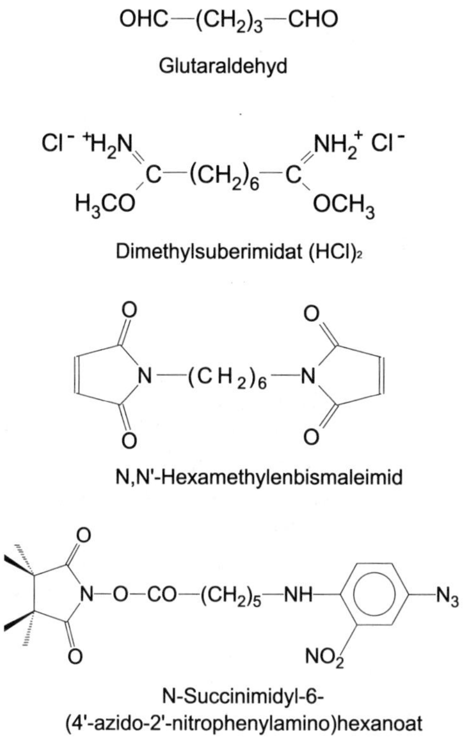

Abb. 5-10: *Crosslink*-Reagenzien.
Crosslink-Reagenzien sind bifunktionell. Sie können symmetrisch aufgebaut sein, wie Glutaraldehyd, Dimethylsuberimidat oder die Bismaleimide. Sie können aber auch zwei verschiedene reaktive Gruppen tragen, z.B. einen N-Hydroxysuccinimid- und einen Azidorest.

nen davon), einem parallelen oder antiparallelem Faltblatt, in Schleifen verschiedenen Typs oder auch scheinbar ungeordnet angeordnet sein mögen. Die Tertiärstruktur gibt die mittlere Konformation der Polypeptidkette wieder. Die Quartärstruktur schließlich beschreibt die Zusammensetzung eines Proteins aus einzelnen Polypeptidketten und repräsentiert die Gesamtstruktur eines stabilen Ensembles (Ausführliche Darstellung: Branden & Tooze 1981; Creighton 1984). Die Kristallstrukturanalyse eines Proteins, bei kleineren Proteinen auch die NMR-Strukturanalyse, bezieht sich auf die Gesamtstruktur, beinhaltet also Primär-, Sekundär-, Tertiär- und in günstigen Fällen auch Quartärstruktur. Jenseits dieser höchst aufwendigen und zudem nicht immer durchführbaren Analysen sind Informationen über die Struktur eines Proteins zugänglich (s. Kap. 7.4).

5.1.9.1 Primärstruktur

Die Methode der Wahl ist sicherlich die direkte Sequenzierung, die oben beschrieben wurde. Weitgehend akzeptiert ist als Ersatz dafür die Sequenzierung der für das Protein codierenden clonierten cDNA. Überprüft werden muß dann aber die Möglichkeit, daß durch gewebsspezifische mRNA-Prozessierung (differentielles *splicing*, *editing*) bzw. posttranslationale

Tabelle 5-7 *Cross-linker** für die Vernetzung von Polypeptidketten

Verbindung	Spezifität	Bemerkungen
p-Azidophenylglyoxal	Arg-Reste einerseits, nukleophile Gruppen andererseits	chemische Reaktion mit Arg-Resten bei pH 7–8, dann photochemische Aktivierung
1-(p-Azidosalicylamido)-4-iodacetamidobutan	Cys-Reste einerseits, nukleophile Gruppen andererseits	chemische Reaktion mit Cys-Resten, dann photochemische Aktivierung
Bis-[β-(4-Azidosalicyl-amido)ethyldisulfid	nukleophile Reste	photochemische Aktivierung
Bismaleimidohexan	Cys-Reste	chemische Reaktion bei pH 6.5–7.5
Dimethyl-3,3'-dithio-bispropionimidat	Lys- und Cys-Reste	chemische Reaktion bei pH 8, vernetzte Proteine sind durch SH-Reagenzien zu trennen
Dimethylsuberimidat	Lys-Reste	chemische Reaktion bei pH 8
Disuccinimidyltartrat	Lys-Reste	chemische Reaktion bei pH 8, vernetzte Proteine sind durch Periodat zu trennen
Dithio-bis-(succinimidyl-propionat)	Lys-Reste	chemische Reaktion bei pH 8, vernetzte Proteine sind durch SH-Reagenzien zu trennen
Ethylenglykol-bis-(succin-imidylsuccinat)	Lys-Reste	chemische Reaktion bei pH 8, vernetzte Proteine sind durch Hydroxylamin zu trennen
N-Hydroxysuccinimidyl-4-azidobenzoat	Lys-Reste einerseits, nukleophile Gruppen andererseits	chemische Reaktion mit Lys-Resten bei pH 8, dann photochemische Aktivierung

* Diese und andere *Cross-linker* sind bei Pierce kommerziell erhältlich.

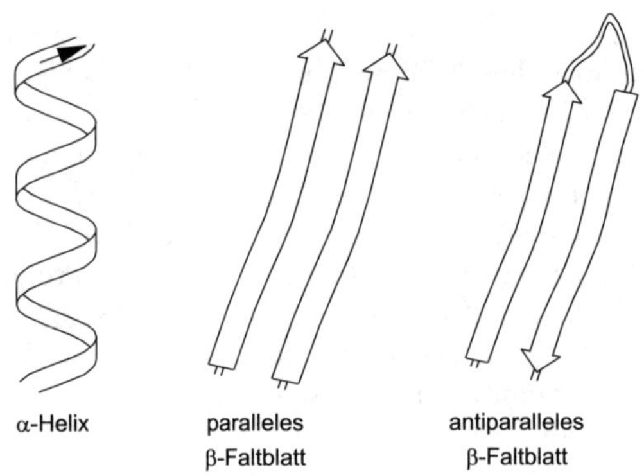

Abb. 5-11: Sekundärstrukturen von Proteinen.
In Proteinen lassen sich regelmäßige Strukturelemente erkennen, wie die hier schematisch angegebenen α-Helices und die parallelen oder antiparallelen β-Faltblätter, die durch *tight turns* aber auch durch mehr oder weniger ausgedehnte Schleifenregionen verbunden sein können. Daneben gibt es Bereiche, bei denen eine regelmäßige Struktur nicht erkennbar ist, was aber keineswegs bedeutet, daß sie unstrukturiert sind.

Modifikationen (N- und C-terminale Prozessierung, Protein-*splicing*), die Primärstruktur verändert wird.

5.1.9.2 Sekundärstruktur

Der Gehalt eines Proteins an α-Helices, β-Faltblättern, mit Einschränkung auch an β-*turns*, kann mit Hilfe spektroskopischer Methoden (Circulardichroismus, CD; *Fourier-transformed* Infrarotspektroskopie, FTIR) bestimmt werden (Überblick: Martin 1996; Wharton 1996). Diese Verfahren müssen geeicht werden, indem man sich auf Referenzspektren von Proteinen bekannter Struktur bezieht. Im einfachsten Fall kann das Poly-L-Lysin sein, das bei alkalischem pH-Wert als α-Helix (Raumtemperatur) oder β-Faltblatt (erhöhte Temperatur) vorliegt, bei saurem pH-Wert aber als *random coil*. Basierend auf solchen Referenzspektren wurde von Greenfield & Fasman (1969) eine empirische Bestimmungsmethode für den α-Helixgehalt von Proteinen abgeleitet. Der Sekundärstrukturanalyse natürlicher Proteine werden allerdings eher Referenzspektren natürlicher Proteine gerecht (Johnson 1990; Greenfield 1996). Unter Verwendung der CD-Spektren von Proteinen mit unterschiedlichen, aufgrund der Röntgenstrukturanalyse bekannten Sekundärstrukturanteilen läßt sich mit Hilfe rechnergestützter Anpassungsverfahren die Sekundärstrukturzusammensetzung recht genau bestimmen (s. Kap. 7.1.4.1). Weniger verbreitet, aber im Prinzip von ähnlicher Aussagekraft, sind FTIR-Messungen zur Analyse der Sekundärstruktur (s. Kap. 7.1.3).

5.1.9.3 Tertiärstruktur

Für die Aufklärung der Tertiärstruktur eines Proteins führt kein Weg an der Röntgenstruktur- oder NMR-Analyse vorbei (Ausführliche Darstellung: Rhodes 1993; McRee 1993; Drenth 1994; Gronenborn 1993; Jones et al. 1993; Evans 1995; Jones et al. 1996). Auch mit hochauflösenden bildgebenden Verfahren, z.B. Elektronenmikroskopie oder Kraftmikroskopie (*atomic force microscopy*, AFM) können Informationen über das Aussehen und den Aufbau von Proteinen erhalten werden. Mit Hilfe von biochemischen und biophysikalischen Techniken (Gelfiltration, Gelelektrophorese, Ultrazentrifugation und Streuverfahren) sind vergleichsweise einfach Größen- und Formparameter von Proteinen in Lösung zugänglich (s. Kap. 4.3.3 und 7.2).

Durch limitierte Proteolyse kann außerdem versucht werden, Aufschluß über die Domänenstruktur eines Proteins zu gewinnen, da die Verbindungen zwischen Domänen oft für Proteasen zugänglich sind. Man sollte für solche Versuche verschiedene Proteasen einsetzen und die Kinetik der Spaltung mit Hilfe von SDS-PAGE verfolgen. Die Akkumulation eines Intermediats ist als Hinweis (aber mehr auch nicht!) auf eine stabile Domäne zu werten.

Mit Hilfe spektroskopischer Methoden lassen sich Informationen über Abstände in Proteinen, insbesondere auf Proteinoberflächen, gewinnen. Dazu müssen für Abstandsmessungen geeignete, detektierbare Gruppen (z.B. Chromophore) in das Protein eingebracht werden. Das können z.B. fluoreszierende Gruppen sein, deren Abstand über Förster-Transfer-Messungen abgeschätzt werden kann (Dale & Eisinger 1975; Schiller 1975). Das können aber auch ESR-aktive *spin-label* sein. Die Möglichkeit, über gezielte Mutagenese chemisch modifizierbare Gruppen (z.B. SH-Gruppen) in Proteine an gewünschter Stelle einzuführen, hat diese Sondierungstechniken sehr vereinfacht. Darüber hinaus sind spektroskopische Methoden von besonderem Nutzen bei der Analyse von Konformationsänderungen von Proteinen (Schmid 1989).

5.1.9.4 Quartärstruktur

Die Quartärstruktur von Proteinen, d.h. ihr Aufbau aus mehreren gleichen oder verschiedenen Polypeptidketten, kann bei Kenntnis des Molekulargewichts des nativen Proteins summarisch durch SDS-PAGE bestimmt werden. Damit ist natürlich keine topologische Information gewonnen. Diese kann durch die oben erwähnten spektroskopischen Techniken erhalten werden oder mit beträchtlich größerem Aufwand durch *cross-linking*-Experimente. In diesem Zusammenhang sollten auch bildgebende Verfahren, wie z.B. die Elektronenmikroskopie, genannt werden, die unter Verwendung von Antikörpern eine Zuordnung von räumlichen Strukturen bezüglich bestimmter Polypeptide erlaubt (Immun-Elektronenmikroskopie) (Stöffler-Meilicke & Stöffler 1990).

5.1.10 Messung der Stabilität von Proteinen

Die meisten Proteine sind nicht sehr stabil, weder bezüglich ihrer kovalenten Struktur noch ihrer Konformation. Die Zerstörung der kovalenten Struktur, insbesondere durch Hydrolyse der Peptidbindung oder der Säureamidbindung von Glutamin- oder Asparaginresten, ist als irreversibel zu betrachten. Zerstörung der nativen Konformation, z.B. durch Erhöhung der Temperatur oder durch Zugabe von denaturierenden Agenzien, wie Harnstoff oder Guanidiniumchlorid, ist dagegen sehr oft reversibel, zumal bei kleineren Proteinen. Sie kann als eine Entfaltung angesehen werden, die bei Abkühlung bzw. Entfernung der denaturierenden Agenzien wieder zu einer Rückfaltung führt. Denaturierung und Renaturierung können spektroskopisch bzw. calorimetrisch verfolgt werden. Wenn der Entfaltungs- bzw. Rückfaltungsprozeß reversibel ist und einem Alles-oder-Nichts-Gesetz folgt, also durch einen Zweizustandsprozeß

$$\text{Zustand}_{\text{nativ}} \rightleftarrows \text{Zustand}_{\text{entfaltet}}$$

beschrieben werden kann, besteht die Möglichkeit, aus Denaturierungsexperimenten die Stabilitäten von Proteinen zu berechnen (Pace et al. 1989). Das ist nicht nur von akademischem Interesse, sondern wegen der zunehmenden Verwendung von Proteinen im Alltag (z.B. als Zusatz in Waschmitteln) von eminenter praktischer Bedeutung, die noch dadurch gesteigert wird, daß man durch Methoden des *protein-engineering* die Stabilität verändern kann.

Die konformationelle Stabilität eines Proteins sollte auf einen bestimmten Standardzustand bezogen sein, üblicherweise auf 25°C und wässrige Lösung; sie wird im folgenden als $\Delta G^0_{25°C}$ oder $\Delta G^0_{H_2O}$ angegeben. Für die Bestimmung von ΔG^0 muß ein Parameter gemessen werden, der mit der Entfaltung korreliert, z.B. die UV-Absorption, die Fluoreszenz, die optische Rotationsdispersion (ORD) oder der Circulardichroismus (CD) (s. Kap. 7.1). Der Circulardichroismus ist hierfür besonders geeignet, weil er es erlaubt festzustellen, wann die Entfaltung vollständig ist. Dies ergibt sich daraus, daß die CD-Spektren von vollständig entfalteten Proteinen einander sehr ähnlich sind und sich sehr stark von den CD-Spektren nativer Proteine mit α-Helix- und β-Faltblattanteilen unterscheiden (Abb. 5-12).

$\Delta G^0_{H_2O}$ wird oft durch Aufnahme von CD-Spektren (bzw. UV- oder Fluoreszenzspektren) bei verschiedenen Harnstoff- oder Guanidiniumchloridkonzentrationen bestimmt (Abb. 5-

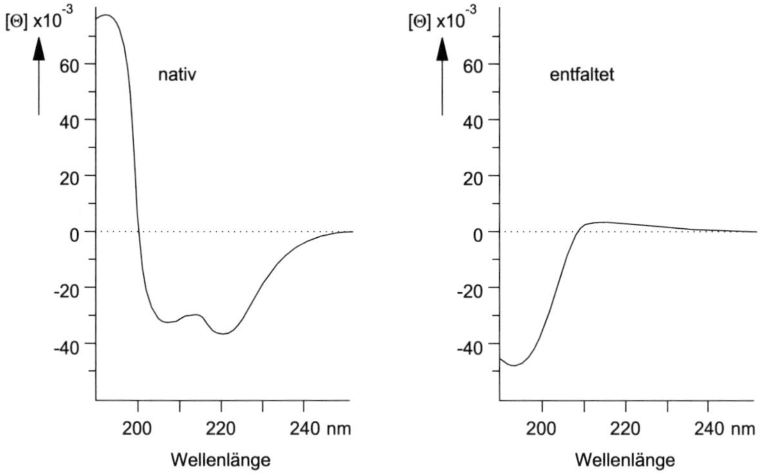

Abb. 5-12: CD-Spektren von nativen und entfalteten Proteinen.
Die CD-Spektren von Proteinen werden im fernen UV durch die Absorptionsbanden der Peptidbindung bestimmt. Da sich die Umgebung der Peptidbindung bei intakter Sekundärstruktur deutlich von der einer ungeordneten Struktur unterscheidet, sind CD-Spektren eines nativen Proteins durch den Anteil an α-Helices und β-Faltblättern bestimmt (links das Spektrum eines Proteins im nativen Zustand), gleichen sich die CD-Spektren von entfalteten Proteinen weitgehend und entsprechen dem eines Zufallsknäuels (rechts das Spektrum des denaturierten Proteins in 6 M Guanidiniumchlorid).

13). An einem beliebigen Punkt der Entfaltungskurve (*i*) setzt sich der gemessene CD-Effekt (gemessen als Elliptizität Θ) additiv aus den Elliptizitäten der nativen und entfalteten Proteine zusammen:

$$\Theta_i = \Theta_{nativ} \cdot f_{nativ} + \Theta_{entfaltet} \cdot f_{entfaltet} \tag{5.8}$$

$f \Rightarrow$ Anteil an nativem bzw. entfaltetem Protein

$$f_{nativ} + f_{entfaltet} = 1$$

Da die Gleichgewichtskonstante K für das reversible Entfaltungsgleichgewicht durch

$$K_i = \frac{f_{nativ}}{f_{entfaltet}} \tag{5.9}$$

gegeben ist, erhält man für K_i an einem beliebigen Punkt der Entfaltungskurve

$$K_i = \frac{\Theta_{nativ} - \Theta_i}{\Theta_i - \Theta_{entfaltet}} \tag{5.10}$$

und für ΔG_i^0

$$\Delta G_i^0 = -RT \ln K_i = -RT \ln \frac{\Theta_{nativ} - \Theta_i}{\Theta_i - \Theta_{entfaltet}} \tag{5.11}$$

Aus einer Auftragung von ΔG_i^0 im Bereich des Übergangs gegen die Konzentration an denaturierendem Agens ergibt sich $\Delta G^0_{H_2O}$ aus

$$\Delta G_i^0 = \Delta G^0_{H_2O} - m \cdot c_{denat.\ Agens} \tag{5.12}$$

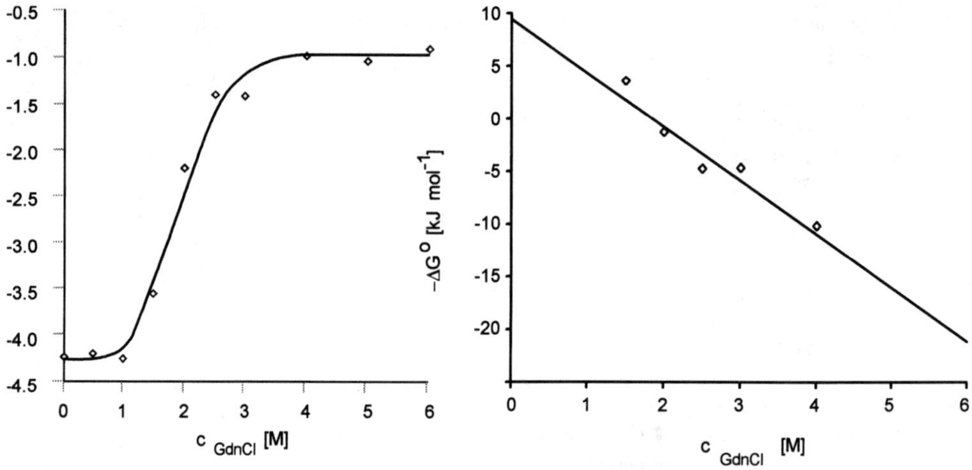

Abb. 5-13: Entfaltung von Proteinen durch chemische Denaturierung.
Die Entfaltung bzw. Faltung von Proteinen durch Zugabe von Guanidiniumchlorid (GdnHCl) läßt sich durch die Registrierung der Elliptizität Θ bei einer bestimmten Wellenlänge (üblicherweise bei 220 nm) verfolgen. Links ist die Denaturierungskurve für ein Protein gezeigt. Da die Denaturierung reversibel ist, läßt sich aus dieser Kurve die konformationelle Stabilität bestimmen, in dem man in der Auftragung von ΔG^0 gegen die GdnHCl-konzentration auf ΔG^0 bei 0 M GdnHCl extrapoliert (rechts) ($\Delta G^0 = 9.8 - 5.0 \cdot c_{GdnHCl}$).

durch Extrapolation auf c = 0 (Abb. 5-13). $\Delta G^0_{H_2O}$beschreibt die Stabilität für das Protein in wässriger Lösung, während *m* ein Maß für die Bindung des denaturierenden Agens an das Protein und seine denaturierende Wirkung ist. Zur Beschreibung solcher Entfaltungsexperimente sollte man $\Delta G^0_{H_2O}$, *m* und $c_{1/2}$ (Konzentration an denaturierendem Agens, bei der die Hälfte der Proteinmoleküle entfaltet ist) angeben.

Bei Stabilitätsmessungen, die unter Verwendung von Harnstoff oder Guanidiniumchlorid als denaturierenden Agenzien durchgeführt werden, ist darauf zu achten, daß diese Chemikalien von bester Qualität sind. Harnstofflösungen sollten frisch angesetzt sein, weil Harnstoff in Lösung z.T. zu Ammoniumcyanat isomerisiert, das Aminogruppen carbamoyliert. Guanidiniumchlorid wirkt stärker denaturierend als Harnstoff, kann allerdings nicht verwendet werden, wenn man die Ionenstärkeabhängigkeit der Stabilität messen will.

Statt die Entfaltung mit denaturierenden Agenzien zu induzieren, kann dies auch durch Temperaturerhöhung geschehen. Solche thermischen Denaturierungskurven (oder „Schmelzkurven") sind experimentell einfacher durchzuführen, da man nur eine Lösung ansetzen muß, die dann kontinuierlich erwärmt oder bei Renaturierung abgekühlt wird. $\Delta G^0_{25°C}$ ist aus Schmelzkurven dann bestimmbar, wenn die dazu gehörige van't Hoff Auftragung

$$\frac{d \ln K}{d(1/T)} = -\frac{\Delta H}{R} \tag{5.13}$$

linear ist oder die Temperaturabhängigkeit der Wärmekapazitäten C_p des nativen und entfalteten Zustands bekannt ist (Überblick: Pace et al. 1989).

Die Entfaltung von Proteinen durch ungeladene denaturierende Agenzien (z.B. Harnstoff) oder durch Temperaturerhöhung kann auch mit Hilfe spezieller elektrophoretischer Techniken studiert werden, indem man eine Elektrophorese in einem Gel durchführt, das senkrecht zur Laufrichtung einen Harnstoffgradienten enthält (Überblick: Goldenberg 1989) oder an das ebenfalls senkrecht zur Laufrichtung ein Temperaturgradient angelegt wird.

5.1.11 Peptid- und *in-vitro*-Proteinsynthese

Die Peptidsynthese und mit Einschränkung auch die *in-vitro*-Proteinsynthese in zellfreien Systemen sind präparative Techniken (Ausführliche Darstellung: Bodansky & Bodansky 1994; Pennington & Dunn 1994; Tymms 1995). Sie sollen hier im Rahmen der Vorstellung analytischer Technik aufgenommen werden, weil sie oft analytischen Zwecken dienen (Ausführliche Darstellung: Grant 1992; Dunn & Pennington 1994). Peptide werden z.B. für die Herstellung von Antikörpern oder für *epitope mapping* benötigt. Durch *in-vitro*-Translation hergestellte, radioaktiv markierte Proteine können z.B. für die Untersuchung der Wechselwirkung von Proteinen untereinander eingesetzt werden. Während allerdings die *in-vitro*-Proteinsynthese eine in jedem biochemischen Labor einfach zu etablierende Technik ist, verlangt die Peptidsynthese, vergleichbar der Peptidsequenzierung, besondere Erfahrung und spezielle Ausrüstung. Sie wird aber wie jene heute überwiegend mit Automaten durchgeführt.

5.1.11.1 Peptidsynthese

Die Peptidsynthese, gleichgültig ob in Lösung oder an fester Phase, wird sequenziell vom C- zum N-Terminus durchgeführt. Das bedeutet, daß der neu einzuführende Monomer-„Baustein" an der α-Aminogruppe geschützt und C-terminal aktiviert sein muß, um mit der N-terminalen Aminogruppe der wachsenden Peptidkette verbunden zu werden. Reaktive Gruppen, insbesondere die ε-Aminogruppe von Lysinresten und die β- bzw. γ-Carboxylgruppe von Asparagin- bzw. Glutaminsäureresten müssen geschützt werden, und zwar in einer Weise, daß sie während der Synthese ihre Schutzgruppe nicht verlieren. Nach jeder Knüpfung einer Peptidbindung muß die N-terminale Schutzgruppe abgespalten werden, um eine weitere Verlängerung zu ermöglichen. Die bei jedem Zyklus ablaufende Chemie muß mit Ausbeuten nahe 100 % ablaufen, um die Synthese auch längerer Peptide zu ermöglichen, und zudem so schonend erfolgen, daß Nebenreaktionen weitgehend vermieden werden. Innerhalb der vergangenen 25 Jahre sind Syntheseprotokolle entwickelt worden, die das gewährleisten: die „Fmoc"- bzw. „Boc"-Strategien (Überblick: McGinn 1996).

Bei der Fmoc-Methode wird die α-Aminogruppe mit der 9-Fluorenylmethyloxycarbonylgruppe (Fmoc) geschützt, die ε-Aminogruppe von Lysinresten mit der t-Butyloxycarbonylgruppe (Boc). Die Aktivierung der Carboxylgruppe erfolgt z.B. mit Dicyclohexylcarbodiimid (DCCI) bzw. O-Benzotriazolyl-tetramethylisouroniumhexafluorophosphat (HBTU) und 1-Hydroxybenzotriazol (HOBt). Nach der Kopplung wird die Fmoc-Schutzgruppe durch Behandlung mit sekundären Aminen, z.B. Piperidin oder Diethylamin, entfernt. Damit steht die N-terminale Aminogruppe für eine weitere Kopplung zur Verfügung. Mit der Fmoc-Methode kompatible Schutzgruppen für die reaktiven Gruppen der Aminosäureseitenketten sind die Tritylgruppe (Trt) für Cystein, Asparagin und Glutamin, die t-Butyloxymethylgruppe (Bum) für Histidin, die t-Butylestergruppe (OtBu) für Asparagin- und Glutaminsäure, sowie die 2,2,5,7,8-Pentamethylchroman-6-sulfonylgruppe (Pmc) für Arginin, die am Ende der Synthese durch Säurebehandlung abgespalten werden können.

Bei der Boc-Methode (Abb. 5-14) wird die α-Aminogruppe durch die t-Butyloxycarbonylgruppe (Boc) geschützt, die ε-Aminogruppe von Lysinresten mit modifizierten Benzyloxycarbonylgruppen (Z). Die Aktivierung der Carboxylgruppe erfolgt durch N,N-Dicyclohexylcarbodiimid (DCCI) und 1-Hydroxybenzotriazol (HOBt). Die Abspaltung der Boc-Schutzgruppe erfolgt durch Säurebehandlung. Reaktive Funktionen an den Seitenketten der Aminosäurereste der wachsenden Peptidkette werden z.B. durch die Benzylgruppe (Bzl) für Cystein, die Dinitrophenylgruppe (Dnp) für Histidin, die Benzylestergruppe (OBzl) für Asparagin und Glutamin sowie die Tosylgruppe (Tos) für Arginin geschützt. Diese Schutzgruppen werden am Ende der Synthese von dem Peptid abgespalten. Die Protokolle der Fmoc- und Boc-Methoden sind daraufhin optimiert worden, hohe Ausbeuten bei Minimierung der Nebenreaktion zu gewährleisten. Nichtsdestotrotz sind Nebenreaktionen, die basen- oder säurekatalysiert sein können, nicht ganz zu vermeiden. Man wird deswegen, abhängig von der Aminosäurezusammensetzung des Peptids, die Fmoc- oder Boc-Methode vorziehen. In den meisten Fällen wird das Rohprodukt einer Reinigung unterzogen werden müssen, wozu sich RP-HPLC am besten eignet.

Der Durchbruch der Peptidchemie und damit die Anwendung für die Biochemie und Molekularbiologie war mit der Entwicklung der Festphasensynthese durch Merrifield 1963 und der damit verbundenen Möglichkeit zur Automatisierung gegeben. Aufwendige Isolierungsschritte nach jedem einzelnen Zyklus, die notwendig waren, um Produkte von Reagenzien zu trennen, waren damit auf einfache Waschschritte reduziert worden, da die wachsenden Peptidketten an einer festen Phase, z.B. einem Styrol-Divinylbenzol-Copolymer, kovalent gebunden vorliegen. Moderne Peptidsyntheseautomaten erlauben mit der Fmoc-Chemie Zyklenzeiten von ca. 20 min, so daß ein 50er-Peptid inclusive Vor- und Nachbereitung an einem Tag synthetisiert werden kann.

In diesem Zusammenhang sollte darauf hingewiesen werden, daß die Festphasensynthese von Peptiden parallelisiert durchgeführt werden kann, indem die Peptidsynthese auf einem Filter durchgeführt wird (Frank 1989). Auf einem 10 x 10 Raster z.B. kann man 100 Peptide gleichzeitig synthetisieren, in dem je nach Sequenz an unterschiedlichen Positionen des Filters unterschiedliche Aminosäuren eingebaut werden. Mit einem solchen Ansatz kann man in sehr ökonomischer Weise sequenzspezifische Epitope für Antikörper auf Proteinen (*epitope mapping*) eingrenzen. Prototypen für parallel arbeitende Peptidsyntheseautomaten existieren bereits.

5.1.11.2 *In-vitro*-Translation

Um Proteine für analytische Zwecke in geringen Mengen zu produzieren, ist die *in-vitro*-Translation die Methode der Wahl. So hergestellte Proteine können durch Immunpräzipitation oder SDS-PAGE analysiert werden bzw. auf eine biochemische Aktivität hin getestet werden. Das mag eine bestimmte Affinität zu einem Liganden sein, z.B. eine spezifische DNA-Bindungsaktivität, die man über einen *gel electrophoretic mobility shift assay* nachweisen kann, oder eine besondere enzymatische Aktivität.

Je nachdem, ob man von einer mRNA prokaryontischen oder eukaryontischen Ursprungs ausgeht, wird man unterschiedliche *in-vitro*-Translationssysteme einsetzen. Für eukaryontische mRNA haben sich Translation*kits* aus Reticulozytenlysaten bzw. Weizenkeimextrakten bewährt, für prokaryontische mRNAs *E. coli*-S30-Überstände, die kommerziell erhältlich sind. Diese Translations*kits* können mit [^{3}H]-Leucin oder [^{35}S]-Methionin supplementiert werden und ermöglichen damit eine radioaktive Markierung der *in vitro* translatierten Prote-

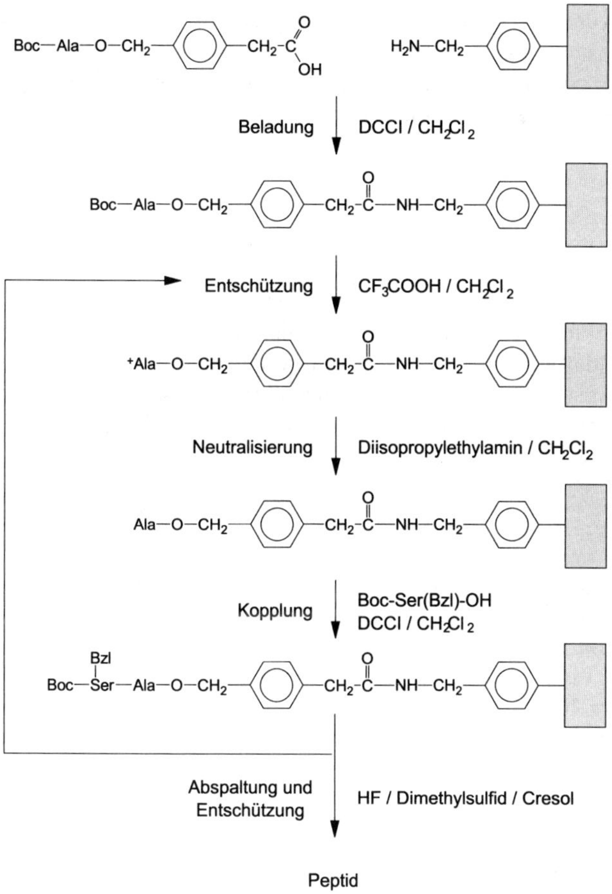

Abb. 5-14: Boc-Peptidsynthesestrategie für die Synthese an fester Phase.
Die Synthese verläuft vom C- zum N-Terminus. Zunächst wird eine an ihrer Aminofunktion mit der Boc-Gruppe geschützte Aminosäure (im Beispiel Alanin) mit Hilfe von Dicyclohexylcarbodiimid (DCCI) an das Harz gekoppelt. Anschließend wird die Boc-Gruppe durch Säurebehandlung abgespalten. Nach der Neutralisierung kann die nächste geschützte Aminosäure (im Beispiel Serin, das an der Aminofunktion eine Boc-Gruppe und an der Hydroxylfunktion eine Benzylgruppe trägt) mit der ersten Aminosäure gekoppelt werden. Damit ist der erste Zyklus beendet. Wenn das Peptid in der gewünschten Länge synthetisiert ist, wird das Peptid durch Flußsäurebehandlung vom Träger abgespalten, entschützt und aufgearbeitet.

ine. Eine nicht-radioaktive Markierung kann man durch Verwendung einer ε-Biotinyllysyl-tRNA erreichen, die einen Nachweis der translatierten Proteine durch Chemilumineszenz gestattet. In diesem Zusammenhang sollte auch auf die Möglichkeit hingewiesen werden, durch *in-vitro*-Translation nicht-natürliche Aminosäuren in Proteine einzuführen, indem entsprechend beladene Suppressor-tRNAs benutzt werden. Solche sind kommerziell erhältlich.

Die für die *in-vitro*-Translation benötigte mRNA kann auch durch *in-vitro*-Transkription hergestellt werden. Kommerziell angebotene *in-vitro*-Transkriptions*kits* enthalten T7-, T3- oder SP6-RNA-Polymerase und erlauben, DNA, die stromab von einem T7-, T3- oder

SP6-Promoter kloniert wurde, effektiv zu transkribieren. Bei gekoppelter Transkription und Translation ist zu berücksichtigen, daß zur eukaryontische Translation eine mRNA mit einem 5'-*cap* und zur prokaryontische Translation eine ribosomale Bindungsstelle vor dem Initiationscodon benötigt werden. Auch für gekoppelte Transkription und Translation werden kommerziell *kits* angeboten.

5.2 Nukleinsäureanalytik

Um eine Nukleinsäure zu charakterisieren, benötigt man in erster Linie Angaben über Größe, Menge und Struktur. Die dafür benötigten Techniken werden im Folgenden beschrieben. Auf spezielle molekularbiologische Methoden kann hier allerdings nicht eingegangen werden (Ausführliche Darstellung: Maniatis et al. 1989; Ausubel et al. 1989; Harwood 1996).

5.2.1 Methoden zur Konzentrationsbestimmung von Nukleinsäuren

Die Konzentration von Nukleinsäuren oberhalb von ca. 1 µg/ml wird am einfachsten spektrophotometrisch bestimmt. Für doppelsträngige Nukleinsäuren gilt, daß eine Lösung von 50 µg/ml eine Absorption von 1 bei 260 nm aufweisen. Einzelsträngige Nukleinsäuren (ssDNA und ssRNA) haben einen etwas größeren Extinktionskoeffizienten: bereits 40 µg/ml ssDNA und 33 µg/ml ssRNA ergeben eine Absorption von 1 bei 260 nm. Es muß betont werden, daß diese Angaben Mittelwerte für Nukleinsäuren mit durchschnittlicher Basenzusammensetzung sind.

Geringere Nukleinsäurekonzentrationen können durch fluorimetrische Verfahren bestimmt werden. Diese Verfahren beruhen darauf, daß bestimmte Farbstoffe zwischen die Basenpaare von doppelsträngigen Nukleinsäuren intercalieren. Während die ungebundenen Farbstoffe nur schwach fluoreszieren, zeigen die gebundenen Farbstoffe eine starke Fluoreszenz. Doppelsträngige DNA und RNA kann über die Ethidiumbromid-Fluoreszenz (Excitation bei 260 – 360 nm, Emission bei 560 nm) quantifiziert werden. Damit lassen sich noch ca. 10 ng erfassen (Karsten & Wollenberger 1977). Mit 4,6-Diamidino-2-phenylindol (DAPI) läßt sich spezifisch DNA nachweisen (Excitation bei 360 nm, Emission bei 450 nm); die Nachweisgrenze liegt bei ca. 1 ng (Brunk et al. 1979).

5.2.2 Größenbestimmung von Nukleinsäuren

Die Methode der Wahl für die Bestimmung der Größe einer Nukleinsäure ist die Elektrophorese (s. Kap. 4.2). Für doppelsträngige Nukleinsäuren wird die Elektrophorese je nach Kettenlänge in Polyacrylamid- oder Agarosegelen unter nativen Bedingungen durchgeführt; für einzelsträngige Nukleinsäuren führt man die Elektrophorese in Gegenwart von Harnstoff durch, um partiell doppelsträngige Strukturen aufzulösen. Man benötigt für die Größenbestimmung geeignete Längenstandards, die man sich selbst herstellen kann, die aber auch kommerziell erhältlich sind.

5.2.3 Basenzusammensetzung

Die Basenzusammensetzung einer Nukleinsäure läßt sich sehr einfach über die Analyse der Nukleotide oder Nukleoside durch Verdauung der DNA oder RNA mit einer unspezifischen Phosphodiesterase (*S. marcescens*-Nuklease = Benzonase®, in Kombination mit Nuklease P1 liefert Nukleotid-5'-monophosphate), evtl. gefolgt von einer Dephosphorylierung mit Alkalischer Phosphatase und Analyse des Hydrolysats über RP-HPLC bestimmen. Damit lassen sich auch modifizierte Nukleotide bzw. Nukleoside erfassen.

Für doppelsträngige Nukleinsäuren gilt die Chargaffsche Regel:

$$A = T(U);\; G = C$$

Der Gehalt einer doppelsträngigen DNA an GC- bzw. AT-Basenpaaren läßt sich durch Zentrifugation im CsCl-Gradienten (s. Kap. 4.3.4.2) bestimmen. Im Gleichgewicht gilt nämlich für die Dichte ρ der DNA mit dem GC-Gehalt f_{GC} $(0 \cdots 1)$ bei 25 °C:

$$\rho = (1.66 + 0.098 \cdot f_{GC}) \cdot 10^3 \; [\mathrm{kg} \cdot \mathrm{m}^{-3}] \qquad (5.14)$$

5.2.4 Restriktionskartierung

Für die Charakterisierung einer DNA ist es oft ausreichend, die genaue Anordnung einiger Restriktionsspaltstellen anzugeben. Dazu wird die DNA in jeweils getrennten Ansätzen mit mehreren Restriktionsenzymen gespalten, und die entstandenen Restriktionsfragmente werden elektrophoretisch aufgetrennt. Durch Endmarkierung und Partialverdau bzw. durch Vergleich der Spaltung mit einem und zwei Restriktionsenzymen lassen sich die Restriktionsfragmente zuordnen (Abb. 5-15). Je nach Größe der zu untersuchenden DNA wird man Restriktionsenzyme mit unterschiedlich langen Erkennungssequenzen auswählen (Pingoud et al. 1993). Für kleine DNA-Stücke oder ein kleines Bakteriophagengenom sind Restriktionsenzyme wie *Hae*III (Erkennungssequenz: GG/CC) oder *Hpa*II (Erkennungssequenz: C/CGG) geeignet, für größere DNA-Stücke oder mittelgroße Bakteriophagen Restriktionsenzyme wie *Bam*HI (Erkennungssequenz: G/GATCC) oder *Eco*RV (Erkennungssequenz: GAT/ATC). Für große Genome, z.B. von Bakterien, wird man sogenannte *rare cutter* verwenden, wie *Not*I (Erkennungssequenz: GC/GGCCGC) oder *Sfi*I (Erkennungssequenz: GG-CC(N4)/NGGCC); die Auftrennung solcher großer Restriktionsfragmente bedarf allerdings der *pulsed field gelelectrophoresis.*

Es ist klar, daß man einen Ausschnitt aus einem sehr großen Genom, wie z.B. dem des Menschen, nicht mehr direkt kartieren kann, sondern, daß man dazu den interessierenden Ausschnitt durch Hybridisierung mit radioaktiv oder z.B. Digoxigenin-markierten Sonden aus dem Hintergrund der großen Zahl nicht aufgelöster Restriktionsfragmente hervorheben muß. Statt die Restriktionsfragmente der DNA über einen Southern-*blot* nachzuweisen, geht man aber immer mehr dazu über, den interessierenden DNA-Bereich vor der Restriktionsspaltung durch die Polymerasekettenreaktion (PCR) (s. Kap. 5.2.6) zu amplifizieren und das amplifizierte Material der Restriktionskartierung zu unterziehen.

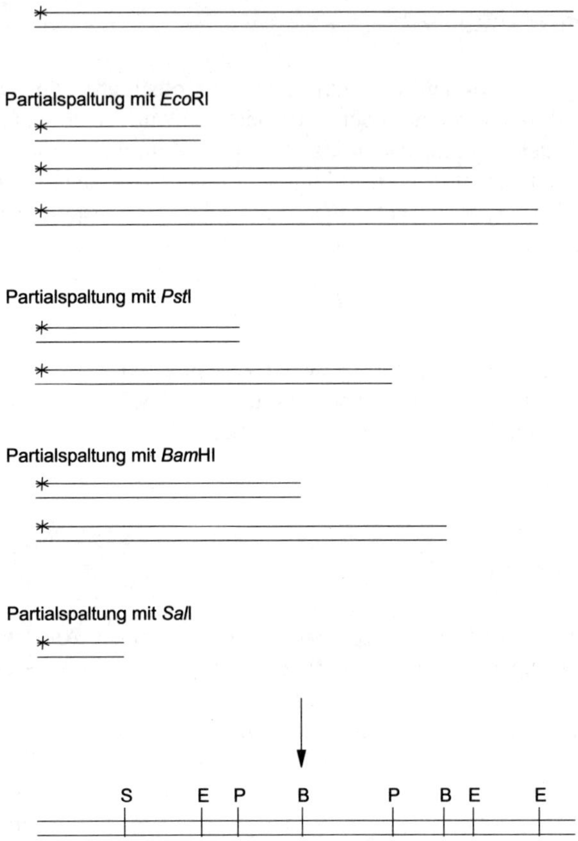

Abb. 5-15: Restriktionskartierung.
Am einfachsten lassen sich Restriktionskartierungen mit an einem Ende markierter DNA (z.B. durch Verwendung eines radioaktiv-, DIG- oder Fluoreszenz-markierten *primer* in der PCR) durchführen. Durch Partialspaltung mit verschiedenen Restriktionsenzymen entstehen Fragmente, deren unterschiedliche Länge sich durch Elektrophorese bestimmen läßt. Aufgrund der Tatsache, daß nur die Fragmente detektiert werden, die die Endmarkierung tragen, läßt sich eine eindeutige Zuordnung der Fragmente, wie unten angegeben, treffen und damit eine Restriktionskarte erstellen.

5.2.5 Nachweis spezifischer DNA- bzw. RNA-Sequenzen durch Southern- bzw. Northern-*blotting*.

Spezifische Sequenzen auf DNA- oder RNA-Fragmenten, die auf einem Agarose- oder Polyacrylamidgel aufgetrennt wurden, können durch eine Hybridisierung mit komplementären, radioaktiv oder nicht-radioaktiv markierten DNA-Sonden nachgewiesen werden. Dazu muß die nachzuweisende Nukleinsäure auf eine Nitrocellulose- oder Nylonmembran transferiert werden. Dieses *blotting* kann durch Kapillarwirkung bewerkstelligt werden oder effektiver durch ein elektrisches Feld. Beim klassischen Southern-Verfahren (Southern 1975) wird ein Restriktionsverdauungsansatz eines komplexen DNA-Gemisches durch Elektrophorese in Agarose- oder Polyacrylamidgelen aufgetrennt, die DNA durch Alkalibehandlung denaturiert und dann auf eine Nitrocellulosemembran transferiert (Kap. 4.2.6). Nach dem Transfer wird die Membran gewaschen, bei ca. 80 °C „gebacken" (dabei wird die DNA quasi irreversibel immobilisiert; bei der Verwendung von Nylonfiltern ist das „Backen" nicht notwendig) und dann mit der Prähybridisierungslösung, die 0.02 % (w/v) Ficoll, 0.02 % (w/v) Polyvinylpyrrolidon und 0.02 % (w/v) Rinderserumalbumin enthält, bei erhöhter Temperatur inkubiert. Die Hybridisierung erfolgt anschließend mit einer Lösung, die die radioaktiv markierte Sonde enthält. Durch Erhöhung der Temperatur oder der Formamidkonzentration bei dieser Hybridisierung werden Fehlpaarungen unterdrückt und damit die Stringenz erhöht. Nach der Hybridisierung, die man wegen der langsamen Reaktionsgeschwindigkeit über ca. 12 h durchführt, wird der Filter gewaschen und getrocknet. Die hybridisierte DNA wird anschließend durch Autoradiographie nachgewiesen.

Dieses Nachweisverfahren für spezifische Nukleinsäuresequenzen kann in Gegenwart eines großen Überschusses unspezifischer Nukleinsäuren natürlich auch ohne vorausgegangene elektrophoretische Auftrennung durchgeführt werden. Davon macht man Gebrauch, um rekombinante Bakterienklone auf Agarplatten auf die Anwesenheit bestimmter DNA-Sequenzen zu durchmustern (*colony hybridization*) (Grunstein & Hogness 1975) oder den Gehalt eines Extrakts an spezifischen mRNA-Spezies zu quantifizieren (*dot blot*) (Dyson 1991).

5.2.6 Nachweis spezifischer DNA- bzw. RNA-Sequenzen durch die Polymerasekettenreaktion (PCR)

Für viele Zwecke kann der qualitative wie quantitative Nachweis spezifischer Nukleinsäuresequenzen durch die *polymerase chain reaction* (PCR) einfacher durchgeführt werden als durch Southern- oder Northern-*blotting* (Ausführliche Darstellung: Mullis 1990; Mullis et al. 1994; Newton & Graham 1994; McPherson et al. 1995; Innis et al. 1995). Dieses auf Mullis zurückgehende Verfahren, das die Biowissenschaften revolutioniert hat, beruht auf der Amplifikation der nachzuweisenden DNA (oder der RNA nach reverser Transkription: RT-PCR). Dazu wird das DNA-*template* in sukzessiven Zyklen von Denaturierung (Trennung des Doppelstrangs in die Einzelstränge), *primer annealing* (Hybridisierung zweier komplementärer Oligodeoxynukleotide an mehr oder weniger weit auseinanderliegenden Regionen des „oberen" bzw. „unteren" Stranges der doppelsträngigen DNA) und Polymerisation exponentiell amplifiziert, so daß im Idealfall nach ca. 20 Zyklen eine millionenfache und nach ca. 30 Zyklen eine milliardenfache Vermehrung des ursprünglichen *template* erreicht werden kann (Abb. 5-16). Der eigentliche Durchbruch der Methode wurde durch die Verwendung der thermostabilen DNA-Polymerase aus *Thermus aquaticus*, der *Taq*-Polymerase, erreicht. Diese Polymerase verträgt die für die DNA-Denaturierung (ca. 95 °C) und ein stringentes *annealing* (ca. 50 – 75 °C) notwendigen hohen Temperaturen. Damit war der PCR-Prozess automatisierbar geworden: In einem *thermocycler* wird das Reaktionsgemisch (DNA-*template* in beinahe beliebig geringer Menge, 0.1 – 1 µM *primer*, 200 µM dNTPs und *Taq*-Polymerase) einem zyklisch ablaufenden Temperaturprogramm unterworfen (Abb. 5-17). Moderne *thermocycler* erreichen Zykluszeiten von < 1 min, so daß eine PCR mit 30 Zyklen in weniger als 1 h beendet ist. Mit der Möglichkeit, viele Proben parallel zu bearbeiten, z.B. in dem 96*well*-Mikrotiterplattenformat, hat sich die PCR als Routinemethode etabliert.

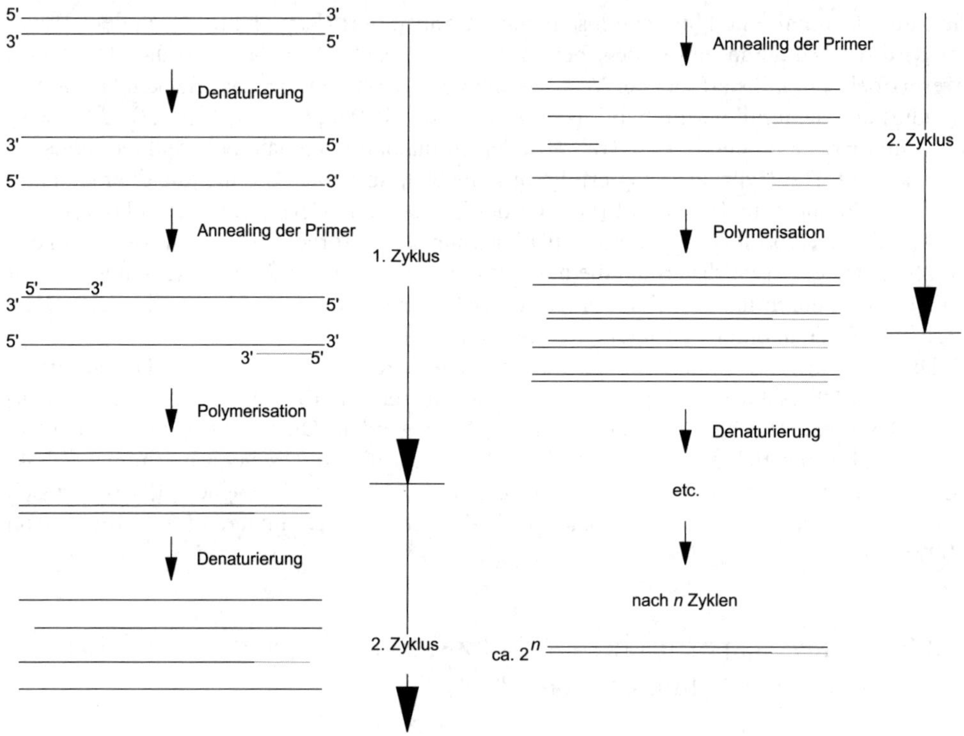

Abb. 5-16: Prinzip der Polymerasekettenreaktion.
Die Polymerasekettenreaktion (PCR) beruht auf der *template*-gesteuerten und *primer*-abhängigen Replikation doppelsträngiger DNA. Am Beginn der Reaktion steht die Denaturierung der doppelsträngigen DNA, die von der Hybridisierung von zwei zum *template* komplementären *primer*-Oligonukleotiden (*annealing*) und der eigentlichen Polymerisationsreaktion gefolgt wird. Mit der erneuten Denaturierung beginnt der 2. Zyklus. Nach n Zyklen hat bei 100 % Ausbeute jeder Reaktion eine 2^n-fache Vermehrung der ursprünglich vorhandenen *template*-Menge stattgefunden.

Die große Leistungsfähigkeit der PCR beruht auf mehreren Besonderheiten des Verfahrens:

1. der exponentiellen Amplifikation

$$c_n = c_0(1+x)^n \tag{5.15}$$

   wobei c_n die Konzentration der amplifizierten DNA, c_0 die *template*-Konzentration, x die Amplifikationseffizienz ($x \leq 1$) und n die Zahl der Zyklen angibt,
2. der hohen Empfindlichkeit, die es im Prinzip erlaubt, sogar noch ein Molekül spezifischer DNA im hohen Überschuß unspezifischer DNA nachzuweisen,
3. der hohen Spezifität, die durch die genaue Hybridisierung der beiden *primer* mit den komplementären Sequenzen der *template*-DNA gegeben ist und die man durch die *annealing*-Temperatur beeinflussen kann,
4. der beträchtlichen Robustheit des Verfahrens, die es möglich macht, DNA reproduzierbar auch in komplexer Matrix spezifisch nachzuweisen,

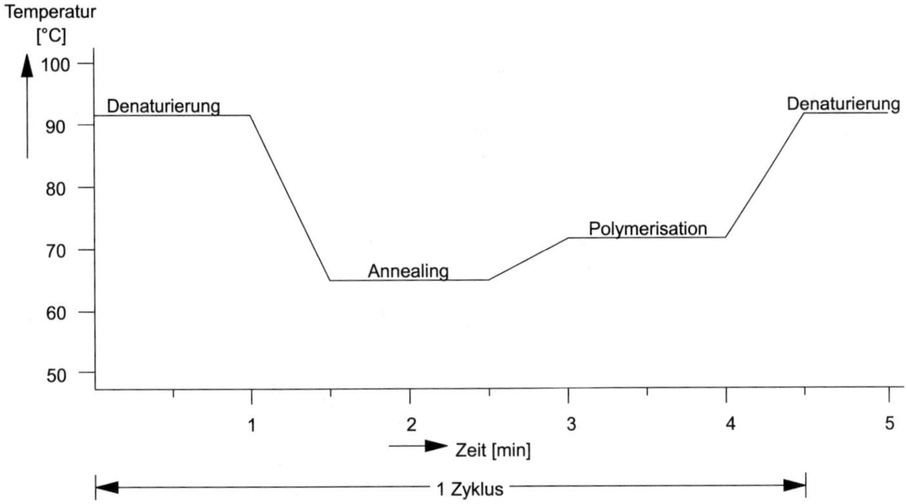

Abb. 5-17: Typisches Temperaturprofil bei der Polymerasekettenreaktion.
Die Polymerasekettenreaktion (PCR) wird in einem Thermocycler durchgeführt, der mikroprozessorgesteuert innerhalb eines jeden Zyklus die Temperaturen so variiert, daß gewährleistet ist, daß bei hohen Temperaturen die doppelsträngige DNA denaturiert wird, bei niedrigeren Temperaturen eine optimale Hybridisierung der *primer* erfolgt (*annealing*) und schließlich die Polymerisation beim Temperaturoptimum der thermostabilen Polymerase abläuft.

5. des apparativ geringen Aufwands für die Durchführung der PCR durch mikroprozessorgesteuerte *thermocycler* und für die Analyse der PCR-Produkte mit Hilfe konventioneller Gelelektrophoresegeräte.

Die PCR wird meist zur Amplifikation von DNA-Sequenzen von ca. 200 bis 2 000 Basenpaaren Länge benutzt. Bei längeren Sequenzen wird die Gefahr, daß die *Taq*-Polymerase ein falsches Nukleotid einbaut, groß. Durch Verwendung verschiedener DNA-Polymerasen, meist einer Variante der *Taq*-Polymerase und einer thermostabilen DNA-Polymerase mit einer 3' $\rightarrow$ 5'- *proofreading*-Aktivität, wie z.B. der *Pwo*-Polymerase können sogar DNA Sequenzen von 20 000 Basenpaare Länge und mehr amplifiziert werden.

Als *primer* werden Oligodeoxynukleotide von mindestens 20 Basenpaare Länge und nicht zu geringem GC-Gehalt eingesetzt, um zu gewährleisten, daß das *annealing* spezifisch ist und das *primer-template*-Paar bei der optimalen Polymerisationstemperatur von 65 – 75 °C nicht dissoziiert.

Wenn die PCR zum routinemäßigen Nachweis geringster Mengen an Nukleinsäuren benutzt wird, ist das Problem der Verschleppung von amplifizierter DNA in weitere PCR-Ansätze gegeben. Um dieses Problem zu vermeiden, müssen mehrere Vorsichtsmaßnahmen getroffen werden: strikte Trennung der Arbeitsbereiche für Probenvorbereitung, PCR-Durchführung und Produktanalyse, Einsatz von besonderen Pipetten und präaliquotierten Lösungen, sowie Verwendung sogenannter PCR-Sterilisationsprotokolle, bei denen z.B. während der PCR die Produkte durch Isopsoralen so modifiziert werden, daß sie nachgewiesen werden können, aber nach einer Bestrahlung mit langwelligem UV-Licht nicht mehr als *template* dienen können.

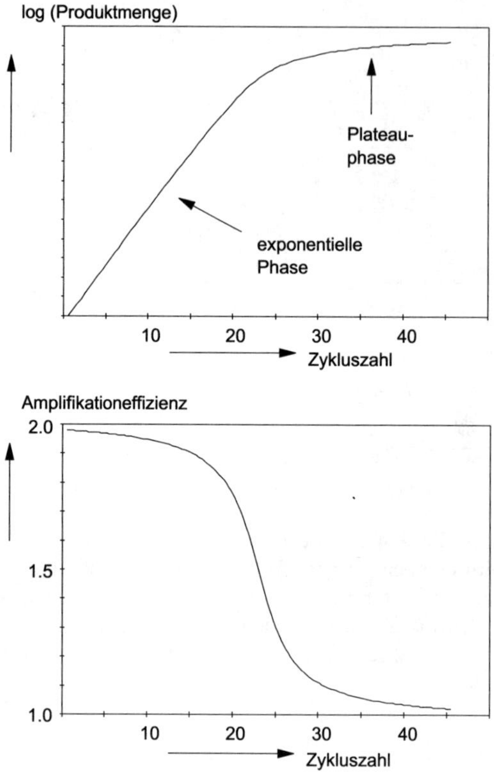

Abb. 5-18: Zusammenhang zwischen Zykluszahl und Produktmenge bei der Polymerasekettenreaktion.
Nur unter optimalen Bedingungen, die annähernd nur während der ersten Zyklen gegeben sind, folgt die Produktbildung einem exponentiellen Gesetz. Mit der Akkumulation des Reaktionsproduktes Pyrophosphat, der zunehmenden Konkurrenz zwischen *primer* und komplementärem DNA-Strang um das *template*, sowie der Konkurrenz der *template*-Moleküle um die Polymerase und deren Denaturierung kommt es zu einer Reaktionsverlangsamung bis in der Plateauphase kaum noch eine Amplifikation stattfindet (oben). Entsprechend nimmt die Amplifikationseffizienz von 2 auf 1 ab.

Die Analyse der PCR-Produkte wird meistens elektrophoretisch durchgeführt, da die amplifizierte DNA durch ihre Länge eindeutig charakterisiert ist. Für Routinezwecke ist dies allerdings nicht die Methode der Wahl. Als Alternative bietet sich eine Identifizierung über die Sequenz an, d.h. durch Hybridisierung mit Oligodeoxynukleotiden, die so modifiziert sind, daß sie z.B. über eine durch Antikörper vermittelte Farbreaktion nachgewiesen werden können.

PCR ist in erster Linie ein qualitatives Verfahren zum Nachweis spezifischer DNA oder RNA. Sie ist als quantitatives Verfahren nur nach genauer Standardisierung geeignet. Obwohl der Zusammenhang zwischen c_n und c_o eindeutig ist (5.15), gilt dieser nur für die exponentielle Phase und dann auch nur, wenn die Amplifikationseffizienz x in den zu analysierenden Proben exakt gleich ist und während der Reaktion gleich bleibt. Das ist normalerweise nicht der Fall. Bei nur leicht unterschiedlicher Zusammensetzung der Proben kann

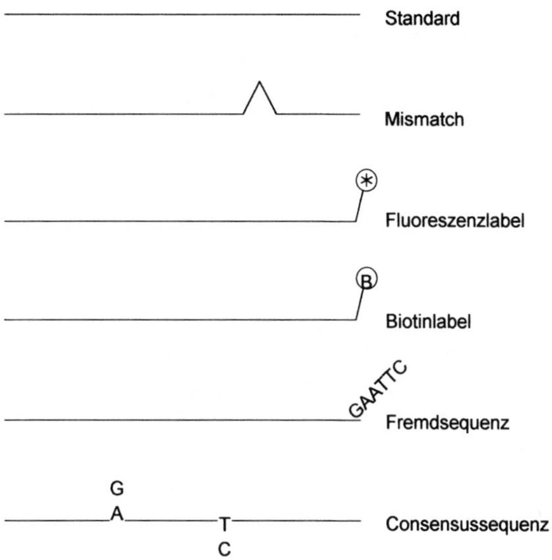

Abb. 5-19: Einsatzmöglichkeiten der Polymerasekettenreaktion durch *primer* Auswahl.
Durch Variation der *primer* kann die Polymerasekettenreaktion (PCR) für sehr viele verschiedene Zwecke eingesetzt werden. Mit Standard*primer*-Molekülen wird DNA „nur" amplifiziert. *Primer*, die einen *mismatch* tragen, erlauben, gezielt Mutationen einzuführen. Mit *primer*-Molekülen, die einen Fluoreszenz-*label* oder einen Biotinrest tragen, kann DNA vermehrt und markiert werden, z.B. zum Zwecke der Sequenzierung, der Kartierung oder zur Herstellung von Sonden. *Primer*, die am Ende zum *template* nicht komplementäre Sequenzen tragen, können so für eine Klonierung vorbereitet werden. Mit Hilfe von degenerierten *primer*-Molekülen kann durch PCR ein *template* amplifiziert werden, dessen Sequenz man nicht genau kennt.

es zu nicht kalkulierbaren Unterschieden in der Amplifikationseffizienz kommen. Während der Reaktion akkumulieren Reaktionsnebenprodukte (Pyrophosphat), die die Reaktion hemmen, und Reaktionsprodukte (doppelsträngige DNA), deren Einzelstränge mit dem jeweiligen *primer* um den komplementären Strang kompetieren. Gleichzeitig nehmen *primer*- und dNTP-Konzentration ab. Als Summe dieser Effekte sinkt die Amplifikationseffizienz, bis in der Plateauphase die PCR langsam zum Erliegen kommt und der Zusammenhang von c_n und c_o (5.15) verlorengeht (Abb. 5-18). Andererseits ist erst mit dem Beginn der Plateauphase genügend Produkt gebildet worden, um einen gelelektrophoretischen Nachweis mit Ethidiumbromidfärbung zu gewährleisten. Nichtsdestotrotz kann PCR zum quantitativen Nachweis genutzt werden, wenn dem Reaktionsgemisch zu Anfang der Reaktion ein interner Standard in genau definierter Menge zugesetzt wird. Dieser Standard sollte sich im Idealfall so wenig wie möglich vom nachzuweisenden *template* unterscheiden, damit er mit dem gleichen *primer*-Paar und mit der gleichen Effizienz amplifiziert werden kann. Bewährt haben sich Standards, die bei ansonsten gleicher Sequenz um nur wenige Basenpaare kürzer oder länger als das *template* sind, so daß sich ihre Amplifikationsprodukte von denen des nachzuweisenden *template* auf einem Elektrophoresegel unterscheiden lassen.

PCR ist aber nicht nur ein Verfahren zum qualitativen und quantitativen Nachweis von DNA oder RNA, sondern kann auch dafür verwendet werden, unbekannte Nukleinsäuresequenzen zu „isolieren", sofern man über Partialsequenzinformation verfügt, oder Nukleinsäuresequenzen zu mutieren, indem man *mismatch primer* einsetzt, ja sogar, um Nukleinsäuresequenzen zu markieren, z.B. unter Verwendung von α-[^{32}P]- oder von α-[^{35}S]-dNTPs, oder mit Hilfe eines *primer*, der mit einem Fluoreszenzfarbstoff gekoppelt ist (Abb. 5-19).

5.2.7 Sequenzierung von Nukleinsäuren

Die enormen Fortschritte der Biowissenschaften in den letzten 20 Jahren sind eng verbunden mit der Entwicklung leistungsfähiger Verfahren für die Sequenzierung von DNA (Ausführliche Darstellung: Griffin & Griffin 1994). Zwei prinzipiell verschiedene Methoden wurden Ende der 70er Jahre entwickelt und verfeinert, das chemische Verfahren von Maxam und Gilbert (1977) und das biochemische Verfahren von Sanger, Nicklen und Coulson (1977). Beide beruhen auf der Generierung einer Serie von Oligodeoxynukleotiden, die es nach Trennung auf einem denaturierenden Polyacrylamidgel erlauben, die Sequenz der DNA direkt vom Gel „abzulesen". Der Unterschied der beiden Verfahren besteht darin, daß beim Maxam-Gilbert-Verfahren die DNA durch chemische Agenzien basenspezifisch (nach G, G + A, C, T + C) zu Oligodeoxynukleotiden gespalten wird, beim Sanger-Verfahren dagegen Oligodeoxynukleotide durch enzymatische Polymerisation *template*-gesteuert synthetisiert werden und je nach Ansatz mit einem A, G, C oder T enden. Das Produktgemisch ist in beiden Fällen vergleichbar: eine Serie von Oligodeoxynukleotiden, die sich jeweils um 1 Nukleotid in der Länge unterscheiden und durch die Wahl der Spaltungs- bzw. Polymerisationsbedingungen als mit G, G + A, C, T + C (Abb. 5-20) bzw. mit G, A, T, C endend zuordnen lassen (Abb. 5-21). Durch Vereinfachungen bei der Produktion des *template* hat sich das Sanger-Sequenzierungsverfahren immer mehr durchgesetzt, so daß heute DNA fast ausschließlich nach diesem Verfahren und, nach reverser Transkription, auch RNA sequenziert wird. Als besonders erfolgreich erwies sich eine Kombination von PCR und Sanger-Sequenzierungsverfahren, die als *Taq-cycle-sequencing* bezeichnet wird (Sears et al. 1992).

Zunächst sei im Folgenden die prinzipielle Vorgehensweise beim Sanger-Sequenzierungsverfahren erläutert. Man geht von einer einzelsträngigen DNA als *template* aus, die mit einem spezifischen *primer* hybridisiert wird. Durch eine Polymerase (z. B. dem Klenow-Fragment der DNA-Polymerase I aus *E. coli,* oder der Polymerase des *E. coli*-Phagen T7) wird dann der komplementäre Strang aus den Monomeren dGTP, dATP, dTTP und dCTP synthetisiert, und zwar in vier verschiedenen Ansätzen. Diese enthalten jeweils Dideoxy-GTP (ddGTP), ddATP, ddTTP bzw. ddCTP. Diese Dideoxy-Analoga der Deoxynukleosidtriphosphate werden von der DNA-Polymerase an Stelle der normalen Deoxynukleosidtriphosphate akzeptiert, in die wachsende Oligodeoxynukleotidkette eingebaut, aber nicht mehr verlängert, da sie keine 3' OH-Gruppe besitzen. Je nach relativer Konzentration von ddNTP zu dNTP kommt es früher oder später zum Kettenabbruch; durch Variation der Konzentration kann man den „Lesebereich" einer Sequenzierung beeinflussen. Die Vorgehensweise beim Sanger- oder Dideoxy-Verfahren ist in Abb. 5-21 dargestellt.

Entscheidend für die Effizienz einer DNA-Sequenzierung, unabhängig davon, ob die chemische oder biochemische Methode angewendet wurde, ist die Güte der anschließenden elektrophoretischen Trennung. Die Elektrophorese wird in Gegenwart von 7 M Harnstoff bei ca. 65 °C durchgeführt, um Sekundärstrukturen aufzulösen. Um Sequenzen von mehreren 100 Nukleotiden „lesen" zu können, mußten bestehende elektrophoretische Techniken immer mehr verbessert werden. Die Produkte von Sequenzierungsreaktionen wurden mit

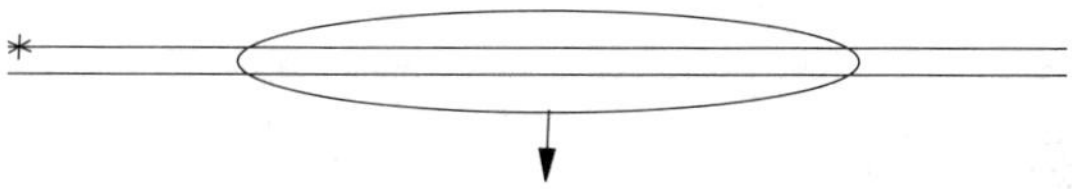

....GACTATTACCTACTA....

Spaltung nach A (Methylierung mit Dimethylsulfat, Spaltung der Kette durch Ansäuern bei niedriger Temperatur)

....GACTATTACCTACTA
....GACTATTACCTA
....GACTATTA
....GACTA
....GA

Spaltung nach G (Methylierung mit Dimethylsulfat, Spaltung der Kette durch Erhitzen im Alkalischen)

....G

Spaltung nach Pyrimidinen (Umsetzung mit Hydrazin, Spaltung der Kette durch Einwirkung von Piperidin)

....GACTATTACCTACT
....GACTATTACCTAC
....GACTATTACCT
....GACTATTACC
....GACTATTAC
....GACTATT
....GACTAT
....GACT
....GAC

Spaltung nach C (Wie Spaltung nach Pyrimidinen jedoch bei1.5 M NaCl)

....GACTATTACCTAC
....GACTATTACC
....GACTATTAC
....GAC

↓

Analyse der Fragmente durch Elektrophorese unter denaturierenden Bedingungen

Abb. 5-20: Maxam-Gilbert-Verfahren der DNA-Sequenzierung.
Ausgehend von der an einem Ende radioaktiv markierten DNA wird in vier verschiedenen Reaktionsansätzen eine Spaltung nach A, G, C + T und C durchgeführt. Die entstandenden Fragmente werden durch PAGE unter denaturierenden Bedingungen aufgetrennt. Nach der Elektrophorese werden die Banden durch Autoradiographie sichtbar gemacht und die Sequenz direkt vom Röntgenfilm abgelesen.

zunehmend dünneren (< 1 mm) und zunehmend längeren (< 1 m) Polyacrylamidgelen analysiert. Um „schwierige“ Sequenzen zu ermitteln, wurde dGTP durch das 7-Deazaanalogon, das schwächere Basenpaare ausbildet, ersetzt. Die Auflösung wurde durch Puffergradienten und Verwendung keilförmiger Gele weiter verbessert.

Während ursprünglich alle Sequenzierungen mit radioaktiv markierter DNA durch Einsatz von $\alpha[^{32}P]$-, später $[^{33}P]$- und $[^{35}S]$-dNTPs durchgeführt wurden, beginnt sich mittlerweile die Verwendung nicht-radioaktiver Markierungen durchzusetzen, nicht zuletzt, weil die gängigen Sequenzierautomaten mit fluoreszenzmarkierter DNA arbeiten. Die Markie-

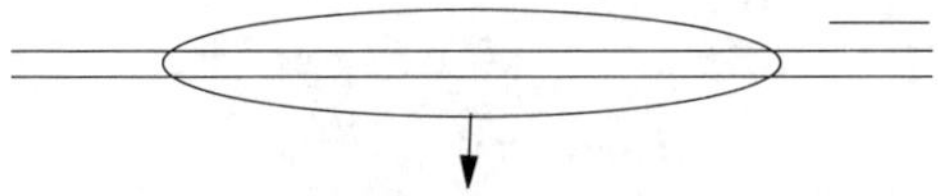

einzelsträngige oder doppelsträngige DNA als *template* für eine *primer*-gesteuerte Polymerase-Reaktion

....GACTATTACCTACTA....

Polymerisation in Gegenwart von ddATP

....GACTATTACCTACTddA
....GACTATTACCTddA
....GACTATTddA
....GACTddA
....GddA

Polymerisation in Gegenwart von ddGTP

....ddG

Polymerisation in Gegenwart von ddCTP

....GACTATTACCTAddC
....GACTATTACddC
....GACTATTAddC
....GAddC

Polymerisation in Gegenwart von ddTTP

....GACTATTACCTACddT
....GACTATTACCddT
....GACTATddT
....GACTAddT
....GACddT

↓

Analyse der Fragmente durch
Elektrophorese unter denaturierenden Bedingungen

Abb. 5-21: Sanger-Dideoxy-Verfahren der DNA-Sequenzierung.
Ausgehend von einem DNA-*template* wird in vier verschiedenen Reaktionsansätzen, die zu geringen Anteilen dideoxyATP, dideoxyGTP, dideoxyCTP oder dideoxyTTP enthalten, die DNA mit Hilfe einer DNA-Polymerase repliziert. Der durch den Einbau von Dideoxynukleotiden bewirkte Kettenabbruch führt zu verschiedenen Fragmenten, die durch PAGE unter denaturierenden Bedingungen getrennt werden. Nach der Elektrophorese werden die Banden, die z.B. durch Einbau von α-[^{32}P]-dATP radioaktiv markiert sind, durch Autoradiographie sichtbar gemacht und die Sequenz direkt vom Röntgenfilm abgelesen.

rung kann dabei entweder über den *primer* (*dye primer*) oder durch modifizierte ddNTPs (*dye terminators*) eingeführt werden.

Die spektakulären Erfolge verschiedener Genomsequenzierungsprojekte sind auf den Einsatz von Sequenzierautomaten zurückzuführen, die in ihren *high-tech*-Varianten mit Laser-induzierter Fluoreszenzdetektion arbeiten. Automatisiert ist dabei allerdings erst das „Lesen" des Gels. Gießen und Beladung des Gels sind nach wie vor langwierige, diffizile manuelle Tätigkeiten, obwohl es auch hier schon Automatisierungsversuche gibt. Hier verspricht die Kapillarelektrophorese, Abhilfe zu verschaffen. Prinzipiell andere Ansätze, die auf Massenspektroskopie (Köster et al. 1996) beruhen oder Sequenzen durch Hybridisierung an immobilisierten Oligodeoxynukleotiden (Chee et al. 1996; Southern 1996) bestimmen, sind noch weit davon entfernt, brauchbare Alternativen für das Dideoxy-Verfahren in Verbindung mit konventioneller gelelektrophoretischer Analytik zu sein.

Noch vor einigen Jahren wurde zu sequenzierende DNA in für diese Zwecke maßgeschneiderte Varianten des *E. coli* Phagen M13 (M13 mp Vektoren) ligiert, die dann in *E. coli* vermehrt und als einzelsträngige Version isoliert wurden, die dann mit Hilfe kommerziell erhältlicher *primer* direkt sequenziert werden konnten. Mit Hilfe der PCR kann man diesen mikrobiologischen „Umweg" vermeiden. Die zu sequenzierende DNA wird zunächst mit Hilfe der PCR amplifiziert. Durch Ultrafiltration werden überschüssige *primer* und dNTPs abgetrennt. Bei dem anschließenden *Taq-cycle-sequencing* werden mit Hilfe der *Taq*-Polymerase und einem *primer* parallel vier verschiedene Polymerisationsreaktionen durchgeführt, bei denen ddGTP, ddATP, ddTTP bzw. ddCTP anwesend sind. Es handelt sich dabei um eine asymmetrische PCR, da von einem doppelsträngigen *template* nur ein Strang abgelesen wird. Man erhält auf diese Weise den für die Dideoxy-Sequenzierung benötigten Satz von Oligo- bzw. Polynukleotiden, die sich sukzessive um je ein Nukleotid in der Länge voneinander unterscheiden und auf G, A, T oder C enden. Durch anschließende Elektrophorese kann dann die Sequenz ermittelt werden. *Taq cycle sequencing* kann mit markiertem *primer* (für Radioaktivitäts-, Fluoreszenz- oder Lumineszenzdetektion), mit markierten dNTPs (für Radioaktivitätsdetektion) oder mit markierten ddNTPs (für Fluoreszenzdetektion), und daher mit allen Varianten des Dideoxy-Verfahrens durchgeführt werden.

5.2.8 Messung der Stabilität von doppelsträngigen Nukleinsäuren

Die Stabilität der doppelsträngigen Struktur von Nukleinsäuren ist eine Funktion intrinsischer und extrinsischer Parameter. Die bestimmenden intrinsischen Paramter sind die Länge und Sequenz der beiden Stränge des doppelsträngigen Polynukleotids. Entscheidende extrinsische Parameter sind Temperatur, Pufferzusammensetzung (insbes. Ionenstärke) und Konzentration der Nukleinsäure. Allgemein gilt, daß mit Erhöhung der Temperatur, Erniedrigung der Ionenstärke, Erhöhung des pH-Wertes, Zunahme der Fehlpaarungen, sowie Zugabe von Formamid und Harnstoff die Stabilität der doppelsträngigen Struktur abnimmt. Für viele Zwecke (Southern- und Northern-*blotting*, PCR) sind Abschätzungen der Stabilität nützlich. Zur Beschreibung der thermischen Stabilität von hochmolekularer DNA (> 100 Basenpaare) wird üblicherweise die Schmelztemperatur als T_M-Wert [°C] angegeben, die als die Temperatur definiert ist, bei der 50 % der ursprünglich doppelsträngigen DNA als Einzelstrang vorliegt. Für ihre Abschätzung gelten folgende empirisch gewonnenen Beziehungen (Überblick: Schleif & Wensink 1981):

1. $T_M = (69.3 + 41 \cdot f_{GC})[^\circ\mathrm{C}]$ (in 0.15 M NaCl, 0.015 M Na-Citrat)
2. $T_M = (81.5 + 16.6 \cdot \lg(c_s) + 41 \cdot f_{GC})[^\circ\mathrm{C}]$ wobei c_s die molare Konzentration eines 1:1 Salzes (z.B. NaCl) ist
3. Zunahme der Fehlpaarung von Basenpaaren um 1 % führt zur Abnahme des T_M um 1 °C.
4. Zunahme der Formamidkonzentration um 1 % führt zur Abnahme des T_M um 0.7 °C

Die Längenabhängigkeit der Duplexstabilität kommt erst bei Oligonukleotiden mit weniger als ca. 100 Basenpaaren zum Tragen. Für Oligonukleotide zwischen 14 und 70 Basenpaaren gilt als Näherung:

$$T_M = (81.5 + 16.6 \cdot \lg(c_s) + 41 \cdot f_{GC} - 500/N)[^\circ\mathrm{C}] \tag{5.16}$$

wobei N die Anzahl der Basenpaare ist

Für Oligonukleotide mit weniger als 14 Basenpaaren ergibt sich (Rychlik et al. 1990):

$$T_M = 2 \cdot (n_A + n_T) + 4 \cdot (n_G + n_C) \tag{5.17}$$

$n_x \Rightarrow$ Anzahl der Basen X im Oligonukleotid

Genauer als durch die Basenzusammensetzung läßt sich die thermische Stabilität von doppelsträngiger DNA durch die Dinukleotidzusammensetzung bestimmen (SantaLucia et al. 1996) Die Stabilität von doppelsträngigen Nukleinsäuren kann durch Aufnahme von „Schmelzkurven" exakt bestimmt werden. Besonders einfach ist dies durch kontinuierliche Registrierung der UV-Absorption bei 260 nm durchzuführen, da es bei der Doppelstrangtrennung zu einer Entstapelung der Nukleobasen kommt und damit verbunden zu einer Zunahme der Extinktion (Hyperchromizität). Umgekehrt kann die Doppelstrangbildung ausgehend von komplementären Einzelsträngen durch Abnahme der Extinktion (Hypochromizität) verfolgt werden.

Während die Doppelstrangtrennung ein Prozeß erster Ordnung ist (hier für DNA formuliert):

$$\frac{dc_{ssDNA}}{dt} = k_{Diss} \cdot c_{dsDNA} \tag{5.18}$$

ist die Doppelstrangbildung ein Prozeß zweiter Ordnung:

$$\frac{dc_{dsDNA}}{dt} = k_{Ass} \cdot c_{ssDNA_a} \cdot c_{ssDNA_b} \tag{5.19}$$

wobei es sich bei $ssDNA_a$ und $ssDNA_b$ um die koplementären Einzelstränge handelt. Das bedeutet, daß die Halbwertzeit für die Doppelstrangtrennung ($t_{1/2} = 0.69/k_{diss}$) konzentrationsunabhängig ist, während die Halbwertzeit für die Doppelstrangbildung bei gleicher Konzentration der beiden Einzelstränge konzentrationsabhängig ist: $t_{1/2} = 0.69/k_{ass}$ [ssDNA].

Diese Zusammenhänge machen deutlich, daß die Angabe eines experimentell bestimmten T_M-Wertes nur für eine bestimmte Konzentration gilt. Sie zeigen auch, daß der Zeitbedarf für eine Hybridisierungsreaktion oder das *annealing* von komplementären Nukleinsäuren von der Konzentration der Nukleinsäuren abhängt. Diese Abhängigkeit erlaubt, durch Messung der Reassoziationskinetik einer unbekannten DNA-Probe Information über ihre Komplexität zu gewinnen. Je mehr Zeit bei gegebener DNA-Konzentration und DNA-Länge (standardisiert durch Ultrabeschallung) benötigt wird, um einzelsträngige DNA in doppelsträngige DNA zu überführen, desto komplexer muß das DNA-Gemisch sein, d.h. desto mehr unterschiedliche DNA-Sequenzen müssen in ihm enthalten sein. Bei einem wenig komplexen DNA-Gemisch ist die Konzentration an bestimmten DNA-Sequenzen hoch: entsprechend schnell finden sich komplementäre Sequenzen. Umgekehrt gilt: bei einem hochkomplexen DNA-Gemisch ist die Konzentration an bestimmten DNA-Sequenzen sehr gering, so daß sich komplementäre Sequenzen nur sehr langsam finden. Zur quantitativen Auswertung von Reassoziationsexperimenten geht man von folgender Beziehung aus:

$$\frac{c(t)}{c_0} = \frac{1}{1 + k_{ass} \cdot c_0 \cdot t} \tag{5.20}$$

$c(t); c_0 \Rightarrow$ Konzentration einzelsträngiger DNA zum Zeitpunkt t bzw. 0

Trägt man $c(t)/c_0$ gegen $c_0 \cdot t$ auf, erhält man bei $c(t)/c_0 = 0.5$ den $c_0 \cdot t_{1/2}$-Wert („cot"-Wert), der proportional zum Anteil komplementärer Sequenzen in der DNA-Probe ist.

5.2.9 Oligonukleotidsynthese

Die meisten molekularbiologischen und viele biochemische Arbeiten sind darauf angewiesen, daß Oligodeoxynukleotide beliebiger Sequenz zur Verfügung stehen: das mögen *primer* für die PCR sein, für die Sequenzierung oder für die Mutagenese von DNA, das können aber auch Substrate für die Untersuchungen der Wechselwirkung von Proteinen mit Nukleinsäuren sein, oder Material für biophysikalische oder biophysikalisch-chemische Untersuchungen. Zunehmend werden heute auch Oligoribonukleotide hergestellt. Während vor 25 Jahren die Oligodeoxynukleotidsynthese noch als eine Hohe Kunst angesehen werden mußte, die nur in wenigen Laboratorien weltweit beherrscht wurde, wird sie heute routinemäßig in vielen Laboratorien betrieben (Ausführliche Darstellung: Narang 1987; Agrawal 1993). Die Voraussetzung für diese Entwicklung war aber, daß, ähnlich wie bei der Peptidsynthese, Verfahren ausgearbeitet wurden, die eine Synthese an fester Phase (Letsinger & Mahadevan, 1965) und damit eine Automatisierung ermöglichten, die wiederum von Geräte- und Chemikalienherstellern durch entsprechende Produktentwicklungen und Produktbereitstellungen unterstützt wurden.

Bei diesen Verfahren handelt es sich um die β-Cyanoethyl-Phosphoramidit-Methode an fester Phase (Abb. 5-22), dessen Prinzip auf Mateucci & Caruthers (1981) zurückgeht. Die Synthese beginnt mit dem 3'-terminalen Nucleosid, das über einen *spacer* mit dem Träger, z.B. aus *controlled pore glass*, verbunden ist. Ganz analog wie bei dem Merrifield-Verfahren für die Peptidsynthese werden nun durch schrittweise Verlängerung Monomer-„Bausteine" in die zum 5'-Ende hin wachsende Oligonukleotidkette eingebaut. Dabei kommen geschützte Phosphoramidite zum Einsatz. Als Schutzgruppen für die 5'-OH-Gruppe der Phosphoramidite dient die Dimethoxytritylgruppe (DMT), der Phosphor am 3'-OH trägt eine β-Cyanoethyl- und eine N,N-Diisopropylaminogruppe (iPr_2), die exocyclische Aminofunktion des Adenins bzw. Cytosins wird mit einer Benzoylgruppe (bz), die exozyklische Aminofunktion des Guanins mit der Isobutylgruppe (ibu) geschützt. Während die Basenschutzgruppen erst am Ende der Synthese abgespalten werden, muß die Schutzgruppe am 5'-Ende für jede Kopplung entfernt werden.

Jeder Zyklus besteht aus Addition des geschützten Phosphoramidit-„Bausteins", Aktivierung desselben und Kopplung mit der freien 5'-OH-Gruppe des mit dem Träger verbundenen, wachsenden Oligodeoxynukleotids. Die Aktivierung erfolgt mit Tetrazol, das die Aminogruppe des Phosphoramidits protoniert und damit den Abgang des Diisopropylamins bei dem nukleophilen Angriff des Phosphors auf die 5'-OH-Gruppe erleichtert. Bei dieser Reaktion ist auf absolute Wasserfreiheit zu achten, was dadurch gewährleistet wird, daß trockenes Acetonitril als Lösungsmittel verwendet wird und das ganze System unter Schutzgas (Helium oder Argon) steht. Nach der Kopplung wird der entstandene Phosphittriester zu dem stabileren Phosphattriester oxydiert. Als Oxidationsmittel wird eine wässrige I_2-Lösung benutzt. Da die Kopplungsreaktion nicht ganz zu 100 % abläuft, müssen nicht umgesetzte 5'-OH-Enden blockiert werden. Dieses *capping* wird mit Acetanhydrid und N-Methylimidazol bewerkstelligt. Somit werden auf früher Stufe Fehlsequenzen abgeblockt. Bevor nun ein neuer Zyklus begonnen werden kann, muß die DMT-Gruppe des letzten inkorporierten Bausteins abgespalten werden, um ein neues 5'-OH-Ende freizulegen. Die Detritylierung wird

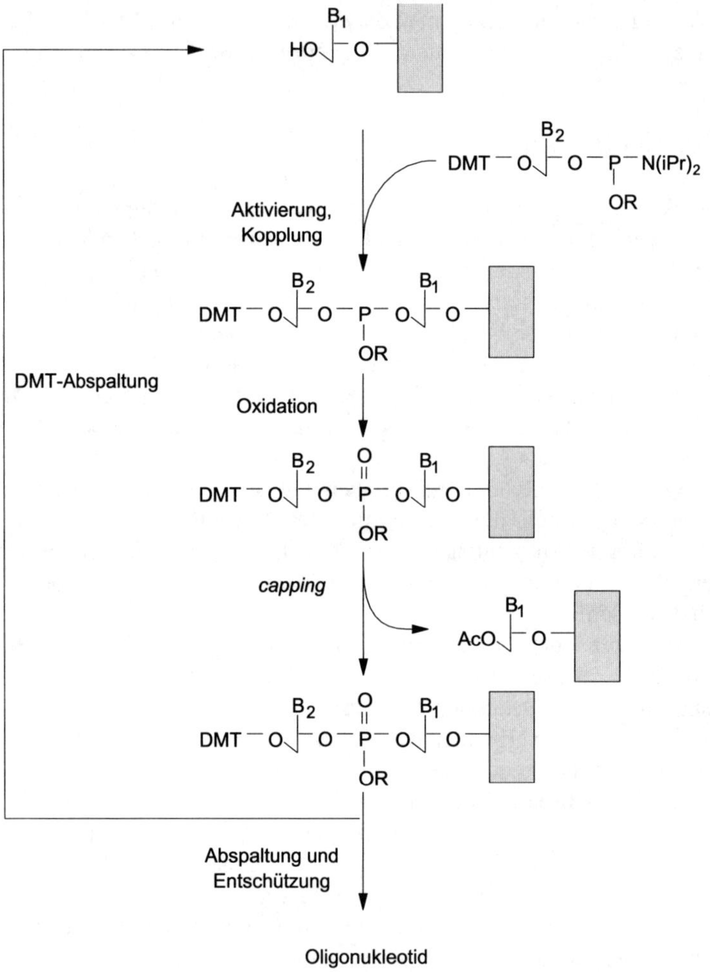

Abb. 5-22: Phosphoramidit-Methode für Oligodesoxynukleotidsynthesen.
Die -OH Gruppe des vorhergehenden Bausteins wird mit dem entsprechenden Phosphoramidit umgesetzt. Nach der Oxidation zum geschützten Phosphattriester wird nicht umgesetztes -OH im *capping*-Schritt blockiert. Die Dimethoxytritylgruppe (DMT) wird abgespalten und ein neuer Zyklus kann beginnen.

mit einer Dichloressigsäurelösung bewerkstelligt. Bei dieser Reaktion läßt sich die Kopplungsausbeute einfach bestimmen, da das Dimethoxytritylkation intensiv orange gefärbt ist und sich photometrisch bestimmen läßt. Diese Messung kann *on-line* mit einem Tritylmonitor erfolgen oder durch Sammeln der durch den DNA-*synthesizer* gepumpten Lösungen mit einem Fraktionssammler und späterer Messung der Absorption in einem Photometer *off-line*. Nach erneuter Zugabe, Aktivierung und Kopplung eines Phosphoramidits wird das Oligodeoxynukleotid um einen weiteren Baustein verlängert. Nach dem Ende der Synthese wird das Oligodeoxynukleotid durch Ammoniumhydroxid vom Träger abgespalten sowie die β-Cyanoethylgruppen am Phosphor und die Basenschutzgruppen entfernt. Das damit erhaltene

Rohprodukt wird durch RP-HPLC gereinigt. Es hat sich als vorteilhaft erwiesen, die DMT-Gruppe nach dem letzten Zyklus nicht gleich zu entfernen. Damit verbleibt an dem Oligodeoxynukleotid nach der Ammoniakbehandlung die unpolare DMT-Gruppe, die die Aufreinigung des gewünschten Oligodeoxynukleotids über RP-HPLC-Säulen oder RP-Kartuschen erleichtert, da alle Fehlsequenzen diese Gruppe nicht enthalten. Die DMT-Gruppe muß dann nach der RP-Chromatographie durch Dichloressigsäurebehandlung abgespalten werden. Für besondere Zwecke müssen Oligodeoxynukleotide noch weiter aufgereinigt werden. Dafür eignet sich HPLC auf RP- oder Anionenaustauschmaterialien bzw. präparative Elektrophorese auf Harnstoffgelen. Zur Detektion werden diese Gele auf eine Dünnschichtplatte mit UV-Indikatorfarbstoff gelegt und mit einer UV-Handlampe durchleuchtet. Die Oligodeoxynukleotide absorbieren das UV-Licht und werfen so einen „Schatten“ auf die Dünnschichtplatte (*shadow-casting*-Gel).

Oligodeoxynukleotide werden auf diese Weise mit einem DNA-*synthesiser* automatisch produziert. Diese DNA-*synthesizer* können z.T. auch nach anderen Syntheseprotokollen arbeiten, z.B. nach dem H-Phosphonat- oder Methylphosphonatverfahren. Sie können meist auch Oligoribonukleotide synthetisieren. Die Mehrzahl der DNA (oder besser DNA/RNA)-*synthesizer* sind 2- oder 4-Säulen-Geräte, so daß simultan 2 oder 4 Oligonukleotide synthetisiert werden können – ein deutlicher Hinweis darauf, wie wichtig synthetische Oligonukleotide für das molekularbiologische und biochemische Arbeiten geworden sind.

Mit Hilfe von DNA-*synthesizer* lassen sich auch modifizierte Oligonukleotide herstellen, z.B. Phosphorothioat-substituierte Oligodeoxynukleotide, bei denen in gewünschter Position ein nicht überbrückendes Sauerstoffatom der Phosphodiestergruppe durch ein Schwefelatom ersetzt wird. Dazu muß beim Phosphoramiditverfahren die Oxidation nicht mit I_2/H_2O sondern z.B. mit Tetraethylthiuramdisulfid (TETD) durchgeführt werden. Mit Phosphoramiditen von modifizierten Basen lassen sich z.B. 4-Methylcytosin, 6-Methyladenin, Hypoxanthin, 5-Brom- und 5-Ioduracil in synthetische Oligodeoxynukleotide einführen. Man kann so natürlich auch degenerierte Oligodeoxynukleotide herstellen, indem man an bestimmten Positionen Phosphoramiditgemische anbietet. Nicht zuletzt ist es möglich, auf synthetischem Wege am 5’-Ende von Oligonukleotiden reaktive Gruppen einzuführen, wie z.B. über den *aminolink* eine primäre Aminogruppe, an die man dann Farbstoffe wie Fluorescein über das Fluoresceinisothiocyanat oder antigene Gruppen wie Digoxigenin über den N-Hydroxysuccinimidester einbringen kann. Manche interessante Gruppe, wie z.B. Biotin und Fluorescein, wird als Phosphoramidit angeboten, so daß sie auch direkt inkorporiert werden kann.

Mit Hilfe moderner DNA-*synthesizer* und der hochentwickelten, konfektionierten Reagenzien, die Kopplungsausbeuten von über 99 % gewährleisten, ist es möglich, Nukleinsäuren von über 100 Nukleotiden Länge zu synthetisieren. Aktuelle Entwicklungen gehen dahin, hochparallelisierte Synthesen durchzuführen, um in einem Ansatz eine große Zahl von verschiedenen Oligonukleotiden gleichzeitig zu synthetisieren, oder mit Hilfe von Trinukleotidbausteinen Oligonukleotide herzustellen, die an bestimmten Positionen alternative Codons aufweisen.

Im Oligonukleotidsynthesefeld sind zur Zeit zwei widersprüchliche Trends zu notieren: Einerseits werden die Syntheseautomaten immer leistungsfähiger und dabei bedienungsfreundlicher, so daß sie durchaus von Nichtchemikern bedient werden können, andererseits ist es angesichts des enorm gestiegenen Bedarfs an synthetischen Oligonukleotiden in weiten Bereichen üblich geworden, Oligonukleotide als Auftragssynthesen kommerziell durchführen zu lassen.

5.2.10 Markierung und chemische Modifikation von Nukleinsäuren für die praktische Arbeit mit Nukleinsäuren

Die weitaus wichtigste chemische Reaktion ist die radioaktive Markierung einer Nukleinsäure. Sie kann am 5'- oder 3'-Ende erfolgen (Boseley et al. 1980), aber auch mehr oder weniger zufällig in der Nukleinsäuresequenz (Feinberg & Vogelstein 1983). 5'-*labelling* von DNA und RNA wird mit der Polynukleotidkinase aus *E. coli* oder dem Phagen T4 und γ [^{32}P]-, γ [^{33}P]- oder γ [^{35}S]-ATP (oder GTP) durchgeführt. Dafür muß das 5'-OH unphosphoryliert vorliegen, was man durch vorherige Behandlung mit Alkalischer Phosphatase oder besser mit *shrimp* Alkalischer Phosphatase (die nach der Reaktion einfach durch Erhitzen inaktiviert werden kann) erreicht. Für das 3'-*labelling* von DNA kann die Deoxynukleotidyltransferase (Terminale Transferase) benutzt werden, die unabhängig von einem *template* dNTPs an das 3'-Ende einer DNA anpolymerisiert. Will man nur ein Nukleotid einbauen, verwendet man ein ribo NTP oder ein ddNTP. Alternativ kann man bei doppelsträngiger DNA mit überstehendem 5'-Ende mit einer Polymerase die Lücke im komplementären Strang mit dNTPs auffüllen; diese Reaktion wird von dem Klenow-Fragment der *E. coli* DNA-Polymerase I oder der T4 DNA-Polymerase katalysiert. Um eine RNA am 3'-Ende zu markieren, kann man mit der T4 RNA-Ligase z.B. radioaktives pCp an die RNA anligieren (Romaniuk & Uhlenbeck 1983). Für eine interne Markierung von DNA bieten sich eine PCR unter Verwendung von in der α-Position radioaktiv markierten dNTPs an, oder eine *nick-translation* von doppelsträngiger DNA, in die durch DNaseI an einigen Stellen *nicks* eingeführt werden, die dann durch die Exonuklease-Aktivität von DNA-Polymerase I erweitert und dann durch die Polymeraseaktivität aufgefüllt werden. Für die interne Markierung von RNA kann man die Transkription von einem DNA-*template* mit Hilfe der T7- oder SP6 RNA-Polymerase ausnützen; dazu muß die zu transkribierende DNA hinter einen T7- oder SP6 Promotor kloniert werden.

Einige dieser Reaktionen sind auch für eine nicht-radioaktive Markierung (Isaac 1994) geeignet, da die *Taq*-Polymerase oder die DNA-Polymerase I aber auch die Terminale Transferase, z.B. Digoxigenin-dUTP (DIG-dUTP) bzw. DIG-ddUTP als Substrat akzeptieren. DIG-markierte DNA läßt sich mit Antikörpern nachweisen, die an Peroxidase gekoppelt sind und chromogene Substrate umsetzen können. Das gleiche gilt für RNA, die durch T7- oder SP6 RNA-Polymerase mit DIG-UTP markiert werden kann. Digoxigenin-*labelling-kits* sind kommerziell erhältlich.

DNA oder RNA läßt sich natürlich auch auf chemischem Wege markieren. Dazu müssen reaktive Gruppen bei der Oligonukleotidsynthese eingeführt werden, z.B. Amino- oder Sulfhydrylgruppen, die dann einfach chemisch umgesetzt werden können. Kommerziell unterstützt wird die Umsetzung an Aminogruppen, da ein sog. *amino-link* über die DNA-Synthese an das 5'-Ende von Oligonukleotiden inkorporiert werden kann, der dann z.B. mit Isothiocyanaten oder N-Hydroxysuccinimidestern von chromogenen, fluorogenen oder antigenen Verbindungen umgesetzt werden kann.

5.3 Enzymatische Analytik

Die hohe Spezifität und Effektivität, mit denen Enzyme ihre Substrate umsetzen, läßt sich ausnutzen, um Substanzen analytisch zu erfassen, die als Substrate für einfach verfügbare

Enzyme dienen. Für einen enzymatischen Test sind insbesondere solche Substrate geeignet, deren Umsetzung sich photometrisch, fluorimetrisch oder über Lumineszenz detektieren läßt. Klassisches Beispiel dafür ist der optische Test, bei dem die veränderte Lichtabsorption beim Übergang von NAD^+ (keine Lichtabsorption bei 340 nm) zu NADH + H^+ gemessen wird, die auf der Oxidation eines Substrats durch eine Dehydrogenase beruht. Dabei ergibt sich die Änderung des Meßparameters direkt aufgrund der ablaufenden Reaktion. Durch Ankopplung einer solchen Reaktion an eine enzymatische Umsetzung, die selbst nicht zu einer Veränderung von photometrisch oder fluorimetrisch erfaßbaren Parametern führt, lassen sich sehr viele Metaboliten spezifisch und empfindlich nachweisen. Enzymatische Analysen in der Form des direkten oder gekoppelten optischen Tests sind in der Klinischen Chemie und der Lebensmittelanalytik weitverbreitet, nicht zuletzt wegen der Tatsache, daß sie wegen der photometrischen Detektion einfach zu automatisieren sind (Ausführliche Darstellung: Bergmeyer 1983).

5.3.1 Bestimmung der Konzentration von Metaboliten durch direkte Messungen

Beispiele für direkte Messungen, die mit Hilfe von spezifischen Dehydrogenasen durchgeführt werden:

$$\text{Ethanol} + \text{NAD}^+ \rightleftarrows \text{Acetaldehyd} + \text{NADH} + \text{H}^+ \text{ (Alkoholdehydrogenase)}$$

$$\text{Glutamat} + \text{NAD}^+ \rightleftarrows \alpha\text{-Ketoglutarat} + \text{NADH} + \text{H}^+ \text{ (Glutamatdehydrogenase)}$$

$$\text{Malat} + \text{NAD}^+ \rightleftarrows \text{Oxalacetat} + \text{NADH} + \text{H}^+ \text{ (Malatdehydrogenase)}$$

$$\text{Lactat} + \text{NAD}^+ \rightleftarrows \text{Pyruvat} + \text{NADH} + \text{H}^+ \text{ (Lactatdehydrogenase)}$$

Da es sich um Gleichgewichtsreaktionen handelt, kann man diese Reaktionen für die Konzentrationsbestimmung sowohl der Substrate wie auch der Produkte benutzen. Um Endpunktbestimmungen durchführen zu können, d.h. um „vollständige" Umsetzung in eine Richtung zu erreichen, muß mit hohem Coenzymüberschuß bzw. mit sogenannten Fängern gearbeitet werden. Für die Bestimmungen von zum Beispiel Lactat mit Hilfe der Lactatdehydrogenase wird man einen Überschuß an NAD^+ verwenden, die Reaktion bei leicht alkalischem pH durchführen bzw. Semicarbazid zusetzen, um die Protonen bzw. das entstandene Keton zu binden.

Kann man Endpunktbestimmungen nicht durchführen, sollte man die Tatsache ausnutzen, daß die Geschwindigkeit einer enzymatischen Reaktion von der Substratkonzentration abhängt, sofern die Substratkonzentration viel kleiner als der K_M-Wert ist ($[S] \ll K_M$) (s. Kap. 8.2.2). Das bedeutet, daß man durch kinetische Messungen ebenfalls Substratkonzentrationen bestimmen kann. Da man auf die Messung von Anfangsgeschwindigkeiten angewiesen ist, ist die Empfindlichkeit nicht so groß wie bei einer Endpunktbestimmung.

5.3.2 Bestimmung der Konzentration von Metaboliten durch gekoppelte Messungen

Um den bequemen optischen Test auch für Nachweisreaktionen nutzbar zu machen, die ohne Beteiligung von NAD^+ oder $NADH + H^+$ ablaufen, kann man mehrere Reaktionen miteinander koppeln, wobei eine Reaktion unter Beteiligung von NAD^+ (oder $NADP^+$) oder $NADH + H^+$ (oder $NADPH + H^+$) ablaufen muß. Ein einfaches Beispiel für eine solche enzymatische Bestimmung ist die Messung der Glucosekonzentration über Glucosephosphat

$$\text{Glucose} + \text{ATP} \xrightarrow{\text{Hexokinase}} \text{Glucose-6-phosphat} + \text{ADP} + \text{P}_\text{i}$$

$$\text{Glucose-6-phosphat} + \text{NADP}^+ \xrightarrow{\text{Glucose-6-phosphatdehydrogenase}} \text{6-Phosphogluconsäure} + \text{NADPH} + \text{H}^+$$

Alternativ läßt sich die Glucosebestimmung über Gluconsäure und Kopplung an eine Farbreaktion durchführen

$$\text{Glucose} + \text{H}_2\text{O} + \text{O}_2 \xrightarrow{\text{Glucose-Oxidase}} \text{Gluconsäure} + \text{H}_2\text{O}_2$$

$$\text{H}_2\text{O}_2 + \text{Leukofarbstoff} \xrightarrow{\text{Peroxidase}} \text{H}_2\text{O} + \text{Farbstoff}$$

Im Prinzip lassen sich solche Reaktionsketten auch erweitern. So kann beispielsweise die Lactosekonzentration über folgende Reaktionen bestimmt werden

$$\text{Lactose} \xrightarrow{\beta\text{-Galactosidase}} \text{Glucose} + \text{Galactose}$$

$$\text{Glucose} + \text{ATP} \xrightarrow{\text{Hexokinase}} \text{Glucose-6-phophat} + \text{ADP} + \text{P}_\text{i}$$

$$\text{Glucose-6-phosphat} + \text{NADP}^+ \xrightarrow{\text{Glucose-6-phosphatdehydrogenase}} \text{6-Phosphogluconsäure} + \text{NADPH} + \text{H}^+$$

Mit Hilfe gekoppelter zyklischer Reaktionen lassen sich über kinetische Messungen auch kleinste Metabolitkonzentrationen bestimmen. Als Beispiel sei die Bestimmung von NADPH erwähnt. In einer ersten Reaktion wird NADPH oxidiert:

$$\text{NADPH} + \text{H}^+ + \alpha\text{-Ketoglutarat} + \text{NH}_3 \xrightarrow{\text{Glutamatdehydrogenase}} \text{NADP}^+ + \text{Glutamat} + \text{H}_2\text{O}$$

Das entstandene $NADP^+$ wird wieder reduziert, also NADPH regeneriert

$$\text{Glucose-6-phosphat} + \text{NADP}^+ \xrightarrow{\text{Glucose-6-phosphatdehydrogenase}} \text{6-Phosphogluconsäure} + \text{NADPH} + \text{H}^+$$

In Gegenwart von überschüssigem α-Ketoglutarat und Glucose-6-phosphat läuft dieser Zyklus beinahe beliebig oft ab, wobei die Produkte Glutamat und 6-Phosphogluconsäure stetig akkumulieren. Nach vorgegebener Zeit unterbricht man den Zyklus durch Zerstörung der Enzyme und bestimmt durch Zusatz von NADPH und Glucose-6-phosphatdehydrogenase die Menge an entstandener 6-Phosphogluconsäure nach der Endpunktmethode. Diese steht in direkter Beziehung zu der initialen Konzentration an $NADP^+$ und der Zahl der durchlaufenen Zyklen. Unter genau kontrollierten Bedingungen kann man auf diese Weise noch 10^{-16} M NADPH zuverlässig bestimmen.

5.3.3 Bestimmung von Enzymaktivitäten

Die Bestimmung von Enzymaktivitäten sind von großer Bedeutung für die klinisch-chemische Analytik, aber natürlich auch für die Enzymologie im allgemeinen (Überblick: Bisswanger 1994; Cornish-Bowden 1995; Engel 1996). Üblicherweise werden Enzymaktivitäten (U = *units*) in Umsetzen pro Zeiteinheit ([mol/s]=[kat]) angegeben. Als spezifische Aktivitäten werden sie auf die Proteinkonzentration bezogen ([U/mg]).

5.3.3.1 Spektrophotometrische Methoden

Mit im Prinzip derselben Methodik, mit der die Konzentration von Metaboliten durch Messung der Umsatzkinetik im enzymatischen Test bestimmt wird, kann auch die Aktivität von Enzymen gemessen werden. Auch hier sind direkte optische Tests von besonderem Wert, weil sie im Gegensatz z.B. zu chromatographischen, elektrophoretischen oder radiochemischen Verfahren erlauben, die Reaktion kontinuierlich zu verfolgen. Als Beispiel sei der Nachweis der Lactatdehydrogenase-Aktivität über die Reaktion

$$\text{Lactat} + \text{NAD}^+ \rightleftarrows \text{Pyruvat} + \text{NADH} + \text{H}^+ \text{ (Lactatdehydrogenase)}$$

erwähnt. Zu beachten ist, daß man unter Substratsättigung $([S] \gg K_M)$ arbeiten muß, denn nur dann gilt

$$v = k_{cat} \cdot [E] \text{ (s. Kap. 8.2.2)} \tag{5.21}$$

Auch bei der Bestimmung von Enzymaktivitäten gibt es die Möglichkeit, Reaktionen, die nicht zu der Veränderung eines optischen Parameters führen, an eine spektrophotometrisch detektierbare Reaktion zu koppeln. Zum Beispiel kann man für die Bestimmung der Aktivität der Alaninaminotransferase die Lactatdehydrogenasereaktion als Indikatorreaktion verwenden:

$$\text{Alanin} + \alpha\text{-Ketoglutarat} \xrightarrow{\text{Alaninaminotransferase}} \text{Pyruvat} + \text{Glutamat}$$

$$\text{Pyruvat} + \text{NADH} + \text{H}^+ \xrightarrow{\text{Lactatdehydrogenase}} \text{Lactat} + \text{NAD}^+$$

Während bei direkten Messungen die Anfangsgeschwindigkeit für die Enzymaktivität maßgebend ist, gilt für gekoppelte Reaktionen, daß die Anfangsgeschwindigkeit nur dann ein Maß für die nachzuweisende Enzymaktivität ist, wenn die Geschwindigkeit der Indikatorreaktion deutlich größer ist als die Geschwindigkeit der zu messenden Reaktion. Das läßt sich durch Wahl der Konzentrationen in der Indikatorreaktion beeinflussen

Spektrophotometrische Detektion ist natürlich nicht nur auf NAD^+ ($NADP^+$)- oder NADH (NADPH)-abhängige Reaktionen beschränkt. Z.B. läßt sich die Aktivität von Glucuronidasen mit Hilfe eines synthetischen Zuckerderivats bestimmen, das bei Hydrolyse ein gefärbtes Produkt liefert:

$$\text{p-Nitrophenyl-}\beta\text{-D-glucuronid} + H_2O \xrightarrow{\beta\text{-Glucuronidase}} \text{Glucuronsäure} + \text{p-Nitrophenol}$$

p-Nitrophenol liegt pH-abhängig als gelbgefärbtes Nitrophenolat vor und ist damit einfach in einem UV/VIS-Photometer nachzuweisen. Mit analogen Reaktionen läßt sich die Aktivität anderer Hydrolasen, z.B. Nukleasen, bestimmen:

$$\text{Thymidin-3',5'-di-(p-nitrophenyl)-phosphat} + H_2O \xrightarrow{\text{DNase I}} \text{Thymidin-5'-(p-nitrophenylphosphat)-3'-phosphat} + \text{p-Nitrophenol}$$

Für viele, besonders klinisch oder kommerziell interessante Enzyme gibt es chromogene Substrate oder Co-Substrate, die erlauben, Enzymaktivitäten photometrisch zu analysieren, z.B. Tosyl-glycyl-prolyl-lysyl-4-nitranilidacetat oder Tosyl-glycyl-arginyl-4-nitranilidacetat, mit deren Hilfe man die Aktivität der Serinproteasen Plasmin bzw. Thrombin bestimmen kann.

5.3.3.2 Spektrofluorimetrische Methoden

Fluorimetrische Analysen haben die Eigenschaft, sehr viel empfindlicher zu sein als photometrische, allerdings sind sie auch viel störanfälliger. Insbesondere können manche Komponenten in der Probe fluoreszenzlöschend wirken. Hinzu kommt, daß die Fluoreszenzintensität temperaturabhängig ist, so daß Küvetten genau thermostatisiert werden müssen und mit vortemperierten Lösungen gearbeitet werden muß.

Bestimmungen von Enzymaktivitäten über Fluoreszenzmessungen sind natürlich davon abhängig, daß die Reaktion von einer Fluoreszenzänderung begleitet wird. Das ist z.B. für Reaktionen, bei denen NAD^+ ($NADP^+$) oder NADH (NADPH) Cofaktor sind, der Fall, da NADH (NADPH) stärker fluoresziert als NAD^+ ($NADP^+$). Wie oben für photometrische Detektionsverfahren beschrieben, können auch synthetische modifizierte Substrate eingesetzt werden, die selbst fluoreszieren oder fluoreszierende Produkte liefern. Als Beispiel sei der 1,2-O-Dilauryl-glycero-3-glutarsäureresorufinester genannt, der für die Bestimmung der Lipaseaktivität eingesetzt wird. Hier fluoresziert das Produkt Resorufin, nicht aber das Ausgangssubstrat.

Es lassen sich natürlich auch bei fluorimetrischen Messungen von Enzymaktivitäten Indikatorreaktionen ankoppeln. Z.B. kann die Aktivität von Endonukleasen hochempfindlich bestimmt werden, indem man dem doppelsträngigen DNA-Substrat Ethidiumbromid zusetzt, das in die DNA intercaliert und dann stark fluoresziert. Wird die DNA gespalten, resultieren einzelsträngige Oligonukleotide, wobei die intercalierten Ethidium^+-Kationen freigesetzt werden, was mit einer Fluoreszenzabnahme einhergeht.

5.4 Literatur

Agrawal, S. (1993) Ed. *Protocols for Oligonucleotides and Analysis: Synthesis and Properties* (Methods in Molecular Biology, Vol. 20) Humana Press, Totowa.

Ausubel, F.M., Brent, R., Kingston, R.E. Moore, D.D., Seidman, J.G., Smith, J.A. & Struhl, K. (1989) *Current Protocols in Molecular Biology*, John Wiley & Sons, Inc., New York.

Bahr, U., Karas, M. & Hillenkamp, F. (1994) *Analysis of Biopolymers by Matrix-Assisted-Laser-Desorption/Ionization (MALDI) Mass Spectrometry* in: Microcharacterization of Proteins (R. Kellner, F. Lottspeich & H.E. Meyer, Eds.) VCH, Weinheim.

Bayley, H. & Knowles, J.R. (1977) *Photoaffinity Labeling*. Meth. Enzymol. 46, 69-114.

Bergmeyer, H.U. (1983) Ed. *Methods of Enzymatic Analysis.* VCH, Weinheim.

Beynon, R.J. & Bond, J.S. (1989) *Proteolytic Enzymes*. IRL Press, Oxford.

Bisswanger, H. (1994) *Enzymkinetik – Theorie und Methoden*, 2. Aufl. VCH, Weinheim.

Bodansky, M. & Bodansky, A. (1994) *The Practice of Peptide Synthesis*, 2nd ed. Springer-Verlag, Heidelberg.

Boseley, P.G., Moss, T. & Birnstiel, M.L. (1980) *5'-Labeling and Poly(dA) Tailing*. Meth. Enzymol. 65, 478-494.

Bradford, M.H. (1976) *A Rapid and Sensitive Method for Quantitation of Microgram Quantities of Protein Utilizing the Principle of Protein-Dye Binding*. Anal. Biochem. 205, 22-26.

Branden, C. & Tooze, J. (1991) *Introduction to Protein Structure*. Garland, New York.

Brocklehurst, K. (1996a) *Affinity-Based Covalent Modification* in: Proteins Labfax (N.C. Price, Ed.) BIOS, Oxford.

Brocklehurst, K. (1996b) *Covalent Chromatography by Thiol-Disulfide Interchange Using Solid-Phase Alkyl 2-Pyridyl Disulfides* in: Proteins Labfax (N.C. Price, Ed.) BIOS, Oxford.

Brunk, C.F., Jones, K.C. & James, T.W. (1979) *Assay for Nanogram Quantities of DNA in Cellular Homogenates*. Anal. Biochem. 92, 497-500.

Burmeister, M. & Ulanovsky, L. (1992) *Pulsed-Field Gel Electrophoresis: Protocols, Methods and Theories* (Methods in Molecular Biology, Vol. 12) Humana Press, Totowa.

Byron, O. (1996) *Size Determination of Proteins – A. Hydrodynamic Methods* in: Proteins Labfax (N.C. Price, Ed.) BIOS, Cambridge.

Carrey, E.A. (1989) *Peptide Mapping* in: Protein Structure (T.E. Creighton, Ed.) IRL Press, Oxford.

Chee, M., Yang, R., Hubell, E., Berno, A., Huang, X.C., Stern, D., Winkler, J., Lockhart, D.J., Morris, M.S. & Fodor, S.P.A. (1996) *Assessing Genetic Information with High-Density Arrays.* Science 274, 610-614.

Coggins, J.R. (1996) *Cross-Linking Reagents for Proteins* in: Proteins Labfax (N.C. Price, Ed.) BIOS, Oxford.

Coligan, J.E., Dunn, B.M., Ploegh, H.L., Speicher, D.W. & Wingfield, P.T. (1995) *Current Protocols in Protein Science*. John Wiley & Sons, Inc., New York.

Copeland, R.A. (1994) *Methods for Protein Analysis.* Chapman & Hall, New York.

Cornish-Bowden, A. (1995) *Fundamentals of Enzyme Kinetics.* Portland Press, London.

Creighton, T.E. (1984) *Proteins, Structure and Molecular Properties.* W.H. Freeman, New York.

Creighton, T.E. (1989) *Disulfide Bonds between Cysteine Residues* in: Protein Structure (T.E. Creighton, Ed.) IRL Press, Oxford.

Dale, R.E. & Eisinger, J. (1975) *Polarized Excitation Energy Transfer* in: Biochemical Fluorescence: Concepts Vol. 1(R.F. Chen & H. Edelhoch, Eds.), Marcel Dekker, New York.

Drenth, J. (1994) *Principles of Protein Crystallography*. Springer Verlag, Berlin.

Dunn, B.M. & Pennington, M.W. (1994) Eds. *Peptide Analysis Protocols* (Methods in Molecular Biology, Vol. 36) Human Press, Totowa.

Dyson, N.J. (1991) *Immobilization of Nucleic Acids and Hybridization Analysis* in: Essential Molecular Biology (T.A. Brown, Ed.) IRL Press, Oxford.

Easterbrook-Smith, B., Wallace, J.C. & Keech, D.B. (1976) *Pyruvate Caboxylase: Affinity Labeling of the Magnesium Adenosine Triphosphate Binding Site*. Eur. J. Biochem. 62, 125-130.

Edman, P. & Begg, G. (1967) *A Protein Sequenator*. Eur. J. Biochem. 1, 80-91.

Engel, P.C. (1996) Ed. *Enzymology Labfax*. BIOS. Oxford.

Evans, J.N.S. (1995) *Biomolecular NMR Spectroscopy*. Oxford University Press, Oxford.

Eyzaguiree, J. (1987) Ed. *Chemical Modification of Enzymes*: Active Site Studies. Ellis Horwood Ltd., Chichester.

Feinberg, A.P. & Vogelstein, B. (1983) *A Technique for Radiolabeling DNA Restriction Endonuclease Fragments to High Specific Activity*. Anal. Biochem. 132, 6-13.

Findlay, J.B.C. & Geisow, M.J. (1989) Ed. *Protein Sequencing*. IRL Press, Oxford.

Fontana, A. & Gross, E. (1986) *Fragmentation of Polypeptides by Chemical Methods* in: Practical Protein Chemistry: a Handbook (A. Darbre, Ed.) John Wiley & Sons, Inc. New York.

Frank, R. (1989) *Simultaneous Chemical Synthesis of Peptides on Cellulose Disks as Segmental Support* in: Chemistry of Peptides and Proteins (W.A. König & W. Voelter, Eds.) Attempto Verlag, Tübingen.

Fukuda, M. (1993) *Glycobiology*. IRL Press, Oxford.

Goldenberg, D.P. (1989) *Analysis of Protein Conformation by Gel Electrophoresis* in: Protein Structure (T.E. Creighton, Ed.) IRL Press, Oxford.

Grant, G.A. (1992) *Synthetic Peptides-A Users Guide*. W.H. Freeman and Company, New York.

Greenfield, N.J. (1996) *Methods to Estimate the Conformation of Proteins and Polypeptides from Circular Dichroism Data.* Anal. Biochem. 235, 1-10.

Greenfield N.J., & Fasman G.D. (1969) *Computed circular dichroism spectra for the evaluation of protein conformation*. Biochemistry 8, 4108-4116.

Griffin, A.M. & Griffin, A.G. (1994) Eds. *DNA-Sequencing Protocols* (Methods in Molecular Biology, Vol. 23) Humana Press, Totowa.

Gronenborn, A.M. (1993) *NMR of Proteins*. CRC Press, Boca Raton.

Groves, E.W., Davis, F.C. & Sells, B.H. (1968) *Spectrophotometric Determination of Microgram Quantities of Protein without Nucleic Acids Interference.* Anal. Biochem. 22, 195-210.

Grunstein, M. & Hogness, D. (1975) *Colony Hybridization: A. Method for the Isolation of Cloned DNAs that Contain a Specific Gene*. Proc. Natl. Acad. Sci. USA 72, 3961-3966.

Hart, G. & Lennarz, W. (1993) Eds. *Guide to Techniques in Glycobiology* (Methods in Enzymology, Vol. 230) Academic Press, San Diego.

Hartree, E.F. (1972) *Determination of Protein: A Modification of the Lowry Method that Gives a Linear Photometric Response*. Anal. Biochem. 48, 422-427.

Harwood, A.J. 1996) *Basic DNA and RNA Protocols* (Methods in Molecular Biology, Vol. 58) Humana Press, Totowa.

Innis, M.A., Gelfand, D.H. & Sninsky, J.J. (1995) *PCR Strategies.* Academic Press, San Diego.

Isaac, P.G. (1994) Ed. *Protocols for Nucleic Acid Analysis by Nonradioactive Probes* (Methods in Molecular Biology, Vol. 28) Humana Press, Totowa.

Johnson, W.C. (1990) *Protein Secondary Structure and Circular Dichroism.* Proteins Struct. Funct. Genet. 7, 205-214.

Jones, C., Mulloy, B. & Thomas, A. (1993) *Spectroscopic Methods and Analyses* (Methods in Molecular Biology, Vol. 17) Humana Press, Totowa.

Jones, C., Mulloy, B. & Sanderson, M. (1996) *Crystallographic Methods and Protocols* (Methods in Molecular Biology, Vol. 56) Humana Press, Totowa.

Judd, R.C. (1990) *Peptide Mapping*. Meth. Enzymol. 182, 613-626.

Kamps, M.P. & Sefton, B.M. (1988) *Identification of Multiple Novel Polypeptide Substrates of the v-src, v-yes, v-fps, v-ros and v-erb-B Oncogenic Tyrosine Protein Kinase Utilizing Antisera Against Phosphotyrosine*. Oncogene 2, 305-315.

Kamps, M.P. & Sefton, B.M (1989) *Acid and Base Hydrolysis of Phosphoproteins Bound to Immobilon Facilitates the Analysis of Phosphoamino Acids in Gel-Fractionated Proteins.* Anal. Biochem. 176, 22-27.

Karsten, U. & Wollenberger, A. (1977) *Improvements in the Ethidium Bromide Method for Direct Fluorometric Estimation of DNA and RNA in Cell and Tissue Homogenates.* Anal. Biochem. 77, 464-470.

Keil, B. (1991) *Specificity of Proteolysis*. Springer Verlag, Heidelberg.

Kelman, Z., Naktinis, Y. & O'Donnell, M. (1995) *Radiolabeling of Proteins for Biochemical Studies*. Meth. Enzymol. 194, 430-442.

Köster, H., Tang, K., Fu, D.-J., Braun, A., Van den Boom, D., Smith, C.L., Cotter, R.J. & Cantor, C.R. (1996) *A Strategy for Rapid and Efficient DNA Sequencing by Mass Spectrometry*. Nature Biotechnol. 14, 1123-1128.

Krüger, N.J. (1994) *The Bradford Method for Protein Quantitation.* Meth. Mol. Biol. 32, 9-15.

Laue, T.M. & Rhodes, D.G. (1990) *Determination of Size, Molecular Weight and Presence of Subunits.* Meth. Enzymol. 182, 566-587.

Layne, E. (1957) *Spectrophotometric and Turbidometric Methods for Measuring Protein.* Meth. Enzymol. 3, 447-454.

Letsinger, R.L. & Mahadevan V. (1965) *Oligonucleotide Synthesis on a Polymer Support.* J. Am. Chem. Soc. 87, 3526-3527.

Levine, R.L. & Federici, M.M. (1982) *Quantitation of Aromatic Residues in Proteins: Model Compounds for Second-Derivative Spectroscopy.* Biochem. 21, 2600-2606.

Lottspeich, F., Houthaeve, T. & Kellner, R. (1994) *The Edman Degradation* in: Microcharacterization of Proteins (R. Kellner, F. Lottspeich & H.E. Meyer, Eds.) VCH, Weinheim.

Lowry, O.H., Rosenbrough, N.J., Farr, A.L. & Randall, R.J. (1951) *Protein Measurement with the Folin Phenol Reagent.* J. Biol. Chem. 193, 265-275.

Lundblad, R. (1996) *Chemical Modification of Amino Acid Side-Chains* in: Proteins Labfax (N.C. Pace, Ed.) BIOS, Oxford.

Manchester, K.L. (1996) *Use of UV Methods for Measurement of Protein and Nucleic Acid Concentrations.* BioTechniques 20, 968-970.

Maniatis, T., Fritsch, E. & Sambrook, J. (1989) *Molecular Cloning, a Laboratory Manual*, 2nd ed. Cold Spring Harbor Laboratory Press, Cold Spring Harbor.

Martin, S.R. (1996) *Circular Dichroism* in: Proteins Labfax (C.N. Price, Ed.) BIOS, Oxford.

Matsudaira, P. (1990) *Limited N-terminal Sequence Analysis.* Meth. Enzymol. 182, 602-613.
Mateucci, M.O. & Caruthers, M.H. (1981) *Synthesis of Deoxyoligonucleotides on a Polymer Support.* J. Am. Chem. Soc. 103, 3185-3191.
Maxam, A.M. & Gilbert, W. (1977) *A New Method for Sequencing DNA.* Proc. Natl. Acad. Sci. USA 74, 560-564.
McGinn, B.J. (1996) *Peptide Synthesis* in: Proteins Labfax (C.N. Pace, Ed.) BIOS, Oxford.
McPherson, M.J., Hames, B.D. & Taylor, G.R. (1995) *PCR 2.* IRL Press, Oxford.
McRee, D.E. (1993) *Practical Protein Crystallography.* Academic Press, London.
Metzger, J.W. & Eckerskorn, C. (1994) *Electrospray Mass Spectrometry* in: Microcharacterization of Proteins (R. Kellner, F. Lottspeich & H.E. Meyer, Eds.) VCH, Weinheim.
Meyer, H.E. (1994) *Analyzing Post-Translational Protein Modifications* in: Microcharacterization of Proteins (R. Kellner, F. Lottspeich & H.E. Meyer, Eds.) VCH, Weinheim.
Miles, E.W. (1977) *Modification of Histidyl Residues in Proteins by Diethylpyrocarbonate.* Meth. Enzymol. 47, 431-442.
Mullis, K.B. (1990) *The Unusual Origin of the Polymerase Chain Reaction.* Scientific American, April 1990, 36-43.
Mullis, K.B., Ferré, F. & Gibbs, R.A. (1994) *The Polymerase Chain Reaction.* Birkhäuser, Boston.
Narang, S.A. (1987) Ed. *Synthesis and Applications of DNA and RNA.* Academic Press, Inc. Orlando.
Newton, C.R. & Graham, A. (1994) *PCR.* BIOS, Oxford.
Ozols, J. (1990) *Amino Acid Analysis.* Meth. Enzymol. 182, 587-601.
Pace, C.N., Vajdos, F., Fee, L., Grimsley, G. & Gray, T. (1995) *How to Measure and Predict the Molar Absorption Coefficient of a Protein.* Protein Sci. 4, 2411-2425.
Pace, C.N., Shirley, B.A. & Thomson, J.A. (1989) *Measuring the Conformational Stability of a Protein* in: Protein Structure (T.E. Creighton, Ed.) IRL Press, Oxford.
Parker, C.W. (1990) *Radiolabeling of Protein.* Meth. Enzymol. 182, 721-737.
Pennington, M.W. & Dunn, B.M. (1994) Eds. *Peptide Synthesis Protocols* (Methods in Molecular Biology, Vol. 35) Humana Press, Totowa.
Pingoud, V. (1985) *Homogeneous [Mono-^{125}I-Tyr^{10}]- and [Mono-^{125}I-Tyr^{13}]-Glucagon.* J. Chrom. 331, 125-132.
Pingoud, A., Alves, J. & Geiger, R. (1993) *Restriction Enzymes* in: Enzymes of Molecular Biology (M. M. Burrell, Ed.) Humana Press, Totowa.
Pitt, A.R. (1996) *Size Determination of Proteins – B. Mass Spectrometric Methods* in: Proteins Labfax (N.C. Price, Ed.) BIOS, Cambridge.
Price, N.C. (1996) *The Determination of Protein Concentration* in: Proteins Labfax (N.C. Price, Ed.) BIOS, Oxford.
Rehm, H. (1996) *Der Experimentator: Proteinbiochemie.* Gustav Fischer Verlag, Stuttgart.
Rhodes, G. (1993) *Crystallography Made Crystal Clear.* Academic Press, San Diego.
Riordan, J.F. (1979) *Arginyl Residues and Anion Binding Sites in Proteins.* Mol. Cell. Biochem. 26, 71-92.
Romaniuk, P.J. & Uhlenbeck, O.C. (1983) *Joining of RNA Molecules with RNA Ligase.* Meth. Enzymol. 100, 52-59.
Rychlik, W., Spencer, W.J. & Rhoads, R.E. (1990) *Optimization of the Annealing Temperature for DNA Amplification in vitro.* Nucleic Acids. Res. 18, 6409-6412.
Sanger, F., Nicklen, S. & Coulson, A.R. (1977) *DNA Sequencing with Chain-Terminating Inhibitors.* Proc. Natl. Acad. Sci. USA 74, 5463-5467.

SantaLucia, J., Allawi, H.T. & Seneviratne, P.A. (1996) *Improved Nearest-Neighbor Parameters for Predicting DNA Duplex Stability.* Biochemistry 35, 3555-3562.

Schägger, H. & von Jagow, G. (1991) *Blue Native Electrophoresis for Isolation of Membrane Protein Complexes.* Anal. Biochem. 199, 223-231.

Schiller, P.W. (1975) *The Measurement of Intramolecular Distances by Energy Transfer* in: Biochemical Fluorescence: Concepts Vol. 1 (R.F. Chen & H. Edelhoch, Eds.), Marcel Dekker, New York.

Schleif, R.F. & Wensink, P.C. (1981) *Practical Methods in Molecular Biology.* Springer Verlag, New York.

Schmid, F.X. (1989) *Spectral Methods of Characterizing Protein Conformation and Conformational Changes* in: Protein Structure (T.E. Creighton, Ed.) IRL Press, Oxford.

Scopes, R.K. (1974) *Measurement of Protein by Spectrophotometry at 205 nm.* Anal. Biochem. 59, 277-282.

Sears, L., Moran, L., Kissinger, C., Creasey, T., O'Keefe, P., Roskey, M., Sutherland, E. & Slatko, B. (1992) *CircumVent Thermal Cycle Sequencing and Alternative Manual and Automated DNA Sequencing Protocols Using the Highly Thermostable Vent*^{R} *(exo-) DNA Polymerase.* BioTechniques 13, 626-633.

See, Y.P. & Jackowski, G. (1989) *Estimating Molecular Weights of Polypeptides by SDS Gel Electrophoresis* in: Protein Structure (T.E. Creighton Ed.) IRL Press, Oxford.

Siuzdak, G. (1996) *Mass Spectrometry for Biotechnology.* Academic Press, San Diego.

Smith, B. J. (1994a) *Quantification of Proteins on Polyacrylamide Gels (Non-Radioactive).* Meth. Mol. Biol. 32, 107-111.

Smith, B. (1994b) *Chemical Cleavage of Proteins.* (Methods in Molecular Biology, Vol. 32) Humana Press, Totowa.

Smith, P.K., Krohn, R.I., Hermanson, G.T., Mallia, A.K., Gartner, F.H., Provenzano, M.D., Fujimoto, E.K., Goeke, N.M., Olson, B.J. & Klenk, D.C. (1985) *Measurement of Protein Using Bicinchonic Acid.* Anal. Biochem. 150, 76-85.

Southern, E.M. (1975) *Detection of Specific Sequences among DNA Fragments Separated by Gel Electrophoresis.* J. Mol. Biol. 98, 503-517.

Southern, E.M. (1996) *DNA Chips: Analyzing Sequence by Hybridization to Oligonucleotides on a Large Scale.* Trends Genet. 12, 110-115.

Stöffler-Meilicke, M. & Stöffler, G. (1990) *Topography of Ribosomal Proteins from Escherichia coli within the Intact Subunits as Determined by Immunelectromicroscopy and Protein-Protein Crosslinking* in: The Ribosome, Structure, Function and Evolution (W.E. Hill, A. Dahlberg, R.A. Garrett, P.M Moore, D. Schlessinger & J.R. Warner, Eds.) American Society for Microbiology, Washington.

Stoschek, C.M. (1990) *Quantitation of Protein.* Meth. Enzymol. 182, 50 – 68.

Takahashi, K. (1968) *The Reaction of Phenylglyoxal with Arginine Residues in Proteins.* J. Biol. Chem. 243, 6171-6179.

Tymms, M.J. (1995) Ed. *In Vitro Transcription and Translation Protocols* (Methods in Molecular Biology, Vol. 37) Humana Press, Totowa.

Walker, J.M. (1994a) Ed. *Basic Protein and Peptide Protocols* (Methods in Molecular Biology, Vol. 32) Humana Press, Totowa.

Walker, J.M. (1994b) *The Bicinchonic (BCA) Assay for Protein Quantitation.* Meth. Mol. Biol. 32, 5-8.

Weigt, C., Meyer, H.E. & Kellner, R. (1994) *Sequence Analysis of Proteins and Peptides by Mass Spectrometry* in: Microcharacterization of Proteins (R. Kellner, F. Lottspeich & H.E. Meyer, Eds.) VCH, Weinheim.

Wharton, C.W. (1996) *FTIR and Raman Spectroscopy in the Study of Proteins and other Biological Molecules* in: Proteins Labfax (N.C. Price, Ed.) BIOS, Oxford.

Willis, M.C., Hicke, B.J., Uhlenbeck, O.C., Cech, T.R. & Koch, T.H. (1993) *Photocrosslinking of 5-Iodouracil-substituted RNA and DNA to Proteins*. Science 262, 1255-1257.

Wittmann-Liebold, B. (1989) Ed. *Methods in Protein Sequence Analysis*. Springer Verlag, Berlin.

Wong, S.S. (1993) *Chemistry of Protein Conjugation and Cross-Linking*. CRL Press, Boca Raton.

6 Immunologische Methoden

In diesem Kapitel werden immunologische Verfahren, die für biochemische und molekularbiologische Fragestellungen von Bedeutung sind, vorgestellt. Dabei wird auf die Produktion polyklonaler Antikörper eingegangen. Zudem werden verschiedene Techniken besprochen, bei denen die hohe Spezifität von Antigen-Antikörperreaktionen ausgenutzt wird.

Antikörper sind Proteine, mit denen der tierische Organismus körperfremde Stoffe, die Antigene, erkennt. Die hohe Spezifität, mit der Antikörper mit Antigenen wechselwirken, wird für viele analytische und vermehrt auch für präparative Zwecke ausgenutzt. Voraussetzung dafür ist, daß Antikörper, die gegen bestimmte Antigene gerichtet sind, zur Verfügung stehen. Dementsprechend wird im Folgenden nach einigen Begriffsbestimmungen zunächst auf die Produktion von Antikörpern eingegangen, um dann verbreitete immunologische Techniken für analytische und präparative Fragestellungen vorzustellen (Ausführliche Darstellung: Weir 1986; Hudson & Hay 1989; Coligan et al. 1991, Manson 1992).

6.1 Antikörper

Antikörper werden im tierischen Organismus nach Exposition mit Antigenen durch B-Lymphozyten gebildet. An dieser Reaktion, die im Unterschied zu der zellulären als humorale Abwehr bezeichnet wird, sind allerdings nicht nur B-Lymphozyten beteiligt, sondern auch Antigen-präsentierende Zellen, z.B. Makrophagen und T-Lymphozyten (T-Helferzellen). Von einem B-Lymphozyt, der in seiner ausdifferenzierten reifen Form als Plasmazelle bezeichnet wird, werden nur Antikörper mit einer Spezifität gebildet. Von dieser Plasmazelle existieren allerdings viele identische Kopien (ein Klon), die alle den gleichen monoklonalen Antikörper produzieren. Von anderen Plasmazellen werden Antikörper gebildet, die zwar gegen das gleiche Antigen gerichtet sind, aber gegen eine andere Teilstruktur. Die Strukturen des Antigens, gegen die ein Antikörper gerichtet ist, werden als antigene Determinante oder Epitop bezeichnet. Es umfaßt bei Proteinen wenige Aminosäurereste, bei Kohlenhydraten wenige Zuckerreste. Die Immunantwort führt dazu, daß gegen ein Antigen verschiedene Antikörper gebildet werden; ein Antiserum, d.h. das von zellulären Bestandteilen und Fibrin befreite Blut oder eine angereicherte Immunglobulinfraktion, ist deshalb polyklonal. Um monoklonale Antikörper zu erhalten, müssen einzelne B-Zellen mit Tumorzellen fusioniert werden. Solche Hybridomazellen können kultiviert werden und liefern monoklonale Antikörper (Überblick: Dunbar & Skinner 1990). Alternativ besteht die Möglichkeit, mit Hilfe rekombinanter Techniken monoklonale Antikörper durch *E. coli* produzieren zu lassen (Ausführliche Darstellung: Paul 1995).

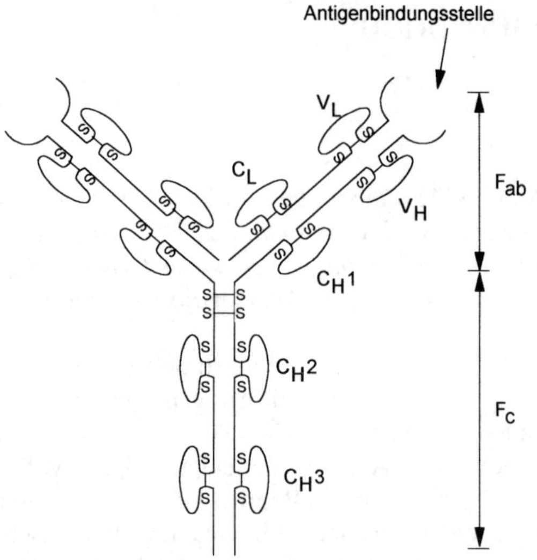

Abb. 6-1: Grundstruktur eines Immunglobulins.
In der Abbildung ist in schematischer Form die Grundstruktur eines Immunglobulins vom IgG-Typ wiedergegeben. Immunglobuline bestehen aus vier Polypeptidketten, die in Domänen organisiert sind (V_L und C_L, V_H, C_H1, C_H2 und C_H3), die durch je eine Disulfidbrücke zusammengehalten werden und sich in ihrer Struktur ähneln. Für die Antigenbindung sind die variablen V_L- und V_H-Domänen verantwortlich. Durch Proteolyse lassen sich IgG's in das antigenbindende Fab-Fragment und das Fc-Fragment spalten.

6.1.1 Antikörperstruktur

Antikörper haben eine einheitliche Struktur (Abb. 6-1): sie sind aus vier Polypeptiden, zwei schweren (H) und zwei leichten (L) Ketten aufgebaut. (Eine Ausnahme stellen Antikörper von Kamelen dar, die nur aus zwei H-Ketten aufgebaut sind). Je nach Aminosäurezusammensetzung unterscheidet man zwei verschiedene Typen von L-Ketten (κ, λ) und fünf verschiedene Typen von H-Ketten (α, δ, ε, γ, μ). Die H-Ketten sind glykosyliert. H- und L-Ketten werden zusätzlich zu den nicht-kovalenten Wechselwirkungen durch Disulfidbrücken zusammengehalten. Im N-terminalen Bereich von H- und L-Ketten befindet sich in einer variablen Domäne die Antigenbindungsstelle, die von H- und L-Kette gemeinsam gebildet wird. Gemäß ihrem Aufbau aus je zwei H- und L-Ketten haben Antikörper zwei identische Antigenbindungsstellen, sie sind also bivalent. Eine Assoziation bestimmter Antikörper führt zu Oligomeren, die 2 x 2 bzw. 5 x 2 Antigenbindungsstellen haben können. Zum C-terminalen Ende schließen sich konstante Domänen an, die für verschiedene Effektorfunktionen verantwortlich sind, z.B. Komplementbindung. Je nach Typ von H-Kette unterscheidet man verschiedene Klassen von Antikörpern, die sog. Isotypen der Immunglobuline, IgA (mit α-Ketten), IgD (mit δ-Ketten), IgE (mit ε-Ketten), IgG (mit γ-Ketten) und IgM (mit μ-Ketten), die ihrerseits in Subklassen zu unterteilen sind, z.B. IgG_1, IgG_2 etc. Die verschiedenen Isotypen unterscheiden sich nicht nur in ihrer Struktur sondern auch in ihrer Serumkonzentration und der Halbwertszeit im Blut (Tab. 6-1). Antikörper vom IgG-Typ dominieren die Immunglobulinfraktion des Serums. Da sie überwiegend bei immunchemischen Techniken eingesetzt werden, beziehen sich die folgenden Ausführungen im wesent-

Tabelle 6-1 Struktur, Konzentration und Halbwertszeit verschiedener Immunglobulin-Klassen

Klasse	Untereinheiten-struktur	rel. Molmasse [kDa]	Zuckergehalt [% (w/w)]	Serumkonzen-tration [mg/ml]	Halbwertszeit im Blut (Tage)
IgG	H_2L_2	150	3	12.4	23
IgA	H_2L_2 bzw. $(H_2L_2)J$	160 380	7–10	2.8	6
IgM	$(H_2L_2)_5J$	970	12	1.2	5
IgD	H_2L_2	180	9–14	0.03	3
IgE	H_2L_2	190	12	0.0003	2

lichen auf diese Klasse. Durch Spaltung mit Papain in der *hinge*-Region, die die erste und zweite konstante Domäne der H-Kette verbindet, entstehen zwei sog. Fab-Fragmente, die die Antigenbindungsstelle enthalten, und das Fc-Fragment, auf dem sich die Komplementbindungsstelle befindet. Im Gegensatz zu einem intakten IgG ist ein Fab-Fragment nur noch monovalent. Durch Spaltung mit Pepsin entsteht dagegen das $F(ab)'_2$-Fragment, das durch Disulfidbrücken zusammengehalten wird und deshalb bivalent ist.

6.1.2 Antikörperproduktion

Immunologische Nachweismethoden sind aus der biochemischen und klinisch-chemischen Routine nicht wegzudenken. Sie sind auch für das Laboratorium, das sich mit Grundlagenforschung befaßt, von sehr großem Wert, so daß der Wunsch, für ein bestimmtes Antigen, meist ein Protein, einen Antikörper zu haben, verbreitet sein dürfte. Die Herstellung polyklonaler Antikörper (Cooper 1981; Dunbar & Schwoebel 1990) ist keine besonders aufwendige Prozedur und verlangt keine besondere Ausstattung (wenn man von einem Tierstall absieht). Man benötigt allerdings ausreichende Mengen des reinen Antigens. Als Antigene wirken Polymere und insbesondere Proteine, weniger stark Polysaccharide und kaum, wenn überhaupt, Nukleinsäuren. Will man Antikörper gegen kleine Moleküle (Peptide, Pharmaka, etc.) herstellen, muß man sie an Polymere koppeln; man bezeichnet diese kleinen Moleküle, die selbst nicht antigen wirken, aber in gekoppeltem Zustand eine Immunantwort hervorrufen, als Haptene. Als *carrier* für Haptene eignen sich Proteine, z.B. das Napfschnecken-Hämocyanin (KLH = *keyhole limpet hemocyanin*) oder Rinderserumalbumin (BSA = *bovine serum albumin*). Will man z.B. Antikörper gegen ein Peptid gewinnen, so kann man das Peptid N-terminal mit einem Chloracetaldehydglycylrest synthetisieren (lassen) und dieses Haptenderivat mit einem Trägerprotein, z.B. KLH, konjugieren. Wenn mit diesem Konjugat ein Versuchstier immunisiert wurde, kann man mit einem anderen Konjugat, z.B. von demselben Hapten mit BSA, das gewonnene Antiserum auf Antikörper testen, die gegen das Hapten und nicht gegen das *carrier*-Protein gerichtet sind.

Die für die Immunisierung verwendete Antigenpräparation, gleichgültig, ob es sich um ein natürliches Protein oder um ein mit einem Trägerprotein konjugiertes Hapten handelt, sollte homogen sein, um zu gewährleisten, daß die Antikörper spezifisch sind, und um zu vermeiden, daß die Immunantwort gegen eine antigen wirkende Verunreinigung gerichtet ist. Wenn ein Protein als Antigen verwendet werden soll, hat es sich bewährt, dieses über eine präparative SDS-PAGE als letzten Schritt zu reinigen. Für die Gewinnung des Antigens

Tabelle 6-2 Immunisierungsschema für Kaninchen

Tag der Injektion	Antigenmenge (µg)	Blutentnahmevolumen (ml)
1	–	5 (Präimmunserum)
1	50 – 200	–
14 (1. *boost*)	10 – 50	5 (Testserum)
28 (2. *boost*)	10 – 50	5 (Testserum)
35	–	25 (Testserum, Antiserum)
56 (3. *boost*)	50 – 100	5 (Testserum)
63	–	50 (Antiserum)

aus dem Gel sollte das präparative Gel nur seitlich angefärbt werden, um die Bande zu identifizieren. Der Gelstreifen mit der Proteinbande wird ausgeschnitten und das Gelstück erst grob, dann fein zerkleinert. Letzteres geschieht am besten in Phosphat-gepufferter physiologischer Kochsalzlösung (PBS: 8 g NaCl, 0.2 g KCl, 0.2 g KH_2PO_4, 1.26 g $Na_2HPO_4 \cdot 2\, H_2O$ in 1 000 ml Wasser lösen, pH 7.3, mit HCl eingestellt) mit Hilfe zweier Spritzen mit Kanülen, die durch einen Schlauch miteinander verbunden werden. Durch das wiederholte Drücken des Gemisches durch die Injektionsnadeln, die man während der Homogenisation gegen zunehmend dünnere austauscht, entsteht eine grobe Suspension, die für eine intradermale, subkutane oder intramuskuläre Injektion beim Versuchstier geeignet ist. Zur Immunisierung werden 1 – 1000 µg Protein (je nach Tierart und erwarteter Immunogenität) mit einem Adjuvans gemischt. Das Adjuvans wirkt als Depot für das Antigen und als unspezifischer Aktivator für die Immunreaktion. Das klassiche Freundsche Adjuvans (in Deutschland muß aus Tierschutzgründen auf kommerziell erhältliche Alternativen zurückgegriffen werden) enthält Mannidmonooleat und Paraffinöl, die mit der Proteinlösung eine Emulsion bilden, aus der das Antigen nur langsam freigesetzt wird. Dieser Effekt wird verstärkt, wenn das Protein in einem Polyacrylamidgelpartikel angeboten wird. Zusätzlich enthält das komplette Freundsche Adjuvans noch hitze-inaktivierte, getrocknete Tuberkelbazillen (*Mycobacterium tuberculosi*), die das Immunsystem des Versuchstiers anregen. Komplettes Freundsches Adjuvans wird nur bei der ersten Immunisierung verwendet, bei nachfolgender Immunisierung wird inkomplettes Freundsches Adjuvans, das die Tuberkelbazillen nicht enthält, eingesetzt. Der Erfolg einer Immunisierung hängt oft davon ab, daß dem Versuchstier eine stabile Emulsion gespritzt wird. Diese erhält man durch Ultraschallbehandlung oder durch das oben beschriebene mehrmalige Hin- und Herdrücken des Gemisches in zwei mit einem Schlauch verbundenen Spritzen. Freundsches Adjuvans darf nicht bei intravenöser Applikation der Antigenlösung verwendet werden.

Für die Antikörperproduktion kommen verschiedene Versuchstiere in Frage. Meist werden Kaninchen benutzt, für größere Mengen Ziegen. Für die erste Injektion mit komplettem Freundschen Adjuvans empfiehlt sich eine intramuskuläre Applikation, für alle weiteren mit inkomplettem Freundschen Adjuvans eine subkutane. Ein Immunisierungsschema für Kaninchen ist in Tab. 6-2 wiedergegeben. Vor der ersten Antigenapplikation sollte für spätere Kontrollzwecke Blut entnommen werden, aus dem das Präimmunserum gewonnen wird. Für die Blutentnahme sollten die Kaninchen in einen kleinen, am Tier eng anliegenden Käfig überführt werden, durch dessen Gitterstäbe die Ohren gefaßt und außen gehalten werden können. Ein Ohr wird auf der Oberseite rasiert, so daß die großen Venen gut zugänglich werden. Um den Blutfluß anzuregen, wird das Ohr mit etwas Toluol oder Xylol massiert.

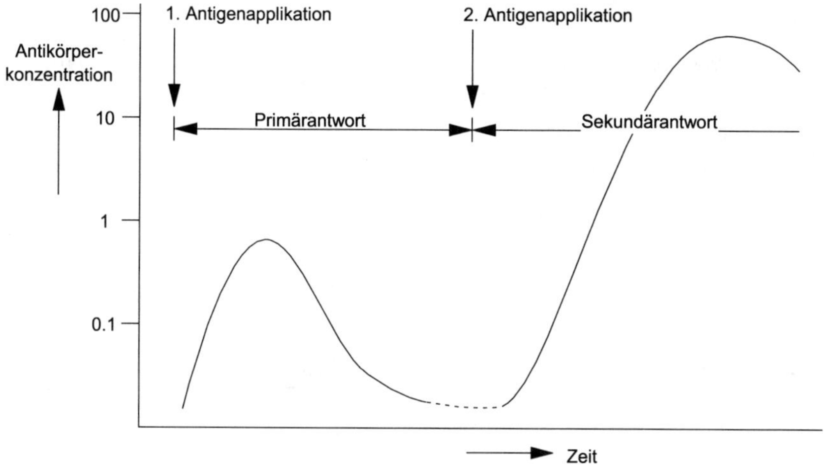

Abb. 6-2: Primäre und sekundäre Immunantwort.
Durch die erste Antigenapplikation wird die Antikörperproduktion des Versuchstieres angeregt: es werden zunächst aber nur wenig-affine Antikörper und auch nur in vergleichsweise niedriger Konzentration produziert (Primärantwort). Erst nach der zweiten Antigenapplikation werden Antikörper mit hoher Affinität und in großen Mengen gebildet (Sekundärantwort).

Die eine Vene wird abgeklemmt, die andere wird nach Desinfektion der Einschnittstelle mit einem Skalpell in der Nähe des Ohransatzes schräg angeschnitten. Je nach gewünschter Blutmenge wird die Blutung früher oder später gestoppt.

Für die erste Injektion sollte eine größere Menge an Antigen gespritzt werden, für alle weiteren Injektionen kann die Dosis verringert werden. Bei Kaninchen empfiehlt sich eine Injektion in die Muskulatur der Hinterbeine bzw. unter die Rückenhaut zu beiden Seiten der Rückgratlinie, immer verteilt auf mehrere Stellen, um dem Tier unnötige Schmerzen durch Applikation eines großen Volumens zu ersparen und die Verbreitung im lymphatischen System zu verbessern. Anatomische Kenntnisse vorausgesetzt empfiehlt sich eine Injektion in die Lymphknoten der hinteren Oberschenkel. Zwei Wochen nach der Erstinjektion wird ein Testserum entnommen, um den Antikörpertiter zu bestimmen. Wichtiger ist, zu diesem Zeitpunkt eine weitere Antigeninjektion durchzuführen. Bei dieser *booster*-Reaktion wird die Antikörperproduktion des Immunsystems verstärkt, es entstehen mehr und stärker bindende Antikörper (Abb. 6-2). Nach weiteren zwei Wochen wird wieder etwas Blut entnommen, der Antikörpertiter bestimmt und nochmals Antigen gespritzt. Bereits nach einer weiteren Woche kann im Normalfall ein Antiserum hoher Avidität (d.h. von hoher Spezifität *und* Affinität) gewonnen werden. Um weiter Antiserum zu gewinnen, sollte man nach ca. acht Wochen nochmals Antigen spritzen, um dann wieder eine Woche später Antiserum abnehmen zu können. Wichtig bei diesen *booster*-Injektionen ist, daß man dafür nur wenig Antigen benötigt und mit dem inkompletten Adjuvans auskommt. Auch sollte man berücksichtigen, daß zu viel und zu häufig injiziertes Antigen eher zu einer immunologischen Toleranz führt als zu einer hohen Antikörperproduktion. Es ist ratsam, mit einer *booster*-Injektion zu warten, bis der Antikörpertiter im Abnehmen begriffen ist.

Tabelle 6-3 Bindung von IgG-Varianten an Protein A bzw. Protein G

Spezies	Protein A	Protein G	Spezies	Protein A	Protein G
Huhn	–	–	Mensch		
Hund	+	++	IgG 1	++	++
Kaninchen	++	++	2	++	++
Kuh	+	++	3	–	++
Maus			4	++	++
IgG 1	+	++	Pferd	–	++
2a	++	++	Ratte	–	+
2b	++	++	Schaf	–	++
3	+	++	Schwein	++	++
Meerschweinchen	++	+	Ziege	–	++

– schwach oder gar nicht + mäßig stark ++ stark

6.1.3 Antikörperreinigung

Nach der Blutentnahme wird das Blut ca. 1 – 2 h bei Raumtemperatur stehengelassen. Dabei gerinnt das Blut. Durch vorsichtige Zentrifugation bei ca. 5 000 g – die Erythrozyten dürfen dabei nicht platzen – wird der Blutkuchen vom Serum getrennt. Das so erhaltene Antiserum kann bei - 80 °C jahrelang ohne Aktivitätsverlust gelagert werden. Es empfiehlt sich, vor der Portionierung und dem Einfrieren das Komplementsystem zu inaktivieren, das mit manchen immunchemischen Reaktionen interferiert. Die Inaktivierung geschieht einfach durch Erhitzen des Serums auf 56 °C für 10 – 20 min.

Um eine Anreicherung der Immunglobulinfraktion zu erreichen, bieten sich verschiedene Verfahren an, die von einer einfachen Ammoniumsulfatfällung (45 % Sättigung bei Kaninchenserum) über Gelfiltration, Ionenaustausch- bzw. Hydroxyapatitchromatographie bis zu Affinitätschromatographie an Protein A- oder Protein G-Säulen reichen. Protein A bzw. Protein G sind Proteine der Zellwand von *Staphylococcus aureus* bzw. von bestimmten Streptokokken, die mit hoher Affinität IgG über ihren Fc-Teil binden (allerdings weder alle Subklassen, noch die IgG aller Spezies, vgl. Tab. 6-3). Auf Protein A- und Protein G-Säulen kann man IgG's aus dem Serum bei neutralem oder schwach alkalischem pH adsorbieren und durch Waschen der Säule mit Glycin-HCl-Puffer pH 2.7 eluieren. Nach der Elution sollten die angereicherten IgG-Fraktionen sofort neutralisiert werden.

Um eine Immunglobulinfraktion bestimmter Spezifität zu isolieren, kann man eine Affinitätschromatographie über Säulen durchführen, die das Antigen gebunden enthalten, für das man Antikörper gewinnen wollte. Das Antigen muß dazu an ein Säulenmaterial kovalent gebunden werden, was bei Proteinen als Antigen sehr einfach ist, z.B. durch Verwendung von CNBr-aktivierter Sepharose oder Vinylsulfonagarose (s Kap. 4.1.2.6). Die Bindung der Antikörper erfolgt bei neutralem pH, die Elution geschieht mit chaotropen Verbindungen (z.B. NaSCN) oder bei saurem pH-Wert. Man erhält auf diese Weise monospezifische Antikörper, die allerdings keine homogene Population wie monoklonale Antikörper darstellen, sondern heterogen sind und verschiedene Determinanten des Antigens erkennen.

6.2 Antigen-Antikörperreaktionen

Bei allen Immuno*assays* macht man sich die hohe Spezifität der Antigen-Antikörperreaktion, sowie in vielen Fällen die Möglichkeit der Verstärkung des Signals durch angekoppelte Reaktionen zunutze, so daß Immuno*assays* nicht nur hochspezifisch sondern auch hochsensitiv sind. Antigen-Antikörperreaktionen können in Lösung wie auch an fester Phase durchgeführt werden, wobei dann entweder das Antigen oder der Antikörper immobilisiert vorliegen.

6.2.1 Antigen-Antikörperreaktionen in Lösung

Antigen-Antikörperreaktionen in Lösung führen bei geeignetem molaren Konzentrationsverhältnis zu einer Präzipitation. Dieses Phänomen tritt auf, weil sich dann bei bivalenten Antikörpern und multivalenten Antigenen ein Netzwerk aufbaut. Das bedeutet, daß Präzipitation nicht mit Fab-Fragmenten beobachtet wird. Auch monoklonale Antikörper bilden nur dann mit dem Antigen ein Präzipitat, wenn ein einzelnes Antigen mehrere identische Epitope umfaßt. Für die Präzipitation ist ein mehr oder weniger großer Überschuß notwendig, da sich nur dann die für die Aggregation notwendigen dreidimensionalen Netzwerke bilden. Bei Antigenüberschuß bilden sich im wesentlichen Komplexe aus einem Antikörper und zwei Antigenen. Immunpräzipitation kann durch Streulichtmessung (Nephelometrie) bzw. Trübungsmessung (Turbidimetrie) quantitativ erfaßt werden; diese Verfahren haben allerdings kaum noch eine praktische Bedeutung.

Sehr aktuell dagegen ist die Immunpräzipitation in Kombination mit einer SDS-PAGE zum semiquantitativen Nachweis von spezifischen, meist radioaktiv markierten Proteinen aus einem heterogenen Gemisch (z.B. aus einem Zellysat oder einem *in-vitro*-Proteinsyntheseansatz (Firestone & Winguth 1990). Hierzu werden oft auch monoklonale Antikörper eingesetzt, die dann allerdings in einer nachgeschalteten Reaktion mit polyklonalen Anti-Immunglobulinseren gefällt werden oder durch Protein A- oder Protein G-Sepharose adsorbiert werden. Mit dieser Methode lassen sich auch Proteine co-präzipitieren, die in hochaffiner Wechselwirkung mit jenen Proteinen stehen, gegen die der Antikörper gerichtet ist.

6.2.2 Antigen-Antikörperreaktionen in Gelen

Man kann die Immunpräzipitation auch in Gelen durchführen und erhält dann direkt sichtbare bzw. anfärbbare Präzipitationsbanden (Überblick: Steward & Male 1991). Diese Methoden sind allerdings heute weitgehend von ELISA- und Western-Analyse verdrängt worden.

6.2.2.1 Immunodiffusionstechniken

Bei der Radialimmunodiffusion wird eine Verdünnungsreihe eines Antigens in ausgestanzte Löcher in ein Agargel eingebracht, das den Antikörper enthält. Bei der Diffusion der Antigene in das 1 – 2%ige Agargel bilden sich Präzipitationshöfe, und zwar soweit, bis kein Antigen mehr zur Verfügung steht (Abb. 6-3). Da die Fläche der Höfe proportional zur Ausgangskonzentration des Antigens ist, kann man mit diesem Verfahren die Antigenkonzentration quantitativ bestimmen.

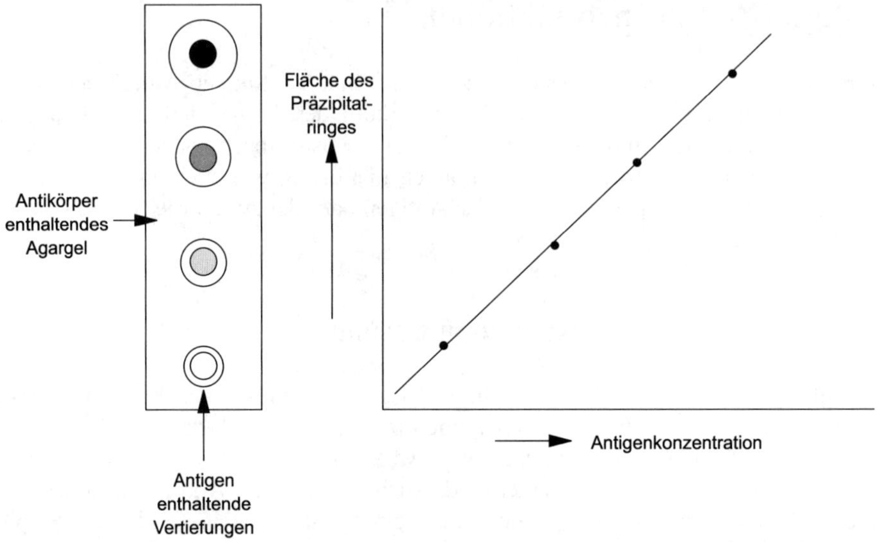

Abb. 6-3: Radialimmunodiffusion.
In einem Antikörper-enthaltenden Agargel werden Tröge ausgestanzt, in die Antigenlösungen verschiedener Antigenkonzentrationen gefüllt werden (links). Je höher die Antigenkonzentration desto größer sind die Präzipitationshöfe, die durch Diffusion des Antigens und Bildung hochmolekularer Aggregate von Antigen-Antikörper-Komplexen entstehen.

Bei Doppeldiffusionsexperimenten diffundieren Antikörper und Antigen in einem Agargel, in das sie an zwei verschiedenen Stellen in ausgestanzten Löchern eingebracht werden, aufeinander zu (Abb. 6-4). Dort, wo sich Antigen und Antikörper „treffen", kommt es bei geeignetem Konzentrationsverhältnis (Äquivalenzbereich) zu einer Präzipitationslinie. Enthält die Antigenlösung zwei verschieden große Antigene, die von dem Antikörper erkannt werden, kommt es zu zwei Präzipitationslinien. Man kann mit dieser Methode semiquantitativ Antigen- oder Antikörperkonzentrationen bestimmen, oder feststellen, ob in einer Antigenpräparation unterschiedlich große, mit dem Antikörper reagierende Antigene enthalten sind.

Bei der Ouchterlony-Methode wird das Doppeldiffusionsexperiment so ausgeführt, daß in einem zentralen ausgestanzten Loch der Antikörper oder das Antikörpergemisch und im Kreis darum in ausgestanzten Löchern verschiedene Antigenpräparationen eingebracht werden. Je nachdem, ob die verschiedenen Antigene von demselben Antikörper erkannt werden oder nicht, ergeben sich unterschiedliche Präzipitationslinien. Damit kann man Identität, Nichtidentität und Teilidentität bei den Antigenen feststellen (Abb. 6-5).

6.2.2.2 Immunelektrophoresetechniken

Radiale Immundiffusions- und Doppeldiffusionsexperimente lassen sich durch Elektrophorese beschleunigen. Bei der „Raketen"-Elektrophorese, so benannt nach der Form der Präzipitationszonen, wird eine Elektrophorese von Proteinen in einem Agargel, das den Antikörper enthält, durchgeführt: die präzipitierenden Antigen-Antikörper-Komplexe bilden raketenförmige Zonen, wenn der pH-Wert so eingestellt wird (häufig pH 8.0), daß Antigen und Antikörper in verschiedene Richtung wandern (Abb. 6-6).

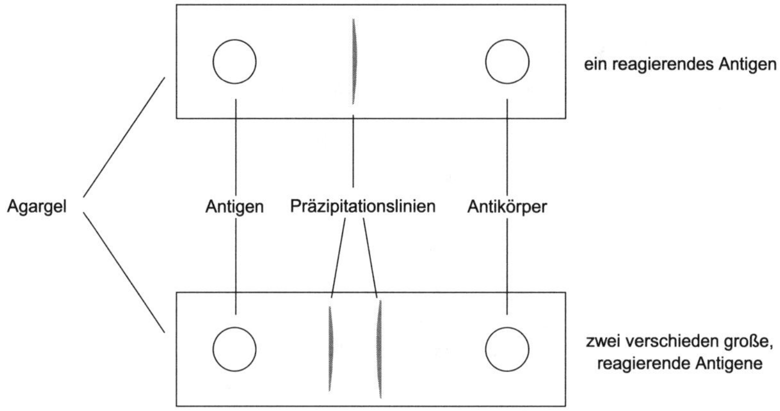

Abb. 6-4: Doppelimmundiffusion.
In einem Agargel werden zwei Tröge ausgestanzt, die mit einer Antigen- und einer Antikörperlösung gefüllt werden. Die Lage und Intensität der sich bildenden Präzipitationshöfe gibt Auskunft über die Konzentration und die Größe der Antigene sowie je nach Zahl der Präzipitationslinien auch Informationen über die Komplexität des Antigengemisches.

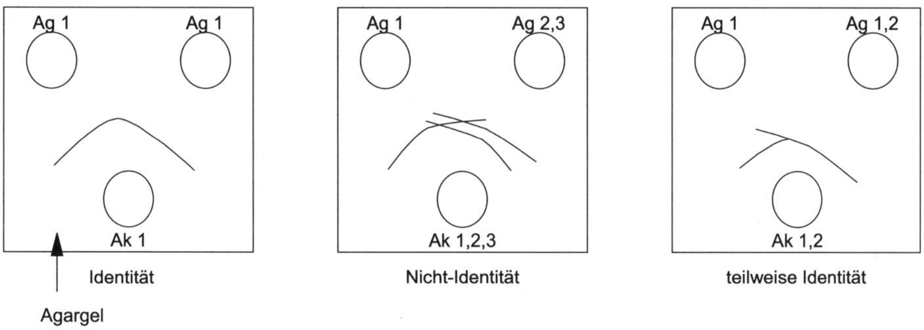

Abb. 6-5: Doppelimmundiffusion nach Ouchterlony.
In einem Agargel werden ein zentraler Trog und mehrere periphere Tröge ausgestanzt. Der zentrale Trog wird mit der Antikörperlösung gefüllt, die peripheren Tröge mit Antigenlösung. Je nach Spezifität der Antikörper zu den Antigenen ergeben sich unterschiedliche Muster für die Präzipitationslinien, die es erlauben festzustellen, ob Antigene identisch (links) oder nicht identisch (Mitte) sind, bzw. ob sie teilweise Identität (rechts) aufweisen.

Bei der Gegenstrom- oder Kreuzelektrophorese werden Antigen- und Antikörperlösung an den beiden Enden eines kurzen Agargels aufgetragen. Bei geeignetem pH-Wert wandern Antigen und Antikörper aufeinander zu und bilden im Bereich ihres jeweiligen Äquivalenzpunkts Präzipitationslinien (Abb. 6-7).

Sind die Antigenmischungen zu komplex, können sie durch Doppeldiffusionstechniken nicht analysiert werden. Deshalb wird zunächst eine Elektrophorese in einem Agarosegel zur Trennung der Proteine, die hier die Antigene darstellen, durchgeführt. Anschließend wird in parallel zu der Elektrophoreserichtung eingestanzten länglichen Rinnen die An-

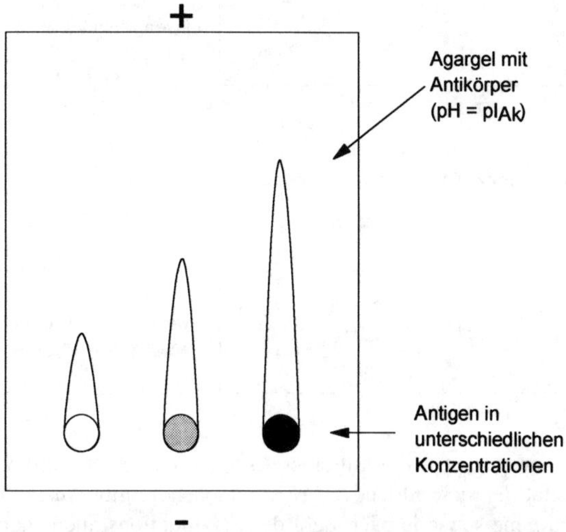

Abb. 6-6: „*Rocket*„-Elektrophorese.
In einem Agargel, das den Antikörper enthält, werden die Antigenlösung in die Auftragstaschen einpipettiert und einer Elektrophorese unterworfen. Die Antigene wandern zur Anode, die Antikörper zur Kathode. Es bilden sich Präzipitationslinien, deren Intensität und Höhen mit der Antigenkonzentration korrelieren.

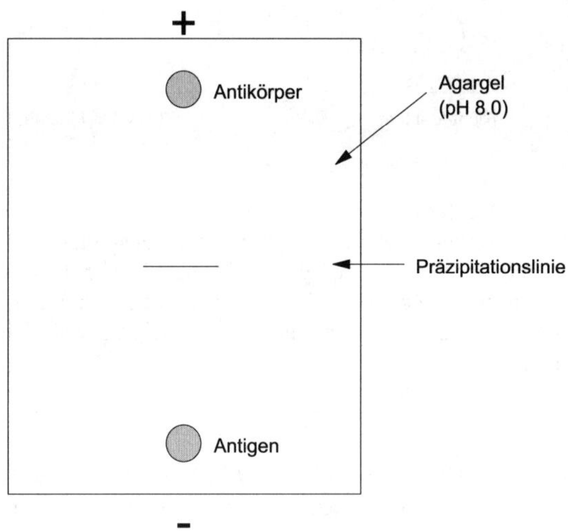

Abb. 6-7: Gegenstromelektrophorese.
In einem Agargel werden zwei Tröge ausgestanzt und mit der Antigen- bzw. Antikörperlösung gefüllt. Bei der Elektrophorese wandern Antigen und Antikörper aufeinander zu und bilden eine Präzipitationslinie.

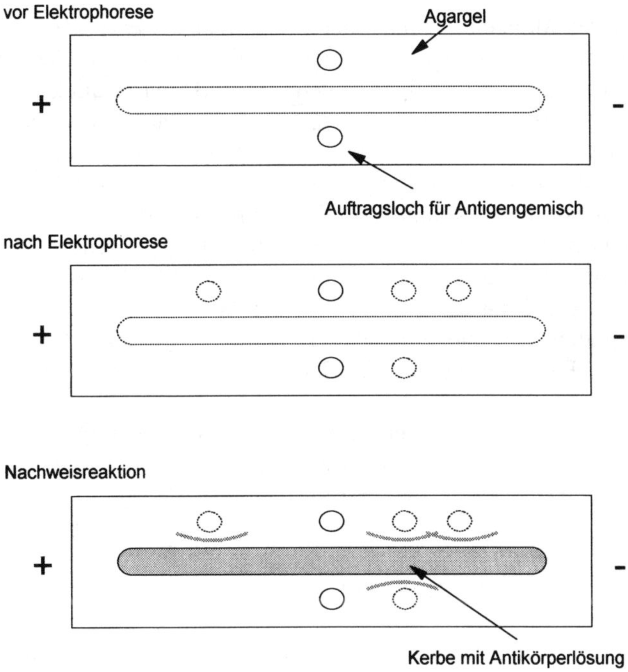

Abb. 6-8: Immunelektrophorese.
In die beiden Auftragslöcher auf dem Agargel werden die zu analysierenden Antigengemische (z.B. Serum) aufgetragen und elektrophoretisch aufgetrennt. Nach der Elektrophorese wird in die zentrale Wanne ein Antikörpergemisch (Antiserum) gefüllt. Durch Diffusion wandern Antikörper und Antigen aufeinander zu und bilden Präzipitationslinien, deren Position und Intensität für die qualitative und quantitative Analyse des Antigengemischs herangezogen werden kann.

tikörperlösung oder das Antiserum gefüllt. Antigene und Antikörper diffundieren aufeinander zu und bilden diskrete Präzipitationslinien (Abb. 6-8).

Präzipitationslinien bzw. Zonen lassen sich nur bei genügend hoher Konzentration von Antigen und Antikörper erkennen. Bei zu niedriger Konzentration muß man die Antigen-Antikörper-Aggregate anfärben. Dazu sollte man nicht-präzipitierte Proteine durch wiederholtes Waschen mit einem Puffer aus dem Gel entfernen und dann das Gel in einem Geltrockner trocknen. Die Antigen-Antikörper-Aggregate können dann mit Coomassie Brilliant Blue angefärbt werden.

6.2.3 *Radioimmunoassay*

Der *Radioimmunoassay* (RIA) ist eines der empfindlichsten und genauesten Verfahren zum Nachweis makromolekularer und niedermolekularer Antigene (Überblick: Parker 1990a). Mit ihm lassen sich z.B. von Peptidhormonen noch Konzentrationen im Bereich pg/ml zuverlässig nachweisen. Er beruht darauf, daß radioaktiv markiertes Antigen und unmarkiertes Antigen um den Antikörper konkurrieren. Der RIA wird daher normalerweise als Verdrängungstitration durchgeführt: radioaktiv markiertes Antigen wird mit dem Antikörper inkubiert und mit steigenden Mengen an unmarkiertem Antigen versetzt, das je nach Konzentration das radioaktiv markierte Antigen mehr oder weniger verdrängt. Gebundene Antigene werden von nicht-gebundenen Antigenen getrennt, z.B. durch direkte oder Anti-Immunglobulin-Antikörper vermittelte Immunpräzipitation oder durch Adsorption an Antikörper-bindende Oberflächen, z.B. an mit Protein A belegte Mikrotiterplatten oder *beads*. Anschließend wird die Radioaktivität der Antigen-Antikörper-Komplex-Fraktion in einem γ-*counter* oder Szintillationszähler bestimmt. Mit Hilfe einer Eichkurve, die mit bekannten Mengen an radioaktiv markiertem und unmarkiertem Antigen erstellt wird, läßt sich so die Antigenkonzentration in einer Probe bestimmen (Abb. 6-9). Voraussetzung für die Durchführung eines RIA ist, daß für das zu bestimmende Antigen ein radioaktiv markierter *tracer* zur Verfügung steht. Für niedermolekulare Antigene werden oft ^{3}H- bzw. ^{14}C-Markierungen gewählt, für Proteine werden ^{125}I- oder ^{131}I-Markierungen bevorzugt (Parker 1990b).

Trotz der hohen Empfindlichkeit und Genauigkeit des RIA ist er wegen der Verwendung von radioaktiven Isotopen und den damit verbundenen Gefahren weitgehend durch den ELISA verdrängt worden.

6.2.4 *Enzyme linked immunosorbent assay*

Der *enzyme linked immunosorbent assay* (ELISA) ist der mit Abstand am meisten verbreitete immunologische Test im biochemischen und klinisch-chemischen Labor (Ausführliche Darstellung: Crowther 1995). Er ist genauso spezifisch wie ein RIA und erreicht unter optimalen Bedingungen dessen Empfindlichkeit. Er kann in verschiedenen Varianten durchgeführt werden, denen gemeinsam ist, daß die Nachweisreaktion auf der Umsetzung eines chromogenen Substrats durch ein Enzym (z.B. Alkalische Phosphatase oder Meerrettichperoxidase) beruht, das mit dem Antigen oder dem Antikörper gekoppelt vorliegt. Der nachzuweisende Antigen-Antikörper-Komplex wird dazu auf fester Phase immobilisiert.

Bei der kompetitiven Methode wird, ganz analog wie bei dem RIA beschrieben, das Antigen mit dem Enzym markiert und in Konkurrenz mit einem unmarkierten Antigen von dem auf einer Mikrotiterplatte immobilisierten Antikörper gebunden. Danach wird die Mikrotiterplatte mit Puffer gewaschen, anschließend das chromogene Substrat (z.B. p-Nitrophenylphosphat bei Alkalischer Phosphatase oder 3,3',5,5'-Tetramethylbenzidin bei Meerrettichperoxidase) zugesetzt und die Farbentwicklung photometrisch in einem ELISA-*reader* (Abb. 6-10) gemessen. Mit Hilfe einer Standardkurve läßt sich so die Antigen-Konzentration in einer Probe bestimmen.

Viel universeller einsetzbar als die kompetitive Methode ist die *sandwich*-Methode, weil bei ihr kein enzymgekoppeltes Antigen benötigt wird. Hier wird der spezifische Antikörper an der Mikrotiterplatte adsorbiert und dann die Antigen-Lösung hinzugegeben. Nach der Bildung des Antigen-Antikörper-Komplexes wird die Mikrotiterplatte mit Puffer gewaschen und ein zweiter, gegen den ersten Antikörper gerichteter Antikörper hinzugegeben, der mit einem Enzym gekoppelt ist und damit die Nachweisreaktion katalysiert (Abb. 6-11). Von diesem *sandwich*-ELISA gibt es verschiedene Variationen. Als elegantes Beispiel für einen kommerziellen ELISA sei das Nachweisverfahren für das menschliche Wachstumshormon (hGH) beschrieben. Verwendet werden Mikrotiterplatten, an die Antikörper gegen hGH gebunden sind. Die Testlösung mit der unbekannten Konzentration an hGH wird in einen Trog der Mikrotiterplatte pipettiert. hGH bindet an den immobilisierten Antikörper. Der Nach-

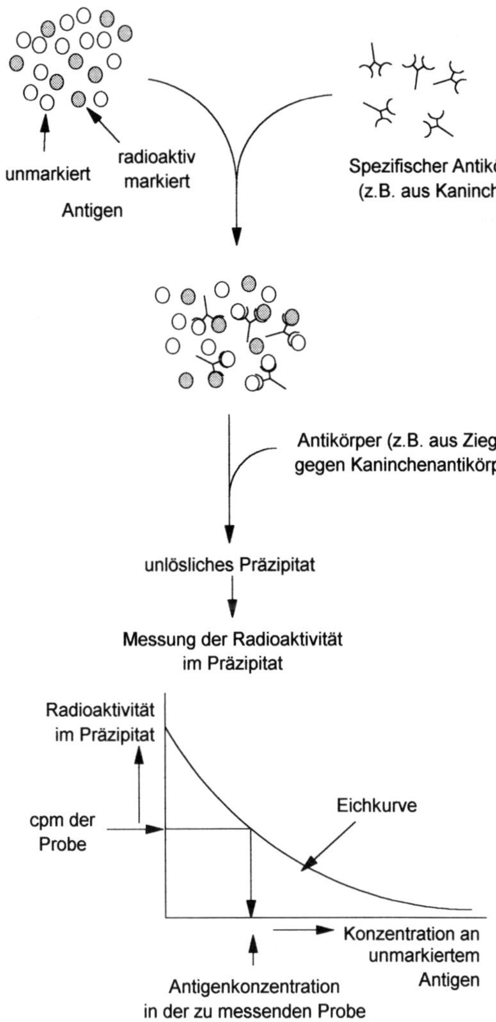

Abb. 6-9: Kompetitiver Radioimmunoassay.
Eine Mischung aus einer bekannten Konzentration des radioaktiv markierten Antigens (*tracer*) und einer unbekannten Konzentration des unmarkierten Antigens werden mit dem Antigen-spezifischen Antikörper inkubiert. Nach Zugabe eines Anti-Antikörpers, der zur Präzipitation der Antigen-Antikörperkomplexe führt, wird die Radioaktivität im Präzipitat gemessen (oben). Je nachdem, wieviel unmarkiertes Antigen in der ursprünglichen Mischung vorlag, wird mehr oder weniger Radioaktivität zu messen sein, so daß mit Hilfe einer Vergleichsmessung (Eichkurve) die Konzentration des unmarkierten Antigens bestimmt werden kann (unten).

weis von gebundenem hGH erfolgt durch einen mit Digoxigenin markierten zweiten Antikörper, der ebenfalls gegen hGH gerichtet ist. Im folgenden Schritt wird ein gegen Digoxigenin gerichtetes, mit Peroxidase gekoppeltes Fab-Fragment hinzugegeben, das dann das chromogene Substrat 2,2'-Azino-di-[3-ethylbenzthiazolin-6-sulfonat] (ABTS) umsetzt. Die Nachweisgrenze dieses Verfahrens liegt bei 5 pg/ml.

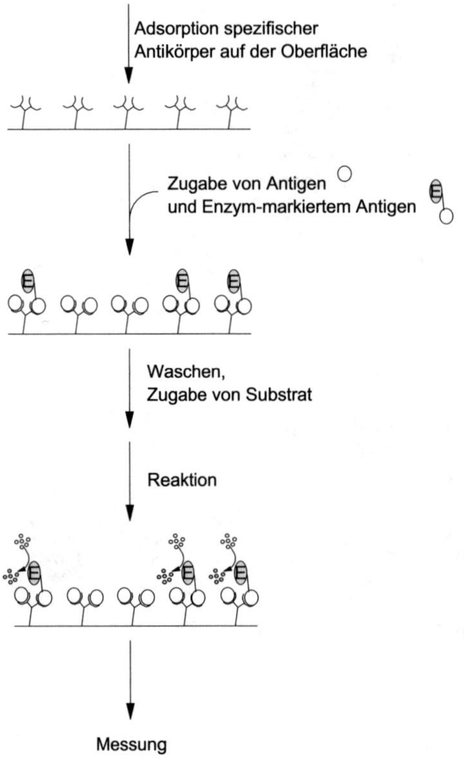

Abb. 6-10: Kompetitiver ELISA.
Antikörper gegen das nachzuweisende Antigen werden in den Trögen einer Mikrotiterplatte durch Adsorption immobilisiert (oben). Antigen und mit einem Enzym markiertes Antigen werden, nachdem unspezifische Bindungsplätze auf dem Träger, der Mikrotiterplatte, blockiert wurden, hinzugegeben (Mitte). Durch Zugabe des Enzymsubstrats wird die Nachweisreaktion für das gebundene Enzymmarkierte Antigen eingeleitet (unten). Je nach Verhältnis von markiertem und unmarkiertem Antigen wird die Nachweisreaktion zu mehr oder weniger Produkt führen. Mit Hilfe einer Vergleichsmessung (Eichkurve) kann damit die Menge an unmarkiertem Antigen bestimmt werden.

Durch Kopplung mit einer zweiten enzymatischen Reaktion kann die Empfindlichkeit des ELISA gesteigert werden. Zum Beispiel kann man die Alkalische Phosphatasereaktion dazu benutzen, aus $NADP^+$ NAD^+ zu generieren, um damit als Coenzym mit Hilfe einer Dehydrogenase einen Leukofarbstoff zu einem Farbstoff zu oxidieren.

Für alle ELISA-Experimente gilt, daß für Proteine, die an den Nachweisreaktionen beteiligt sind, die unspezifische Adsorption auf der Polystyrol- oder Polyvinylchloridoberfläche der Mikrotiterplatte zu vermeiden ist. Dazu müssen nach der Bindung des Antigens, des Antikörpers, von Protein A bzw. Protein G oder von Avidin bzw. Streptavidin auf der Mikrotiterplatte reaktive Stellen der Oberfläche verdeckt („geblockt") werden. Das wird durch Inkubation mit 0.1 % (w/v) Lösungen von Rinderserumalbumin oder Gelatine erreicht.

Die typische Abfolge der einzelnen Arbeitsschritte für einen *sandwich*-ELISA wird im folgenden für ein Protein als Antigen skizziert. Zunächst wird das Antigen in verschiedenen Verdünnungen in die Tröge einer Mikrotiterplatte pipettiert und unter leichtem Schütteln für

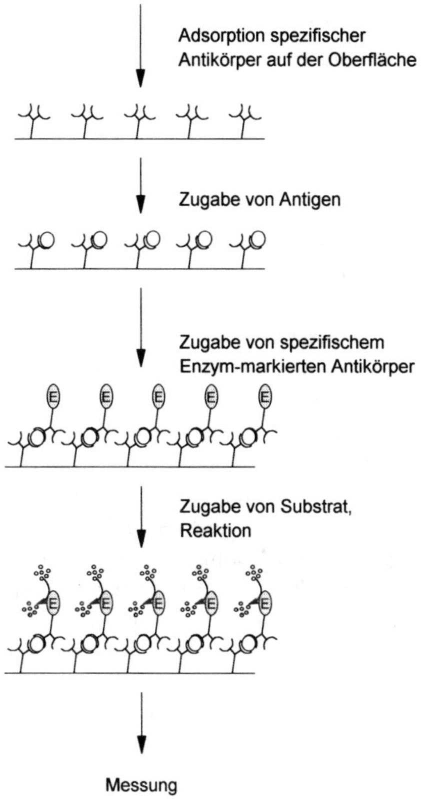

Abb. 6-11: Sandwich-ELISA.
Antikörper gegen das nachzuweisende Antigen werden auf der Mikrotiterplatte immobilisiert (oben). Antigen wird nach der Blockierung unspezifischer Bindungsplätze hinzugegeben und gebunden (Mitte oben). Nach Zugabe eines anderen, gegen das gleiche Antigen gerichteten Antikörpers, der mit einem Enzym gekoppelt ist (Mitte unten), wird das Substrat für das Enzym hinzugefügt und damit die Nachweisreaktion in Gang gesetzt (unten).

ca. 2 h bei Raumtemperatur inkubiert. Anschließend wird der Überstand durch Ausschütten entfernt. Zum „Blocken" der Oberfläche werden die Tröge mit 200 µl 0.1 % (w/v) Rinderserumalbumin, 0.05 % (w/v) Tween 20 in PBS (s. 6.1.2) für ca. 5 min bei Raumtemperatur inkubiert, die Tröge entleert und mehrmals mit 0.1 % (w/v) Tween in PBS gewaschen. Dann wird die Antikörperlösung in einer geeigneten Verdünnung, die in Vorexperimenten ermittelt wurde, hinzugegeben und ca. 1 h bei Raumtemperatur unter leichtem Schütteln inkubiert. Nach Entfernung des Überstands werden die Tröge wieder mehrmals mit 0.1 % (w/v) Tween in PBS gewaschen und anschließend der zweite Antikörper mit dem konjugierten Enzym (z.B. Meerrettichperoxidase), ebenfalls in einer in Vorexperimenten ermittelten geeigneten Verdünnung, hinzugegeben. Es wird, wie für den ersten Antikörper beschrieben, inkubiert und gewaschen, um dann durch Zugabe des Reagenzes (z.B. 0.5 mg/ml o-Phenylendiamin, 0.5 µl /ml 30 % (v/v) H_2O_2 in einem Citratpuffer bei pH 5) die Nachweisreaktion zu starten. Dabei ist die Reaktionszeit genau einzuhalten; sie sollte so gewählt sein, daß die Absorption bei 492 nm den Wert 1 in der Probe mit der höchsten Antigenkonzentration nicht übersteigt.

Nach dieser Zeit wird die Reaktion durch Zugabe von verdünnter Schwefelsäure gestoppt. Die Absorptionsmessung erfolgt in einem ELISA-*reader*.

6.2.5 Western *blot* und *dot blot*

Zu den empfindlichsten Verfahren zum Nachweis bestimmter Proteine nach elektrophoretischer Auftrennung zählen immunologische Verfahren. Dazu müssen die Proteine aus dem Gel durch ein *blotting*-Verfahren auf eine Membran (z.B. PVDF) transferiert werden (Überblick: Timmons & Dunbar 1990). Die anschließenden Reaktionen entsprechen in ihrem Ablauf im Prinzip denen, die beim ELISA vorgestellt wurden.

Der *dot blot* wird statt eines ELISA für den semiquantitativen oder quantitativen Nachweis von auf Membranen immobilisierten Antigenen verwendet. Für den *dot blot* wird die zu analysierende Probe ohne vorhergehende elektrophoretische Auftrennung direkt auf die Membran pipettiert. Die Nachweisreaktionen sind die gleichen wie beim *Western blot*.

Beim *Western blot* wie beim *dot blot* müssen reaktive Gruppen auf der Membran durch „Blocken" mit Rinderserumalbumin, Gelatine oder Magermilchpulver abgedeckt werden, bevor der Antikörper bzw. das Antikörper-Enzym-Konjugat hinzugegeben wird. Für die Nachweisreaktion haben sich wie beim ELISA Konjugate mit Meerrettichperoxidase und Alkalischer Phosphatase bewährt, die allerdings mit Reagenzien durchgeführt werden müssen, die zu unlöslichen, stabil gefärbten Produkten führen. Als Peroxidasesubstrate haben sich Diaminobenzidin ($\rightarrow$ brauner Farbstoff) und 4-(Chloro-1-naphtol) ($\rightarrow$ violetter Farbstoff) bewährt. Das bevorzugte Substrat für Alkalische Phosphatase ist 5-Brom-4-chlorindoxylphosphat/Nitroblau-tetrazoliumchlorid. Mit diesen Nachweissystemen können ca. 1 ng Protein/mm^2 *blot*-membran nachgewiesen werden. Um 2 – 3 Größenordnungen höhere Empfindlichkeit erreicht man durch Chemolumineszenz. Als Beispiel sei die Reaktion mit Alkalischer Phosphatase erwähnt, die bei 3-{4-Methoxyspiro(1,2-dioxetan-3,2'-tricyclo[3,3,1,1^{3,7}]dekan)}-phenylphosphat (AMPPD®) das Phosphat abspaltet, wobei eine metastabile Verbindung entsteht, die unter Lichtemission bei 470 nm zerfällt. Das emittierte Licht kann auf einem Röntgenfilm oder durch einen Phosphor*imager* detektiert werden.

6.2.6 Immunfluoreszenz und Immunogold-Elektronenmikroskopie

Mit Hilfe fluoreszenzmarkierter Antikörper können zelluläre und subzelluläre Strukturen dargestellt werden, indem man gefrorene oder fixierte Gewebeschnitte, ja sogar permeabilisierte ganze Zellen, mit Antikörpern inkubiert, die gegen zelluläre Antigene gerichtet sind (Ausführliche Darstellung: Javois 1994). Ungebundene Antikörper werden durch Waschen entfernt. Zur sichtbaren Darstellung wird das Präparat anschließend mit einem zweiten (kommerziell erhältlichen) Anti-Immunglobulin-Antikörper, der mit einem Fluoreszenzfarbstoff (z.B. Fluorescein oder Rhodamin) gekoppelt ist, versetzt, das Präparat gewaschen und in einem Fluoreszenzmikroskop untersucht.

Analog kann man bei elektronenmikroskopischen Untersuchungen vorgehen, indem man statt der Immunfluoreszenz die Immunogold-Technik verwendet. Dafür werden, ausgehend von Tetrachlorgoldsäure, durch Reduktion z.B. mit Citrat Goldpartikel von wenigen Nanometern Durchmesser präpariert. Diese Goldpartikel lassen sich auf der Oberfläche mit Proteinen beladen. Diese Beladung beruht auf elektrostatischen Wechselwirkungen und ist

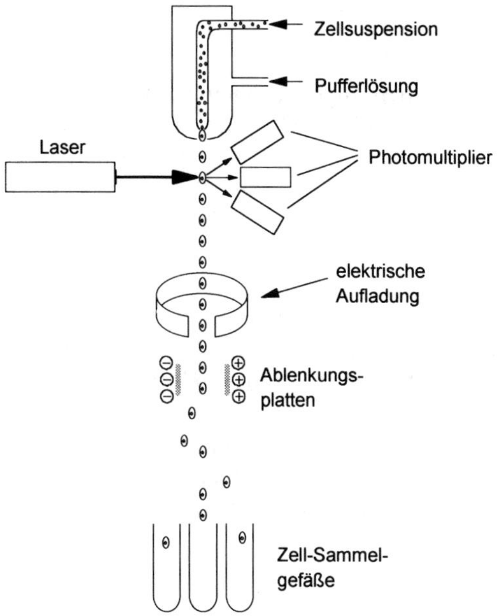

Abb. 6-12: *Fluorescence activated cell sorter.*
Eine Zellsuspension, die mit fluoreszenzmarkierten Antikörpern inkubiert worden war, wird zusammen mit einem Puffer durch eine Düse gepreßt, so daß kleinste Tropfen entstehen, die höchstens eine Zelle enthalten. Die Tröpfchen passieren einen Laserstrahl, wobei das Licht durch die Zellen gestreut wird bzw. die auf der Zelloberfläche gebundenen Antikörper zur Fluoreszenz anregt. Streulicht und Fluoreszenz werden durch Photomultiplier gemessen und die resultierenden Meßwerte benutzt, um die Tröpfchen auf bestimmte Weise aufzuladen. Je nach Ladung werden die Zellen dann durch elektrisch geladene Platten mehr oder weniger stark abgelenkt und auf diese Weise sortiert.

deshalb pH-abhängig. Für Immunglobuline empfiehlt sich ein pH von 7.4, für Protein A ein pH von 6.5, um Protein-Gold-Komplexe herzustellen. Der Protein-Gold-Komplex wird durch Zentrifugation von überschüssigem Protein getrennt. Durch Variation der Bedingungen lassen sich verschieden große Immunogold-Partikel herstellen. Als für Elektronen undurchlässige Partikel lassen sich die Goldteilchen sehr leicht im Elektronenmikroskop darstellen.

Die Immunfluoreszenz ist mittlerweile zu einer der wichtigsten Techniken moderner zellbiologischer Forschung geworden, um die Lokalisation von Antigenen, z.B. neu exprimierten Proteinen, in der Zelle zu bestimmen. Besonders leistungsfähig ist sie als Doppelimmunfluoreszenz, wobei zwei verschiedene, unterschiedlich fluoreszierende Antikörper eingesetzt werden, die es erlauben, gleichzeitig Referenzstrukturen darzustellen. Die Darstellung verschiedener Proteine in einem elektronenmikroskopischen Präparat läßt sich mit unterschiedlich großen Immunogold-Partikeln erreichen.

6.2.7 *Fluorescence activated cell sorter*

Cell sorter sind in der Lage, einzelne Zellen zu isolieren und zu sortieren. Dazu wird zunächst eine Zellsuspension mit Ultraschall in kleine Tröpfchen zerteilt, so daß in jedem der Tröpfchen höchstens eine Zelle verbleibt. Die Tröpfchen werden durch einen Laserstrahl geschickt. Das dabei gestreute Licht oder auch die spezifisch angeregte Fluoreszenz wird gemessen, und je nach dem Ergebnis dieser Messung wird der Tropfen mit der Zelle elektrisch geladen und aufgefangen oder verworfen. Abb. 6-12 zeigt schematisch die Arbeitsweise eines *cell sorter*. Bei dem *fluorescence activated cell sorter* (FACS) werden Antigene auf der Zelloberfläche mit einem fluoreszierenden Antikörper markiert und dann je nach Antikörperbesatz getrennt. Gleichzeitig mit der Fluoreszenz der Antikörper können andere Parameter gemessen werden – Streulicht, um die Größe der Zelle zu erfassen; Fluoreszenz anderer Wellenlänge, um z.B. den DNA-Gehalt zu messen – so daß im Rahmen einer FACS-Analyse mehrere Zellcharakteristika bestimmt und Zellen nach Maßgabe mehrerer vorgewählter Grenzwerte isoliert werden können. Die Kapazität von FACS-Geräten erlaubt, pro Stunde ca. 10^7 Zellen zu sortieren. Das entspricht dem Gehalt an weißen Blutkörperchen in 1 ml Blut.

Die FACS-Technik war lange Zeit eine Domäne der Immunologie, um die quantitative Verteilung von verschiedenen Leukozyten im Blut zu bestimmen. Sie gehört inzwischen zum methodischen Repertoire zellbiologischer Grundlagenforschung (Überblick: Kamarck 1987).

6.3 Literatur

Coligan, J.E., Kruisbeek, A.M., Margulies, D.H., Shevach, E.M. & Strober, W. (1991) *Current Protocols in Immunology*. Greene Publishing, New York.

Cooper, T.G. (1981) *Biochemische Arbeitsmethoden*. Walter de Gruyter, Berlin.

Crowther, J.R. (1995) Ed. *ELISA: Theory and Practice* (Methods in Molecular Biology, Vol. 42) Humana Press, Totowa.

Dunbar, B.S. & Schwoebel, E.D. (1990) *Preparation of Polyclonal Antibodies*. Meth. Enzymol. 182, 663-670.

Dunbar, B.S. & Skinner, S.M. (1990) *Preparation of Monoclonal Antibodies*. Meth. Enzymol. 182, 670-679.

Firestone, G.L. & Winguth, S.D. (1990) *Immunoprecipitation of Proteins*. Meth. Enzymol. 182, 688-700.

Hudson, L. & Hay, F.C. (1989) *Practical Immunology*, 3rd ed. Blackwell Scientific Publishers, Oxford.

Javois, L.C. (1994) Ed. *Immunocytochemical Methods and Protocols* (Methods in Molecular Biology, Vol. 34) Humana Press, Totowa.

Kamarck, M.E. (1987) *Fluorescence Activated Cell Sorting of Hybrid and Transfected Cells*. Meth. Enzymol. 151, 150-165.

Manson, M.M (1992) Ed. *Immunochemical Protocols* (Methods in Molecular Biology, Vol. 10) Humana Press, Totowa.

Parker, C.W. (1990a) *Immunoassays*. Meth. Enzymol. 182, 700-718.

Parker, C.W. (1990b) *Radiolabeling of Proteins*. Meth. Enzymol. 182, 721-737.

Paul, S. (1995) Ed. *Antibody Engineering Protocols* (Methods in Molecular Biology, Vol. 51) Humana Press, Totowa.

Steward, M. & Male, D. (1991) *Immunologische Testmethoden* in: Kurzes Lehrbuch der Immunologie (I.M. Roitt, Brosloff & Male, D.K.) Georg Thieme Verlag, Stuttgart.

Timmons, T.M. & Dunbar, B.S. (1990) *Proteinblotting and Immunodetection*. Meth. Enzymol. 182, 679-688.

Weir, D.M. (1986) Ed. *Handbook of Experimental Immunology*, 4th ed. Blackwell Scientific Publishers, Oxford.

7 Physikalisch-chemische Methoden

In diesem Kapitel werden physikalisch-chemische, insbesondere spektroskopische Verfahren vorgestellt, wobei auf das zugrundeliegende physikalische Prinzip, die apparative Seite und die Anwendung eingegangen wird. Behandelt werden dabei Absorptions- und Fluoreszenzspektroskopie, Circulardichroismus (CD), Kernresonanz (NMR) und Massenspektroskopie (MS), schließlich auch Streuverfahren. ORD, CD, NMR , MS und die Streuverfahren werden allerdings nur soweit vorgestellt, daß klar wird, was mit dieser Methode im Prinzip zu leisten ist. Dabei wird auch ausgeführt, wie mit Hilfe dieser und anderer Techniken Wechselwirkungen zwischen Molekülen analysiert werden können. Für eine umfassende und gründliche Darstellung dieser physikalisch-chemischen Methoden sei auf das Buch von C. Cantor und P.R. Schimmel (1980) (s. Kap. 1.1.1) verwiesen.

7.1 Spektroskopie

Ganz allgemein nutzen spektroskopische Verfahren die Wechselwirkungen aus, die zwischen einer elektromagnetischen Welle und Molekülen entstehen. Grundsätzlich kann man dabei zwei verschiedene Arten dieser Wechselwirkung unterscheiden:

1. Die elektromagnetische Welle wird von dem Molekül absorbiert. Dabei wird die gesamte Energie der Welle auf das Molekül übertragen. Diese Art der Wechselwirkung wird auch als resonante oder absorptive Wechselwirkung bezeichnet.
2. Die elektromagnetische Welle wird von dem Molekül nur abgelenkt. Die Welle geht nahezu unverändert aus der Wechselwirkung hervor und auch das Molekül ändert seinen Energiegehalt nicht. Man spricht hierbei von nicht-resonanter oder auch dispersiver Wechselwirkung.

Das Frequenzspektrum der in den meisten spektroskopischen Verfahren benutzten elektromagnetischen Wellen reicht von Radiowellen bis hin zu Röntgenstrahlen. Abb. 7-1 gibt einen Überblick über die Wellenlängen des elektromagnetischen Frequenzspektrums und die in den jeweiligen Bereichen möglichen spektroskopischen Messmethoden. Die Frequenz ν der jeweiligen elektromagnetischen Welle ergibt sich aus der Wellenlänge λ und der Lichtgeschwindigkeit c zu

$$\nu = \frac{c}{\lambda} \tag{7.1}$$

Aus der Frequenz des Lichtes ergibt sich die Energie der einzelnen Photonen zu

$$E = h \cdot \nu \tag{7.2}$$

wobei $h = 6.62618 \cdot 10^{-34}$ [J · s] die Plancksche Konstante (Plancksches Wirkungsquantum) darstellt.

Der Mensch kann mit dem Auge nur den sehr kleinen Bereich des sichtbaren Lichtes zwischen 400 und 800 nm Wellenlänge wahrnehmen. Infrarotstrahlung wird als Wärmeempfin-

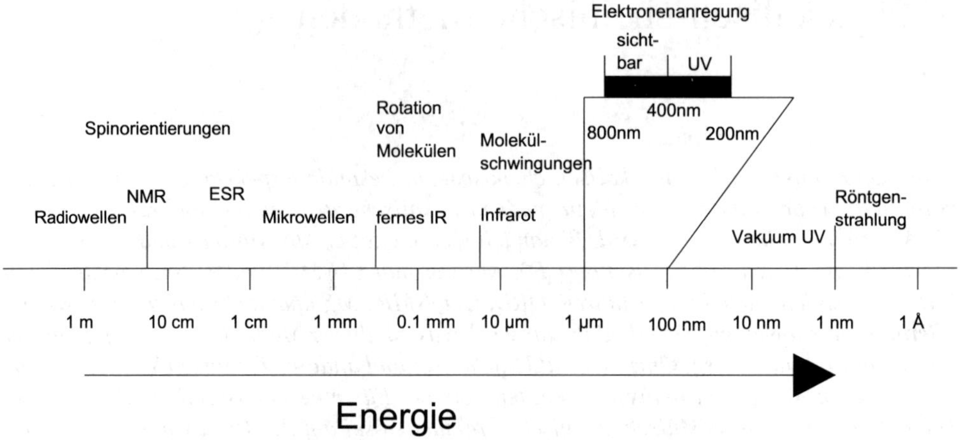

Abb. 7-1: Energiebereiche elektromagnetischer Wellen.

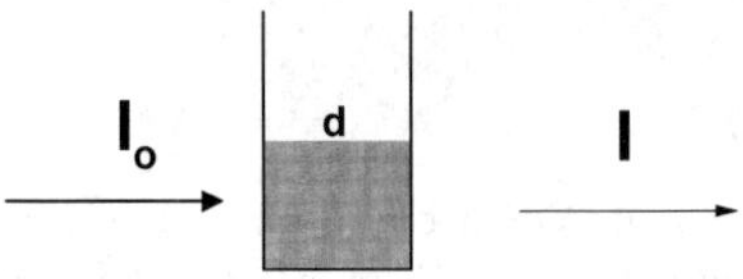

Abb. 7-2: Absorption von Licht (Lambert-Beersches Gesetz).
Das mit der Intensität I_0 einfallende Licht wird auf seinem Weg d durch die Küvette auf die Intensität I abgeschwächt. A (Gl. 7.5) ist dann die Absorption und ergibt sich aus der Konzentration *C*, dem Extinktionskoeffizienten ε und der Schichtdicke *d*.

dung auf der Haut erkannt. Für alle anderen elektromagnetischen Wellen besitzen wir kein Wahrnehmungsorgan. Dies gilt besonders auch für schädliche Strahlungen wie UV-Licht und Röntgenstrahlung.

7.1.1 Lichtabsorption

7.1.1.1 Grundlagen

Die Energie des Lichtes im sichtbaren und ultravioletten Spektralbereich entspricht den Anregungsenergien der Valenzelektronen vieler Moleküle. Durch eine resonante Wechselwirkung des Lichtes mit diesen Valenzelektronen kann die Energie der Lichtwelle auf das Molekül übertragen werden. So wird beispielsweise bei der Absorption von ultraviolettem Licht durch die Aminosäure Tyrosin ein Elektron aus dem bindenden π-Niveau in das antibindende π^*-Niveau angehoben. Die spektrale Verteilung und die Effektivität einer solchen Absorption kann man mit einem Spektralphotometer messen.

Quantitativ läßt sich die Lichtabsorption mit dem Lambert-Beerschen Gesetz beschreiben: Beim Durchgang von Licht durch eine Küvette ist die Menge an absorbiertem Licht proportional zur Lichtintensität (*I*) und zur molaren Konzentration (*C*) der absorbierenden Moleküle:

$$\frac{dI}{dx} = -\varepsilon' \cdot I \cdot C \tag{7.3}$$

wobei ε' der natürliche Extinktionskoeffizient ist (Abb. 7-2). Für die Absorption einer ursprünglich vorhandenen Intensität I_0 in einer Küvette mit der Schichtdicke d gilt

$$\int_{I_0}^{I} \frac{dI}{I} = \int_{0}^{d} -\varepsilon' \cdot C \cdot dx$$
$$\ln \frac{I_0}{I} = \varepsilon' \cdot d \cdot C \tag{7.4}$$

Es ergibt sich mit dekadischen Logarithmen

$$A = \log \frac{I_0}{I} = \varepsilon \cdot d \cdot C \tag{7.5}$$

A $\Rightarrow$ Absorption der Lösung
ε $\Rightarrow$ molarer dekadischer Extinktionskoeffizient $[M^{-1}cm^{-1}]$

A ist also eine Meßgröße zur Bestimmung der Konzentration C. Dies sei an einem Beispiel illustriert: Der molare dekadische Extinktionskoeffizient von Tryptophan in Wasser beträgt bei 280 nm 5 600 M^{-1} cm^{-1}. Eine Lösung von Tryptophan in Wasser hat in einer Küvette mit der Schichtdicke 0.5 cm eine Absorption von A = 0.550. Dann beträgt die Konzentration

$$C = \frac{A}{\varepsilon \cdot d} = \frac{0.55}{5600 \cdot 0.5} = 0.000\,196\,M \tag{7.6}$$

Die Genauigkeit einer Absorptionsmessung hängt von den jeweiligen Fehlern bei der Messung der Intensitäten ab. Bei sehr kleinen Absorptionen ist der zu messende Unterschied zwischen I und I_0 sehr klein und damit die Messunsicherheit sehr groß. Bei hohen Absorptionen ist die Intensität des aus der Küvette kommenden Strahls sehr gering und der Meßfehler ist ebenfalls sehr hoch. Nimmt man an, daß Meßfehler bei einer Lichtintensitätsmessung aus dem Rauschen des Signals herrühren und daher proportional zu $\sqrt{I}$ sind, so ergibt eine einfache Überlegung, daß bei einer Absorption von 0.87 die Meßgenauigkeit am größten ist. Für Konzentrationsbestimmungen über Absorptionsmessungen bedeutet das, daß nur in einem kleinen Bereich von etwa A = 0.1 bis A = 1.5 genaue Messungen möglich sind. Der dynamische Bereich von Absorptionsmessungen ist also recht klein. Um bei großen Absorptionen noch vernünftig messen zu können, kann man Küvetten mit geringer Schichtdicke verwenden. Das umgekehrte Verfahren, bei niedrigen Konzentrationen die Schichtdicke zu erhöhen, verbietet sich meist aus Substanzmangel.

Jede genaue Absorptionsmessung sollte als Differenzmessung zwischen der Absorption der Küvette mit dem Lösungsmittel und der Absorption der Lösung selbst erfolgen. In einem Doppelstrahlgerät kann man eine Küvette mit Lösungsmittel in den Referenzstrahlengang stellen und dagegen eine identische Küvette mit der Lösung messen. Dabei können kleine Unterschiede in den verwendeten Küvetten und Unterschiede zwischen Referenz- und Meßstrahl zu Ungenauigkeiten führen. Besonders bei der Verwendung von Mikroküvetten, bei denen schwarze Seitenwände einen Teil des auffallenden Lichtes verschlucken, können kleine Unterschiede in der Ausleuchtung oder der Positionierung im Strahlengang zu großen Fehlern führen. Wenn eine hohe Genauigkeit der Messung gefordert wird, sollte man daher folgendes Verfahren benutzen: Zunächst wird die Meßküvette mit dem Lösungsmittel gefüllt und das Referenzspektrum aufgenommen. Viele Spektralphotometer bieten die Möglichkeit,

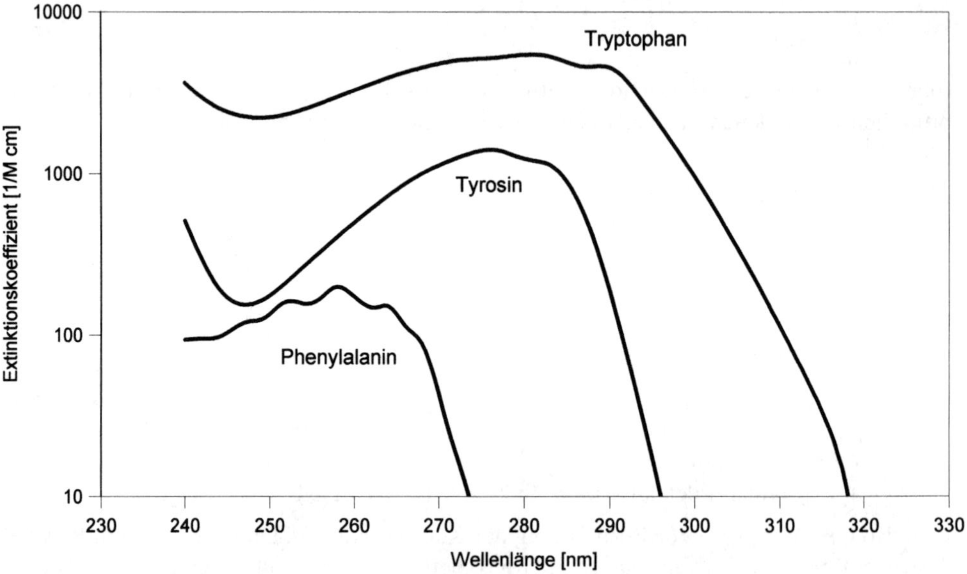

Abb. 7-3: Absorptionsspektren der aromatischen Aminosäuren.
Zur besseren Übersichtlichkeit ist der Extinktionskoeffizient ε auf einer logarithmischen Skala gegen die Wellenlänge aufgetragen.

dieses Referenzspektrum als „Grundlinie" abzuspeichern. Danach wird die Probenlösung eingefüllt und die eigentliche Messung durchgeführt. Dabei ist darauf zu achten, daß die Position der Meßküvette im Strahlengang des Photometers bei beiden Messungen genau gleich ist. Die Genauigkeit der Positionierung der Küvette läßt sich sehr schnell durch mehrfaches Herausnehmen und Wiedereinsetzen überprüfen.

Man nennt die das Licht absorbierenden Teile von Molekülen auch Chromophore, da sie für die „Farbigkeit" der jeweiligen Substanzen verantwortlich sind. Die Absorption eines Chromophors, gemessen bei verschiedenen Wellenlängen, wird durch das Absorptionsspektrum dargestellt. Abb. 7-3 zeigt die Absorptionsspektren für die drei aromatischen Aminosäuren Tryptophan, Tyrosin und Phenylalanin.

In Tab. 7-1 sind die Absorptionsmaxima und Extinktionskoeffizienten biochemisch wichtiger Chromophore zusammengestellt.

Die Absorption der aromatischen Aminosäuren kann zu einer schnellen und zuverlässigen Konzentrationsbestimmung von Proteinen ausgenutzt werden, wenn man die Aminosäurezusammensetzung kennt (s. Kap. 5.1.2.3). Um die Konzentration von Nukleinsäuren absorptionsphotometrisch zu bestimmen, ist jedoch neben der Kenntnis der Nukleotidzusammensetzung auch die der jeweiligen Konformation (einzel- oder doppelsträngig) nötig (s. Kap. 5.2.1).

7.1.1.2 Spektralphotometer

Ein Spektralphotometer (Abb. 7-4) besteht aus mehreren optischen und elektrischen Komponenten:

Tabelle 7-1 Eigenschaften einiger biochemisch wichtiger Chromophore

Chromophor	λ_{max} [nm]	ε [$M^{-1}cm^{-1}$]	Chromophor	λ_{max} [nm]	ε [$M^{-1}cm^{-1}$]
Tryptophan	280	5 600	Uridin	261	10 100
Tyrosin	274	1 400	Cytidin	271	9 100
Phenylalanin	260	200	NAD^+	260	17 600
Adenosin	260	14 900	NADH	339	5 100
Guanosin	276	9 000		258	13 000
Thymidin	267	9 700			

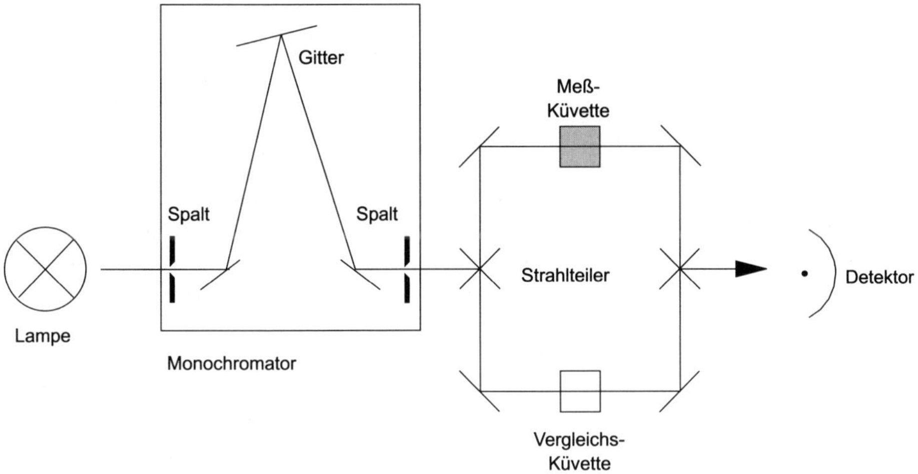

Abb. 7-4: Schematischer Aufbau eines Zweistrahlspektralphotometers.
Das monochromatische Licht wird abwechselnd durch Meß- und Vergleichsküvette geleitet und fällt anschließend auf einen *Photomultiplier* als Detektor.

1. **Lichtquelle**: Verwendet werden meist Halogenlampen für den Betrieb im sichtbaren Bereich des Spektrums und Wasserstoff- oder Deuteriumgasentladungslampen für den Bereich des ultravioletten Lichtes.
2. **Monochromator**: Es werden in fast allen Geräten Gittermonochromatoren verwandt. Nur in älteren Geräten findet man mitunter noch Prismenmonochromatoren. Bei einfachen Geräten wird ein einstufiger Monochromator benutzt, der häufig auch nur einen Lichtstrahl zur Absorptionsmessung erzeugt. Aufwendigere Geräte besitzen Doppelmonochromatoren und erzeugen zwei identische Lichtstrahlen, mit denen man zusätzlich die Absorption einer Vergleichslösung mißt. Die Qualität des Monochromators ist entscheidend für die Genauigkeit der Absorptionsmessungen. Dabei kommt es darauf an, daß der Anteil an Falschlicht möglichst gering bleibt. Falschlicht ist Licht mit einer von der gewünschten stark abweichenden Wellenlänge. Als Beispiel sei das Absorptionsspektrum von Tryptophan angeführt. Bei einer Absorption von 3.0 bei 280 nm erreichen nach Gleichung (7.5) noch 0.1 % des ursprünglichen Lichtes den Detektor $A = \log(100/0.1) = 3.0$. Hat nun der Monochromator einen Falschlichtanteil von 0.1 %

im gesamten sichtbaren, von Tryptophan nicht absorbierten Bereich, so erhöht sich dieser Anteil auf 0.2 % und die Absorptionsmessung zeigt $A = \log(100/0.2) = 2.69$.

3. **Küvettenraum**: Im Küvettenraum befindet sich der Halter für die Meß- und bei Doppelstrahlphotometern auch der für die Vergleichsküvette. Die Küvettenhalter sind häufig durch angeschlossene Kryo/Thermostaten oder mit Peltierelementen temperierbar. Um Störungen durch Fremdlicht aus der Umgebung auszuschließen, muß der Küvettenraum während der Messung lichtdicht verschlossen sein.

   Bei den Küvettenhaltern bieten die Hersteller von Photometern viele verschiedene Versionen an. Je nach Anwendung kann man zwischen Haltern für einzelne oder mehrere Küvetten wählen, bis hin zu automatischen Küvettenwechslern, bei denen Pumpvorrichtungen auch noch ein automatisches Wechseln des Küvetteninhalts gestatten. Wichtig bei einem Küvettenhalter ist eine genau reproduzierbare Positionierung der Küvette im Lichtstrahl. Dabei muß man zwischen zwei verschiedenen Möglichkeiten zur Justage der Küvetten unterscheiden. Besonders bei älteren Geräten wird der Lichtstrahl so weit fokussiert, daß er vollständig in den Flüssigkeitsraum einer Küvette „paßt". Will man in einem solchen Gerät mit schmalen Küvetten und mit geringen Füllvolumina arbeiten, so kann es vorkommen, daß der Lichtstrahl durch die seitlichen Wände der Küvette oder den Meniskus der Lösung geht und die Messung damit unbrauchbar wird. Bei neueren Geräten wird daher meist unmittelbar vor der Küvette eine Blende angebracht, die überflüssige Teile des Lichtstrahls ausblendet. Für reproduzierbare Messungen muß eine solche Blende immer genau an der gleichen Stelle stehen und darf beim Einsetzen und Herausnehmen der Küvette nicht verschoben werden.

4. **Küvetten**: Es gibt eine so große Vielzahl verschiedener Küvetten, daß hier nur auf die wichtigsten Typen und ihre Anwendung eingegangen werden kann. Die Standardschichtdicke bei den Küvetten ist 10 mm und die meisten Photometer sind mit Küvettenhaltern ausgestattet, die eine Küvette mit dem Standardaußenmaß von 12 mm × 12 mm aufnehmen. Bei kleinerem Außenmaß muß ein Adapter verwendet werden. Da bei biochemischem Arbeiten die UV-Absorption eine wesentlich größere Rolle spielt als die im sichtbaren oder gar nahen infraroten Bereich, sollten alle Küvetten aus Quarz gefertigt sein. Dabei sind verschmolzene Küvetten den geklebten vorzuziehen. Die verschmolzenen Küvetten sind beständig gegen Säuren und können daher leichter gereinigt werden. Einmalküvetten aus Kunststoff sind für quantitatives Arbeiten und Arbeiten im fernen UV-Bereich ungeeignet und dienen nur zur ungefähren Überprüfung von Absorptionen im sichtbaren oder nahen UV-Bereich.

   Abb. 7-5 zeigt die gebräuchlichsten Küvettentypen. Die Standardküvette mit einem Innenmaß von 10 mm × 10 mm hat einen relativ hohen Substanzverbrauch, da bei den meisten Photometern eine Füllhöhe von ca. 1 cm nötig ist, damit der Meßstrahl nicht durch die Flüssigkeitsoberfläche verfälscht wird. In einer Halbmikroküvette mit 4 mm × 10 mm Innenmaß sind 0.5 ml Füllvolumen meistens ausreichend. Noch geringere Volumina (ca. 100 µl bei einer Schichtdicke von 1 cm) werden in Spezialmikroküvetten gemessen. Bei diesen Küvetten ist die Eintrittsfläche kleiner als der Durchmesser des Lichtstrahles. Um zu verhindern, daß Licht durch die Seitenwände statt durch die Lösung tritt, werden die Seitenwände aus schwarz eingefärbtem Quarzglas hergestellt. Bei diesen Küvetten ist besonders auf eine sorgfältige Messung der Referenz zu achten. Für Messungen bei hohen Absorptionswerten gibt es Küvetten mit 0.5 oder 0.1 cm Schichtdicke.

   Für die Reinigung von Küvetten sollten ausschließlich saure Reinigungsmittel verwendet werden, da alkalische Lösungen die polierten Quarzoberflächen angreifen können.

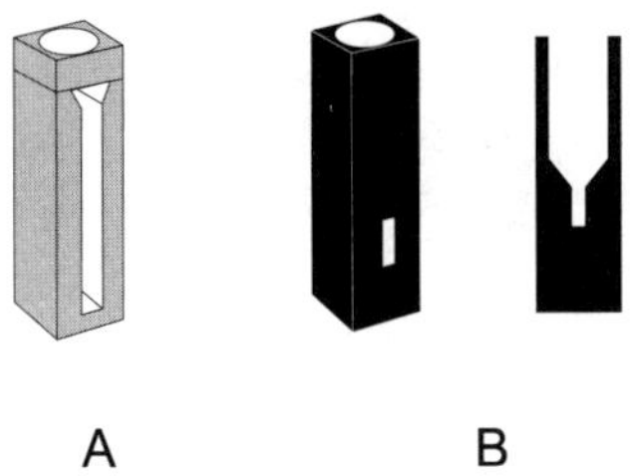

Abb. 7-5: Küvettentypen.
A: Halbmikrotrogküvette; B: Mikroküvette (ca. 90 µl Füllvolumen) mit eingeschwärzten Wänden.

Eine mechanische Reinigung durch Reiben mit einem Wattestab oder einem Tuch soll weitestgehend vermieden werden, da die Gefahr besteht, die polierten Flächen zu verkratzen. Zur Reinigung von Küvetten bieten die Hersteller spezielle Detergenzien an. Sollten Detergenzreste die Messungen stören, empfiehlt sich folgendes Reinigungsverfahren: Verschmolzene Quarzküvetten – man erkennt sie daran, daß die Kontaktflächen der Wände klar und durchsichtig sind – werden über Nacht in 50 % Salpetersäure oder einer 1:1 Mischung aus Salpetersäure und Schwefelsäure (Königswasser) gereinigt und anschließend gründlich mit destilliertem Wasser gespült. Danach kann noch eine weitere Reinigung auf der in Abb. 7-6 skizzierten Apparatur mit heißem Wasserdampf erfolgen. Während in der Küvette ständig heißes Wasser kondensiert und nach unten abläuft, kann man die Küvette von außen mit Ethanol oder bidestilliertem Wasser abspülen. Der Temperaturunterschied spielt bei Küvetten aus Quarz keine Rolle. Die heiße Küvette wird anschließend in einem leichten Luftstrom oder im Vakuum eines Exsikkators in wenigen Sekunden getrocknet. Trocknet man dagegen eine bei Raumtemperatur nasse Küvette im Vakuum, so sollte man daran denken, daß auf Grund der Verdunstungskälte Wasserreste in der Küvette gefrieren und dadurch die Küvette sprengen können. Besonders bei Küvetten mit weniger als 0.5 cm Schichtdicke oder bei solchen mit einem schlecht zugänglichen Temperiermantel tritt dieser recht kostspielige Effekt leider leicht auf.

5. **Detektor**: Für Messungen im sichtbaren und ultravioletten Teil des Spektrums verwendet man Photoelektronenvervielfacherröhren *(photomultiplier)* als Lichtdetektor. Bei Doppelstrahlgeräten werden sowohl der Meß- als auch der Vergleichsstrahl zeitlich abwechselnd von demselben Detektor gemessen. Dadurch werden Fehler durch Verwendung unterschiedlich empfindlicher Detektoren vermieden.
6. **Verstärker**: Das vom Detektor erzeugte elektrische Signal muß nun noch verstärkt und die gemessene Lichtintensität durch Logarithmieren in einen Absorptionswert umgewandelt werden. Danach wird das Absorptionssignal entweder auf einen Schreiber ausgedruckt oder digitalisiert einem Rechner zur Weiterverarbeitung zugeleitet. Es hängt vom jeweiligen Gerät ab, an welcher Stelle die Digitalisierung erfolgt und wie weit eine computergestützte Auswertung möglich ist.

Ein gänzlich anderes Bauprinzip wird bei den Dioden*array*-Spektralphotometern angewandt (Abb. 7-7). Hierbei wird die Küvette direkt von der Lampe ausgeleuchtet, und der Monochromator befindet sich zwischen Küvette und Detektor. Anstelle des Austrittsspaltes im Monochromator wird als Detektor ein lineares Dioden*array* eingesetzt, mit dem sämtliche aus dem Monochromator austretenden Wellenlängen gleichzeitig beobachtet werden können. Der Vorteil dieser Konstruktion liegt in der sehr schnellen Messung von vollständi-

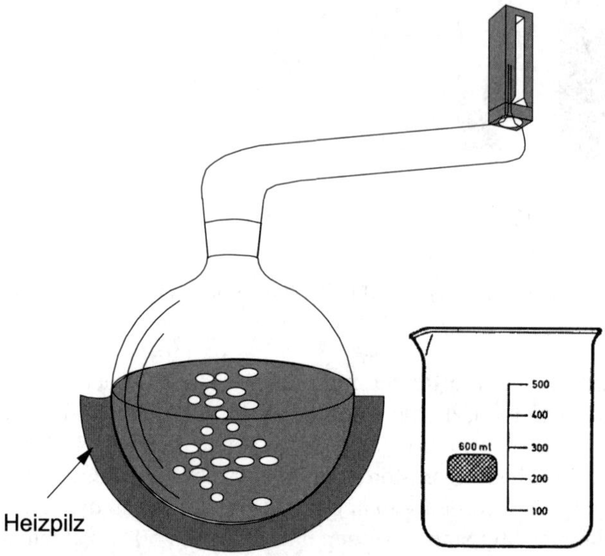

Abb. 7-6: Apparatur zur Küvettenreinigung.
Wasserdampf wird in die Küvette geleitet, kondensiert dort und läuft nach unten ab. Die heiße Küvette kann von außen mit Wasser oder Ethanol gespült werden.

gen Spektren, während der Nachteil sich aus der ständigen hohen Strahlenbelastung der Probe ergibt.

Für sehr einfache Anwendungen, z.B. als Durchflußphotometer in chromatographischen Anlagen, gibt es Einwellenlängenphotometer, bei denen das monochromatische Licht durch eine Niederdruckquecksilberlampe erzeugt wird. Eine solche Lampe emittiert Licht nur bei ganz bestimmten Wellenlängen und durch einen Filter läßt sich eine dieser Wellenlängen selektieren. Mit einem solchen Photometer lassen sich natürlich keine Spektren aufnehmen.

7.1.2 Fluoreszenz

Die bei einem Absorptionsvorgang vom Chromophor aufgenommene Energie muß in irgendeiner Art und Weise von dem Molekül auch wieder abgegeben werden. Während Schwingungen und Stöße die einmal aufgenommene Energie letztlich in Wärme umsetzen, kann auch eine Energieabgabe durch Aussenden von Licht erfolgen. Dieses Phänomen nennt man je nach dem Zeitbereich, in dem es erfolgt, Fluoreszenz oder Phosphoreszenz.

Bei der Aufnahme der Lichtenergie wird das Molekül zunächst vom Grundzustand S_0 in einen angeregten Zustand S_1 angehoben (Abb. 7-8). Dieser Vorgang ist so schnell (10^{-15} s), daß sich dabei die Atomkerne im Molekül nicht bewegen können. Durch die Energieaufnahme sinkt der gesamte Bindungsgrad im Molekül. Die Atomkerne befinden sich dann relativ zu nahe beieinander und das Molekül ist nicht nur in einem elektronisch angeregten Zustand, sondern zusätzlich auch noch in einem angeregten Schwingungszustand. In einer Schwingungsrelaxation innerhalb von ca. 10^{-12} s nimmt das Molekül nun den Schwingungsgrundzustand des ersten elektronisch angeregten Zustandes ein. Nach einer Verweildauer von ei-

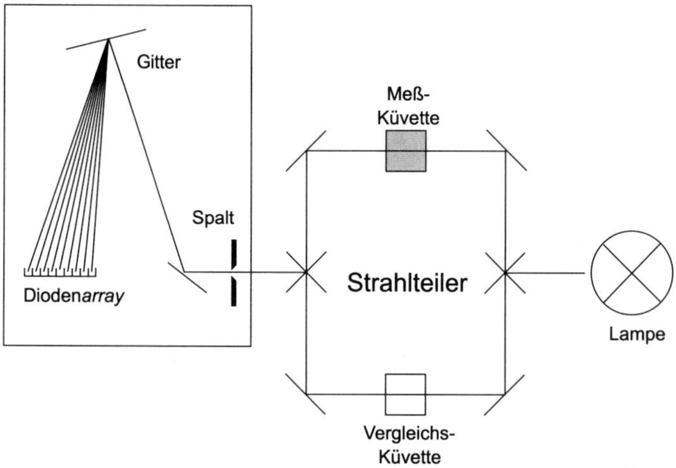

Abb. 7-7: Prinzipieller Aufbau eines Dioden*array*-Spektralphotometers.
„Weißes" Licht wird abwechselnd durch Meß- und Vergleichsküvette geleitet. Das Gitter zerlegt das Licht in seine Spektralfarben, die anschließend von den Elementen des Dioden*array* getrennt gemessen werden.

nigen Nanosekunden in diesem Zustand – der Fluoreszenzlebensdauer – wird ein Photon abgegeben. Die Zeit für die eigentliche Abgabe des Photons liegt wiederum bei ca. 10^{-15} s. Nach der Emission befinden sich die Kerne nun in einem angeregten Schwingungszustand des elektronischen Grundzustandes. Die Energie, die für die Emission zur Verfügung steht, ist daher um die Summe der Energie der beiden angeregten Schwingungszustände relativ zum jeweiligen Schwingungsgrundzustand verringert. Damit hat das als Fluoreszenz emittierte Licht eine längere Wellenlänge als das Anregungslicht.

Ein weiterer Übergang ist die Spinumkehr des angeregten Elektrons vom S_1-Singulett-Zustand in den T_1-Triplett-Zustand (*intersystem crossing*). Dieser Übergang ist zwar quantenmechanisch verboten und demzufolge sehr selten, gerade wegen dieses quantenmechanischen Verbots ist der T_1-Zustand besonders langlebig (1 ms bis hin zu einigen Stunden). Beim Zurückfallen des Elektrons aus dem T_1- in den S_1-Zustand wird wiederum Licht emittiert. Diese stark verzögerte Emission bezeichnet man als Phosphoreszenz. Eine Zusammenfassung der Energiezustände ist im Jablonski-Diagramm (Abb. 7-8) gezeigt.

Viele Moleküle absorbieren zwar Licht, zeigen jedoch keine oder nur eine sehr gering ausgeprägte Fluoreszenzemission. Der Grund für dieses Verhalten liegt in verschiedenen Löschprozessen, die zu einem Übergang aus dem elektronisch angeregten Zustand des Moleküls in den Grundzustand ohne die Abgabe von Licht führen. Bei diesen Löschvorgängen kann es sich um intramolekulare Relaxationen handeln, bei denen die Anregungsenergie in Schwingungsenergie und damit Wärme verwandelt wird. Einen solchen intramolekularen Löschprozess bezeichnet man als *internal conversion.*

Bestimmte kleine Moleküle oder Ionen (z.B. Sauerstoff, Acrylamid, Iodid- oder Thiocyanationen) sind in der Lage, bei einem Zusammenstoß mit einem elektronisch angeregten Molekül dessen Energie zu übernehmen und in Wärme umzuwandeln. Die Effizienz dieser Stoßlöschung ist proportional zur Konzentration des löschenden Moleküls (*quencher*): $k_Q[Q]$. Alle Prozesse, die zu einer Energieabgabe aus dem angeregten Zustand führen, kann

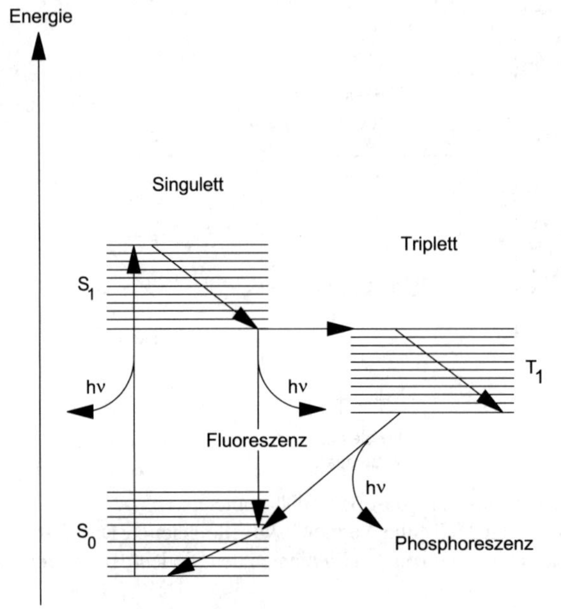

Abb. 7-8: Jablonski-Diagramm.
Energiezustände eines Moleküls bei Fluoreszenz und Phosphoreszenz.

man nun in einer Geschwindigkeitsgleichung zusammenfassen, und damit die Lebensdauer des angeregten Zustands beschreiben:

$$\frac{1}{\tau} = \frac{1}{\tau_0} + k_{ic} + k_Q c_Q \tag{7.7}$$

τ ⇒ Fluoreszenzlebensdauer
τ_0 ⇒ intrinsische Fluoreszenzlebensdauer ohne interne Konversion oder Stoßlöschung
k_{ic} ⇒ Geschwindigkeitskonstante für *intersystem crossing*
k_Q ⇒ Geschwindigkeitskonstante für intermolekulare Löschung
c_Q ⇒ Konzentration des *quencher*

Da τ_0 die Zeitkonstante ist, mit der die absorbierte Lichtenergie vollständig in Fluoreszenz umgewandelt würde, ergibt sich für die Quantenausbeute der Fluoreszenz

$$\Phi_F = \frac{\tau}{\tau_0} \tag{7.8}$$

7.1.2.1 Fluoreszenzspektroskopie und Konzentrationsbestimmungen

Abb. 7-9 zeigt den prinzipiellen Aufbau eines Fluorimeters. Wie bei einem Spektralphotometer zur Messung der Absorption wird auch hier zunächst monochromatisches Licht erzeugt und in die Meßküvette eingestrahlt. Dieses Anregungslicht wird in der Regel durch einen Gittermonochromator erzeugt. Senkrecht zur Excitation wird dann die Fluoreszenz beobachtet. Dabei kann die Selektion der Wellenlängen sowohl durch einen Monochromator

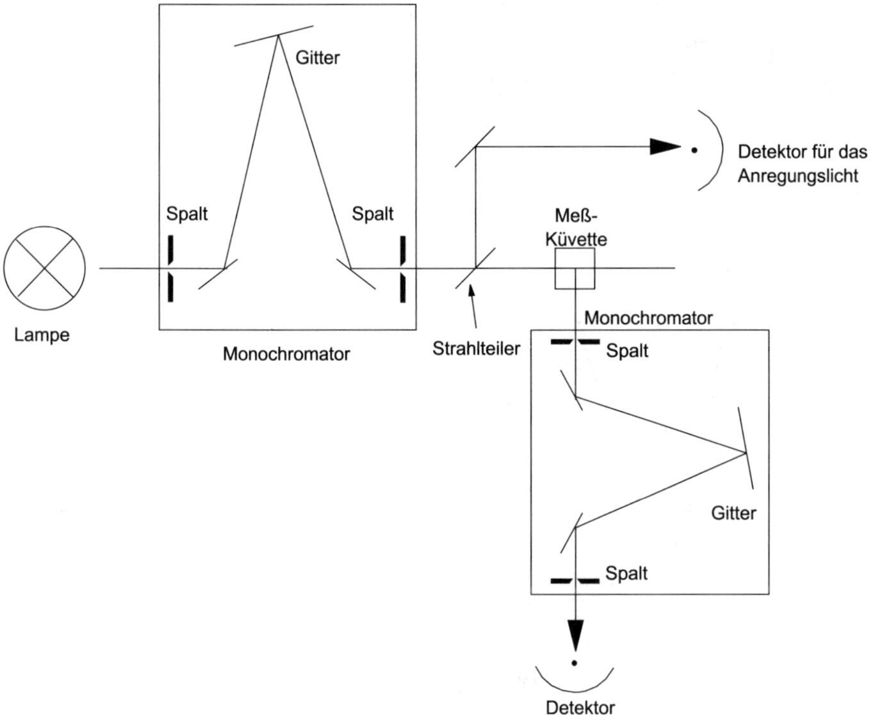

Abb. 7-9: Prinzipieller Aufbau eines Spektralfluorimeters.
Monochromatisches Licht wird in die Meßküvette eingestrahlt. Senkrecht zu diesem Anregungsstrahl wird durch einen zweiten Monochromator das Fluoreszenzlicht beobachtet. Vor der Meßküvette wird in einem Strahlteiler ein Teil des Anregungslichts abgezweigt und ebenfalls gemessen.

als auch bei einfacheren Geräten durch einen Farb- oder Interferenzfilter erfolgen. Wichtig ist, daß dabei Licht der Excitationswellenlänge möglichst vollständig eliminiert wird. Anders als bei Absorptionsmessungen kommt es bei der Fluoreszenz darauf an, auch kleine Lichtintensitäten noch empfindlich und genau zu messen. Daher werden als Detektor hochempfindliche *photomultiplier* eingesetzt. Bei zu hohen Lichtintensitäten werden empfindliche *photomultiplier* beschädigt oder sogar irreversibel zerstört. Daher muß sowohl bei der Konstruktion des Fluorimeters als auch bei der Benutzung streng darauf geachtet werden, daß keine größeren Lichtintensitäten auf den Detektor gelangen.

Die oben beschriebenen Löschprozesse sind stark temperaturabhängig. Als Faustregel kann man davon ausgehen, daß eine Temperaturerhöhung um ca. 10 °C einen Abfall der Quantenausbeute auf die Hälfte verursacht. Für reproduzierbare und stabile Fluoreszenzmessungen ist daher eine exakte Temperierung der Küvette unumgänglich.

Fluoreszenzküvetten unterscheiden sich von Absorptionsküvetten dadurch, daß sie allseitig optisch poliert sind. Dementsprechend ist bei ihrer Handhabung größte Sorgfalt vonnöten. Die Reinigung erfolgt analog zu der Reinigung von Absorptionsküvetten.

Abb. 7-10 zeigt ein typisches Fluoreszenzspektrum eines Proteins. Ein solches Spektrum besteht immer aus zwei Teilen, dem Anregungs- oder Excitationsspektrum und dem Emissi-

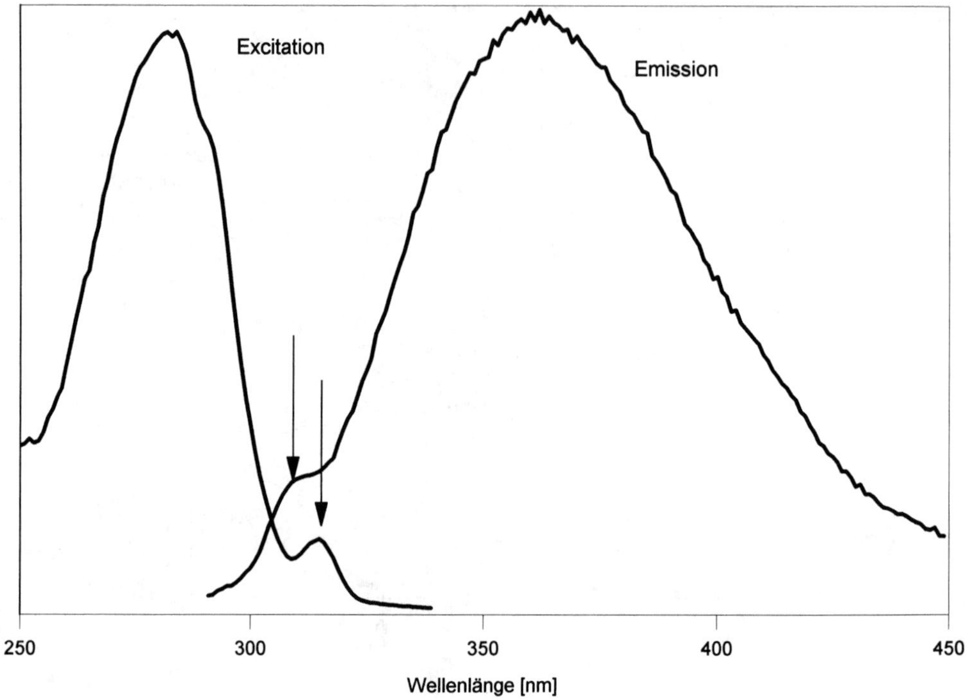

Abb. 7-10: Fluoreszenzspektrum eines Proteins.
Für das Excitationsspektrum wurde die Emission bei 350 nm gemessen, das Emissionsspektrum wurde bei 280 nm angeregt. Die Markierungen weisen auf die Lage der Raman-Streuung hin.

onsspektrum. Das Anregungsspektrum entspricht meist dem Absorptionsspektrum, während die Emission rotverschoben ist und eine andere Abhängigkeit von der Wellenlänge zeigt.

Ein Problem bei der Auswertung von Fluoreszenzmessungen ist das Ramanstreulicht des Lösungsmittels. Die spektrale Lage der Ramanstreuung läßt sich aus der Anregungswellenlänge λ_{ex} und der Raman-Verschiebung des Lösungsmittels ν_{LM} berechnen (s. Kap. 7.1.3.2):

$$\lambda_{Raman} = \left(\frac{1}{\lambda_{ex}} + \nu_{LM} \right)^{-1} \quad (7.9)$$

Für Wasser ist ν_{LM} ca. 330 000 m^{-1} und für eine typische Anregung einer Proteinfluoreszenz bei λ_{ex} = 295 nm erscheint das Ramanstreulicht bei λ_{Raman} = 327 nm, wo es die Fluoreszenzmessung erheblich stört. Ein Ramanstreulicht läßt sich einmal dadurch erkennen, daß sich sein Maximum mit der Anregungswellenlänge verschiebt. Zum anderen ist seine spektrale Breite im wesentlichen durch die Breite der Anregung bestimmt. Vergrößert man also die Bandbreite der Anregung durch Vergrößern der Spalte des Monochromators, so verbreitert sich auch das Spektrum des Ramanstreulichts. Eine Fluoreszenzemission dagegen wäre in ihrem Maximum und in ihrer Breite weitestgehend unabhängig von der Anregungswellenlänge. Außer durch die Wahl einer anderen Anregungswellenlänge gibt es keine Möglichkeit, die Störung einer Fluoreszenzmessung durch Ramanstreuung zu vermeiden.

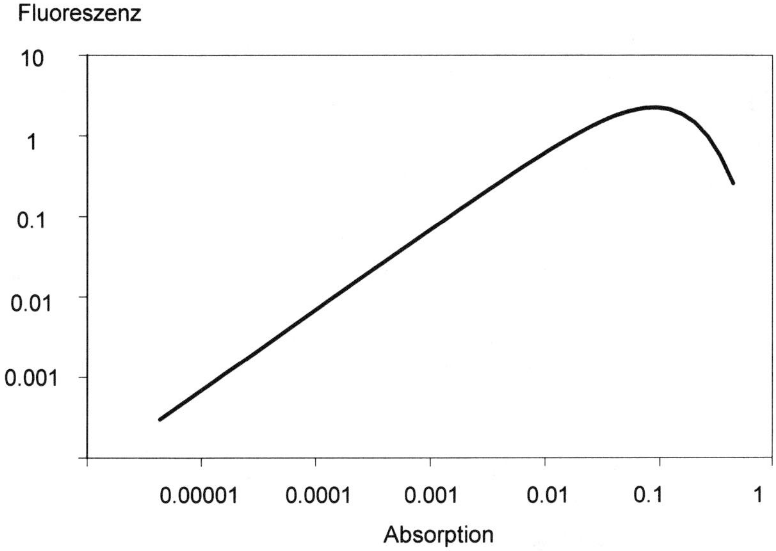

Abb. 7-11: Linearer Bereich und „Innerer-Filter"-Effekt bei Fluoreszenzmessungen. Bereits bei Absorptionen um 0.05 sind deutliche Abweichungen von der Linearität zu erkennen. Die doppelt logarithmische Auftragung wurde gewählt um den großen dynamischen Bereich von Fluoreszenzmessungen zu verdeutlichen.

Fluoreszenzmessungen haben gegenüber Absorptionsmessungen bei Konzentrationsbestimmungen einen entscheidenden Vorteil: da es bei der Fluoreszenz um eine Absolutmessung kleiner Lichtintensitäten geht, kann man noch sehr geringe Mengen eines Fluorophors quantitativ erfassen. Je nach Lage der Excitations- und Emissionswellenlängen und der Quantenausbeute können Konzentrationen bis hin zum femtomolaren Bereich quantitativ bestimmt werden. Bei höheren Konzentrationen tritt jedoch ein „Innerer Filter"-Effekt auf, der hauptsächlich dadurch hervorgerufen wird, daß Licht beim Eintritt in die Küvette durch die Chromophore stark absorbiert wird, so daß es den Beobachtungsbereich des Emissionsphotomultipliers gar nicht mehr erreicht oder die Küvette ungleichmäßig ausleuchtet. In einer Standardfluoreszenzküvette mit einer Schichtdicke von 1cm für den Anregungsstrahl tritt ein solcher Effekt bereits merklich auf, wenn der Absorptionswert für das Anregungslicht 0.05 beträgt. Die Intensitäts-/Konzentrationskurven (Abb. 7-11) weichen dann bereits stark von der Linearität ab.

7.1.2.2 Fluoreszenzpolarisation

Die Aufnahme von Lichtenergie durch einen Chromophor ist ein gerichteter Vorgang. Die Richtung, in der ein Chromophor mit der Lichtwelle interagiert, wird durch die Lage des Übergangsdipolmoments des Chromophors bestimmt. Nur wenn die Polarisationsebene des eingestrahlten Lichtes und die Richtung des Übergangsdipolmoments nicht senkrecht aufeinander stehen, ist eine Absorption möglich. Sind sie parallel, so ist die Absorption am größten. Abb. 7-12 zeigt die Lage eines solchen Übergangsdipolmoments.

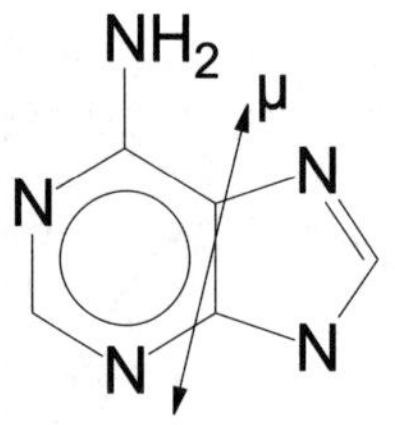

Abb. 7-12: Übergangsdipolmoment.
Lage des Übergangsdipolmoments für die 260nm-Absorptionsbande des Adenin-Chromophors.

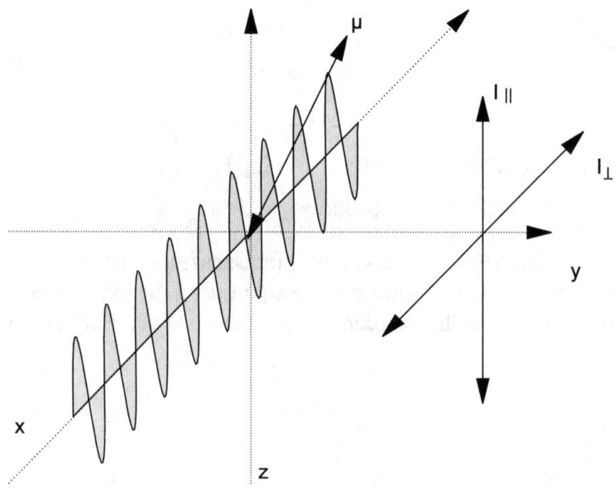

Abb. 7-13: Zur Geometrie bei der Fluoreszenzpolarisation.
μ ist das Übergangsdipolmoment des Fluorophors, das Anregungslicht ist parallel zur z-Achse polarisiert. Beobachtet wird die Fluoreszenzemission in Richtung der y-Achse parallel ($I_{||}$) und senkrecht ($I_{\perp}$) zur Anregungspolarisation.

Auch die Fluoreszenzemission ist wiederum ein gerichteter Prozeß, bei dem das abgestrahlte Licht parallel zur Richtung des Übergangsdipolmoments polarisiert ist.

Bei Anregung einer Lösung von Fluorophoren mit polarisiertem Licht wird also die Fluoreszenzemission dann polarisiert erfolgen, wenn sich die Lage der Moleküle im Zeitraum zwischen Anregung und Emission nicht geändert hat. Bewegen sich die Moleküle dagegen in diesem Zeitraum, so werden die Übergangsdipolmomente mehr oder weniger statistisch orientiert sein und die bei der Anregung noch vorhandene Polarisation ist in der Emission nicht mehr nachweisbar. Bei einer solchen Fluoreszenzpolarisationsmessung kann man daher die Bewegung von Molekülen in der Lösung direkt verfolgen. Man mißt dazu die Intensitäten der parallel und senkrecht zur anregenden Polarisation emittierten Fluoreszenz (Abb. 7-13).

Der Vorteil von Fluoreszenzpolarisationsmessungen liegt darin, daß man sehr leicht Größenänderungen der fluoreszierenden Moleküle detektieren kann, ohne auf langwierige Zentrifugationen oder Gelfiltrationen ausweichen zu müssen. Außerdem ist wegen der hohen Selektivität der Fluoreszenz eine Messung in Gemischen sehr leicht möglich. Breite Anwendung finden Fluoreszenzpolarisationsmessungen im *fluorescence polarization immu-*

noassay. Hier wird ein leicht bewegliches fluoreszierendes Antigen durch Bindung an den entsprechenden Antikörper immobilisiert. Auf diese Art und Weise lassen sich sowohl Antigene als auch Antikörper quantitativ erfassen, ohne vorher durch einen aufwendigen Reinigungsschritt gegangen zu sein.

7.1.2.3 Fluoreszenzmikroskopie

Die hohe Selektivität von Fluoreszenzmessungen läßt sich auch in vielen mikroskopischen Techniken ausnutzen. Allgemein wird man bei der Anfärbung interessierender Strukturen im Präparat statt absorbierender Farbstoffe fluoreszierende bevorzugen. Da dann die angefärbten Strukturen selbstleuchtend sind, heben sie sich wesentlich deutlicher von ihrer Umgebung ab als bei Absorptionsfärbung. Es würde zu weit führen, hier einen Überblick über die verschiedenen fluoreszierende Reagenzien zu geben. Eine sehr gute Zusammenfassung bietet Haugland 1996.

7.1.2.4 Fluoreszenzspektroskopische Untersuchung intermolekularer Wechselwirkungen

Die Fluoreszenz eines Chromophors ist sehr viel empfindlicher gegenüber Einflüssen in der Umgebung als seine Absorption. Ändert nun eine intermolekulare Wechselwirkung die Quantenausbeute der Fluoreszenz, so läßt sich dieser Effekt zur Detektion dieser Wechselwirkungen ausnutzen. Ein Beispiel für eine solche Fluoreszenztitration, bei der die Bindung eines Proteins an DNA gemessen wird, ist in Abb. 7-14 gezeigt. Hier wird durch die Bindung die intrinsische Fluoreszenz des Proteins gesenkt. Um eine möglichst genaue Messung zu ermöglichen, wurde sowohl in der Vorlage als auch in der Zugabelösung die gleiche Proteinkonzentration eingestellt. Eine solche Titration kann benutzt werden, um die Bindungsparameter, wie Zahl der Bindungsstellen oder die Stabilitätskonstante zu bestimmen. In Kap. 8.2.1 sind mathematische Verfahren für solche Auswertungen angegeben. Bei der Interpretation solcher Titrationskurven muß man sich allerdings sicher sein, daß der gemessene Fluoreszenzeffekt auch eine direkte Konsequenz der intermolekularen Wechselwirkung ist. Das häufigste Artefakt ist dabei der oben beschriebene „Innere Filter"-Effekt. Durch die Zugabe des Wechselwirkungspartners nimmt die Absorption der Lösung zu und simuliert so eine Fluoreszenzlöschung. Man kann den „Inneren Filter"-Effekt durch Anregung bei einer längeren Wellenlänge, bei der der zugegebene Wechselwirkungspartner eine geringere Extinktion zeigt, verringern und damit erkennen. Ein anderes Artefakt kommt durch unterschiedliche Konzentrationen eines unspezifischen *quencher* in Vorlage und Zugabelösung zustande. Das läßt sich z.B. durch sorgfältige Dialyse vermeiden.

7.1.3 Schwingungsspektroskopie

Bei der Absorptions- und Fluoreszenzspektroskopie handelt es sich um eine Spektroskopie, bei der die Elektronen der Moleküle direkt angeregt werden. Im Prinzip kann aber jede Energieänderung eines Moleküls zu einem spektroskopischen Signal herangezogen werden. Während man mit sichtbarem oder ultraviolettem Licht Elektronenanregung detektiert, werden mit infrarotem Licht (Wellenlängenbereich von 2 µm bis ca. 50 µm) Valenz- und Gerüstschwingungen der Moleküle beobachtet. Ein Infrarotspektrum eines Moleküls enthält grundsätzlich genügend Information, um daraus detaillierte Aussagen über die Struktur des

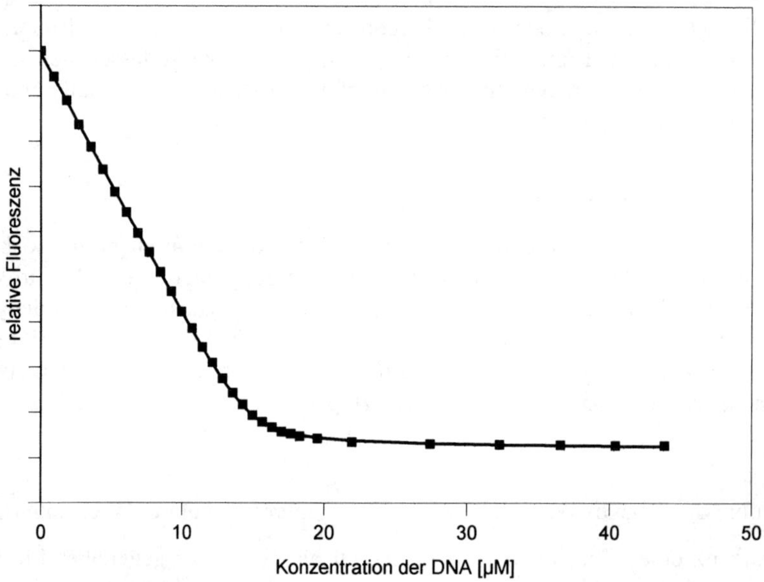

Abb. 7-14: Beispiel für eine Fluoreszenztitration.
Einzelstrang-DNA bindendes Protein aus *E. coli* wird mit poly-(Deoxythymidin) titriert. Es wird die Proteinfluoreszenz gemessen. Zu der Vorlage, die reines Protein (0.25 μM) enthält, wird DNA zugegeben. Die Proteinkonzentration in der Zugabelösung ist genau so groß wie in der Vorlage, so daß sich im Lauf der Titration nur die DNA-Konzentration ändert. Die durchgezogene Kurve ist eine theoretisch berechnete Bindungsisotherme (s. Kap. 8.2.1) für die Bindung von jeweils 65 Nukleotidresten an ein Protein.

Moleküls machen zu können. Da jedoch die Vielzahl der Schwingungen miteinander gekoppelt sind, wird das Spektrum so kompliziert, daß eine vollständige Analyse nur bei einfachen Verbindungen möglich ist. Biologisch relevante Moleküle sind jedoch sehr selten einfache Verbindungen.

Schwingungsspektren von Molekülen können auf zwei Arten gewonnen werden:

1. Infrarotlicht wird auf das Molekül gestrahlt und von diesem absorbiert. Dabei wird die zu messende Schwingung angeregt. Diese Absorptionsspektroskopie wird allgemein als Infrarotspektroskopie bezeichnet.
2. Will man Schwingungen erkennen, die bereits in dem Molekül stattfinden, so kann man den modulierenden Einfluß dieser Schwingungen auf eine Lichtwelle messen. Dieses Lichtstreuverfahren wird als Raman-Spektroskopie bezeichnet.

7.1.3.1 Infrarotspektroskopie

Eine elektromagnetische Welle kann nur dann von einem Molekül absorbiert werden, wenn neben der richtigen Resonanzfrequenz auch ein direkter Einfluß des elektrischen oder magnetischen Feldes auf das Molekül existiert. Für den Fall der Schwingungsanregung bedeutet dies, daß das wechselnde elektrische Feld in der Lage sein muß, die an der Schwingung beteiligten Kerne örtlich zu verschieben. Das ist nur dann der Fall, wenn die Verschiebung eine Änderung des Dipolmomentes des Moleküls bewirkt. Damit wird die Infrarotspektroskopie ein empfindlicher Indikator für Valenzschwingungen von heteroatomaren Bindungen. Für die biochemische Anwendung bedeutet dies beispielsweise, daß die Streckschwingungen im Bereich der Amidgruppen der Proteine durch Infrarotspektroskopie untersuchbar werden. Damit könnte die Infrarotabsorption, ähnlich wie der circulardichroitische Effekt (Kap. 7.1.4.1), zur Analyse von Proteinkonformationen herangezogen werden. Allerdings treten in einem Polypeptid sehr viele Kopplungen zwischen den einzelnen Gruppen auf, so daß eine einfache additive Analyse wie beim Circulardichroismus unmöglich wird. Die Anwendungsmöglichkeiten der Infrarotspektroskopie in der Proteinchemie sind daher eher gering anzusetzen.

Während ein Einsatz der Infrarotspektroskopie zur Aufklärung biochemischer Strukturen an der überwältigenden Komplexität der Spektren scheitert, kann gerade diese Komplexität als sehr empfindliches Signal für Änderungen der Strukturen benutzt werden. Beispielsweise kann der gezielte Austausch einer Aminosäure in einem Protein zu sehr definierten und lokalisierbaren Änderungen des Infrarotspektrums führen. Solche Änderungen – wenn sie einer einzelnen Aminosäure zugeordnet werden können – sind dann auch wieder strukturell interpretierbar.

7.1.3.2 Raman-Spektroskopie

Wie in Kap. 7.2 gezeigt, ist die Intensität des von einem Molekül gestreuten Lichtes von der Polarisierbarkeit der Elektronen in diesem Molekül abhängig. Ändert sich bei einer Gerüstschwingung des Moleküls die Polarisierbarkeit der Elektronen, so ändert sich auch die Intensität des gestreuten Lichtes und zwar mit derselben Frequenz wie die der Gerüstschwingung. Im Streulicht wird die eingestrahlte Frequenz durch die Schwingungsfrequenz moduliert, was zu einer zusätzlichen, um die Schwingungsfrequenz verschobenen Streustrahlung, der Ramanstreuung, führt. Die Ramanstreuung führt also immer zum Auftreten von Streulichtbanden mit längerer und kürzerer Wellenlänge als die des eingestrahlten Lichts. Ist die Ramanstreuung gegenüber dem eingestrahlten Licht zu längeren Wellenlängen verschoben, so handelt es sich um eine Stokes'sche Verschiebung, zu kürzeren Wellenlängen ist es die Anti-Stokes'sche.

Die Intensität einer Ramanstreuung ist um so größer, je größer die Auslenkung der entsprechenden Schwingung im Molekül ist. Dies kann man zur Erhöhung der Selektivität ausnutzen. Wenn ein Chromophor eines Moleküls in der Nähe des benutzen Streustrahls absorbiert, so werden seine Schwingungen stark angeregt (vgl. Abb. 7-8) und dementsprechend ist die Ramanemission dieser Schwingungen erhöht. Damit können spezifische Gruppen auch in Makromolekülen selektiv angeregt werden. Das Verfahren wird als Nah-Resonanz Raman-Spektroskopie bezeichnet.

7.1.4 Anisotrope Spektroskopie

7.1.4.1 Circulardichroismus

Polarisiertes Licht besteht aus Lichtwellen, bei denen die elektrische (oder auch magnetische) Komponente in nur einer Ebene senkrecht zur Ausbreitungsrichtung schwingt. Man nennt solchermaßen polarisiertes Licht linear polarisiert. Man kann linear polarisiertes Licht

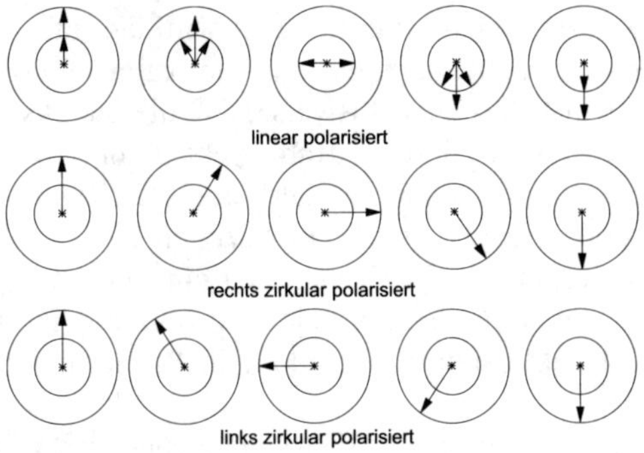

Abb. 7-15: Linear und zirkular polarisiertes Licht.
Die Lichtwelle wird von vorn gesehen, bewegt sich also auf den Betrachter zu. Das linear polarisierte Licht in der oberen Reihe ergibt sich aus der Vektoraddition der rechts und links polarisierten Teilwellen.

aus zwei Komponenten zusammengesetzt darstellen: Jeweils eine Welle, bei der zwar der Betrag des elektrischen bzw. magnetischen Feldes zu jeder Zeit und an jedem Ort konstant ist, sich jedoch die Richtung dieser Felder während einer Periode um 2π dreht. Dabei stehen die Feldvektoren immer senkrecht auf der Ausbreitungsrichtung des Lichtes. Hat man nun eine rechts- und eine linksdrehende Welle gleicher Amplitude, so addieren sich die Feldvektoren zu einem in einer Ebene schwingenden Vektor – die zusammengesetzte Welle ist linear polarisiert. In Abb. 7-15 sind Zeigerdiagramme für linear sowie rechts und links zirkular polarisiertes Licht gezeigt.

Optisch aktive Chromophore – und das sind viele biochemisch interessante Chromophore – absorbieren rechts und links zirkular polarisiertes Licht unterschiedlich, was dazu führt daß zirkular polarisiertes Licht elliptisch polarisiert wird. Abb. 7-16 veranschaulicht die Struktur elliptisch polarisierten Lichtes als Summe von zwei unterschiedlich intensiven, zirkular polarisierten Lichtwellen. Den Effekt bezeichnet man als Circulardichroismus (CD), er wird als Elliptizität Θ dargestellt. Es gilt folgende Definition

$$\Theta = 2.303(A_L - A_R)180/4\pi \qquad (7.10)$$

wobei A_L und A_R die Absorption von links bzw. rechts zirkular polarisiertem Licht ist. Drückt man den Effekt als Differenz der Extinktionskoeffizienten aus, so ergibt sich

$$\Delta\varepsilon = \varepsilon_L - \varepsilon_R \qquad (7.11)$$

und die molare Elliptizität wird zu

$$[\Theta] = 100 \cdot \Theta / C \cdot d = 3300\ \Delta\varepsilon \qquad (7.12)$$

7.1.4.2 Anwendungen

Die wohl wichtigste Anwendung der CD-Spektroskopie im biochemischen Bereich liegt in der Analyse der Sekundärstruktur von Proteinen (Greenfield & Fasman 1969; Greenfield 1996). Die Carbonylgruppe der Amidbindung von Proteinen besitzt im Bereich von 180 nm bis 230 nm zwei Absorptionsübergänge, einen $n\rightarrow\pi^*$- und einen $\pi\rightarrow\pi^*$-Übergang. Der $n\rightarrow\pi^*$-Übergang ist dabei in einer unverzerrten C=O-Gruppe, wie z.B. bei Aceton, symme-

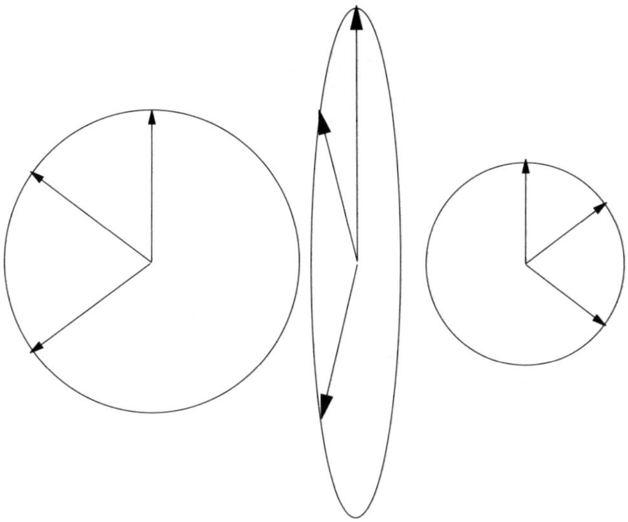

Abb. 7-16: Elliptisch polarisiertes Licht.
Elliptisch polarisiertes Licht setzt sich aus unterschiedlich intensivem rechts und links zirkular polarisiertem Licht zusammen.

trieverboten. Erst durch die unsymmetrische Substitution wird die Absorption ermöglicht. Dabei wird die Absorptionscharakteristik dieses $n \rightarrow \pi^*$-Übergangs besonders durch die Verzerrung der Spiegelsymmetrie der C=O-Gruppe geprägt. Gerade die C=O-Gruppe ist es aber, die an der Ausbildung wichtiger, intrinsisch asymmetrischer Sekundärstrukturelemente eines Proteins, den α-Helices und der β-Faltblattstruktur als Wasserstoffbrückenakzeptor eine große Rolle spielt. Somit weist jedes der Sekundärstrukturelemente von Proteinen ein eigenes charakteristisches CD-Spektrum auf. Da gleichzeitig die Absorptionen der einzelnen C=O-Gruppen weitgehend unabhängig voneinander sind, kann man den Circulardichroismus eines Proteins aus den CD-Effekten der einzelnen Strukturanteile additiv zusammensetzen:

$$\Theta(\lambda) = f_\alpha \Theta_\alpha(\lambda) + f_\beta \Theta_\beta(\lambda) + f_r \Theta_r(\lambda) \qquad (7.13)$$

f_α ⇒ Anteil an α-Helix
f_β ⇒ Anteil an β-Faltblatt
f_r ⇒ Anteil an sonstigen Strukturelementen (r = restliche oder *residual*)
Θ_α ⇒ Elliptizität der α-Helix
Θ_β ⇒ Elliptizität des β-Faltblatts
Θ_r ⇒ Elliptizität sonstiger Strukturelemente

Hat man den Circulardichroismus eines unbekannten Proteins bei mindestens drei verschiedenen Wellenlängen gemessen, so kann man daraus den Anteil einzelner Strukturelemente berechnen. Problematisch bei diesem Verfahren ist die Bestimmung der Referenzspektren $\Theta(\lambda)$, besonders für das Spektrum der „restlichen" Strukturen. In den meisten Betrachtungen zu diesem Thema wird für „restlich" die Struktur eines statistischen Knäuels (*random coil*) angenommen. Dies ist natürlich nur als Näherung brauchbar. Die Spektren der einzelnen Strukturelemente kann man auf zweierlei Art und Weise gewinnen. Zum einen gibt

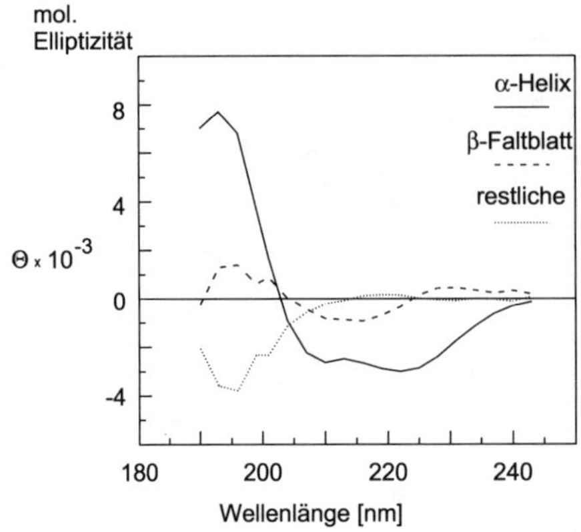

Abb. 7-17: Circulardichroismus von Proteinen.
Referenzspektren für α-Helix, β-Faltblatt und „restliche" Strukturen.

es homopolymere Proteine, die unter bestimmten Bedingungen eine definierte Struktur einnehmen (Abb. 7-17). Bei alkalischem pH-Wert bildet Poly-L-Lysin bei Raumtemperatur α-Helices und bei erhöhter Temperatur ein β-Faltblatt, im sauren Milieu dagegen ein statistisches Knäuel (Greenfield & Fasman 1969).

Eine andere Möglichkeit zur Gewinnung der Referenzspektren bieten die bekannten CD-Spektren von Proteinen mit bekannter dreidimensionaler Struktur. Dies ist die Grundlage vieler Sekundärstrukturberechnungsprogramme, so z.B. des VARSELEC-Programms, das zunächst auf der Basis von bekannten Proteinstrukturen Referenzspektren erstellt und damit die Sekundärstrukturanteile des zu analysierenden Proteins vorläufig abschätzt (Manavalan & Johnson 1987). In einem zweiten Schritt werden nun aus den bekannten Spektren diejenigen ausgewählt, die der vorläufigen Strukturzusammensetzung am ähnlichsten sind und nun als Grundlage für eine neuerliche Bestimmung der unbekannten Struktur dienen.

7.1.5 Kernresonanzspektroskopie

Viele Atomkerne besitzen ein magnetisches Moment. Der Grund dafür ist die Tatsache, daß Atomkerne sich ständig drehen. Wird bei dieser Drehung die Ladung des Kerns bewegt, so ist das ein kreisförmiger Stromfluß und dieser erzeugt ein magnetisches Feld.

Nicht alle Atomkerne sind allerdings magnetisch. Würde sich die Ladung z.B. in der Mitte des Kerns befinden, so gäbe es bei der Drehung keinen Stromfluß und es würde kein magnetisches Moment entstehen. In biologischen Molekülen sind nur die Kerne ^{1}H, ^{13}C, ^{14}N, ^{15}N und ^{31}P magnetisch. Dabei kommen ^{1}H und ^{31}P in natürlichen Proben zu fast 100 % vor, während ^{13}C und ^{15}N seltene Isotope sind. ^{14}N wiederum ist zwar magnetisch, seine magnetische Resonanz ist aber aus anderen Gründen für spektroskopische Untersuchungen ungeeignet.

Legt man an eine Probe, die magnetische Kerne enthält, ein äußeres Magnetfeld an, so sollten sich die magnetischen Momente der einzelnen Kerne ähnlich wie eine Kompaßnadel parallel zu diesem angelegten Feld ausrichten. Dem steht aber entgegen, daß die Kerne ja nur deswegen magnetisch sind, weil sie sich drehen und daher mechanisch einen Kreisel darstellen. Dabei zeigt die Drehachse des Atomkernkreisels in dieselbe Richtung wie dessen magnetisches Moment. Die Folge ist, daß die sich drehenden Kerne zu einer Kreiselbewegung (Präzession) gezwungen werden. Diese Präzession wird um so schneller sein, je stärker das angelegte Magnetfeld ist. Aus quantenmechanischen Gründen können die Drehachsen bzw. magnetischen Momente nur wenige bestimmte Winkel zum Magnetfeld einnehmen. ^{1}H-Kerne beispielsweise nehmen nur zwei Orientierungen ein („parallel" und „anti-parallel").

In einem Kernresonanzexperiment läßt man nun auf die präzedierenden Kerne ein weiteres Magnetfeld einwirken. Ändert sich dieses Magnetfeld mit derselben Frequenz wie die Präzessionsfrequenz der magnetischen Atomkernkreisel, ist eine Energieabsorption die Folge.

Dies ist eine vereinfachte Darstellung kernmagnetischer Resonanz in einer klassischen mechanischen und elektromagnetischen Darstellungsweise. Dem Leser sei klar, daß eine exakte und rigorose Beschreibung des Phänomens nur quantenmechanisch möglich ist.

Die Historie erzählt, daß bei einem der ersten Versuche, die theoretisch für ^{14}N vorhergesagte kernmagnetische Resonanz zu messen, Ammoniumnitrat als besonders stickstoffhaltige Modellsubstanz benutzt wurde. Die Überraschung dabei sei gewesen, daß statt einer Resonanzfrequenz für ^{14}N derer zwei in dem Experiment gefunden wurden. Der Grund dafür war dann recht einfach zu finden: Das von außen angelegte Magnetfeld wird durch die Umgebung des Atomkernmagneten verändert. Die Elektronen, die sich in dieser Umgebung befinden, schirmen das Feld ab. Da die Präzessionsfrequenz und damit die Resonanzfrequenz von der Stärke des am Atomkernmagneten angelegten Feldes abhängen, sind bei unterschiedlichen chemischen Umgebungen auch unterschiedliche Resonanzfrequenzen zu erwarten. Dieser Effekt der chemischen Verschiebung macht Kernresonanzspektroskopie zu einer Methode, die Molekülstrukturen spektroskopisch zu erfassen. Die Resonanzfrequenz wird jedoch nicht nur durch die jeweilige chemische Umgebung bestimmt. Auch die magnetische Orientierung weiterer Atomkernmagnete, die im Molekülgerüst benachbart sind, hat einen Einfluß auf die genaue Position der Linie im Spektrum. Man bezeichnet diesen Effekt auch als Hyperfeinaufspaltung.

Für die Strukturaufklärung an biologisch relevanten Molekülen sind die ^{1}H-Kernresonanzspektren am wichtigsten. Daher sollen zunächst die wesentlichen Informationen, die ein Protonenspektrum enthält, beschrieben werden. Ein grundsätzliches Problem ergibt sich dabei aus der Tatsache, daß biochemisch interessante Moleküle fast ausschließlich in wäßriger Lösung vorliegen und daß das Wasser mit seiner 110-molaren Protonenkonzentration sämtliche anderen Signale überdecken kann. Um diese Störung zu vermeiden, wird als Lösungsmittel schweres Wasser, D_2O, benutzt. Abb. 7-18 zeigt das Protonenspektrum von Ethanol in D_2O. Neben der unterschiedlichen chemischen Verschiebung der Protonenresonanz der Methyl- und der Methylengruppe sind auch die Hyperfeinaufspaltungen zu erkennen. Die Methylgruppe besteht aus drei gleichwertigen Protonen und „spürt" den magnetischen Zustand der beiden Protonen der Methylengruppe. Diese können beide parallel, beide antiparallel oder jeweils parallel und antiparallel zum angelegten Magnetfeld ausgerichtet sein. Dementsprechend wird die Resonanz der Methylprotonen in drei Linien aufgespalten. Die Intensitäten dieser drei Linien verhalten sich wie 1:2:1, da es je eine Möglichkeit gibt, die Spins der beiden Methylenprotonen parallel oder antiparallel zum äußeren Magnetfeld auszurichten aber zwei für die gegensinnige Ausrichtung. Das Gleiche gilt für die Methylengruppe, die den magnetischen Zustand der drei Protonen der Methylgruppe „spürt" und daher eine in vier Linien aufgespaltene Resonanz zeigt, deren Intensitäten sich wie

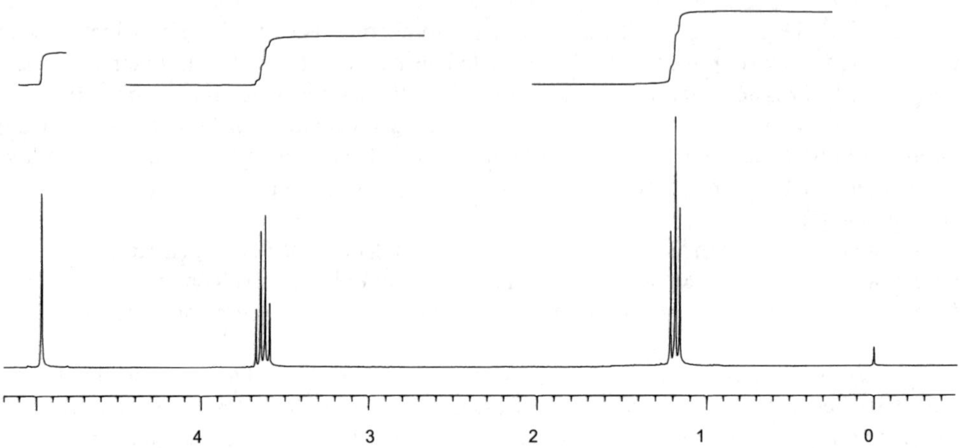

Abb. 7-18: [1]H-Kernresonanzspektrum von Ethanol.
Das linke Singulett stammt vom -OH-, das rechte Triplett von den -CH_3- und das Quadruplett von den -CH_2-Protonen. Das kleine Signal ganz rechts ist der Standard DSS (2,2-Dimethyl-2-silapentansulfonsäure). Dieses und die folgenden Kernresonanzspektren wurden freundlicherweise von Herrn Dr. Joachim Greipel, Medizinische Hochschule Hannover, zur Verfügung gestellt.

1:3:3:1 verhalten. Die Hyperfeinaufspaltung, die auch als Spin-Spin-Kopplung bezeichnet wird, ist ein Effekt des magnetischen Zustands der benachbarten Kerne auf die Struktur der Elektronenhülle des Moleküls und ist daher auf einen Abstand von ca. drei Bindungen begrenzt. Ihre Analyse ist sehr wertvoll für die Zuordnung von Resonanzen zu den dazu gehörenden Kernen in einem Molekülgerüst.

Ein komplizierteres Spektrum zeigt das Dipeptid Val-Leu (Abb. 7-19). Eine einfache Zuordnung auf Grund der verschiedenen Aufspaltungen ist hier nicht mehr möglich. Statt in einem herkömmlichen Kernresonanzspektrum aus der Anordnung der einzelnen Linien die Aufspaltungen und damit Kopplungen zu benachbarten Kernen zu analysieren, kann man diese Wechselwirkungen auch direkt messen. Hierzu dienen sog. zweidimensionale Techniken. Für jede Position im Spektrum werden in einem zweiten Spektrum die Resonanzfrequenzen ermittelt, mit denen die Spin-Spin-Kopplung erfolgt. Abb. 7-20 zeigt ein solches zweidimensionales Spin-Spin-Kopplungsspektrum (*COrrelated SpectroscopY, COSY*) des Val-Leu-Dipeptids. Dabei befindet sich das ursprüngliche Spektrum auf der Diagonalen. Die Resonanzen werden im zweidimensionalen Spektrum in der Aufsicht als Höhenlinien dargestellt. Die Kopplungen zwischen Resonanzen erscheinen abseits der Diagonalen als *crosspeaks.* Durch senkrechte und waagerechte Linien werden die *crosspeaks* den entsprechenden *peaks* im eindimensionalen Spektrum zugeordnet und so die Resonanzen von im Molekülgerüst benachbarten Kernen identifiziert. Ähnlich wie bei dem einfachen Dipeptid Val-Leu kann eine solche Zuordnung der Resonanzen zu bestimmten Aminosäuren auch bei größeren Peptiden vorgenommen werden. Da zwischen verschiedenen Aminosäuren eines Peptids keine Spin-Spin-Kopplung existiert, können so zwar die Signale innerhalb der einzelnen Aminosäuren zugeordnet werden, Informationen über die Position von Aminosäuren in einer Peptidsequenz lassen sich dagegen so nicht gewinnen.

Bei einfachen Molekülen ist es völlig ausreichend, die Struktur der kovalenten Bindungen genau zu kennen. Diese kann man einem Kernresonanzspektrum, möglicherweise verbun-

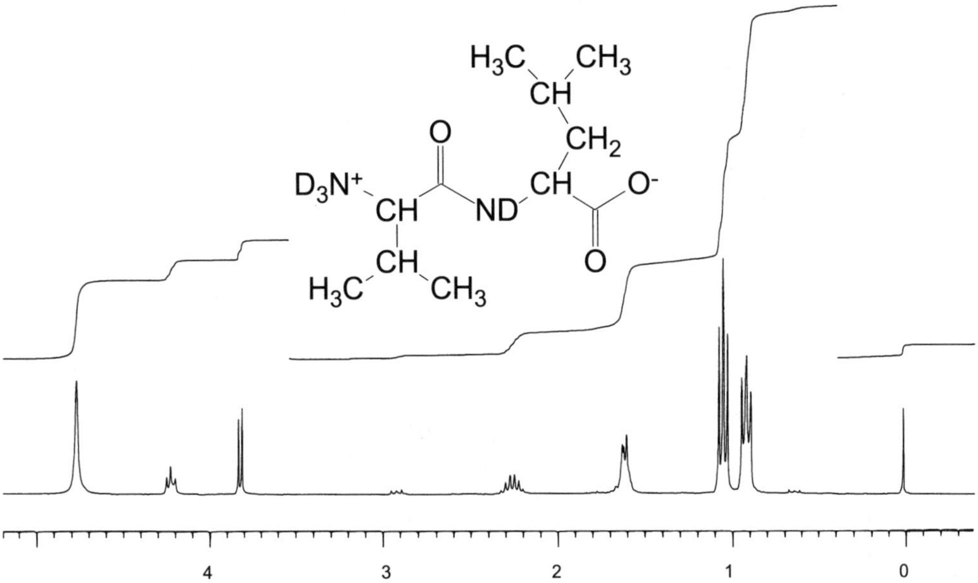

Abb. 7-19: [1]H-Kernresonanzspektrum des Dipeptids Val-Leu.
Die Resonanzen am äußersten rechten und linken Rand des Spektrums stammen vom Standard DSS bzw. vom Wasser. Das α-CH-Proton des Valins erscheint als Duplett und das des Leucins als Triplett im linken Bereich des Spektrums. Die Zuordnung der Methylresonanzen ist mit diesem einfachen Spektrum nicht ohne weiteres möglich.

den mit einem 2-dimensionalen COSY-Spektrum, entnehmen. Bei größeren Molekülen – beispielsweise Proteinen – ist die Information über die kovalenten Verknüpfungen meist bekannt. Wenn hier die Kernresonanzspektroskopie eingesetzt werden soll, um die Sekundär- und Tertiärstruktur zu ermitteln, reichen die Informationen der Spin-Spin-Kopplung nicht aus. Es gibt neben der Spin-Spin-Kopplung eine weitere Wechselwirkung zwischen den Atomkernmagneten. Zwei benachbarte Atomkernmagnete können sich in ihrer Ausrichtung, ähnlich wie zwei nahe beieinander liegende Kompaßnadeln, gegenseitig beeinflussen. Dieser Effekt wird als Kern-Overhauser-Effekt (NOE) bezeichnet. Er kann sich nur über sehr kurze Entfernungen von einigen Å abspielen und zeigt somit die räumliche Nähe zweier Kerne an. Da der NOE eine Wechselwirkung durch den Raum darstellt und auf keinerlei chemische Bindungen angewiesen ist, zeigt er direkte räumliche Nähe auch dann an, wenn die entsprechenden Aminosäuren in der Sequenz weit voneinander entfernt sind. Ähnlich wie bei einem COSY-Spektrum läßt sich auch der NOE 2-dimensional messen (*Nuclear Overhauser Enhancement SpectroscopY*, *NOESY*), so daß einander nahe kommende Kerne identifiziert werden. Mit einer Vielzahl solcher räumlicher Beziehungen kann dann ein ungefähres dreidimensionales Bild des Proteins aufgebaut werden (Übersicht: Evans 1995; Gronenborn 1993). Will man bessere dreidimensionale Bilder des Proteins erhalten, so muß neben der Interpretation der NOESY-Spektren gleichzeitig die Energie der erhaltenen Strukturen ein Minimum darstellen. Was hier zunächst als allgemeines Verfahren dargestellt ist, ist natürlich etlichen Einschränkungen unterworfen. Die wohl wichtigste Einschränkung liegt darin, daß die Breite der Kernresonanzlinien mit zunehmender Molekülgröße zunimmt. Auch mit den

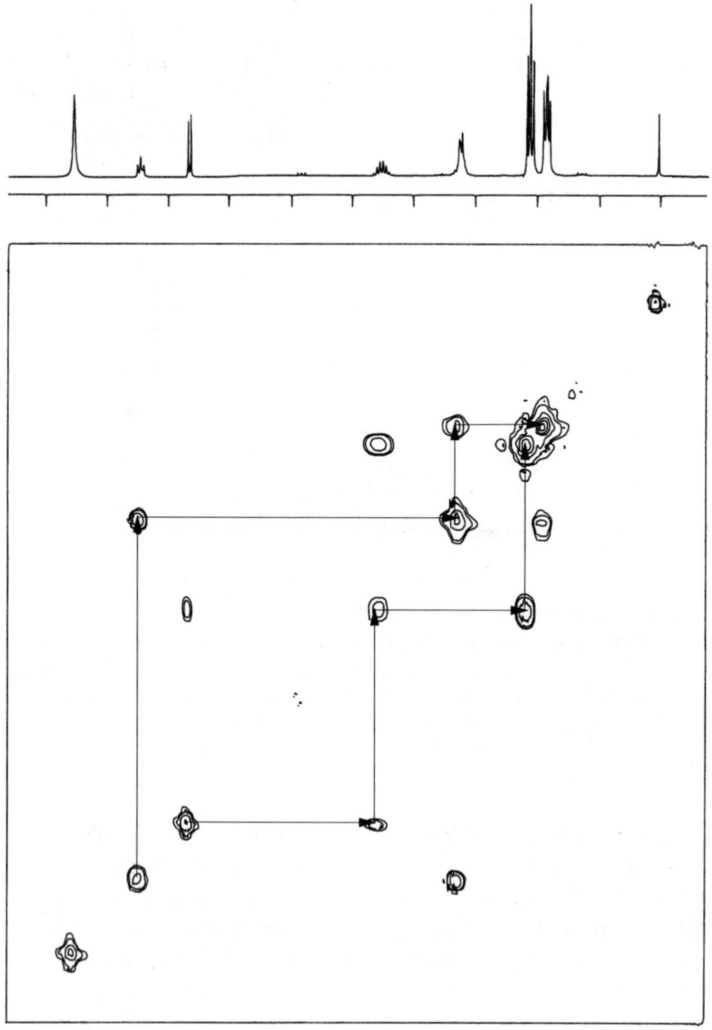

Abb. 7-20: COSY-Spektrum des Dipeptids Val-Leu.
Am oberen Rand ist das ^1H-Spektrum aus Abb. 7-19 aufgezeichnet. Die Pfeile oberhalb der Diagonalen zeigen die Korrelationen im Leucin, die unterhalb diejenigen im Valin an.

aufwendigsten Spektrometern lassen sich ab einer relativen Molmasse von 20 – 30 kDa keine hochaufgelösten Spektren mehr gewinnen und die Zuordnung der Resonanzen im COSY-Spektrum wird zunehmend schwieriger. Außerdem ist ein Kernresonanzspektrum nicht besonders empfindlich, so daß die Konzentration der zu untersuchenden Substanz im Bereich von 10^{-3} M liegen sollte.

Auch aus finanziellen Gründen ist dieses Verfahren zur alltäglichen Anwendung im biochemischen Labor ungeeignet. Die notwendige Ausstattung mit Kernresonanzspektrometern ist sehr kostspielig. Man muß zur Zeit mit einer Investition von etlichen Millionen DM zur

Einrichtung eines Kernresonanzlabors zur Strukturbestimmung von Proteinen rechnen. Daher bleibt die Methode einigen wenigen spezialisierten Zentren vorbehalten.

7.1.6 Massenspektroskopie

Massenspektroskopie ist die analytische Auftrennung von einzelnen geladenen Molekülen durch elektrische und magnetische Felder im Vakuum. Aus dem Verhalten der Ionen bestimmt ein Massenspektrometer den Quotienten aus Masse (m) und Ladung (z) eines Ions, und man kann bei Kenntnis der Ladung die Masse selbst ermitteln. Das Verfahren ist grundsätzlich sehr empfindlich, da bereits wenige Ionen ein meßbares Signal liefern. Außerdem ist es sehr genau, ein Verhältnis m/z läßt sich mit einer Genauigkeit von 10^{-4} ohne weiteres bestimmen.

Für biochemische Anwendungen ist es wichtig, Makromoleküle möglichst unversehrt als einzelne Ionen in ein Hochvakuum zu bringen. Dazu existieren seit einigen Jahren schonende Verfahren (Ausführliche Darstellung: Siuzdak 1996).

1. *Elektrospray Ionization* (ESI) (Abb. 7-21)
   Das Protein wird in einem flüchtigen Lösungsmittel gelöst und durch eine auf einige Kilovolt aufgeladene metallische Düse versprüht. Die entstehenden Tröpfchen werden dann in einem trockenen Gasstrom durch Erwärmung getrocknet. Dabei werden die Tröpfchen immer kleiner und die positive Ladungsdichte steigt so lange an, bis einzelne Ionen den Tropfen verlassen. Diese Ionen werden dann in das Hochvakuum des Massenspektrometers transportiert und dort analysiert.
2. *Matrix Assisted Laser Desorption / Ionization* (MALDI) (Abb. 7-22)
   Die Lösung mit dem Makromolekül wird zunächst mit der Lösung eines nicht flüchtigen Stoffes, z.B. Nicotinsäure, gemischt. Bei der Verdunstung des Lösungsmittels entsteht eine feinkristalline Matrix aus dem nicht flüchtigen Stoff und den Makromolekülen. Im Vakuum des Massenspektrometers wird diese Mischung auf einige 10 kVolt aufgeladen und mit einem Laserstrahl verdampft. Dazu muß die Matrix bei der Laserwellenlänge absorbieren. Dabei wird das zu analysierende Material mitgerissen. Bei der Verdampfung entstehen geladene Moleküle, die dann massenspektroskopisch analysiert werden können.

In jedem der Verfahren wird der Inhalt einer Probe möglichst schonend in einzelne Moleküle zerteilt und dabei ionisiert. Das bedeutet, daß auch sämtliche Nebenbestandteile mit in das Massenspektrum eingehen. Besonders störend bei diesen Nebenbestandteilen sind Ionen der in der Probe enthaltenen Salze und Puffersubstanzen. Alle Verfahren benötigen daher Proben, die möglichst neben dem interessierenden Makromolekül nur reines Lösungsmittel enthalten. Diese Bedingung ist oft nur schwer einzuhalten, da viele biologisch interessante Moleküle erst durch Salz in Wasser löslich werden. Die für beide Verfahren benötigten Mengen liegen bei 1 µl Lösung mit Konzentrationen um oder unter 1 µM.

Bei beiden Verfahren werden die Makromoleküle als ein- und mehrfach geladene Ionen erzeugt. In einem Massenspektrum erhält man daher für jedes Molekül mehrere verschiedene Signale. Da die m/z-Werte der einzelnen Ionensorten bei gleicher Masse und unterschiedlicher Ladung jedoch in einem festen Verhältnis zueinander stehen müssen, ist eine direkte Bestimmung der Molekülmasse möglich.

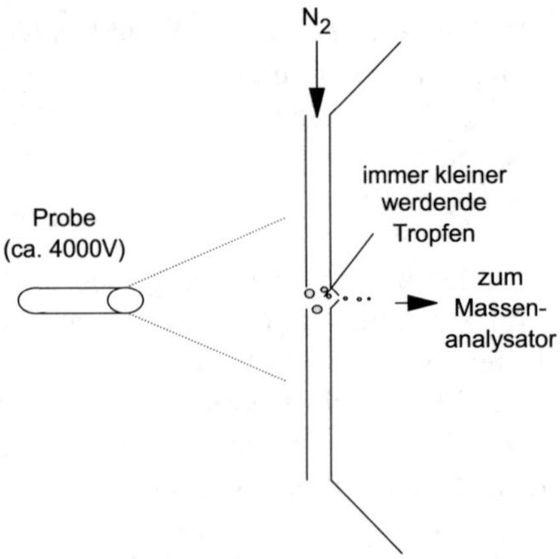

Abb. 7-21: *Elektrospray Ionisation.*
Aus der Probe wird die Lösung fein versprüht und in einem warmen N_2-Strom getrocknet. Dabei entstehen einzelne Ionen, die dann im Massenanalysator analysiert werden.

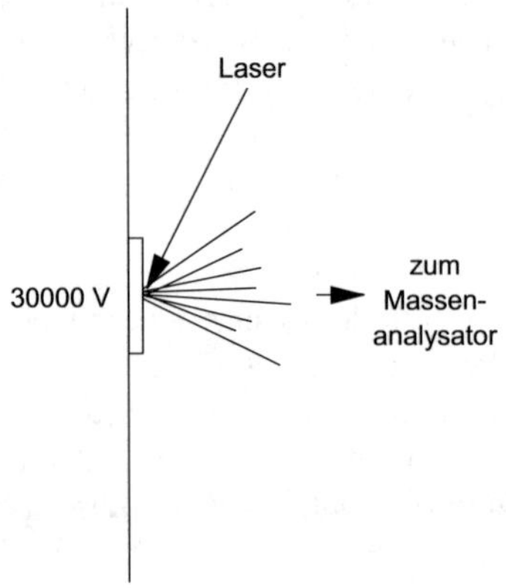

Abb. 7-22: MALDI-Ionenquelle.
Die in einer Matrix eingebettete Probe wird durch eine Laserblitz verdampft und die entstehenden Ionen massenspektrometrisch analysiert.

7.2 Streuung

Neben einer Wechselwirkung von Wellen mit Molekülen, bei der in einem resonanten Prozeß die Energie der Welle auf die Moleküle übertragen wird, kann auch eine nicht-resonante Wechselwirkung stattfinden. Hierbei gehen die Welle und das Molekül nahezu unverändert aus der Interaktion hervor. Die Welle hat im einfachsten Fall nur ihre Ausbreitungsrichtung verändert. Bei einer elektromagnetischen Welle, wie z.B. einer Lichtwelle, werden bei einer nicht-resonanten Wechselwirkung die Elektronen des Moleküls zu erzwungenen Schwingungen angeregt. Diese Elektronen strahlen dann ihrerseits eine Lichtwelle mit der gleichen Frequenz aber möglicherweise in einer anderen Richtung wie das eingestrahlte Licht ab. Das abgestrahlte Licht ist das Streulicht.

7.2.1 Lichtstreuung in Lösung

Sind Partikel in einer Flüssigkeit suspendiert, so erscheint die Flüssigkeit trübe. Diese Trübung wird dadurch verursacht, daß das Licht von den Teilchen immer wieder gestreut wird und daher nicht geradlinig durch die Lösung dringen kann. Die Erfahrung zeigt, daß eine Lösung von 10 g NaCl pro Liter klar ist, während 10 g Kreide in 1 l Wasser aufgeschlämmt eine weißlich-trübe Brühe ergeben. Bei gleicher Gewichtskonzentration wird die Trübung also um so geringer sein, je kleiner die suspendierten Teilchen sind. Man hat mit dieser Trübung also ein Maß für die Größe der suspendierten Teilchen zur Verfügung. Allerdings wird man bei verdünnten Lösungen statt der Trübung das seitwärts gestreute Licht messen, da eine solche Messung ähnlich wie beim Vergleich von Absorption und Fluoreszenz wesentlich empfindlicher ist (Ausführliche Darstellung: Chu 1974).

Lichtstreuung bietet daneben die Möglichkeit, die Bewegungen der Teilchen in der Lösung zu verfolgen. Selbst wenn man einzelne Partikel nicht wie bei der Beobachtung der Brownschen Molekularbewegung mit einem Mikroskop individuell in ihrer Bewegung verfolgen kann, so ist es doch möglich, aus der Fluktuation des von einigen Teilchen gestreuten Lichtes auf die Bewegungsgeschwindigkeit dieser Teilchen zu schließen. Das Verfahren bezeichnet man als dynamische Lichtstreuung und wird benutzt, um aus Diffusionskoeffizienten Informationen über Teilchengröße und -form zu gewinnen.

7.2.1.1 Statische Lichtstreuung

Lichtstreuung wird heute häufig eingesetzt, wenn es gilt, Informationen über die Größe gelöster Makromoleküle oder noch größerer Partikel zu bekommen. Als Lichtquelle dienen fast ausschließlich Laser, so daß davon ausgegangen werden kann, daß das zu streuende Licht polarisiert ist (Übersicht: Chu 1974, Tanford 1961). Für Teilchen, die kleiner als ca. 10 % der Wellenlänge des einfallenden Lichtes sind, gilt für die Intensität des senkrecht zur Polarisationsebene gestreuten Lichtes:

$$\frac{I_{Streu}}{I_0} = \frac{16\pi^4\alpha^2}{r^2\lambda^4} = \frac{4\pi^2 n_0^2}{N_A\lambda^4 r^2}\left(\frac{\partial n}{\partial c}\right)^2 \cdot C \cdot M \tag{7.14}$$

und

$$R_\Theta = \frac{I_{Streu}}{I_0} r^2 = KCM \tag{7.15}$$

$C \Rightarrow$ Gewichtskonzentration
$M \Rightarrow$ Molmasse
$N_A \Rightarrow$ Avogadro-Konstante
$n_0 \Rightarrow$ Brechungsindex des Lösungsmittels
$\lambda \Rightarrow$ Wellenlänge des gestreuten Lichtes
$\alpha \Rightarrow$ Polarisierbarkeit des Moleküls
$r \Rightarrow$ Abstand des Beobachters
$\frac{\partial n}{\partial c} \Rightarrow$ Brechungsindexinkrement des Makromoleküls
$R_\Theta \Rightarrow$ Rayleigh-Verhältnis (Stoffkonstante)
$K \Rightarrow$ Gerätekonstante

Da das Brechungsindexinkrement eine Funktion der Elektronendichte eines Moleküls ist, kann man annehmen, daß es für die verschiedenen biochemisch interessanten Moleküle, die praktisch nur Kohlenstoff, Sauerstoff, Stickstoff und Wasserstoff enthalten, sehr ähnlich ist. Die Streuintensität kann also direkt als Maß für die Molmasse benutzt werden. Dies ist besonders bei großen Teilchen von Bedeutung, weil hier klassische Bestimmungsmethoden für die Molmasse, wie z.B. osmotische Verfahren, versagen. Diese Verfahren beruhen auf den kolligativen Eigenschaften einer Lösung, die nur durch die Zahl und nicht durch die Masse der gelösten Teilchen bestimmt werden. Allerdings ist die Intensität des Streulichtes im Regelfall sehr gering. Um also brauchbare Messungen zu erhalten, muß sowohl die Intensität des zu streuenden Lichtes als auch die Konzentration der streuenden Moleküle groß sein. Man benutzt daher intensives Laserlicht zur Anregung des Streulichtes. Als Faustregel kann gelten, daß bei einer relativen Molmasse von 100 kDa und einem Laserstrahl mit 100 mW Leistung bei Konzentrationen im Bereich von 1 mg/ml brauchbare Daten erhalten werden können. Bei solchen Konzentrationen ist für manche Moleküle bereits mit merklichen Abweichungen vom idealen Verhalten zu rechnen, so daß bei der Molmassenbestimmung nach Gleichung (7.15) Virialkoeffizienten berücksichtigt werden müssen:

$$\frac{1}{M} = \frac{K \cdot C}{R_\Theta} + 2 \cdot B \cdot C + \cdots \qquad (7.16)$$

Sind die Partikel größer, so entsteht zwischen den an verschiedenen Stellen eines Teilchens gestreuten Lichtwellen eine destruktive Interferenz. Diese Interferenz wird mit zunehmendem Beobachtungswinkel größer. Dabei ergibt sich als Grenzwert für kleine Winkel:

$$\lim_{\Theta \to 0} \frac{KC}{R_\Theta} = \left[1 + \frac{q^2 R_G^2}{3}\right] \cdot \left[\frac{1}{M} + 2 \cdot B \cdot C\right]$$
$$\text{wobei } q^2 = \left(\frac{2\pi \sin\left(\frac{\Theta}{2}\right)}{\lambda}\right)^2 \qquad (7.17)$$

B ⇒ erster Virialkoeffizient
R_G ⇒ Gyrationsradius
λ ⇒ Wellenlänge des gestreuten Lichts
Θ ⇒ Streuwinkel

Der Gyrationsradius R_G ist dabei ein Maß für die Ausdehnung des streuenden Teilchens. Definiert wird der Gyrationsradius als ein massengewichteter mittlerer Abstand der einzelnen Massenzentren eines Moleküls von dessen Massenschwerpunkt:

$$R_G^2 = \frac{\sum_i m_i r_i^2}{M} \qquad (7.18)$$

m_i ⇒ Masse des i-ten Massenelements im Molekül
r_i ⇒ Abstand des i-ten Massenelements vom Massenschwerpunkt

Für größere Teilchen läßt sich also neben der Molmasse auch die laterale Ausdehnung als Gyrationsradius bestimmen. Für bestimmte geometrische Formen lassen sich die dazugehörenden Gyrationsradien berechnen. So läßt sich beispielsweise zeigen, daß ein massiver Stab der Länge L einen Gyrationsradius von

$$R_G = \frac{L}{\sqrt{12}}$$

hat, während für eine massive Kugel mit dem Radius r gilt:

$$R_G = r \cdot \sqrt{\frac{3}{5}} = 0.775 \cdot r \tag{7.19}$$

7.2.1.2 Dynamische Lichtstreuung

Bei der dynamischen Lichtstreuung soll nicht die absolute Intensität sondern die zeitliche Fluktuation des gestreuten Lichtes gemessen werden (Übersicht: Berne & Pecora 1976). Man kann das Problem mit der Situation vergleichen, in der man als Kurzsichtiger aus einiger Entfernung einen Ameisenhaufen betrachtet. Die einzelnen Ameisen kann man zwar dann nicht mehr voneinander unterscheiden aber man erkennt dennoch sehr gut, ob in dem Ameisenhaufen hektische Aktivität oder eher beschauliche Ruhe herrschen.

Durch die Bewegung der Teilchen im Lichtstrahl kommt es bei der Intensität des gestreuten Lichtes zu Fluktuationen. Das gemessene Signal zeigt ein charakteristisches Rauschverhalten, aus dessen zeitlichem Verlauf die Bewegungsgeschwindigkeit der Teilchen ermittelt werden kann. Die Zeitcharakteristik eines solchen Rauschens wird durch die Autokorrelationsfunktion der Intensität (AKF) dargestellt:

$$AKF(\tau) = \langle I(t) \cdot I(t+\tau) \rangle \tag{7.20}$$

wobei <..> eine Mittelung über alle Zeiten t darstellt

Abb. 7-23 zeigt einen Ausschnitt aus einem verrauschten Signal und die dazugehörende Autokorrelationsfunktion

Die Ursache des Rauschens ist die Interferenz von Strahlen, die von verschiedenen Teilchen gestreut werden. Da die Partikel sich jedoch durch Diffusion bewegen, wird diese Interferenz sich ständig ändern. Die AKF bei reiner Translationsdiffusion lautet:

$$AKF = A_0 \left(1 + f \cdot e^{-(D_{trans} \vec{q}^2 t)}\right) \tag{7.21}$$

D_{trans} $\Rightarrow$ Translationsdiffusionskoeffizient
A_0 $\Rightarrow$ Amplitude der AKF
f $\Rightarrow$ Kohärenz des Lichtes (0..1)

7.2.1.3 Lichtstreumessungen

Es gibt im Prinzip zwei Arten von Apparaturen zur Messung der Lichtstreuung: Einfache *black-box*-Geräte, die dem Nutzer etwas über die Größenverteilungen anzeigen, ohne ihm Möglichkeiten zur Beeinflussung des Experimentes zu geben. Solche Geräte werden im Produktionsprozeß oder in der Routineanalytik eingesetzt und haben im Bereich der Polymerchemie eine sehr viel größere Bedeutung als im biochemischen Labor. Die meisten dieser Geräte nutzen die dynamische Lichtstreuung zur Analyse.

Daneben gibt es apparative Aufbauten, an denen umfangreiche Lichtstreuexperimente zur Bestimmung von Gyrationsradien und Molmassen durchgeführt werden können. Solche Aufbauten sind aber einigen wenigen Arbeitsgruppen, die sich auf Streuexperimente spezialisiert haben, vorbehalten.

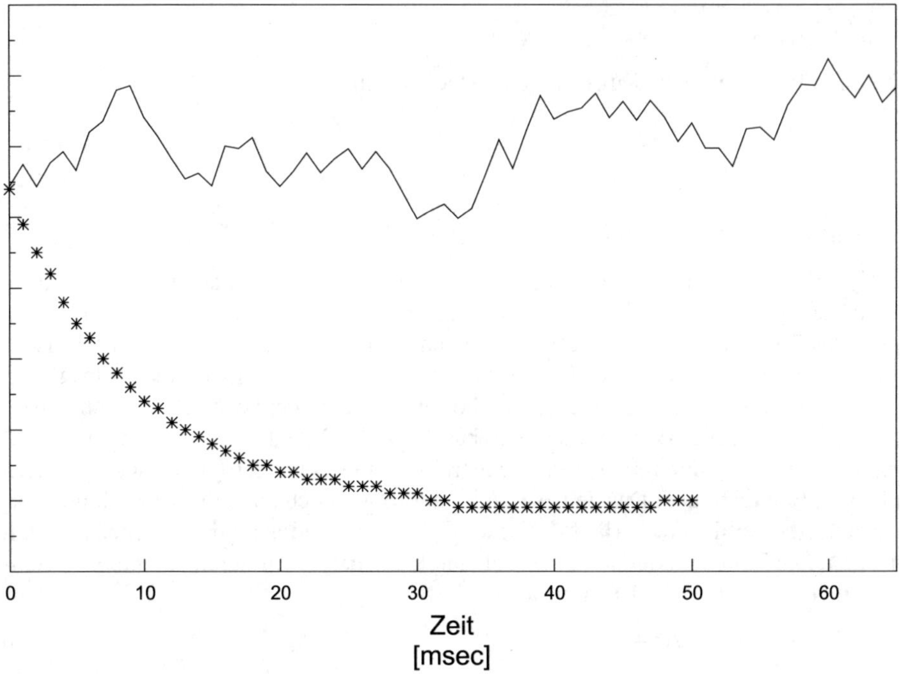

Abb. 7-23: Autokorrelationsfunktion.
Die durchgezogene Linie zeigt ein „verrauschtes“ Signal, die Sterne die daraus errechnete Autokorrelationsfunktion.

Da die Lichtstreuintensität eine Funktion der Molmasse ist, muß bei jeder Lichtstreumessung auf größtmögliche Staubfreiheit geachtet werden. Dies kann mit sorgfältigem Filtrieren aller Lösungen durch Mikrofilter und hermetisch verschlossenen Küvetten erreicht werden. Die Küvetten für Lichtstreuexperimente sind rund, so daß man das Streulicht unter allen Winkeln beobachten kann. Man benötigt typischerweise etwa 1 ml Lösung. Die Konzentrationen können stark unterschiedlich sein, wobei man beachten muß, daß kleinere Teilchen erst bei wesentlich höheren Konzentrationen meßbares Streulicht zeigen als größere, und daß die Streuintensität bei blauem Licht größer ist als bei rotem. Beim Durchgang des Lichtstrahls durch die Küvettenwand wird der Strahl mehrfach gebrochen. Um diese störende Lichtbrechung zu vermindern, wird die Lichtstreuküvette in ein größeres Flüssigkeitsbad getaucht, so daß die Unterschiede im Brechungsindex beim Übergang des Lichtstrahls aus der Umgebung in die Küvette und aus der Küvette wieder in die Umgebung verringert werden. Als *index matching bath* empfiehlt sich Toluol, das einen hohen Brechungsindex hat und dessen Rayleigh-Verhältnis bekannt ist ($R_\Theta = 32.1\ 10^{-4}\ m^{-1}$ bei $\lambda_0 = 514.5$ nm). Bei herausgenommener Küvette hat man so gleich einen Standard zur Bestimmung der Gerätekonstanten K aus Gleichung (7.15). Abb. 7-24 zeigt, wie eine solche Küvette zur Lichtstreumessung aufgebaut ist.

Das Streulicht selbst wird durch einen Photoelektronenvervielfacher (*photomultiplier*) gemessen. Dieser Detektor befindet sich auf einem Drehtisch (Goniometer), so daß er um die

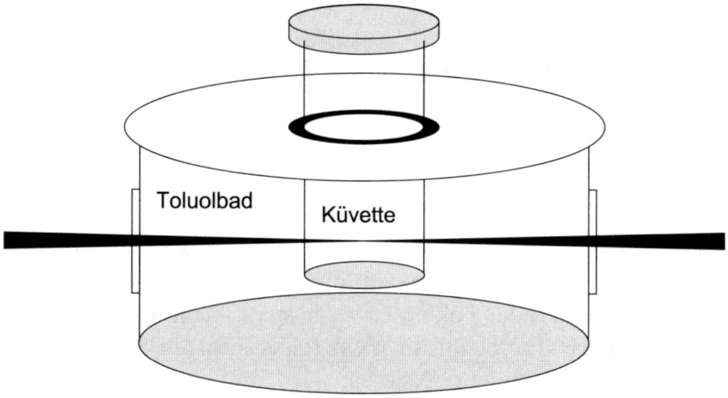

Abb. 7-24: Küvettenaufbau zur statischen und dynamischen Lichtstreuung.
Die runde Küvette befindet sich zur Vermeidung von Lichtbrechung in einem Toluolbad. Für die Eichung der Apparatur zur statischen Lichtstreuung wird die Küvette hochgezogen und die Streuintensität des Toluols als Standard gemessen.

ganze Küvette herumfahren kann. Eine Lichtfalle sorgt dafür, daß nicht versehentlich das eingestrahlte Licht auf den Photoelektronenvervielfacher fällt und ihn zerstört.

7.2.2 Streuung mit anderen Wellen

7.2.2.1 Röntgenkleinwinkelstreuung

Viele biologische Moleküle sind zu klein, um in der Lichtstreuung eine Winkelabhängigkeit zu zeigen, die zur Bestimmung von Gyrationsradien ausreicht. Ein „normales" Protein mit einer relativen Molmasse von 50 – 100 kDa hat einen Gyrationsradius von einigen Nanometern und ist damit viel kleiner als die Wellenlänge sichtbaren oder ultravioletten Lichts. Elektromagnetische Wellen mit einer Wellenlänge von 50 – 100 nm wären prinzipiell zwar geeignet, den Gyrationsradius von solchen Proteinen zu bestimmen, werden jedoch von jeder beliebigen Substanz absorbiert und können daher zu Streuexperimenten nicht benutzt werden. Erst bei Wellenlängen unter 1 nm, dem Bereich der Röntgenstrahlung, findet nur noch wenig Absorption statt und Streuexperimente werden wieder möglich. In diesem Bereich sind jedoch biologische Makromoleküle wesentlich größer als die Wellenlänge der benutzten Strahlung und bereits unter einem Winkel von 10° bis 20° findet fast völlige Auslöschung der Streustrahlung statt. Gleichung (7.17) läßt sich für kleine Winkel als Exponentialfunktion annähern und ergibt bei verdünnten Lösungen die Guinier-Gleichung:

$$\lim_{\Theta\to 0}\frac{KC}{R_\Theta} = e^{\frac{16\pi^2 R_G^2}{3\lambda^3} sin^2\left(\frac{\Theta}{2}\right)} \qquad (7.22)$$

Röntgenkleinwinkelstreuung ist allerdings ein recht aufwendiges Verfahren und wird kaum zu dem Standardrepertoire eines biochemischen oder auch biophysikalischen Labors gehören (Überblick Cantor & Schimmel 1980).

7.2.2.2 Neutronenstreuung

Jedes sich bewegende Teilchen stellt auch eine Welle dar. Dabei ergibt sich nach deBroglie die Wellenlänge aus der Masse m und der Geschwindigkeit v des Teilchens zu

$$\lambda = \frac{h}{mv} \tag{7.23}$$

($h \Rightarrow$ Plancksche Konstante, $6.6256 \cdot 10^{-24}$ [J·s]).

Im Prinzip ließe sich so jeder erdenkliche Korpuskularstrahl zu Streuexperimenten nutzen, in der Praxis werden jedoch hauptsächlich Elektronen- und Neutronenstrahlen benutzt. Da für Elektronenstrahlen die Möglichkeit der Fokussierung besteht, kann man mit ihnen hochauflösende Mikroskope aufbauen. Aber auch mit nicht fokussierbaren Strahlen, wie Neutronenstrahlen, läßt sich ein Streuexperiment realisieren.

Thermische Neutronen haben eine Wellenlänge von 0.2 – 0.4 nm und sind daher sehr gut in der Lage, in Kleinwinkelstreuexperimenten Gyrationsradien von biologischen Makromolekülen zu ermitteln. Allerdings ist die Wechselwirkung von Neutronen mit dem Molekül ganz anders als die Wechselwirkung von elektromagnetischen Feldern. Neutronen werden dadurch gestreut, daß sie durch Zusammenstöße mit den Atomkernen aus ihrer Bahn gelenkt werden. Die Streueffizienz ist dabei relativ unabhängig von der Art des Atoms, so daß Protonen wegen ihrer großen Zahl den Hauptanteil der Streuung verursachen. Aus Gleichung (7.14) ergibt sich, daß nur dann Streuung beobachtet werden kann, wenn der Brechungsindex der streuenden Teilchen sich von dem des umgebenden Lösungsmittels unterscheidet. Sind beide Brechungsindices gleich, so wird keine Strahlung gestreut.

Für Wasser ist der Brechungsindex von Neutronen stark von der Isotopenzusammensetzung abhängig. Das führt dazu, daß verschiedene streuende Substanzen durch Veränderung des H_2O/D_2O-Verhältnisses maskiert werden können.

Neutronenstreuung ist noch stärker als Röntgenkleinwinkelstreuung auf einige wenige Forschungseinrichtungen beschränkt. Zur Erzeugung eines Strahls aus thermischen Neutronen ist immerhin ein speziell ausgelegter Forschungsreaktor notwendig. In Europa führen derzeit das Institut Laue-Langevin in Grenoble und das Hahn-Meitner-Institut in Berlin Neutronenstreuexperimente durch. Meßzeit an diesen Institutionen wird meist nur auf Grund eines begründeten schriftlichen Antrags, der wissenschaftlich begutachtet wird, zur Verfügung gestellt. Eine zusätzliche Schwierigkeit ergibt sich aus der relativ geringen Wechselwirkung zwischen Neutronen und Atomkernen. Um brauchbare Signale zu erhalten, müssen daher hohe Konzentrationen (mg/ml und größer) eingesetzt werden (Übersicht: Cantor & Schimmel 1980).

7.3 Wechselwirkungen

Ein beträchtlicher Teil biochemischer Analytik gilt der qualitativen bzw. quantitativen Erfassung von Wechselwirkungen, insbesondere zwischen Proteinen und Liganden, seien es Enzym-Substrat-, Protein-Protein- und Protein-Nukleinsäure-Interaktionen, oder Wechselwirkungen auf zellulärer Ebene. Je nachdem, welches System untersucht werden soll und ob eine mehr qualitative oder mehr quantitative Aussage im Vordergrund des Interesses steht, werden verschiedene und unterschiedlich anspruchsvolle Techniken zum Einsatz kommen. Für alle Verfahren zur Untersuchung von molekularen Interaktionen gilt, daß sich ein Meßparameter bei der Bindung ändern muß, so daß man die freien und gebundenen Wechselwirkungspartner voneinander unterscheiden kann. Im Prinzip sind spektroskopische Verfahren die Verfahren der Wahl. Nicht immer stehen aber dafür geeignete Geräte zur Verfügung oder die Wechselwirkung führt nicht zu einem meßbaren Effekt. Im folgenden sollen bewährte, allgemein verwendbare Methoden zur Untersuchung von Wechselwirkungen vorgestellt werden. Zur Auswertung solcher Experimente sei auf Kap. 8.2 verwiesen (Ausführliche Darstellung: Cantor & Schimmel 1980; Bisswanger 1994).

7.3.1 Gleichgewichtsdialyse

Das klassische Verfahren zur Untersuchung der Bindung von niedermolekularen Liganden an Makromoleküle ist die Gleichgewichtsdialyse. Es ist eine Gleichgewichtsmethode (im Gegensatz zu kinetischen Methoden) zur Bestimmung der Gleichgewichtskonstanten und der Stöchiometrie der Wechselwirkung, bei der die Verteilung von Liganden auf zwei Kompartimente, die durch eine Dialysemembran getrennt sind, gemessen wird. Die Dialysemembran ist nur für den Liganden passierbar, nicht aber für das Makromolekül. Zu Beginn der Experimente befindet sich in dem einen Kompartiment das Makromolekül (oder das Makromolekül und der Ligand, um die Gleichgewichtseinstellung zu beschleunigen), im anderen Kompartiment der Ligand. Am Ende des Experiments, d.h. nach Gleichgewichtseinstellung, die durch Bewegung der Dialysezelle unterstützt wird, befindet sich in dem einen Kompartiment der Ligand in einer Konzentration, die der freien Konzentration entspricht, und in dem anderen Kompartiment, welches das Makromolekül enthält, der Ligand in einer Konzentration, die die Summe aus gebundenem und freiem Zustand des Liganden widerspiegelt:

Kompartiment 1: $[\mathrm{Lig}]_{\mathrm{frei}}$
Kompartiment 2: $[\mathrm{Lig}]_{\mathrm{frei}} + [\mathrm{Lig}]_{\mathrm{gebunden}}$

Die Methode hat den Vorteil, technisch sehr einfach zu sein, zumal Mikrodialyseapparaturen (Englund et al. 1969) mit Arbeitsvolumina $< 100\ \mu l$ kommerziell angeboten werden. Man ist bei der Gleichgewichtsdialyse wie bei allen Bindungsexperimenten, die quantitativ ausgewertet werden sollen, darauf angewiesen, daß die Ligandenkonzentration akkurat bestimmt werden kann. Üblicherweise geschieht das über eine Radioaktivitätsbestimmung oder eine Atomabsorptionsmessung.

Drei Probleme treten bei Gleichgewichtsdialyseexperimenten auf, die zu berücksichtigen sind:

1. Experimente sind nur dann aussagekräftig, wenn sich das Gleichgewicht eingestellt hat, wofür je nach Größe des Liganden mehr oder weniger Zeit benötigt wird. Dabei kann es zur Inaktivierung des makromolekularen Partners (meist ein Protein) kommen, zumal wenn die Bindung bei 25 °C oder 37 °C gemessen werden soll.
2. Die Gleichgewichtseinstellung geladener Liganden wird vom Donnan-Potential beeinflußt, das auftritt, wenn sich in einem Kompartiment nicht diffusible geladene Moleküle (Proteine, Nukleinsäuren) befinden. Donnan-Effekte können minimiert werden, wenn die Gleichgewichtsdialyse bei höherer Ionenstärke, z.B. in Gegenwart von 0.1 M NaCl oder KCl, durchgeführt wird.
3. Der osmotische Druck führt zu einer Volumenveränderung in den beiden Kompartimenten. Das bedeutet für die Praxis, daß sich die Konzentration des Makromoleküls während

der Gleichgewichtsdialyse ändert. Man muß also die Konzentration nicht nur der Liganden sondern auch der Makromoleküle nach Gleichgewichtseinstellung messen.

7.3.2 Filtrationstechniken zur Bestimmung von Bindungsparametern

Eine bereits weiter oben erwähnte Alternative zu der Gleichgewichtsdialyse ist die Ultrafiltration (Überblick: Paulus 1969) (s. Kap. 3.4), die den Vorteil hat, schneller zu sein und damit die Gefahr der Inaktivierung bei langer Dialyse vermindert. Dazu wird der Ultrafiltrationsprozeß unterbrochen und die Konzentration von Makromolekül und Ligand in der Ultrafiltrationskammer und die Konzentration des Liganden in der Lösung gemessen, die kurz vor der Unterbrechung der Ultrafiltration den Filter passiert hat. Man erhält damit bei der gemessenen Konzentration des Makromoleküls die Konzentration an freiem Liganden ($[Lig_{frei}]$), sowie die Gesamtkonzentration an Ligand ($[Lig_{frei}]$ + ($[Lig_{gebunden}]$). Man kann die Ultrafiltrationstechnik zur Bestimmung von Bindungsparametern auch in der Weise ausführen, daß man die gesamte Lösung ultrafiltriert und die Menge des gebundenen Liganden auf dem Filter und/oder die Konzentration des freien Liganden im Filtrat bestimmt.

Bei dem zuletzt vorgestellten Verfahren handelt es sich um einen Filterbindungstest, bei dem die unterschiedliche Größe von Ligand und Makromolekül zur Bestimmung der Gleichgewichtsverteilung ausgenutzt wird. Vom Ansatz vergleichbar sind andere Filterbindungstests, wie z.B. der Nitrocellulosefilterbindungs-*assay*, der mit großem Erfolg für die Bestimmung von thermodynamischen und kinetischen Parametern der Wechselwirkung von Proteinen mit Nukleotiden, Oligonukleotiden und Polynukleotiden (Riggs et al. 1970) ausgenutzt wurde. Er beruht darauf, daß Proteine durch Nitrocellulosefilter gebunden werden, Nukleotide und Nukleinsäuren aber nicht. Filtriert man also eine Lösung des Nukleotid- oder Nukleinsäure-Bindungsproteins und des Liganden, werden auf dem Filter das Protein und der Protein-Ligand-Komplex zurückgehalten. Durch Waschen des Filters wird unspezifisch gebundener Ligand vom Filter entfernt. Ist der Ligand radioaktiv markiert, läßt sich über die filtergebundene Radioaktivität die Menge an gebundenem Liganden bestimmen. Der Nitrocellulosefilterbindungs-*assay* ist allerdings keine Gleichgewichtsmethode im strengen Sinn, da die Proteinbindung auf dem Filter mit Denaturierung verbunden sein kann. Als Komplikation kommt hinzu, daß nicht alle Protein-Liganden-Komplexe vom Filter zurückgehalten werden, man also zusätzlich die Filtrationsausbeute bestimmen muß. Sie ergibt sich aus dem Meßwert bei sättigender Konzentration des Liganden. Die Genauigkeit eines Nitrocellulosefilterbindungs-*assay* kann dadurch gesteigert werden, daß man den Nitrocellulosefilter mit einem DEAE-Cellulosefilter unterlegt, der bei der Filtration die nicht von dem Nitrocellulosefilter zurückgehaltenen Liganden, gleichgültig ob in freier oder komplexgebundener Form, absorbiert. Man erhält dann aus der Summe der Radioaktivität, die auf den beiden Filtern gemessen wurde, die Gesamtkonzentration an Liganden, die tatsächlich im Experiment eingesetzt wurde (Wong & Lohman 1993). Mit Hilfe des Nitrocellulosefilterbindungs-*assay* lassen sich auch kinetische Konstanten messen, vorausgesetzt die Geschwindigkeit der Assoziation oder Dissoziation ist klein im Vergleich zur Filtrationsgeschwindigkeit. Das ist normalerweise für die Dissoziationsgeschwindigkeit stabiler Nukleoproteinkomplexe gegeben. Man geht dabei so vor, daß man z.B. eine bestimmte Menge des Proteins mit einer äquivalenten Menge des radioaktiv markierten Liganden versetzt und nach Ausbildung des Komplexes unmarkierten Liganden im hohen Überschuß zusetzt und in regelmäßigen Zeitintervallen ein Aliquot der Lösung filtriert. Aus der Abnahme der filtergebundenen Radioaktivität läßt sich die Halbwertszeit des Komplexes und damit die Geschwindigkeitskonstante der Dissoziation ableiten.

7.3.3 Chromatographie-, Elektrophorese- und Zentrifugationstechniken zur Bestimmung von Bindungsparametern

Wenn sich Makromolekül oder Ligand und Makromolekül-Ligand-Komplex in ihrem Wanderungsverhalten bei der Chromatographie, der Elektrophorese oder der Zentrifugation unterscheiden, lassen sich die Gleichgewichtsparameter der Bindung des Liganden an das Makromolekül bestimmen. Voraussetzung dafür ist, daß sich die Wechselwirkungspartner detektieren lassen und während des gesamten Trennprozesses Gleichgewichtsbedingungen herrschen. Das bedeutet für die Gelfiltration, daß die Gelfiltrationssäule mit einer Lösung des Liganden äquilibriert ist, für die Elektrophorese, daß das Gel und bei geladenen Liganden auch der Elektrodenpuffer den Liganden enthält und schließlich für die Zentrifugation, daß die Sedimentation in einer Lösung des Liganden stattfindet.

Für die Chromatographie wurden solche Experimente zum ersten Mal von Hummel und Dreyer (1962) durchgeführt. Im Chromatogramm ergibt sich ein positiver *peak*, der dem Protein-Liganden-Komplex entspricht, gefolgt von einem negativen *peak*, der dadurch entsteht, daß das Protein zu Beginn der Gelfiltration den Liganden aus der Äquilibrierlösung aufnimmt. Damit ist die Bestimmung der Stöchiometrie des Komplexes möglich, durch Variation der Konzentration läßt sich auch die Gleichgewichtskonstante erfassen. Der Arbeitsaufwand und der Materialverbrauch für solche Experimente ist allerdings beträchtlich.

Das Elektrophoreseäquivalent zu der Hummel-Dreyer-Chromatographie ist die native Zoneninterferenzelektrophorese (Abrahams et al., 1988), bei der sich der eine Bindungspartner (z.B. ein Protein) in Gegenwart eines ebenfalls im elektrischen Feld wandernden und durch den Ionenfluß nachgelieferten anderen Bindungspartner (z.B. ein geladener Ligand) bewegt. Für die Auswertung wird die durch die mehr oder weniger vollständige Komplexbildung veränderte elektrophoretische Mobilität herangezogen. Die praktische Ausführung hängt von der Ladung der Bindungspartner ab.

Agarosegele und Polyacrylamidgele bilden Poren, die für einen makromolekularen Komplex einen „Käfig“ bilden. Dieser Effekt wird bei dem *gel electrophoretic mobility shift assay* (GEMSA) oder *gel retardation assay* ausgenutzt, um Komplexe, die ins Gel eingedrungen sind, als solche zu erhalten (Fried & Crothers 1981; Garner & Revzin 1981). Das bedeutet, daß trotz der gelegentlichen Dissoziation des Nukleoproteinkomplexes in einer Pore die Reassoziation bestimmend bleibt. Der GEMSA hat den Nitrocellulosefilterbindungs-*assay* zur Bestimmung von Gleichgewichtsparametern der Wechselwirkung zwischen Proteinen und Nukleinsäuren weitgehend verdrängt. Er ist wie jener ein heterophasischer *assay* und ebenfalls wie jener nur mit Einschränkung für die Bestimmung wahrer Gleichgewichtskonstanten geeignet bzw. bedarf der Überprüfung durch ein Experiment in Lösung. Der GEMSA beruht auf der Tatsache, daß die Wanderung von Nukleinsäuren in einem Elektrophoresegel, insbesondere in einem Polyacrylamidgel, durch Komplexbildung mit Proteinen retardiert wird. Dadurch entsteht ein *band shift*, also eine neue Bande mit geringerer Mobilität, deren Intensität von der Konzentration abhängt. Durch Variation der Konzentration des Proteins und/oder der Nukleinsäure, die für die quantitative Auswertung normalerweise radioaktiv markiert wird, kann man damit Gleichgewichtsparameter der Bindung von Proteinen an Nukleinsäuren bestimmen (Fried & Crothers 1981; Garner & Revzin 1981). Darüber hinaus bietet der GEMSA auch die Möglichkeit, aufgrund der Abhängigkeit des Ausmaßes der Retardation von der Konformation der Nukleinsäure Informationen, z.B. über den Grad der Verbiegung einer doppelsträngigen DNA im Nukleoproteinkomplex, zu erhalten (Thompson & Landy 1988). Durch Variation der Position der Erkennungssequenz für das Protein auf einem DNA-Stück gegebener Länge läßt sich das Zentrum und mit Bezug auf eine intrinsisch gebogene DNA-Sequenz auch die Richtung der Verbiegung lokalisieren (Wu & Crothers 1984; Zinkel & Crothers 1987). Der große Erfolg des GEMSA beruht darauf, daß mit seiner Hilfe nicht nur Stöchiometrie und Stabilität von Nukleoproteinkomplexen bestimmt werden können, sondern auch Strukturparameter erhalten werden können, und das mit vergleichsweise bescheidenem apparativem Aufwand. Hervorzuheben ist ferner, daß für qualitative oder semiquantitative Aussagen der GEMSA auch mit unaufgereinigten Proteinpräparationen durchgeführt werden kann, da die Spezifität der Komplexbildung über den für das Protein und die Erkennungssequenz charakteristischen *band shift* kontrolliert werden kann.

Auch mit Hilfe von Zentrifugationstechniken können Wechselwirkungen von Makromolekülen und ihren Liganden untersucht werden, sofern die Ligandenbindung zu einer Veränderung des Sedimentationsverhaltens führt. Mit der analytischen Ultrazentrifuge wurden so z.B. Stöchiometrie und Gleichgewichtskonstanten der Komplexbildung zwischen Proteinen und Nukleinsäuren bestimmt (Krauss et al., 1975) (s. Kap. 4.3.3). Dazu wurde die Zentrifugenzelle homogen mit einer Lösung aus Protein und Nukleinsäure gefüllt. Bei der Sedimentation wanderte als schnellste Zone der Komplex und das Protein, gefolgt von der Nukleinsäure (Abb. 4-41). Durch Registrierung bei verschiedenen Wellenlängen wurden die Zonen zugeordnet und ihr Gehalt an Komplex und freiem Bindungspartner bestimmt. Analoge Experimente lassen sich auch mit einem Rohrzuckerdichtegradienten in der präparativen Ultrazentrifuge durchführen, mit dem Vorteil, daß auch radioaktiv markierte Liganden eingesetzt werden können. Der Nachteil des höheren Substanzverbrauchs kann dadurch etwas gemildert werden, daß man das Protein auf den Rohrzuckerdichtegradienten, der den Liganden enthält, aufträgt (Draper & von Hippel 1979) und damit eine analoge Situation wie bei der Chromatographie nach Hummel & Dreyer (1962) schafft.

7.3.4 Biomolekulare Interaktionsanalyse

Die Biomolekulare Interaktionsanalyse (BIA) ist ein neues Verfahren, in empfindlicher Weise die Wechselwirkung zwischen Molekülen nachzuweisen. Sie beruht darauf, daß ein Wechselwirkungspartner (z.B. ein Antikörper) auf der Oberfläche eines *sensor chip* immobilisiert wird und die Bindung des anderen Wechselwirkungspartners (z.B. das entsprechende Antigen) als Änderung der optischen Eigenschaften der damit belegten Oberfläche des *sensor chip* detektiert wird (*surface plasmon resonance).* Mit Hilfe des BIA kann die Geschwindigkeit der Assoziation und Dissoziation des Liganden gemessen und daraus auf die Gleichgewichtskonstante geschlossen werden (Überblick: Chaiken et al. 1992).

7.3.5 Protektions- bzw. Interferenzexperimente zur Bestimmung von Bindungsparametern

Protektions- bzw. Interferenzexperimente sind in der Biochemie und Molekularbiologie häufig angewandte Verfahren zur topologischen Analyse der Wechselwirkung von Makromolekülen mit ihren Liganden. Als Beispiele seien die verschiedenen *footprinting*-Techniken, wie z.B. der DNase I *protection assay* (Galas & Schmitz 1978) oder der *methylation interference assay* (Siebenlist et al. 1980) genannt, mit denen analysiert wird, mit welchen Regionen auf der DNA Proteine in Kontakt stehen. Protektions- bzw. Interferenzexperimente können aber auch dazu benutzt werden, die Wechselwirkung zwischen Makromolekülen und ihren Liganden quantitativ zu analysieren. Ein Beispiel soll das illustrieren: die Bindung von Aminoacyl-tRNAs (aa-tRNA) an den Elongationsfaktor Tu (EF-Tu) führt in Gegenwart von GTP zu einer Stabilisierung der Esterbindung zwischen Aminosäuren und tRNA gegenüber spontaner Hydrolyse. Eine Tatsache, die man ausnutzen kann, um die Gleichgewichtsparameter für die Bindung von EF-Tu·GTP und aatRNA zu bestimmen (Pingoud & Urbanke 1979). Gemessen wird die Anfangsgeschwindigkeit der Hydrolyse in Abhängigkeit von der Konzentration von EF-Tu und aatRNA, sowie die Hydrolysegeschwindigkeit der freien aatRNA (in Abwesenheit von EF-Tu) und der komplexgebundenen aatRNA (im großen Überschuß von EF-Tu). Über eine linearisierte Darstellung (z.B. im Scatchard-*plot*) oder besser durch eine nicht-lineare Auswertung lassen sich n und K_{Ass} bestimmen (Johnson & Frasier 1985). Eine analoge Vorgehensweise gilt für andere Protektions- oder Interferenzexperimente, bei denen die Komplexbildung zur Veränderung der Geschwindigkeit einer chemischen oder biochemischen Umsetzung führt.

7.3.6 Kinetische Messungen

Bei vielen Fragen, die sich mit den Mechanismen biochemischer Reaktionen befassen, ist neben der Bestimmung der Gleichgewichtslage auch die Messung der Geschwindigkeit einer Reaktion notwendig. In einem einfachen kinetischen Experiment wird man die zu reagierenden Substanzen (Reaktanden, Edukte) miteinander mischen und nach definierten Zeitabständen die inzwischen gebildeten Produkte analysieren. Weil dabei die notwendigen Pipettierungen einige Zeit, im günstigsten Fall einige Sekunden, in Anspruch nehmen, können mit solch einfachen Experimenten nur langsame Reaktionen verfolgt werden. Gerade biochemische Reaktionen sind aber auf eine optimale und d.h. häufig hohe Geschwindigkeit hin evolviert, die nur mit speziellen Apparaturen gemessen werden können.

Die Geschwindigkeit einer Reaktion wird beschrieben durch die zeitlichen Konzentrationsänderungen und ist dabei allgemein abhängig von allen an der Reaktion beteiligten Edukten und Produkten:

$$\frac{\partial c_x}{\partial t} = f(c_1, c_2, c_3, \dots c_n) \tag{7.24}$$

$c_i \Rightarrow$ Konzentration der Substanz i (1..n)

Für den einfachen Fall

$$\mathrm{A} + \mathrm{B} \underset{k_{21}}{\overset{k_{12}}{\rightleftarrows}} \mathrm{C}$$

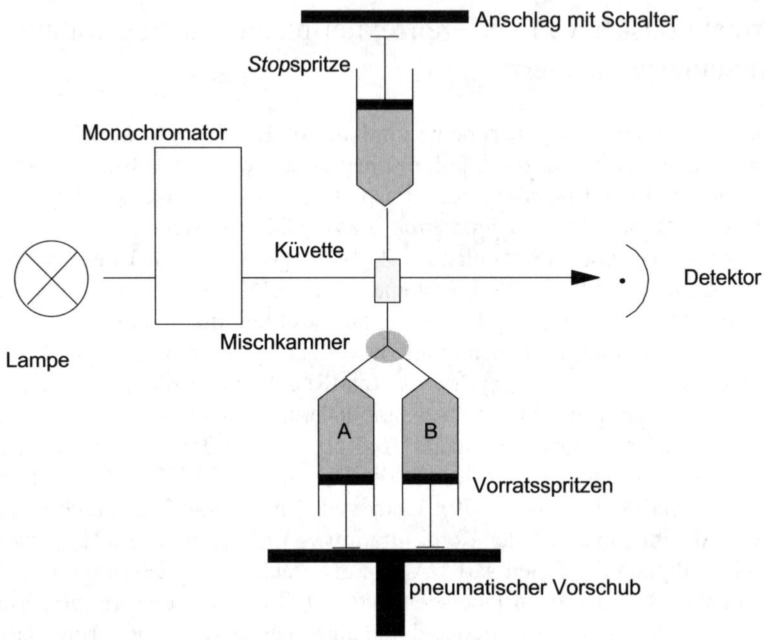

Abb. 7-25: *Stopped-flow*-Photometer.
Die beiden Reaktionslösungen sind in den Spritzen A und B vorgelegt. Ein pneumatischer Vorschub mischt die Lösungen und füllt dabei die *Stop*spritze. Ist diese gefüllt, hält der Vorschub abrupt an und der zeitliche Verlauf der Reaktion in der Meßküvette kann fluorimetrisch (durch einen Filter) oder absorptionsphotometrisch verfolgt werden. Der Einfachheit halber ist hier nur der Absorptionsstrahlengang gezeichnet.

ergibt sich

$$\frac{\partial c_A}{\partial t} = -k_{12} \cdot c_A \cdot c_B + k_{21} c_C \tag{7.25}$$

und die Geschwindigkeit ist am Anfang der Reaktion, wenn noch kein Produkt C gebildet wurde, den Ausgangskonzentrationen proportional. Die Geschwindigkeitskonstante k_{12} ist bei vielen biochemischen Reaktionen nur durch die Bewegung der beiden Moleküle A und B aufeinander zu bestimmt und liegt dann bei Raumtemperatur und in wässriger Lösung im Bereich von $10^8 - 10^9\,M^{-1}\,s^{-1}$. Nur bei extrem niedrigen Konzentrationen sind solche Reaktionsgeschwindigkeitskonstanten in einfachen Mischexperimenten erfaßbar. Einen Überblick über verschiedene kinetische Formalismen gibt Savageau (1976).

Vor diesem Hintergrund werden schon seit langem verschiedenste Verfahren entwickelt, mit denen eine schnelle Analyse von chemischen Reaktionsabläufen möglich ist (Übersicht: Gibson 1988). Die für die zeitliche Verfolgung biochemischer Reaktionen am meisten verbreitete Methode ist das *stopped-flow*-Verfahren. Hierbei werden zwei Reaktionslösungen in zwei Spritzen vorgelegt. Durch pneumatischen oder mechanischen Antrieb wird der Inhalt dieser Spritzen möglichst schnell durch eine Mischkammer in eine Beobachtungsküvette gedrückt. Hinter dieser Beobachtungsküvette befindet sich eine dritte Spritze, durch die der Fluß in dem Moment, in dem diese Spritze voll ist, abrupt angehalten wird. Nachdem die

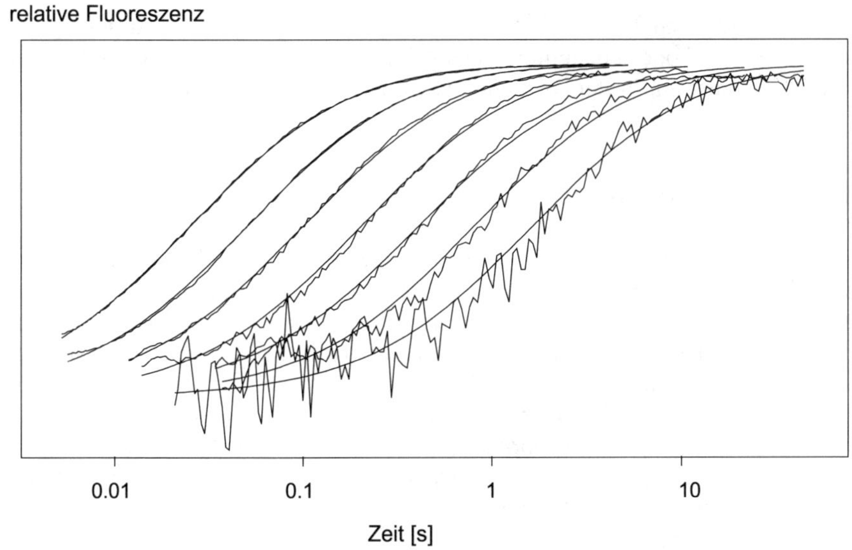

Abb. 7-26: Schnelle kinetische Messung.
Beobachtet wird der zeitliche Verlauf der Reaktion von Einzelstrang-DNA bindendem Protein aus *E. coli* mit einzelsträngiger DNA an Hand der starken Fluoreszenzlöschung des Proteins (s.a. Abb. 7-14). Die Reaktion wird bei Proteinkonzentrationen zwischen 5 nM (rechte, verrauschte Kurve) und 500 nM (links) über einen Zeitbereich von einigen ms bis Minuten verfolgt. Die glatte, durchgezogene Linie stellt eine Anpassung nach Gl. (7.25) dar (vgl. Kapitel 8.2.3).

Mischung so beendet wurde, kann in der Küvette ein spektroskopisches Signal (Fluoreszenz, Absorption, CD, NMR etc.) zur Detektion der dann ablaufenden Reaktion beobachtet werden. Den schematischen Aufbau eines *stopped-flow*-Photometers zeigt Abb. 7-25. Ein typisches Ergebnis eines *stopped-flow*-Versuches zeigt Abb. 7-26. In der Abbildung wird gleichzeitig gezeigt, wie durch Simulation (s. Kap. 8.2.3) mit einem nach Gleichung (7.25) berechneten, theoretischen Kurvenverlauf ein solches Experiment ausgewertet wird. Die Mischung und der Transport der Reaktionslösung in die Beobachtungsküvette können nicht beliebig schnell sein. Die Totzeit eines *stopped-flow*-Gerätes gibt die untere Zeitauflösung des Verfahrens an. Sie wird durch das „Alter" der Reaktionslösung in der Beobachtungsküvette im Moment des Anhaltens bestimmt. Totzeiten liegen je nach Gerät und Beschaffenheit der Lösung im Bereich von wenigen Millisekunden.

Steht kein spektroskopisches Signal für die Beobachtung der Reaktion zur Verfügung, so kann man das *pulsed-quenched-flow*-Verfahren einsetzen. Die Beobachtungsküvette des *stopped-flow*-Geräts wird durch eine Reaktionskammer mit einigen µl Inhalt ersetzt. Wie beim *stopped-flow*-Verfahren wird die Reaktionskammer schnell gefüllt und der Fluß dann angehalten. Nach einer vorher wählbaren Reaktionszeit wird durch ein zweites Paar Spritzen die Reaktionskammer geleert und der Inhalt unter Vermischung mit einem *quencher* aus dem System ausgespült. Dieser *quencher* unterbindet die ablaufende Reaktion sofort, so daß die momentanen Konzentrationen der Reaktionspartner mit langsamen (bio)chemischen Methoden bestimmt werden können. Ein solcher *quencher* könnte z.B. EDTA in hohen Konzentrationen sein, wenn man eine Mg^{++}-abhängige Reaktion beobachtet. Ist einer der Reaktanden markiert (radioaktiv o.ä.), so unterbindet auch die Zugabe eines großen Überschusses an nicht-markiertem Reaktanden die beobachtbare Reaktion für einige Zeit. Denaturierung von Enzymen durch Harnstoff oder Guanidiniumchlorid ist für den *quench* nicht empfehlenswert, da deren Reaktionen mit Proteinen mehrere Sekunden bis Minuten dauern können.

7.4 Strukturbestimmungen

Selbst wenn die Primärsequenz und damit prinzipiell die vollständige chemische Strukturformel eines biologischen Moleküls bekannt ist, so besitzt man zunächst fast keine Informationen über die Art und Weise, in der sich die einzelnen Molekülteile im Raum anordnen. Damit ist auch ein Verständnis der vielfältigen Interaktionen und Reaktionen eines Makromoleküls zunächst nur sehr eingeschränkt möglich. Aus einer Proteinsequenz allein läßt sich nicht die Struktur oder gar der Mechanismus des durch sie beschriebenen Enzyms ableiten.

Entscheidende Fortschritte haben die modernen Biowissenschaften dadurch erreicht, daß sie Verfahren entwickelt haben, mit denen eine detaillierte Darstellung der Sekundär- und Tertiärstruktur biologischer Makromoleküle und sogar makromolekularer Verbände bis hin zur atomaren Auflösung möglich geworden ist.

Dabei muß man zwischen Verfahren unterscheiden, die generelle Informationen über den Anteil bestimmter Sekundärstrukturelemente liefern, wie CD-Spektroskopie (s. Kap. 7.1.4.1), und solchen, bei denen detailliert die räumliche Anordnung der einzelnen Atome bestimmt werden kann. Daneben gibt es bereits eine Reihe von Ansätzen, die versuchen, das Problem der Konformationsbestimmung biologischer Makromoleküle mit theoretischen Überlegungen (unter Zuhilfenahme empirischer Daten) zu lösen.

7.4.1 Röntgenstrukturanalyse

Dieses Verfahren zur genauen dreidimensionalen Bestimmung der Raumstruktur von Molekülen ist zur Zeit das wohl wichtigste im Bereich der Biowissenschaften. Es würde den Rahmen dieses Buches sprengen, hier eine genaue Abhandlung der Methode und ihrer teilweise sehr komplexen Details zu bringen. Es ist aber für jeden biochemisch Arbeitenden sehr wichtig, die Möglichkeiten dieser Methode gerade auch im Hinblick auf sein eigenes Problem zu erkennen und – selbstverständlich in Kooperation mit den entsprechend ausgerüsteten Arbeitsgruppen – gewinnbringend einzusetzen.

Im Prinzip wird bei der Röntgenstrukturanalyse (Ausführliche Darstellung: Rhodes 1993; Drenth 1994) aus der Streuung extrem kurzwelliger elektromagnetischer Strahlung (Röntgenstrahlen) ein Bild der Elektronendichte in der Elementarzelle eines Kristalls errechnet. Aus dieser Elektronendichte kann dann die Lage der einzelnen Atome abgeleitet werden. Wie dies geschieht, soll der folgende Abschnitt erläutern.

7.4.1.1 Kristalle und Kristallzüchtung

Grundvoraussetzung für die Röntgenkristallographie ist zunächst das Vorhandensein geeigneter Kristalle. In einem Kristall sind die einzelnen Moleküle nicht wahllos angeordnet sondern befinden sich in einem dreidimensionalen periodischen Gitter. Dieses Gitter besteht aus einzelnen Elementen, den Elementarzellen, die wiederum eines oder auch mehrere Moleküle enthalten. Man kann allein durch Verschiebungen im Raum die Elementarzellen ineinan-

Tabelle 7-2 Die sieben Symmetrietypen

Triklin	a≠b≠c, $\alpha\neq\beta\neq\gamma$	Tetragonal	a=b≠c, $\alpha=\beta=\gamma=90°$
Monoklin	a≠b≠c, $\alpha=\gamma=90°$	Hexagonal	a=b≠c, $\alpha=\beta=90°$, $\gamma=120°$
Orthorhombisch	a≠b≠c, $\alpha=\beta=\gamma=90°$	Kubisch	a=b=c, $\alpha=\beta=\gamma=90°$
Rhomboedrisch	a=b=c, $\alpha=\beta=\gamma\neq 90°$		

der überführen. Da die Elementarzellen den Raum in einem Kristall vollständig ausfüllen müssen, sind nur bestimmte Formen von Elementarzellen möglich. Man kennt insgesamt sieben Grundtypen von Einheitszellen (Tab. 7-2), die jeweils durch die Länge ihrer drei Kanten (a, b, c) und die drei Winkel zwischen diesen Kanten (α, β, γ) beschrieben werden.

Kristalle könne sich immer dann bilden, wenn die Konzentration eines Moleküls in einer Lösung die Sättigungsgrenze überschreitet und die Substanz fest abgeschieden wird. Die Kristallisation einfacher (kleiner) Moleküle bereitet normalerweise keine Schwierigkeiten; einfaches Eintrocknen reicht in vielen Fällen dazu aus. Dagegen bilden Makromoleküle fast ausnahmslos amorphe Niederschläge. Nur bei extrem langsamer Abscheidung aus der Lösung können auch Proteine und Nukleinsäuren kristalline Formen annehmen. Die Abscheidungszeiten betragen dabei mehrere Stunden bis hin zu Monaten oder gar Jahren. Um diese extrem langsamen Abscheidungsraten zu ermöglichen, benutzt man häufig Dampfdiffusionsmethoden. Ein Tropfen der proteinhaltigen Lösung wird über einem Pufferreservoir aufgehängt. Die Konzentrationen an Salz, Puffersubstanzen und eventuellen Kristallisationshilfssubstanzen im Tropfen bzw. im Reservoir sind dann so gewählt, daß der Partialdruck des Wassers im proteinhaltigen Tropfen ein klein wenig größer ist als der im Reservoir. Der Raum zwischen Reservoir und Tropfen ist wasserdampfgesättigt. Durch Dampfdiffusion wird nun sehr langsam Wasser aus dem Tropfen in das Reservoir wandern und dabei die Konzentration des Proteins (und der Salze) im Tropfen erhöhen. Das Protein scheidet sich entweder auf Grund seiner zu hohen Konzentration oder auf Grund eines Aussalzeffektes (s. Kap. 3.3.1) ab und bildet – möglicherweise – Kristalle. Man kann auch umgekehrt vorgehen und durch Dampfdiffusion in den Tropfen löslichkeitsfördernde Lösungsbestandteile verdünnen und so eine Abscheidung des Proteins erreichen.

Diese Kristallisationsverfahren sind zu einem guten Teil empirisch. Es ist durchaus üblich, bei einer Kristallisation mehrere hundert verschiedene Bedingungen gleichzeitig auszuprobieren, ohne dabei eines Erfolgs sicher zu sein. Ob ein Protein oder eine Nukleinsäure kristallisierbar ist, läßt sich niemals mit Sicherheit voraussagen. Gute Aussichten bestehen derzeit für Oligonukleotide bis ca. 20 Basen Länge und für lösliche Proteine. Daß auch die Kristallisation und Analyse von membrangebundenen Proteinen möglich ist, hat die Strukturaufklärung des photosynthetischen Reaktionszentrums gezeigt (Deisenhofer et al. 1984). Für die Kristallstrukturanalyse geeignete Proteinkristalle haben eine Größe von ca. 0.1 – 0.5 mm.

7.4.1.2 Strukturanalyse

Trifft eine elektromagnetische Welle (z.B. Röntgenlicht) auf einen Kristall, so wird jedes Atom in diesem Kristall das Licht streuen und damit Ursprung einer neuen Kugelwelle sein (Huygens'sches Prinzip). Kugelwellen von verschiedenen Orten des Kristalls können nur dann positiv miteinander interferieren, wenn ihr Wegunterschied genau ein ganzzahli-

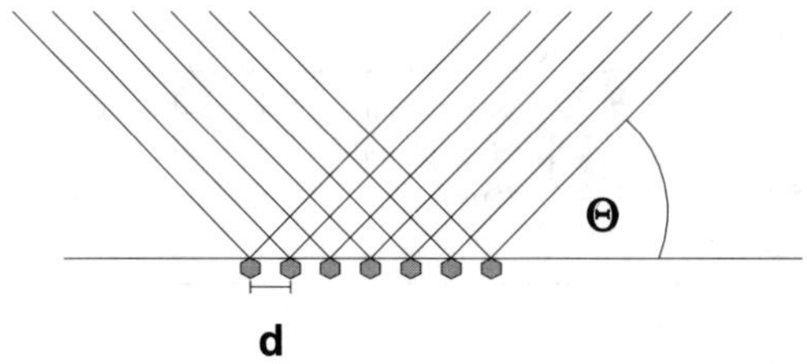

Abb. 7-27: Bragg-Bedingung.
d ist der Gitterabstand, Θ der Beobachtungswinkel.

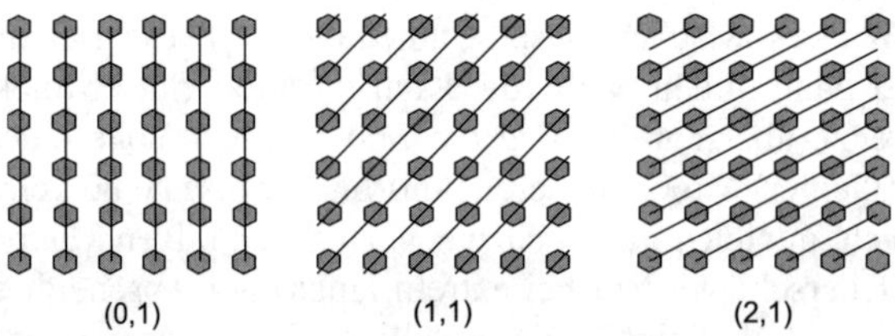

Abb. 7-28: Zur Definition der Millerschen Indices.

ges Vielfaches der Wellenlänge beträgt. Für ein lineares (eindimensionales) Gitter muß für positive Interferenz die Bragg-Bedingung erfüllt sein:

$$2 \cdot d \cdot \sin\Theta = n \cdot \lambda \tag{7.26}$$

$d \Rightarrow$ Abstand der Gitterpunkte
$\lambda \Rightarrow$ Wellenlänge der Röntgenstrahlung
$\Theta \Rightarrow$ Winkel zwischen Gitterlinie und Röntgenstrahl
$n \Rightarrow$ ganze Zahl (1,2,3,…..)

Das Gitter, für das die Bragg-Bedingung (Abb. 7-27) erfüllt sein muß, wird durch die Elementarzellen gebildet. In einem dreidimensionalen Kristall müssen aber gleichzeitig die Bragg-Bedingungen in allen drei Raumrichtungen erfüllt sein.

$$\frac{2a\sin\Theta}{\lambda} = h; \frac{2b\sin\Theta}{\lambda} = k; \frac{2c\sin\Theta}{\lambda} = l \tag{7.27}$$

$a, b, c \Rightarrow$ Gitterabstände in 3 Raumrichtungen
$h, k, l \Rightarrow$ Millersche Indices

Die Gleichungen (7.27) sind die Laue-Bedingungen. Hierin sind a, b und c die Gitterabstände (Kantenlängen der Elementarzelle) in den drei Raumrichtungen. Die Millerschen Indices h, k, l sind ganze Zahlen, mit denen angegeben wird, wie viele Elementarzellen die Streuzentren in der jeweiligen Raumrichtung voneinander entfernt sind. Durch diese Indices werden also Ebenen im Kristall definiert. Ein Beispiel für diese Indizierung im zweidimensionalen Raum zeigt Abb. 7-28. Da alle drei Gleichungen nur für ganz bestimmte Orientierungen des Kristalls relativ zum Röntgenstrahl erfüllt sind, muß man den Kristall während einer Analyse aus vielen verschiedenen Richtungen mit dem Röntgenstrahl analysieren. Dies geschieht bei den meisten biochemisch relevanten Kristallen durch langsame Drehung des Kristalls im Strahl. Man erhält eine Vielzahl von Reflexen, aus deren Lage man zunächst

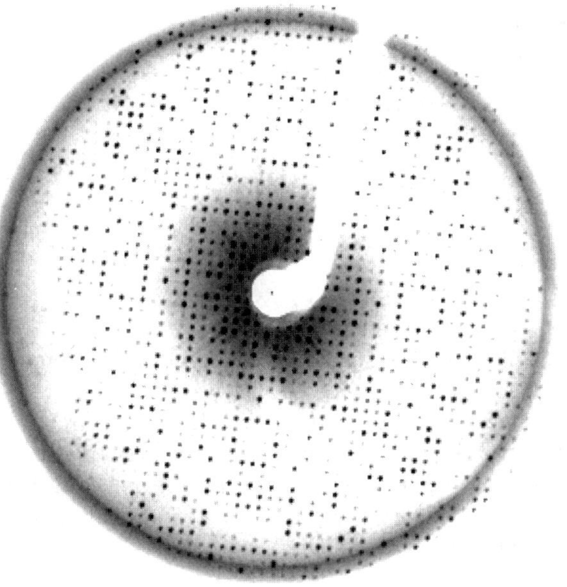

Abb. 7-29: Drehkristallaufnahme eines Proteinkristalls.
(Die Aufnahme wurde uns freundlicherweise von Herrn Prof. Dr. Rolf Hilgenfeld, IMB Jena, zur Verfügung gestellt).

nur die Struktur des Kristalls, d.h. die Größe und Geometrie der Einheitszelle ableiten kann (Abb. 7-29). Aus der Intensität und der Phase jedes einzelnen Reflexes könnte man dann die Elektronendichte in der Elementarzelle berechnen – leider ist die Phase jedoch eine nicht meßbare Größe. Bei einfachen Kristallen mit nur wenigen Atomen in der Elementarzelle ist die Bestimmung der Phase kein Problem, da hierbei nur sehr wenige, diskret unterscheidbare Möglichkeiten für die Zuordnung der Phase existieren. Bei komplexeren Molekülen wie Proteinen und Nukleinsäuren besteht diese Möglichkeit nicht mehr. Bindet man jedoch an wenigen Stellen in der Einheitszelle einzelne Atome, die das Röntgenlicht sehr stark streuen, so überstrahlt die Streuung von diesen wenigen Zentren das gesamte Bild und man muß dann nur noch, ähnlich wie bei einfachen Kristallen, zwischen wenigen möglichen Phasenlagen entscheiden. Da die Streuintensität mit der Elektronendichte zunimmt, führt man Schwermetallatome wie Quecksilber, Platin oder Lanthanide ein und nennt dieses Verfahren dann isomorphe Schwermetallsubstitution. Eine andere Möglichkeit zur Phasenermittlung ergibt sich, wenn bereits dreidimensionale Strukturen von anderen, ähnlichen Kristallen bekannt sind. Durch „molekularen Ersatz“ wird diese bekannte Struktur dann benutzt, die Elektronendichte der unbekannten Struktur abzuschätzen. Neuerdings werden in der Proteinkristallographie auch Proteine eingesetzt, bei denen Schwefel im Methionin durch Selen ersetzt wurde. Da diese Selenatome Röntgenlicht im Bereich ihrer Absorptionsbande auch stark streuen (anomale Dispersion), kann man auch hierbei die Phase bestimmen.

Nachdem so die Elektronendichte in der Einheitszelle ermittelt worden ist, wird diese durch Anpassen der meist bekannten Sequenz des Makromoleküls interpretiert. Als letzten Schritt wird man aus der nun „bekannten“ Struktur das Interferenzmuster errechnen und mit dem ursprünglich gemessenen vergleichen:

$$R = \frac{\sum |F_{gemessen} - F_{berechnet}|}{\sum F_{gemessen}} \tag{7.28}$$

$F_{gemessen}$ $\Rightarrow$ Intensität der gemessenen Reflexe
$F_{berechnet}$ $\Rightarrow$ aus der Struktur berechnete Intensität der Reflexe

Die Größe dieses kristallographischen Gütefaktors (R-Faktor) ist ein Maß für die Qualität der ermittelten Struktur.

7.4.2 Strukturdaten

Beginnend mit der ersten Strukturaufklärung eines biologischen Makromoleküls durch M. Perutz im Jahre 1959 stellt sich das Problem der Aufbewahrung und der Analyse der gewonnenen Daten. Während der Vergleich von Kristallstrukturen anorganischer Salze durchaus noch durch einfachen Augenschein vorgenommen werden kann, bedarf es bei der Analyse von Proteinstrukturen der intensiven Unterstützung durch Computer. Dabei geht es sowohl um die Aufbewahrung und Verbreitung der Strukturdaten als auch um Algorithmen, die diese Strukturdaten immer wieder neu analysieren.

7.4.2.1 *Protein Data Bank* (PDB)

Zur vollständigen Beschreibung einer Tertiärstruktur eines biologischen Makromoleküls sind große Datenmengen zu speichern. So wird die Struktur eines Proteins von 70 kDa relativer Molmasse durch ca. 7 000 dreidimensionale Koordinaten beschrieben – wenn man die Wasserstoffatome wegläßt. Eine solche Menge an Information kann nicht mehr durch eine Zeitschrift veröffentlicht, sondern muß auf elektronischem Wege verbreitet werden. Die Aufgabe, die Strukturdaten biologischer Makromoleküle zu archivieren und zu verbreiten, hat zur Zeit die *Protein Data Bank* in Brookhaven, NY, USA übernommen. Vor der Publikation einer neuen Struktur sind die Autoren verpflichtet, ihre Daten in dieser Datenbank zu hinterlegen. Spätestens ein Jahr nach der Veröffentlichung der Struktur werden diese Daten dann öffentlich zugänglich und können direkt abgerufen werden (Internet: http/ /:www.pdb.bnl.gov). Kopien der Daten sind auch im EMBNET zu finden (s. Kap. 8.3.1).

7.4.2.2 *Computer Graphics*

Die Koordinaten einer Struktur allein sind allerdings noch relativ wertlos. Um sich eine Vorstellung von der Struktur eines Makromoleküls machen zu können, benötigt man Rechner, die in der Lage sind, die Struktur graphisch und möglichst dreidimensional darzustellen. Das kann sowohl auf einem relativ einfachen PC geschehen als auch auf speziell konstruierten Graphikrechnern.

Für die Darstellung von Strukturen gibt es verschiedene Möglichkeiten. Die einfachste Darstellung ist die dreidimensionale Strichformel, bei der die Atome des Moleküls durch ihre kovalenten Bindungen verknüpft werden. Ein solches Modell ist „durchsichtig“ und relativ übersichtlich. Es gibt einen guten Eindruck über Details der Struktur. Für die Darstellung der Raumerfüllung eines Moleküls benötigt man ein Kalottenmodell, bei dem die Atome durch Kugeln mit dem jeweiligen van-der-Waals-Radius dargestellt werden. Dieses Modell stellt Details allerdings nur unzureichend übersichtlich dar. Für Proteine gibt es noch verschiedene Darstellungen, die die Sekundärstruktur betonen. In einem Bändermodell bildet die Proteinkette ein Band, wobei β-Faltblätter durch breite Pfeile und α-Helices durch Schrauben dargestellt werden. Alle Darstellungen können als Stereogramme dreidimensional sichtbar gemacht werden. Programme zur dreidimensionalen Darstellung auf verschiedenen Rechnerplattformen sind – zum Teil kostenlos – im Internet abrufbar (z.B. Swiss PDB Viewer bei: http://expasy.hcuge.ch/spdbv/mainpage.html oder RASMOL bei: http://www.glaxowellcome.co.uk/software/).

7.5 Literatur

Abrahams, J.P., Kraal, B. & Bosch, L. (1988) *Zone Interference Gel Electrophoresis: A New Method for Studying Weak Protein-Nucleic Acid Complexes under Native Conditions.* Nucleic Acids Res. 16, 10099-10108.

Berne, B.J. & Pecora, R. (1976) *Dynamic Light Scattering with Applications to Biology, Chemistry, and Physics.* J. Wiley & Sons, Inc., New York.

Bisswanger, H. (1994): *Enzymkinetik. Theorie & Methoden*, 2. Aufl. VCH, Weinheim.

Cantor, C.R. & Schimmel, P.R. (1980) *Biophysical Chemistry. Pt. II: Techniques for the study of biological structure and function, Pt. III: The Behaviour of Biological Macromolecules.* W.H. Freeman and Company, San Francisco.

Chaiken, I., Rose, S., & Karlsson, R. (1992) *Analysis of Macromolecular Interactions Using Immobilized Ligands.* Anal. Biochem. 201, 197-210.

Chu, B. (1974) *Laser Light Scattering.* Academic Press, New York.

Deisenhofer, J., Epp, O., Miki, K., Huber, R. & Michel, H. (1984) *X-ray Structure Analysis of a Membrane Protein Complex. Electron Density Map at 3 Å Resolution and a Model of the Chromophores of the Photosynthetic Reaction Center from Rhodopseudomonas viridis.* J. Mol. Biol. 180, 385-398.

Draper, D.E. & von Hippel, P.H. (1979) *Interaction of Escherichia coli Ribosomal Protein S1 with Ribosomes.* Proc. Natl. Acad. Sci. USA 76, 1040-1044.

Drenth, J. (1994) *Principles of Protein Crystallography.* Springer Verlag, Berlin.

Efting, M.R. (1991) *Fluorescence Quenching Reactions: Probing Biological Macromolecular Structures* in: Biochemical Aspects of Fluorescence Spectroscopy, (T.G. Dewey, Eds.) Plenum Press, New York.

Englund, P.T. Huberman, J.A., Jovin, T.M. & Kornberg, A. (1969) *Enzymatic Synthesis of Deoxyribonucleic Acid. Binding of Triphosphates to Deoxyribonucleic Acid Polymerase.* J. Biol. Chem. 244, 3038-3044.

Evans, J.N.S. (1995) *Biomolecular NMR Spectroscopy.* Oxford University Press, Oxford.

Fried, M. & Crothers, D.M. (1981) *Equilibria and Kinetics of Lac-Repressor-Operator Interactions by Polyacrylamide Gel Electrophoresis.* Nucleic Acids Res. 9, 6505-6525.

Galas, D. & Schmitz, A. (1978) *DNase Footprinting: A Simple Method for the Detection of Protein-DNA Binding Specificity.* Nucleic Acids Res. 5, 3157-3170.

Garner, M.M. & Revzin, A. (1981) *A Gel Electrophoresis Method for Quantifying the Binding of Proteins to Specific DNA Regions: Applications to Components of the Escherichia coli Lactose Operon Regulatory System.* Nucleic Acids Res. 9, 3047-3060.

Gibson, Q.H. (1988) *Rapid Reaction Methods in Biochemistry* in: Modern Physical Methods in Biochemistry, Part B (A. Neuberger & L.L.M. VanDeenen, Eds.) Elsevier, Amsterdam.

Greenfield, N.J. (1996) *Methods to Estimate the Conformation of Proteins and Polypeptides from Circular Dichroism Data.* Anal. Biochem. 235, 1-10.

Greenfield N.J., & Fasman G.D. (1969) *Computed Circular Dichroism Spectra for the Evaluation of Protein Conformation.* Biochemistry 8, 4108-4116.

Gronenborn, A.M. (1993) *NMR of Proteins.* CRC Press, Boca Raton.

Haugland, R.P. (1996) *Handbook of Fluorescent Probes and Research Chemicals.* Molecular Probes, Eugene. Oder: http://www.probes.com/handbook/toc.html.

Hummel, J.P. & Dreyer, W.J. (1962) *Measuring of Protein-Binding by Gel Filtration.* Biochim. Biophys. Acta 63, 530-532.

Johnson, M.L. & Frasier, S.G. (1985) *Non-Linear Least-Squares Analysis.* Meth. Enzymol. 117, 301-308.

Krauss, G., Pingoud, A., Boehme, D., Riesner, D., Peters, F. & Maass, G. (1975) *Equivalent and Non-Equivalent Binding Sites for tRNA on Aminoacyl-tRNA Synthetases.* Eur. J. Biochem. 55, 517-525.

Manavalan P. & Johnson W.C. Jr. (1987) *Variable Selection Method Improves the Prediction of Protein Secondary Structure from Circular Dichroism Spectra.* Anal. Biochem. 167, 76-85.

Paulus, H. (1969) *A Rapid and Sensitive Method for Measuring the Binding of Radioactive Ligands to Proteins.* Anal. Biochem. 32, 91-100.

Pingoud, A. & Urbanke, C. (1979) *The Determination of Binding Parameters from Protection Experiments.* Anal. Biochem. 92, 123-127.

Rhodes, G. (1993) *Crystallography Made Crystal Clear.* Academic Press, San Diego.

Riggs, A.D., Suzuki, H. & Bourgeois, S. (1970) *Lac-Repressor-Operator Interactions: I. Equilibrium Studies.* J. Mol. Biol. 48, 67-83.

Savageau, M.A. (1976) *Biochemical Systems Analysis. A Study of Function and Design in Molecular Biology.* Addison-Wesley, London.

Siebenlist, U., Simpson, R.B. & Gilbert, W. (1980) *E. coli RNA Polymerase Interacts Homologously with Two Different Promotors.* Cell 20, 269-276.

Siuzdak, G. (1996) *Mass Spectrometry for Biotechnology.* Academic Press, San Diego.

Tanford, C. (1961) *Physical Chemistry of Macromolecules.* John Wiley, New York.

Thompson, J. F. & Landy, A. (1988) *Empirical Estimation of Protein-Induced DNA Bending Angles: Application to Lambda Site-Specific Recombination Complexes.* Nucl. Acids Res. 16, 9687-9707.

Welfle, H. (1996) *Optische Spektroskopie* in: Methoden in der Proteinanalytik (M. Holtzhauer Hrsg.) Springer, Berlin.

Wong, I. & Lohman, T.M. (1993) *A Double-Filter Method for Nitrocellulose-Filter Binding. Application to Protein-Nucleic Acid Interactions.* Proc. Natl. Acad. Sci. USA 90, 5428-5432.

Wu, H.M. & Crothers, D.M. (1984) *The Locus of Sequence Directed and Protein-Induced DNA Bending.* Nature 308, 509-513.

Zinkel, S.S. & Crothers, D.M. (1987) *DNA Bend Direction by Phase Sensitive Detection.* Nature 328, 178-181.

8 Mathematische Methoden

8.1 Statistik

Die direkte oder indirekte Wahrnehmung eines Ereignisses stellt grundsätzlich eine Beobachtung dar. Während nicht wahrgenommene Ereignisse völlig unzugänglich sind, kann man – wieder sehr grundsätzlich – bei wahrgenommenen Ereignissen zwei verschiedene Arten von Beobachtungen unterscheiden:

1. Beobachtungen, die aus Ereignissen herrühren, die nur ein einziges Mal stattfinden, nur von einem einzigen Beobachter wahrgenommen werden und sich so oder in ähnlicher Art und Weise niemals wiederholen werden. Es sind dies besonders schwierig zu beschreibende und zu klassifizierende Ereignisse und ihre Beobachtungen werden fast immer angezweifelt und in Abrede gestellt. Aus solchen Beobachtungen lassen sich niemals Voraussagen über künftige Ereignisse treffen.
2. Beobachtungen, die aus Ereignissen herrühren, die immer wieder stattfinden und die von vielen, möglichst unabhängigen Beobachtern wahrgenommen werden. Solche Beobachtungen sind durch Wiederholung der Ereignisse nachprüfbar und ihre Ergebnisse können mit statistischen Methoden analysiert werden. Auch Voraussagen über künftige ähnliche Ereignisse lassen sich aus solchen Beobachtungen herleiten.

Es ist die zweite Art von Beobachtungen, mit denen sich die Statistik beschäftigt. Nur dann, wenn eine Beobachtung mehrfach gemacht werden kann, weil entweder viele Beobachter ein einmaliges Ereignis wahrnehmen oder ein Ereignis sich mehrfach – im Idealfall beliebig oft – wiederholen und beobachten läßt oder das Ereignis sogar beide Bedingungen erfüllt, kann man Aussagen über den Wahrheitsgehalt der Beobachtungen machen. Nur Beobachtungen, deren Wahrheitsgehalt sich überprüfen läßt, sollen im Folgenden berücksichtigt werden. Nur diese Beobachtungen können für sich in Anspruch nehmen, wissenschaftliche Beobachtungen zu sein. Eine klassische Beschreibung der hierzu notwendigen mathematischen Verfahren liefert Kreyszig (1991).

Wird ein Ereignis im naturwissenschaftlichen Bereich beobachtet, so wird das Ergebnis dieser Beobachtung auf einer Skala dargestellt. Eine solche skalierbare Beobachtung ist dann ein Meßwert. Zur Beschreibung von Meßwerten gibt es wiederum mehrere Arten von Skalen:

1. Nominale Skalen: Die Meßwerte sind zwar eindeutig, lassen sich jedoch nicht nach irgendeiner Rangfolge (Größe) ordnen. Ein Beispiel dafür ist eine Beobachtung der Augenfarbe einer Vielzahl von Menschen. Dabei läßt sich wohl eine Aussage darüber treffen, welche Farbe am häufigsten in einer bestimmten Population vorkommt, die Definition einer „mittleren Farbe" (wahrscheinlich schmutzig-grau-braun) ist sinnlos.
2. Ordinale Skalen: Die Meßwerte lassen sich zumindest subjektiv jeweils einer Gruppe zuordnen und die Gruppen lassen sich nach einer Qualität sortieren. Beispiele dafür liefern uns die häufigen Ergebnisse der Meinungsforschungsinstute. Aus einer Vielzahl von Einzelaussagen wie „die Erhöhung der Mehrwertsteuer gefällt mir ‚eher wenig' oder ‚ganz gut'" versucht man, eine Antwort auf die Frage nach dem Grad der Beliebtheit die-

ser Maßnahme zu bekommen. Eine ordinale Skala wird aus einer abzählbaren und nach Qualität sortierbaren Zahl von Gruppen gebildet. Innerhalb einer jeden Gruppe können dabei beliebig viele Messungen vertreten sein.

3. Metrische Skalen: Die Meßwerte selbst sind genaue Zahlenwerte, die sich einordnen und quantitativ erfassen lassen. Ein Beispiel: Die Fluoreszenzemission einer Probe wird mehrfach gemessen. Dabei kommen zwar immer ähnliche, aber leicht voneinander abweichende Zahlenwerte heraus. Diese ließen sich auf einer metrischen Skala anordnen. Häufig ist es aber sinnvoll, eine metrische Skala in eine ordinale Skala umzuwandeln. In einem Elektronenmikroskop kann man filamentöse Phagen abbilden. Mißt man jetzt bei vielen Phagen deren Länge, so erhält man Meßwerte, die sich auf einer metrischen Skala anordnen lassen. Viel sinnvoller ist es aber, die Zahl aller Phagen zu bestimmen, deren Länge in einem bestimmten Bereich (z.B. zwischen 950 und 1 000 nm) liegen. Durch eine solche Klassenbildung wird die metrische Skala in eine ordinale Skala umgewandelt und man kann sehr viel besser die Größenverteilung der Phagenpartikel darstellen.

Die folgende kleine Einführung in die Meßwertstatistik wird sich hauptsächlich mit metrischen und ordinalen Skalen von Meßwerten befassen.

8.1.1 Mittelwerte

Mißt man in einem Experiment Zahlenwerte, z.B. bei der Bestimmung der Radioaktivität in einem Szintillationszähler (s. Kap. 2.3.2.2), so ist jede einzelne Messung mit einem Fehler versehen. Ein solcher Meßfehler kann verschiedene Ursachen haben:

1. Der Fehler beruht auf einem Fehler im Meßgerät oder Meßverfahren. Dadurch werden alle Meßwerte gleichermaßen verfälscht und man spricht von einem systematischen Fehler. Ein systematischer Fehler einer Messung sollte unter allen Umständen vermieden werden. Er wird jedoch häufig nicht erkannt.
2. Der Fehler wird durch ein einmaliges Ereignis während der Messung verursacht. Das kann beispielsweise eine falsche Ablesung durch den Experimentator oder eine Störung des Meßgerätes sein. Ein solcher Fehler tritt bei einer Wiederholung der Messung nicht wieder auf und ist meistens als eine sehr große Abweichung zu erkennen. Ein solcher Fehler ist ein grober Fehler.
3. Der Fehler ist durch die intrinsische Genauigkeit der Meßapparatur oder des Meßverfahrens vorgegeben. Man spricht von einem statistischen Fehler. Nur diese letzte Art von Fehlern kann in einer Meßwertstatistik vernünftig behandelt werden.

Um bei Messungen mit einem statistischen Fehler einen möglichst genauen Meßwert zu erhalten, wird man den Wert häufig messen und den Mittelwert aller Messungen bilden:

$$\bar{x} = \frac{1}{n}\sum_{i=1}^{n} x_i \tag{8.1}$$

$x_i \Rightarrow$ einzelne Meßwerte
$\bar{x} \Rightarrow$ Mittelwert
$n \Rightarrow$ Anzahl der Messungen

Um bei der Mittelwertbildung Meßwerte mit groben Fehlern zu vermeiden, wird man zunächst aus einer Meßreihe den größten und kleinsten Meßwert aussondern und erst dann den Mittelwert bilden.

Eine Aussage über die Genauigkeit dieses Mittelwertes läßt sich allgemein aber nicht ohne weiteres treffen. Es kommt dabei nämlich auf die Art und Weise an, in der die einzelnen Werte sich von diesem Mittelwert unterscheiden. Diese Unterschiede werden in der Streuung oder Varianz der Werte (s^2)

$$s^2 = \frac{1}{n-1}\sum_{i=1}^{n}(x_i - \bar{x})^2 \tag{8.2}$$

oder der Standardabweichung

$$s = \sqrt{s^2} \tag{8.3}$$

erfaßt. Bezieht man diese Standardabweichung auf den Mittelwert, so erhält man den Variationskoeffizienten

$$V_k = s/\bar{x} \tag{8.4}$$

8.1.2 Verteilungen

Mißt man ein Größe, z.B. die Lichtabsorption einer Lösung, nur ein Mal, so ist es völlig unsicher, ob diese Messung dasselbe Ergebnis liefert, wenn man sie ein zweites Mal wiederholt. Es ist also notwendig, mehrfache Messungen durchzuführen, nur um zu klären, ob eine einmalige Messung ausreichend genau ist oder nicht. Dabei werden die Einzelergebnisse der Messungen nicht völlig identisch sein, sondern sich um möglicherweise kleine, aber dennoch sichtbare Beträge unterscheiden. Sollten die Einzelergebnisse weiter auseinanderliegen als man bei sorgfältiger Messung erwarten würde, so hat man es mit *offensichtlich groben* Fehlern zu tun. Gegen solche Fehler, die z.B. auf Fehlfunktionen oder unsachgemäßer Bedienung des Meßgerätes beruhen, kann auch eine noch so elaborierte Statistik nichts unternehmen. Man muß bei der statistischen Betrachtung also davon ausgehen, daß die Meßgrößen von solchen groben Fehlern frei sind. Wenn das so ist, so sind die Abweichungen der Meßwerte vom „wahren" Wert das Ergebnis eines Zufallsexperimentes.

Ein Zufallsexperiment ist ein Experiment, dessen Ergebnis rein zufällig aus einer Menge von möglichen Ergebnissen ausgewählt wurde, klassisches Beispiel dafür ist das Würfeln. Das Ergebnis ist dabei völlig zufällig, jedoch immer eine Zahl zwischen 1 und 6. Auch das Ergebnis der oben beschriebenen Fluoreszenzmessung ist ein Zufallsergebnis aus einer grundsätzlich unbegrenzten Anzahl von Möglichkeiten, die sich jedoch offensichtlich um einen Mittelwert häufen.

Alle bei einem Zufallsexperiment möglichen Ergebnisse bilden zusammen eine Verteilung von Ergebnissen, die Ausgangspopulation. Dabei handelt es sich nicht etwa um die bei dem Zufallsexperiment wirklich erzielten Ergebnisse sondern um alle Ergebnisse, die bei einem Zufallsexperiment möglich gewesen wären. Weiß man aber etwas über die Verteilung der möglichen Ergebnisse, so kann man bereits bei einem einzelnen Experiment dessen Eintrittswahrscheinlichkeit und damit möglicherweise dessen Zuverlässigkeit abschätzen.

Diese beiden Beispiele, Würfeln und Fluoreszenzmessung, zeigen auch schon die beiden Möglichkeiten dieser Verteilungen. Beim Würfeln werden die möglichen Ergebnisse, die

Ausgangspopulation, durch eine ordinale Skala angegeben und es gibt nur einen begrenzten Vorrat an Ergebnissen. Man spricht auch von einer diskreten Verteilung. Bei der Fluoreszenzmessung ist die Zahl der möglichen Ergebnisse in der Ausgangspopulation beliebig groß, aber natürlich in einem bestimmten Bereich verteilt. Man spricht auch von einer kontinuierlichen Verteilung. In der Wirklichkeit ist auch bei der Fluoreszenzmessung die Zahl der möglichen Ergebnisse dadurch begrenzt, daß man den Meßwert nur mit einer begrenzten Anzahl von Dezimalstellen angeben kann. Somit wird die kontinuierliche Verteilung durch Klassenbildung wieder in eine diskrete überführt.

Für eine diskrete Verteilung kann man eine Funktion f definieren, die die Wahrscheinlichkeit P berechnet, daß bei einem Zufallsexperiment das Ergebnis $A = x$ herauskommt:

$$f(x) = P(A = x) \tag{8.5}$$

Für das Würfelexperiment ist P natürlich von x unabhängig und immer genau 1/6. Für die kontinuierliche Verteilung wird sich natürlich niemals ein bestimmtes Ergebnis einstellen, denn, daß man an einem Fluorimeter einen genau bestimmten Meßwert abliest, ist äußerst unwahrscheinlich. Man nimmt also eine Klasseneinteilung in einen Bereich zwischen x und $x + dx$ vor (wobei dx natürlich wieder infinitesimal klein werden kann, aber sinnvollerweise die Anzeigegenauigkeit des Meßgerätes darstellen könnte) und erhält als Wahrscheinlichkeitsdichtefunktion

$$g(x, dx) = P(x < A < x + dx) \tag{8.6}$$

Im Fall des Fluoreszenzexperimentes ist P natürlich nicht für alle x gleich: Im allgemeinen werden Messwerte nahe am Mittelwert häufiger auftreten als solche, die stärker vom Mittelwert abweichen. Zu diesen Wahrscheinlichkeitsdichtefunktionen kann man dann eine sog. Verteilungsfunktion berechnen. Die Verteilungsfunktion gibt die Wahrscheinlichkeit an, daß sich bei einem Zufallsexperiment ein Wert $A \leq x$ ergibt. Für die diskrete bzw. kontinuierliche Verteilung ist diese Verteilungsfunktion

$$F(x) = \sum_{x_i \leq x} f(x_i) \text{ bzw. } G(x) = \int_{-\infty}^{x} g(x')dx' \tag{8.7}$$

Für jede Verteilung kann man einige charakteristische Werte berechnen. Am einfachsten ergibt sich der Mittelwert

$$\mu = \sum_{i=1}^{n} f(x_i) \cdot x_i \text{ bzw. } \mu = \int_{-\infty}^{+\infty} g(x)x\,dx \tag{8.8}$$

und die Varianz

$$\sigma^2 = \sum_{i=1}^{n} f(x_i) \cdot (x_i - \mu)^2; \; \sigma^2 = \int_{-\infty}^{+\infty} g(x)(x - \mu)^2 dx \tag{8.9}$$

Je nach der Entstehung der Meßwerte oder Klasseneinteilung kann man verschiedene Verteilungsmodelle beschreiben:

8.1.2.1 Binomialverteilung

Bei dieser Verteilung geht es um die Wahrscheinlichkeit, mit der eine bestimmte Beobachtung bei n Zufallsexperimenten k-mal gemacht werden kann. Eine solche Verteilung kann also nur bei diskreten Grundpopulationen auftreten.

Wieder soll das Würfelexperiment als Beispiel dienen: Wenn man 60-mal würfelt, so hat man ungefähr 10-mal eine 6 geworfen. Die Wahrscheinlichkeit, daß bei einem Zufallsexperiment ein bestimmtes Ereignis eintritt, sei nun p (beim Würfel ist $p = 1/6$). Bei n Zufallsexperimenten erwartet man, daß ein bestimmtes Ereignis $\mu = n \cdot p$ mal eintritt. Das ist natürlich nur eine Erwartung oder der Mittelwert bei häufiger Wiederholung der n Zufallsexperimente. Wie wahrscheinlich aber ein bestimmtes Ergebnis der n Zufallsexperimente ist, soll im folgenden berechnet werden.

Ist die Wahrscheinlichkeit, daß ein Ereignis auftritt, p, so folgt für die Wahrscheinlichkeit des Nichteintreffens (1-p). Bei einem Würfelexperiment würde man also die Wahrscheinlichkeit berechnen wollen, daß bei n Würfen (mit einem Würfel) eine bestimmte Zahl (beispielsweise die 6) genau k-mal vorkommt. Die Wahrscheinlichkeit P, im ersten Wurf die 6 zu werfen, ist genau p (und bei einem ungezinkten Würfel ist das 1/6). Für das Ereignis, keine 6 im ersten Wurf zu bekommen ist $P^* = (1\text{-}p) = 5/6$. Bei n Würfen eine bestimmte Anzahl k von Sechsern in einer bestimmten Reihenfolge zu werfen, ist dann $P' = p^k(1-p)^{n-k}$. Es sollte aber nicht die Wahrscheinlichkeit ermittelt werden, die k Sechser in einer bestimmten vorher festgelegten Reihenfolge zu werfen, sondern die Wahrscheinlichkeit überhaupt k-mal die 6 zu würfeln. Aus den Regeln der Kombinatorik ergeben sich für die Reihenfolge

$$\binom{n}{k} = \frac{n!}{(n-k)! \cdot k!} \tag{8.10}$$

verschiedene Möglichkeiten, so daß sich insgesamt die Wahrscheinlichkeit

$$\begin{aligned} &P(n,k) = \binom{n}{k} \cdot p^k (1-p)^{n-k} \\ &\text{mit dem Mittelwert } \mu = n \cdot p \\ &\text{und der Varianz } \sigma^2 = n \cdot p \cdot (n-p) \end{aligned} \tag{8.11}$$

ergibt. Damit ist die Wahrscheinlichkeit, bei 60 Würfen genau 12-mal eine 6 zu werfen

$$P(60,12) = \binom{60}{12} \cdot (1/6)^{12} (5/6)^{48} = 0.102 \tag{8.12}$$

Die Wahrscheinlichkeit, genau den Erwartungswert (10-mal die 6) zu treffen, ist mit 0.137 nicht wesentlich größer. Bei der Berechnung dieses Ergebnisses mit einem Taschenrechner muß man darauf achten, daß die Aufgabe zunächst so umgeformt wird, daß kein sehr kleines oder sehr großes Zwischenergebnis auftritt, da sonst die Rechenungenauigkeiten das Ergebnis völlig verfälschen würden. Berechnet wurde das Ergebnis daher folgendermaßen:

$$P(60,12) = \left[\frac{49}{1}(1/6) \cdot \frac{50}{2}(1/6) \cdot \frac{51}{3}(1/6) \cdot \dots \cdot \frac{59}{11}(1/6) \cdot \frac{60}{12}(1/6)\right] \cdot (5/6)^{48} \tag{8.13}$$

8.1.2.2 Poisson-Verteilung

Wie das Beispiel im vorigen Abschnitt zeigt, werden die Formeln für die Berechnung der Wahrscheinlichkeit eines bestimmten Ereignisses bereits bei leicht abzählbaren Experimen-

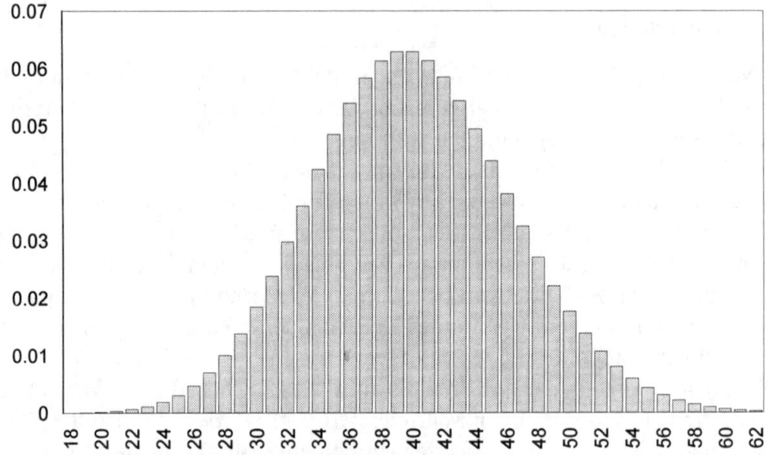

Abb. 8-1: Poisson-Verteilung mit einem Mittelwert von 40.
Aufgetragen ist die Wahrscheinlichkeit, einen bestimmten Wert zu erhalten, wenn der Mittelwert 40 beträgt.

ten sehr unhandlich. Wenn jetzt die Wahrscheinlichkeit eines bestimmten Ergebnisses verschwindend gering wird und gleichzeitig die Zahl der möglichen Ergebnisse sehr groß, so sind die Berechnungen einer Binomialverteilung nicht mehr möglich. Beispiel dafür ist der radioaktive Zerfall einer großen Anzahl von Atomen: Eine Probe enthalte so viel ^{14}C, daß in der Sekunde im Mittel 40 Atome zerfallen. Das passiert natürlich nicht in jeder Sekunde, sondern mal sind es 35 oder auch mal 43 Zerfälle in einer Sekunde. Das der Beobachtung zugrunde liegende Experiment ist die Untersuchung, ob ein bestimmtes ^{14}C Atom in der Beobachtungszeit zerfällt oder nicht. Dabei ist die Zahl der vorhandenen ^{14}C Atome und damit die Zahl der Experimente sehr groß, für jedes einzelne Atom ist die Wahrscheinlichkeit zu zerfallen sehr gering (genau 50 % in 5 600 Jahren) und nur die große Anzahl von Atomen erzeugt eine meßbare Menge an Zerfällen.

Beschrieben wird eine solche Statistik mit einer Binomialverteilung, bei der die Zahl der Experimente n beliebig groß und die Wahrscheinlichkeit p eines Ereignisses (der Zerfall) beliebig klein ist. Das Produkt $\mu = n \cdot p$, der Mittelwert, bleibt jedoch endlich groß:

$$P(\mu, k) = \frac{\mu^k}{k!} e^{-\mu} \text{ mit der Varianz } \sigma^2 = \mu \tag{8.14}$$

Ein Beispiel zeigt Abb. 8-1. Bei der Poisson-Verteilung hat man es übrigens immer noch mit einer diskreten Verteilung zu tun. Beim radioaktiven Zerfall kann jedes Atom nur zwei mögliche Zustände einnehmen, zerfallen oder nicht zerfallen. Allein die sehr große Zahl von Atomen führt zu der Poisson-Verteilung als Grenzwert der Binomialverteilung. Dadurch, daß die Varianz σ^2 gleichzeitig der Mittelwert ist, ergibt sich auch die bekannte Tatsache, daß die Genauigkeit einer Radioaktivitätsmessung mit der Wurzel aus der Zahl der beobachteten Zerfälle zunimmt.

8.1.2.3 Normalverteilung nach Gauß

Beim radioaktiven Zerfall sind Mittelwert und Varianz nicht unabhängig voneinander. Anders dagegen ist die Lage bei vielen alltäglichen Messungen: Hier hängt die Varianz von der Art des Experimentes ab. Wer beispielsweise 10-mal hintereinander die in einer Küvette gemessene Absorption abliest, wird zwar immer ungefähr den gleichen Wert erhalten, im Detail werden die Ablesungen aber um einen Mittelwert schwanken. Hierbei müssen natürlich Mittelwert und Varianz voneinander unabhängig sein. Eine solche, von 2 Parametern bestimmte Verteilung ist die Gauß'sche Normalverteilung mit der Wahrscheinlichkeitsdichtefunktion:

$$f(\mathrm{x}) = \frac{1}{\sigma\sqrt{2\pi}} \mathrm{e}^{-\frac{1}{2}\left(\frac{\mathrm{x}-\mu}{\sigma}\right)^2} \tag{8.15}$$

Dabei handelt es sich um eine kontinuierliche Grundpopulation von möglichen Ergebnissen und einer begrenzten Anzahl von Experimenten.[1] Ein Beispiel dafür ist die oben erwähnte Fluoreszenzmessung. Die Varianz dieser Normalverteilung entspricht übrigens der Standardabweichung s aus Gleichung (8.3).

Bei einer solchen Verteilung stellt sich die Frage nach der Wahrscheinlichkeit, bei einem Zufallsexperiment einen Wert aus einem bestimmten Bereich, beispielsweise in dem Intervall von μ-σ bis μ+σ zu erhalten. Dazu muß man die Wahrscheinlichkeitsdichtefunktion $f(x)$ integrieren:

$$F(X) = \frac{1}{s\sqrt{2\pi}} \int_{-\infty}^{X} e^{-\frac{1}{2}\left(\frac{x-\mu}{s}\right)^2} dx \tag{8.16}$$

Eine solche Integration ist nur numerisch möglich. Da jedoch dieses Gauß'sche Fehlerintegral häufig gelöst werden muß, enthalten mathematische Tabellenwerke die numerische Lösung dieses Integrals in der Form

$$F(Y) = \frac{1}{\sqrt{2\pi}} \int_{-\infty}^{Y} e^{-\frac{1}{2}y^2} dy \tag{8.17}$$

aus dem man durch Einsetzen von $Y = \frac{X-\mu}{\sigma}$ die entsprechenden Werte berechnen kann. So ergibt sich der Anteil der Werte an der Gesamtverteilung, die in dem oben genannte Bereich zwischen μ-σ und μ+σ liegen, zu 68 %.

8.1.2.4 Beispiel

Bei der mehrfachen Messung der Fluoreszenzintensität einer bestimmten Probe ergaben sich folgende Ablesungen:

48.77	49.08	52.47	50.48	49.56	52.19	49.89	49.62	47.56
48.09	49.74	50.24	49.52	50.59	50.96	49.49	48.58	51.70
49.84	50.88	49.68	49.62	51.39	50.77	49.83	51.56	50.18

Wie man jetzt mit Hilfe eines Taschenrechners, der über die entsprechenden Programme verfügt, leicht nachprüfen kann ergibt sich daraus ein Mittelwert von 50.1 mit einer Standardabweichung von 1.2. Das bedeutet, daß eine weitere Messung mit 68%iger Wahrscheinlichkeit zwischen 48.9 und 51.3 liegt, wenn die der Messung zugrunde liegende Ausgangspopulation normalverteilt ist. Das bedeutet aber auch, daß die durch die Angabe von zwei Dezimalstellen suggerierte Genauigkeit der Meßwerte nicht zutrifft.

---

[1] Die Formel und eine graphische Darstellung dieser Normalverteilung befinden sich übrigens auf dem Gauß gewidmeten 10DM-Schein der Deutschen Bundesbank.

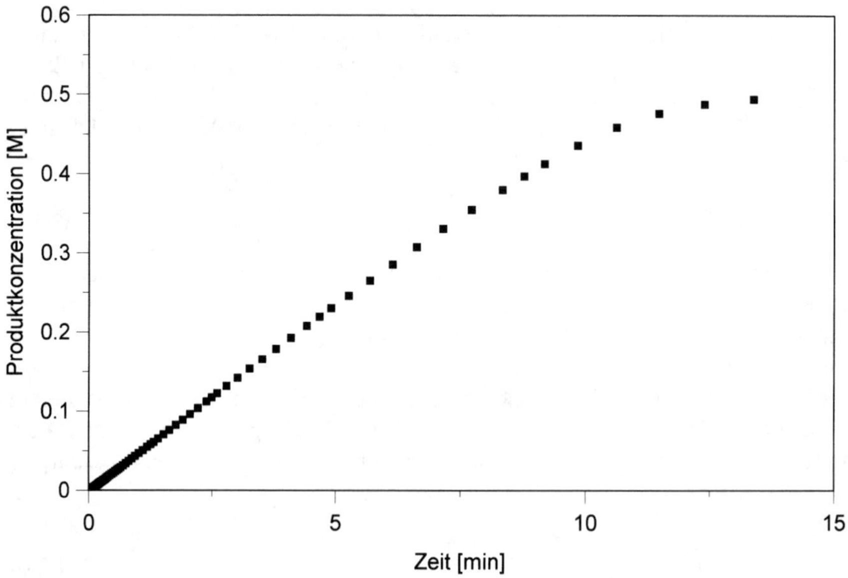

Abb. 8-2: Zeitlicher Verlauf einer enzymatischen Reaktion.

8.2 Auswertung experimenteller Ergebnisse

Bei vielen biochemischen Experimenten können die Ergebnisse nicht in Form einer einfachen Aussage („die gesuchte Bande ist da“) sondern nur in quantifizierter Form durch Zahlenwerte ausgedrückt werden. Die Ergebnisse von solchen Experimenten müssen dann mit mathematischen Verfahren so aufgearbeitet werden, daß allgemeine Aussagen, wie groß z.B. die Geschwindigkeitskonstante einer Reaktion oder die Affinität eines Cofaktors zu einem Enzym sind, gemacht werden. Abb. 8-2 zeigt als Beispiel den zeitlichen Verlauf einer enzymatischen Reaktion. Das unmittelbare Ergebnis dieses Experimentes ist die Abhängigkeit der Konzentration des Produktes (abhängige Variable) von der Zeit (unabhängige Variable). Ein anderes Beispiel zeigt Abb. 7-14, in der eine Titration eines Proteins mit DNA an Hand der Proteinfluoreszenz verfolgt wird. Hier ist die abhängige Variable die gemessene Fluoreszenzintensität und die unabhängige Variable das Konzentrationsverhältnis Protein/Nukleinsäure.

8.2.1 Auswertung von Titrationen

Bei einer Titration wird die Bindung eines Liganden an einen Reaktionspartner gemessen. Im einfachsten Fall, der Assoziation zweier zunächst unabhängiger Moleküle A und B zur Bildung eines Komplexes C, wird diese Bindung durch das Massenwirkungsgesetz zu beschreiben sein:

$$K_{ass} = \frac{c_C}{c_A \cdot c_B} = \frac{c_C}{(c_A^0 - c_C)(c_B^0 - c_C)} \tag{8.18}$$

K_{ass} $\Rightarrow$ Assoziationsgleichgewichtskonstante
c_X $\Rightarrow$ freie Konzentrationen von X (A, B oder C)
c_A^0, c_B^0 $\Rightarrow$ Gesamtkonzentrationen von A und B

Es kommt bei der Messung darauf an, die freien Konzentrationen der Edukte und Produkte zu bestimmen, um dann mit der Assoziationsgleichgewichtskonstanten die Stärke der Bindung zu beschreiben. Die Methode der Konzentrationsbestimmung spielt dabei keine Rolle. Häufig sind jedoch nicht einmal die Ausgangskonzentrationen bekannt. So kennt man beispielsweise bei der Bindung von Liganden an Rezeptoren einer Zelle zwar die eingesetzte Ligandenkonzentration und die Zahl der benutzten Zellen, die Zahl der Rezeptoren auf einer Zelle ist jedoch unbekannt und soll erst durch eine Titration ermittelt werden. Das Massenwirkungsgesetz ändert sich dann in:

$$K_{ass} = \frac{c_L^b}{(n \cdot c_Z^0 - c_L^b) \cdot c_L^f} \qquad (8.19)$$

K_{ass} $\Rightarrow$ Assoziationsgleichgewichtskonstante
c_L^f, c_L^b $\Rightarrow$ Konzentrationen des freien bzw. gebundenen Liganden
c_Z^0 $\Rightarrow$ Konzentration der Zellen
n $\Rightarrow$ Anzahl der Rezeptoren pro Zelle

Dieses einfache Modell setzt voraus, daß alle Rezeptoren genau die gleiche Affinität zum Liganden haben und außerdem völlig unabhängig voneinander reagieren. Nur wenn diese Voraussetzung gegeben ist, läßt sich das Massenwirkungsgesetz linearisieren zu:

$$\frac{\nu}{c_L^f} = K_{ass}(n - \nu) \qquad (8.20)$$

wobei

$$\nu = \frac{c_L^b}{c_Z^0} \qquad (8.21)$$

ein Maß für den Besetzungsgrad ist. Bei Sättigung gibt ν die Zahl der Rezeptoren pro Zelle an. Trägt man nun ν/c_L^f gegen ν auf (Scatchard-Auftragung), so erhält man eine Gerade mit der Steigung - K_{ass} und dem Ordinatenabschnitt n (Abb. 8-3). Ein Problem bei dieser Auftragung stellen mögliche Meßfehler dar. Sowohl ν als auch c_L^f sind jeweils mit einem eigenen Meßfehler behaftet. Dadurch wird eine Scatchard-Auftragung besonders im Bereich hoher Sättigung ($\nu \rightarrow n$) als auch bei sehr geringen Ligandenkonzentrationen ($c_L^f \rightarrow 0$) sehr ungenau. Abweichungen vom idealen Modell der Unabhängigkeit und Gleichheit sämtlicher Bindungsstellen führen zu einem nicht-linearen Verlauf der Auftragung. Wird die Bindung eines Liganden allein dadurch erleichtert, daß bereits ein anderer Ligand an eine Bindungsstelle in der Nähe gebunden ist, so spricht man von einer kooperativen Bindung. In einer Scatchard-Auftragung würde ein solches Bindungsmodell zu einem konvexen Verlauf bezüglich des Ursprungs führen. Dagegen führt ein anti-kooperatives Bindungsverhalten zu einem konkaven Verlauf. Beides ist nicht immer von eventuellen Meßfehlern zu unterscheiden, die durch die Scatchard-Auftragung verzerrt dargestellt werden. Eine gewisse Abhilfe können hier nur nicht-lineare Anpassungen schaffen.

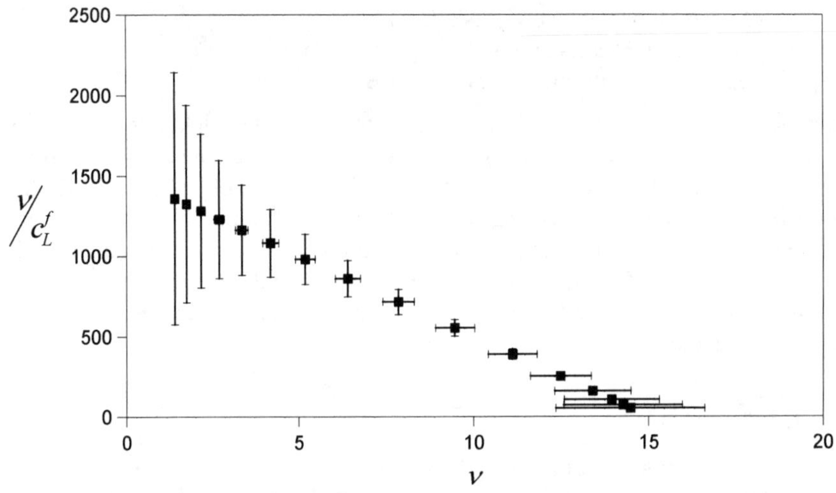

Abb. 8-3: Scatchard-Auftragung.
Dargestellt ist die simulierte Bindung von Liganden an eine Zelle, die 15 Rezeptoren mit einer Affinität von $10^3\ M^{-1}$ trägt. Für die Berechnung der Fehler wurde eine Unsicherheit bei der Konzentrationsbestimmung von 5 % relativ zur gesamten Ligandenkonzentration angenommen. Bei kleiner Bedeckung ν ist der Fehler von ν/c_L^f groß, während bei dichter Bedeckung der Fehler von ν die Bestimmung unsicher macht

8.2.2 Enzymkinetiken

Bei der Umwandlung eines Substrates S in das Produkt P durch ein Enzym müssen im einfachsten Fall zwei verschiedene Prozesse betrachtet werden: Die Bindung des Substrates an das Enzym und die anschließende Umwandlung in das Produkt:

$$E + S \underset{k_{21}}{\overset{k_{12}}{\rightleftarrows}} ES \overset{k_{cat}}{\longrightarrow} E + P$$

Mißt man einen solchen Umsatz bei einem sehr hohen Überschuß von Substrat gegenüber dem umwandelnden Enzym, so ist die Umsatzgeschwindigkeit nach einer kurzen Anlaufphase (*burst*) konstant. In diesem stationären Zustand ist die Konzentration des Enzym-Substrat-Komplexes konstant und die Geschwindigkeitsgleichung lautet:

$$\frac{dc_p}{dt} = \frac{k_{cat} \cdot c_S \cdot c_E^0}{c_S + K_M} \qquad \text{mit } K_M = \frac{k_{21} + k_{cat}}{k_{12}} \tag{8.22}$$

c_P ⇒ Konzentration an Produkt
c_S ⇒ Konzentration an Substrat
c_E^0 ⇒ Gesamtkonzentration an Enzym
K_M ⇒ Michaelis-Konstante
k_{cat} ⇒ katalytische Konstante des Enzyms (Umsatzzahl)
k_{12} ⇒ Assoziationsgeschwindigkeitskonstante des Enzym-Substrat-Komplexes
k_{21} ⇒ Dissoziationsgeschwindigkeitskonstante des Enzym-Substrat-Komplexes

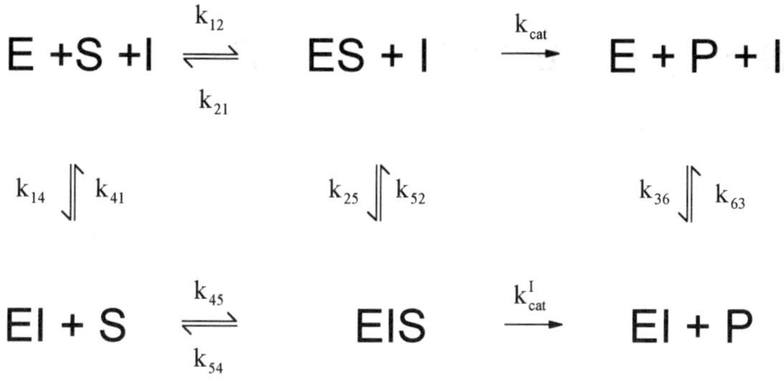

Abb. 8-4: Mögliche Inhibitionsmechanismen einer enzymatischen Reaktion.

Gleichung (8.22) gilt nur dann, wenn die Konzentration des Enzyms gegenüber der Konzentration des Substrats vernachlässigbar gering ist. Dies ist wiederum streng nur am Anfang einer Reaktion gegeben. Da bei gegebener Enzymkonzentration das Produkt $k_{cat} \cdot c^0_E$ die maximal erreichbare Umsatzgeschwindigkeit darstellt, bezeichnet man diese als V_{max}. Man mißt nun die anfängliche Reaktionsgeschwindigkeit v_0 bei konstanter (kleiner) Enzymkonzentration und verschiedenen Konzentrationen an Substrat. Aus der Lineweaver-Burk-Auftragung

$$\frac{1}{V_0} = \frac{1}{V_{max}} + \frac{1}{c_S}\left(\frac{K_M}{V_{max}}\right) \tag{8.23}$$

lassen sich dann V_{max} und K_M als Abszissen- und Ordinatenabschnitt ($\frac{1}{V_{max}}$ bzw. $\frac{1}{K_m}$) ablesen.

Es gibt neben dem Substrat eines Enzyms auch eine ganze Reihe von Substanzen, die zwar von dem Enzym nicht umgewandelt werden, die jedoch die enzymatische Aktivität stören, indem sie an bestimmten Stellen des Reaktionsweges das Enzym reversibel inhibieren. Ein solcher Inhibitor kann beispielsweise mit dem Substrat um die Bindung an das Enzym konkurrieren. In einem solchen Fall spricht man von kompetitiver Inhibition. Ein allgemein gültiges Schema der möglichen Inhibitionen gibt Abb. 8-4.

Im Fall kompetitiver Inhibition wird ein Enzym-Inhibitor-Komplex gebildet, der nicht weiter reagieren kann. Komplexe, die gleichzeitig Substrat und Inhibitor enthalten, existieren nicht, da der Inhibitor an das Enzym an der gleichen Stelle wie das Substrat bindet.

Die Geschwindigkeitsgleichung bei kompetitiver Inhibition (s. Abb. 8-5) stellt sich in der Lineweaver-Burk-Fassung folgendermaßen dar:

$$\frac{1}{V_0} = \frac{1}{V_{max}} + \frac{1}{c_S}\left(1 + \frac{c_I}{K_I}\right)\left(\frac{K_M}{V_{max}}\right) \tag{8.24}$$

Die maximal erreichbare Geschwindigkeit wird also durch den Inhibitor nicht geändert, die gemessene Michaelis-Konstante erscheint dagegen vergrößert. Es ist also eine höhere Substratkonzentration notwendig, um den Maximalumsatz zu erreichen. Aus der Abhängigkeit der gemessenen Michaelis-Konstante von der Inhibitorkonzentration läßt sich die Bindungskonstante des Inhibitors an das Enzym (K_I) bestimmen.

Einen anderen Inhibitionstyp erhält man, wenn der Inhibitor sowohl alleine als auch gleichzeitig mit dem Substrat zusammen an das Enzym bindet (Abb. 8-6). Dabei besetzt

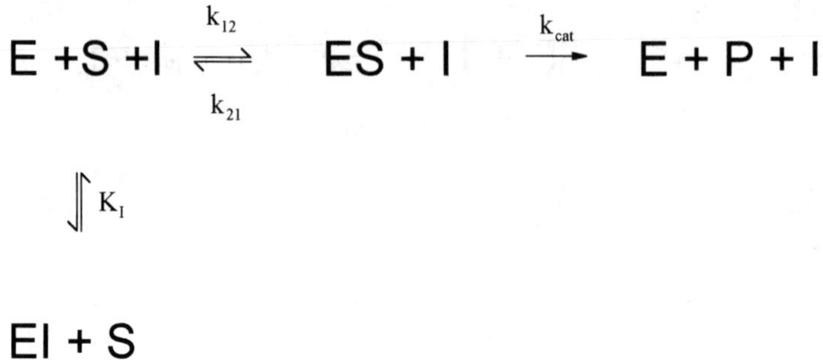

Abb. 8-5: Kompetitive Inhibition.
Die Bindungen von Substrat und Inhibitor an das Enzym schließen sich gegenseitig aus.

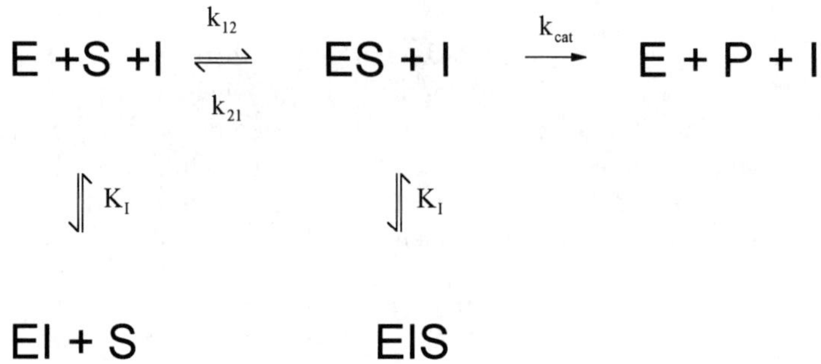

Abb. 8-6: Nicht-kompetitive Inhibition.
In diesem idealisierten Fall bindet der Inhibitor unabhängig vom Substrat mit gleichbleibender Affinität.

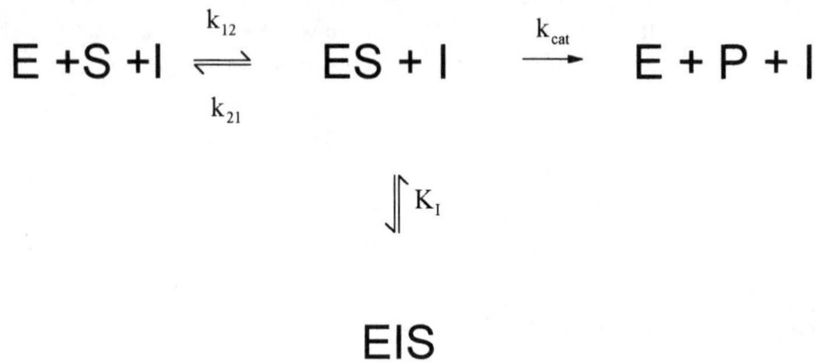

Abb. 8-7: Unkompetitive Inhibition.
Nur der Enzym-Substrat-Komplex wird vom Inhibitor gebunden und dabei an der Weiterreaktion zum Produkt gehindert.

der Inhibitor einen anderen Bindungsplatz auf dem Enzym als das Substrat, verhindert aber den enzymatischen Umsatz ($k^{I}_{cat} = 0$).

Bei diesem Fall von nicht-kompetitiver Inhibition erhält man für die Geschwindigkeit der enzymatischen Reaktion:

$$\frac{1}{V_0} = \left(\frac{1}{V_{max}} + \frac{1}{c_S} \cdot \frac{K_M}{V_{max}}\right)\left(1 + \frac{c_I}{K_I}\right) \tag{8.25}$$

Bei diesem Inhibitionstyp wird nur der maximale Umsatz beeinflußt. Auch hier kann man aus der Abhängigkeit der Maximalgeschwindigkeit von der Inhibitorkonzentration die Assoziationskonstante des Inhibitors ermitteln. Die nicht-kompetitive Inhibition stellt nur einen Sonderfall der möglichen Inhibitionsmechanismen bei gleichzeitiger Bindung von Substrat und Inhibitor an das Enzym dar. Es wird sowohl die völlige Unabhängigkeit der Bindung von Substrat und Inhibitor als auch das Fehlen jeglicher enzymatische Aktivität bei gebundenem Inhibitor angenommen.

Einen weiteren Inhibitionstyp erhält man, wenn der Inhibitor nur an den Komplex aus Enzym und Substrat binden kann und damit die enzymatische Reaktion blockiert (Abb. 8-7).

Bei diesem Fall von unkompetitiver Inhibition werden sowohl K_M als auch V_{max} durch den Inhibitor beeinflußt und die Anfangsgeschwindigkeit wird zu:

$$\frac{1}{V_0} = \frac{1}{V_{max}}\left(1 + \frac{c_I}{K_I}\right) + \frac{1}{c_S} \cdot \left(\frac{K_M}{V_{max}}\right) \tag{8.26}$$

Tab. 8-1 gibt einen Überblick über die für die verschiedenen Inhibitionstypen zu erwartenden Änderungen an K_M und V_{max}.

Der unkompetitive und nicht-kompetitive Inhibitionstyp ist allerdings in den seltensten Fällen in dieser reinen Form anzutreffen. So wird z.B. ein nicht-kompetitiver Inhibitor mit verschiedenen Bindungskonstanten an das freie Enzym und den Enzym-Substrat-Komplex binden oder ein unkompetitiver Inhibitor zeigt eine gewisse Affinität zum freien Enzym. In solchen Fällen wird es dann Mischformen geben, die nicht mehr einfach zu charakterisieren sind. Eine ausführliche Darstellung enzymatischer Reaktionen geben Bisswanger (1994) und Cornish-Bowden (1995).

Tabelle 8-1 Einfluß der verschiedenen Inhibitionstypen auf K_M und V_{max}

Inhibitionstyp	K_M^I	V_{max}^I
ohne	K_M	V_{max}
kompetitiv	$K_M \cdot (1 + c_I/K_I)$	V_{max}
nicht-kompetitiv	K_M	$V_{max}/(1 + c_I/K_I)$
unkompetitiv	$K_M \cdot (1 + c_I/K_I)$	$V_{max}/(1 + c_I/K_I)$

Neben diesen prinzipiell reversiblen Inhibitionstypen gibt es eine Reihe von Reaktionen, die ein Enzym irreversibel inaktivieren. Finden diese Reaktionen im Zeitbereich der Messung der enzymatischen Katalyse statt und werden sie erst durch den Meßansatz hervorgerufen, so werden auch durch sie die kinetischen Parameter verändert werden. Solche Verfälschungen der Messung müssen natürlich erkannt und vermieden werden.

Ein besonderer Fall einer irreversiblen Inaktivierung des Enzyms ist die sogenannte *suicide inhibition* (Selbstmordinhibition). Hierbei wird das Enzym nicht durch eine beliebige, von der Katalyse unabhängigen Reaktion inaktiviert. Vielmehr entsteht beim enzymatischen Umsatz des Inhibitors ein stabiler, meist kovalenter, Komplex aus Inhibitor und Enzym, der eine weitere Katalyse durch das Enzymmolekül verhindert. Das Enzym selbst verursacht also durch den Umsatz des Inhibitors seine Inaktivierung. Ein Beispiel für eine solche

Selbstmordinhibition ist die Wirkung des Penicillins. Penicillin simuliert das Substrat einer Transpeptidase (D-Alanyl-D-Alanin). Das Enzym spaltet die C-N-Bindung des Penicillins und bildet im aktiven Zentrum des Enzyms einen Ester mit der -OH-Gruppe eines Serins. Da jedoch eine Weiterreaktion nicht möglich ist, wird die Transpeptidase irreversibel inhibiert. Solche Inhibitoren können sehr große Dienste bei der Aufklärung von enzymatischen Mechanismen leisten und sind häufig hochspezifische und wirkungsvolle Pharmaka, wenn es darum geht, definierte Stellen im Stoffwechsel zu stören.

8.2.3 Simulationen

Alle oben genannten Auswertungsverfahren haben entscheidende Nachteile. Sie sind auf wenige, sehr einfache Modelle beschränkt und durch die Umrechnung der Meßgrößen auf eine lineare Darstellung werden die Meßfehler unterschiedlich stark fortgepflanzt. Einen grundsätzlich anderen Ansatz zur Auswertung von Meßdaten liefern dagegen Simulationen. Hier wird versucht, mit Hilfe eines zunächst beliebigen Modells die erwarteten Meßergebnisse zu berechnen und dabei die Modellparameter so lange zu verändern, bis eine möglichst gute Übereinstimmung zwischen Modell und Messung erzielt wird. Ein solches Verfahren ist grundsätzlich auf jedes Experiment anwendbar, wenn das Experiment durch Zahlen beschreibbare Ergebnisse liefert (Überblick: Rusling & Kumosinski 1996).

Bei einer Auswertung durch Simulation treten jedoch auch etliche Schwierigkeiten auf. So benötigen die Algorithmen, welche die Modellparameter an das experimentelle Ergebnis anpassen, einen Ausgangswert für eben diese Parameter. Ein Anpassungsalgorithmus wird zunächst mit den Anfangsparametern die Unterschiede von Messung und Simulation berechnen. Danach werden die Parameter variiert und dabei das Minimum der Differenzen zwischen Messung und Simulation gesucht. Sind die Ausgangswerte zu weit von den tatsächlichen Werten entfernt, so wird der Anpassungsalgorithmus nicht in der Lage sein, die Parameter zu ermitteln. Man benötigt also einen Satz sinnvoller Ausgangsparameter oder man läuft Gefahr, unsinnige Ergebnisse zu erhalten.

Ein weiteres Problem ergibt sich aus der Wahl des Modells, das der Simulation zugrunde liegt. Jedes einfache Modell kann erweitert werden und mit den zusätzlichen Parametern des erweiterten Modells läßt sich mit ziemlicher Sicherheit die Anpassung verbessern. Ob das jedoch dann der Realität entspricht, kann ein Algorithmus nicht entscheiden. Dieses Problem kann nur auf eine einzige Art und Weise „gelöst“ werden: Man muß versuchen, mit möglichst wenigen Modellparametern eine gute Erklärung für die gemessenen Daten zu finden. Dann sind weitere Parameter überflüssig und das gewählte Modell ist akzeptabel. Nur einfachste Modelle haben dann Gültigkeit. Dieses „Prinzip der Sparsamkeit“ (*principle of parsimony*) sei an einem Beispiel erläutert.

Bei der Messung von Reaktionsgeschwindigkeiten hat man es häufig mit einer exponentiellen Annäherung der Meßgröße an einen Endwert zu tun. Eine solche Annäherung wird durch drei Parameter beschrieben

$$Y_{Mess} = A \cdot e^{-\frac{t}{\tau}} + B \qquad (8.27)$$

A $\Rightarrow$ Amplitude
B $\Rightarrow$ Grundlinie
τ $\Rightarrow$ Abklingzeit (Zeitkonstante)

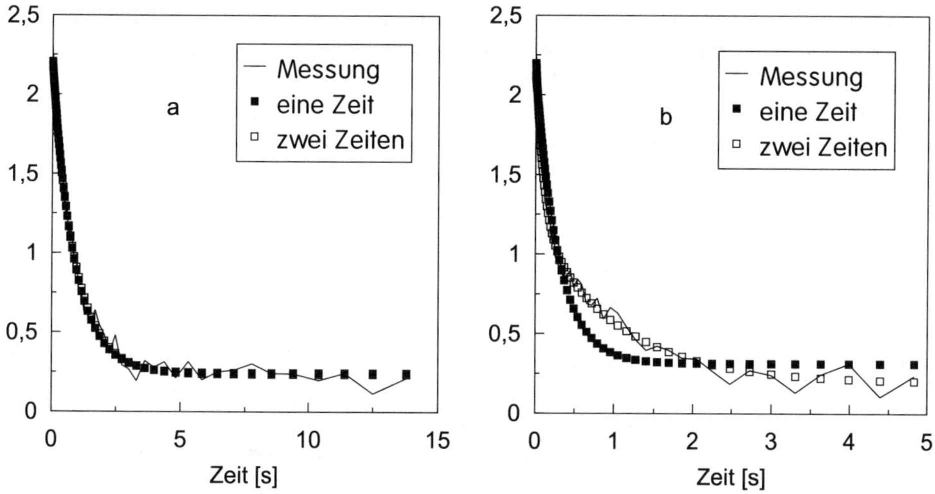

Abb. 8-8: Auswertung von Exponentialfunktionen.
a: Die Messkurve enthält nur eine Exponentialfunktion und die Auswertung mit 2 Exponentialfunktionen bedeutet keine Verbesserung.
b: In der Messkurve sind zwei Exponentialfunktionen enthalten. Deshalb ist zur Auswertung eine Exponentialfunktion nicht ausreichend.

Y_{Mess} ⇒ Meßgröße
t ⇒ Reaktionszeit

Nimmt man jedoch an, daß die Annäherung an den Endwert nicht mit einer, sondern mit zwei verschiedenen Exponentialfunktionen erfolgt, so erhöht sich die Zahl der möglichen Modellparameter um 2:

$$Y_{Mess} = A_1 \cdot e^{-\frac{t}{\tau_1}} + A_2 \cdot e^{-\frac{t}{\tau_2}} + B \qquad (8.28)$$

In Abb. 8-8 a ist eine solche gemessene Annäherung gezeigt. Die unterlegten Simulationen mit einer bzw. zwei Exponentialfunktionen unterscheiden sich nicht wesentlich und bereits daraus muß man den Schluß ziehen, daß nur die Auswertung mit einer Exponentialfunktion gerechtfertigt ist. Alle Versuche, zwei Exponentialfunktionen zu interpretieren, sind unzulässig, da sie durch die vorhandenen Daten nicht abgesichert werden können. Dagegen zeigt Abb. 8-8 b, daß eine Interpretation mit nur einer Exponentialfunktion die Meßergebnisse wesentlich schlechter beschreibt als eine mit zwei Exponentialfunktionen. In diesem Fall ist die Erweiterung des Modells nicht nur gerechtfertigt, sondern auch unbedingt notwendig.

8.3 Sequenzanalysen

Ein großer Teil biochemischer Arbeiten beschäftigt sich mit der Sequenzierung von Nukleinsäuren und Proteinen. Nun ist eine solche Sequenzierung natürlich kein reiner Selbstzweck, sondern die Frage nach einem eventuellen Sinngehalt einer Sequenz ist sicher ebenso wichtig wie die Anwendung schneller und zuverlässiger Sequenzierungsmethoden. Die Sequenzanalyse, die in diesem Kapitel beschrieben wird, soll sich mit den Fragen beschäftigen, die sich dann stellen, wenn die reine chemische Sequenzierungsarbeit beendet ist.

Diese Fragen sind natürlich für Proteine und Nukleinsäuren unterschiedlich. Eine Frage allerdings ist bei beiden Sequenzen gemeinsam: Ist die gefundene Sequenz schon einmal (von anderen) gefunden worden oder hat die neu gefundene Sequenz Ähnlichkeiten mit bereits beschriebenen? Einen Überblick über grundlegende Verfahren zur Beantwortung dieser Fragen gibt Heijne (1987).

8.3.1 Datenbanken

Um solche und ähnliche Fragen anzugehen, benötigt man einmal eine möglichst umfassende Sammlung von Sequenzdaten und zum anderen entsprechende Programme, um mit diesen Sequenzdaten zu arbeiten. Sequenzdaten liegen nicht im jeweiligen Labor direkt vor, sondern werden aus Datenbanken abgefragt. Die Datenbanken sind heute ohne Ausnahme über INTERNET verfügbar, und im folgenden werden die einschlägigen Adressen immer mit erwähnt (Stand April 1997).

Es gibt weltweit zwei wichtige Institutionen, die Sequenzdaten und andere Datenbanken sammeln und zur Verfügung stellen:

National Center for Biotechnology Information (NCBI) (http://www.ncbi.nlm.nih.gov/)
European Bioinformatics Institute (EBI) (http://www.ebi.ac.uk/)

Diese Institutionen tauschen regelmäßig ihre Informationen aus, so daß der Inhalt der Datenbanken im wesentlichen identisch ist. Die Datenbanken haben verschiedene Zugangsmethoden. Einmal werden in regelmäßigen Abständen CD-ROM-Datenträger herausgegeben, die sowohl die Datenbanken als auch entsprechende Software enthalten. Die wichtigsten sind dabei ENTREZ des NIH und die CD des EBI (EMBL).

Für direkte Zugriffe gibt es die Möglichkeit über INTERNET und darin über WWW Informationen abzurufen. In Europa wird vom EBI aus ein Netzwerk von nationalen Knotenrechnern bedient, die den Zugang zu den Datenbanken ermöglichen. Die Adressen dieser EMBnet-Knoten sind in der Tab. 8-2 angegeben. Für die Suche nach Sequenzen sollte man das vom EMBL entwickelte *Sequence Retrieval System*, das unter http://www.ebi.ac.uk/srs/srsc erreichbar ist, benutzen.

Ein umfangreiches Suchsystem bietet das NCBI unter dem Namen ENTREZ an. ENTREZ vereinigt die Literaturdaten von MEDLINE, die Sequenzdaten von GENBANK und die Strukturdaten von BNL und läßt durch sehr viele Querverweise eine umfangreiche interaktive Suche zu. ENTREZ war bisher auf CD-ROM zum Selbstkostenpreis zu erwerben. Da die Datenmenge jetzt so groß geworden ist, daß 6 (!!) CD-ROMs benötigt werden, hat man sich entschlossen, ENTREZ nur noch als INTERNET-Version bereitzustellen. Das hat den Vorteil, daß die Daten immer aktuell sind und den Nachteil, daß bei überlastetem Netz die Daten nur sehr schleppend zur Verfügung stehen. Die Nutzung ist derzeit kostenlos und Näheres erfährt man über die WWW-Seite des NCBI (http://www3.ncbi.nlm.nih.gov/Entrez/).

Anfragen, die einen größeren Aufwand an Rechenleistung erfordern, werden von den Knotenrechnern nicht immer im interaktiven Betrieb ausgeführt. Man schickt die entsprechenden Anfragen an einen *email server*. Ein *email server* ist ein auf einem Rechner der Institution oder des jeweiligen Knotens installiertes Programm, das seine Eingaben vom jeweiligen Benutzer in Form eines elektronischen Briefes bekommt. Die Eingabe wird von

Tabelle 8-2 Nationale Knoten des EMBnet

Nationale Knoten	Land	*World Wide Web* Adresse
Wiener Biozentrum	Österreich	http://www.at.embnet.org/embnet/
BEN	Belgien	http://www.be.embnet.org/
BioBase	Dänemark	http://biobase.dk
CSC	Finnland	http://www.csc.fi/molbio/
INFOBIOGEN	Frankreich	http://www.infobiogen.fr/
IMBB	Griechenland	http://www.imbb.forth.gr/
INCBI	Irland	http://acer.gen.tcd.ie/
CNR	Italien	http://area.ba.cnr.it/
CAOS/CAMM	Niederlande	http://www.caos.kun.nl/
BiO	Norwegen	http://www.no.embnet.org/
IBB	Polen	http://www.ibb.waw.pl/
CNB	Spanien	http://www.cnb.uam.es/
BMC	Schweden	http://www.bmc.uu.se/
BioComputing Basel	Schweiz	http://www.ch.embnet.org/
SEQNET	Großbritannien	http://www.dl.ac.uk/SEQNET/home.html

dem Programm bearbeitet und das Ergebnis wird wiederum als elektronischer Brief an den Absender zurückgesandt. Der Vorteil dieses Verfahrens liegt in der großen Sicherheit, da kein direkter Zugriff auf die Rechner von außen gewährt werden muß. Das Rechenzentrum kann außerdem die Anfragen zu Zeiten geringer Auslastung bearbeiten. Daher kann zwischen Anfrage und Antwort einige Zeit (Minuten bis Stunden) vergehen. Viele *email server* verstehen übrigens eine Anfrage, die nur das Wort HELP enthält und antworten prompt mit einer schriftlichen Gebrauchsanweisung. Die meisten *email server* besitzen auch eine Eingabeseite im INTERNET (WWW). Auch hier besteht jedoch kein direkter Zugriff auf den jeweiligen Rechner, so daß die Antwort meist über eine *email* erfolgt. Hinweise auf neue Programme werden regelmäßig in der Zeitschrift TIBS (s. Kap. 1.1.2) veröffentlicht.

8.3.2 Datenstrukturen

Die Datenbanken speichern natürlich die Sequenzen in einer bestimmten Verschlüsselung. Das ist bei Nukleinsäuren ganz einfach. Da steht ein A für Adenin, ein T für Thymin usw. Bei Proteinen hat man sich ebenfalls auf eine Ein-Buchstaben-Verschlüsselung geeinigt. Die Bedeutung der Buchstaben kann man der Tab. 8-3 entnehmen.

8.3.3 Vergleichsalgorithmen

Programme, die Sequenzdaten verarbeiten, versuchen, Fragen nach der Ähnlichkeit zweier oder mehrerer Sequenzen oder nach dem Vorkommen von Sequenzmotiven zu beantworten. Will man große Datenbanken durchsuchen, so sollte man die leider nicht immer kostenlosen Dienste der Datenbanken nutzen. Für den europäischen Raum zuständig ist das EBI (s.o.). Wer z.B. dem *email server* BLITZ (blitz@ebi.ac.uk oder im Internet http://ebi.ac.uk/searches/blitz_input.html) eine elektronische Post mit einer Sequenz zusendet oder die ent-

Tabelle 8-3 Ein-Buchstaben-Code für Aminosäuren und Nukleotide

A	Alanin	I	Isoleucin	R	Arginin
B	Glutamin oder Glutamat	K	Lysin	S	Serin
C	Cystein	L	Leucin	T	Threonin
D	Asparaginsäure (Aspartat)	M	Methionin	V	Valin
E	Glutaminsäure (Glutamat)	N	Asparagin	W	Tryptophan
F	Phenylalanin (!)	P	Prolin	X	beliebig oder unbekannt
G	Glycin	Q	Glutamin	Y	Tyrosin
H	Histidin				
A	Adenin	Y	T(U) oder C (Pyrimidin)	W	A oder T(U)
T(U)	Thymin (Uracil)	R	A oder G (Purin)	H	A oder C oder T(U)
G	Guanin	M	A oder C	B	C oder G oder T(U)
C	Cytosin	K	G oder T(U)	V	A oder C oder G
N	beliebig	S	G oder C	D	A oder G oder T(U)

sprechende WWW-Seite ausfüllt, bekommt Informationen über gleiche oder ähnliche Sequenzen aus der entsprechenden Datenbank zurück. Welche der Dienste man in Anspruch nimmt, hängt vom jeweiligen Problem ab.

8.3.3.1 Ähnlichkeitsmatrizen

Es gibt mehrere Strategien (Algorithmen), nach denen Ähnlichkeiten zwischen zwei Sequenzen gefunden und auch quantifiziert werden können. Zunächst muß man aber den Begriff *Ähnlichkeit* so definieren, daß er eindeutig in einem berechenbaren Ausdruck formuliert werden kann. Ähnlichkeit kann entweder als eine binäre Entscheidung (ja oder nein) oder aber auch als ein Ähnlichkeitsgrad mit einer mehr oder weniger großen Zahl beschrieben werden. Beim Vergleich von Nukleinsäuresequenzen wird man das binäre Entscheidungskriterium benutzen. Soll eine Ähnlichkeit zwischen zwei Nukleinsäuresequenzen festgestellt werden, so wird man bei gleichen Basen „ja" und bei ungleichen „nein" setzen. Soll jedoch Komplementarität das Kriterium sein, so werden die Kombinationen A-T und G-C mit „ja" und alle anderen mit „nein" gesetzt.

Bei Vergleichen von Proteinsequenzen ist die Lage ungleich komplizierter. Auch hier könnte man nur Identität als binäre Entscheidung „ja" ansehen. Dabei würden jedoch chemische Ähnlichkeiten, wie z.B. bei Serin und Threonin, völlig unter den Tisch fallen. Ähnlichkeit bei Aminosäuren muß also graduell definiert werden. Eine der ersten Ähnlichkeitsmatrizen wurde von Dayhoff entwickelt, indem sie in verwandten Proteinen die Häufigkeit bestimmter Aminosäurenaustausche untersuchte (Dayhoff 1978; George et al. 1990). Zwei Aminosäuren, die sich im Laufe der Evolution von Proteinen besonders häufig gegenseitig ersetzten, bekamen also einen besonders hohen Ähnlichkeitsgrad zugewiesen, während solche Aminosäuren, die sehr stark konserviert waren, einen hohen Selbstähnlichkeitsgrad und niedrige Ähnlichkeitsgrade mit anderen Aminosäuren zugewiesen bekamen. Das Ergebnis dieses Vorgehens ist eine Ähnlichkeitsmatrix (Tab. 8-4).

Man beachte, daß auch die „Selbstähnlichkeitswerte" einzelner Aminosäuren in dieser Tabelle unterschiedlich sind. Hochkonservierte Aminosäuren, wie z.B. das Tryptophan, haben einen sehr hohen, leicht ersetzbare, wie z.B. Alanin, einen niedrigen Wert der Selbstähnlichkeit. Es gibt eine Vielzahl anderer Ähnlichkeitsmatrizen (s.a. Altschul 1991; Altschul et al.

Tabelle 8-4 Ähnlichkeitsmatrix nach M. Dayhoff

	A	B	C	D	E	F	G	H	I	K	L	M	N	P	Q	R	S	T	V	W	X	Y	Z
A	10	8	6	8	8	4	9	7	7	7	6	7	8	9	8	6	9	9	8	2	8	2	8
B	8	10	4	11	10	3	8	9	6	9	5	6	10	7	9	7	8	8	6	3	8	5	10
C	6	4	20	3	3	4	5	5	6	3	2	3	4	5	3	4	8	6	6	6	8	8	3
D	8	11	3	12	11	2	9	9	6	8	4	5	10	7	10	7	8	8	6	1	8	4	11
E	8	10	3	11	12	3	8	9	6	8	5	6	9	7	10	7	8	8	6	1	8	4	11
F	4	3	4	2	3	17	3	6	9	3	10	8	4	3	3	4	5	5	7	8	8	15	3
G	9	8	5	9	8	3	13	6	5	6	4	5	8	7	7	5	9	8	7	1	8	3	7
H	7	9	5	9	9	6	6	14	6	8	6	6	10	8	11	10	7	7	6	5	8	8	10
I	7	6	6	6	6	9	5	6	13	6	10	10	6	6	6	6	7	8	12	3	8	7	6
K	7	9	3	8	8	3	6	8	6	13	5	8	9	7	9	11	8	8	6	5	8	4	8
L	6	5	2	4	5	10	4	6	10	5	14	12	5	5	6	5	5	6	10	6	8	7	5
M	7	6	3	5	6	8	5	6	10	8	12	14	6	6	7	8	6	7	10	4	8	6	6
N	8	10	4	10	9	4	8	10	6	9	5	6	10	7	9	8	9	8	6	4	8	6	9
P	9	7	5	7	7	3	7	8	6	7	5	6	7	14	8	8	9	8	7	2	8	3	8
Q	8	9	3	10	10	3	7	11	6	9	6	7	9	8	12	9	7	7	6	3	8	4	11
R	6	7	4	7	7	4	5	10	6	11	5	8	8	8	9	14	8	7	6	10	8	4	8
S	9	8	8	8	8	5	9	7	7	8	5	6	9	9	7	8	10	9	7	6	8	5	8
T	9	8	6	8	8	5	8	7	8	8	6	7	8	8	7	7	9	11	8	3	8	5	7
V	8	6	6	6	6	7	7	6	12	6	10	10	6	7	6	6	7	8	12	2	8	6	6
W	2	3	6	1	1	8	1	5	3	5	6	4	4	2	3	10	6	3	2	25	8	8	2
X	8	8	8	8	8	8	8	8	8	8	8	8	8	8	8	8	8	8	8	8	8	8	8
Y	2	5	8	4	4	15	3	8	7	4	7	6	6	3	4	4	5	5	6	8	8	18	4
Z	8	10	3	11	11	3	7	10	6	8	5	6	9	8	11	8	8	7	6	2	8	4	11

1994), und das Ergebnis einer Ähnlichkeitsanalyse kann natürlich durch die Wahl der Matrix stark beeinflußt werden. Einen Überblick über Ähnlichkeitsmatrices und ihre Entwicklung gibt Wheeler (1996).

Es gibt eine ganze Reihe von Algorithmen, mit denen Sequenzanalysen durchgeführt werden können. Dabei spielt es grundsätzlich keine Rolle, ob die Sequenzdaten eine Protein- oder Nukleinsäuresequenz beschreiben, die Algorithmen sind zum Teil gar nicht für die Molekularbiologie, sondern für die Linguistik entworfen worden und finden in automatischer Rechtschreibkorrektur und Thesauren Anwendung. Es würde zu weit führen, hier jeden dieser Algorithmen detailliert zu beschreiben; die grundlegenden Strategien der beiden wichtigsten Methoden, FASTA und Needleman-Wunsch, sollen hier zur Illustration dienen.

8.3.3.2 FASTA

Der FASTA-Algorithmus dient dazu, aus einer großen Zahl von verschiedenen Sequenzen diejenigen herauszufinden, die der Testsequenz besonders ähnlich sind. Dabei sollte man darauf hinweisen, daß die heute unter dem Namen FASTA angebotenen Programme eine deutliche Erweiterung des hier beschriebenen Algorithmus (Lipman & Pearson 1985) darstellen. Für eine erste Suche nach Ähnlichkeiten schreibt man zunächst die Testsequenz in eine Reihe und stellt für jedes Element (Aminosäure oder Nukleotid) die Positionen in dieser Reihe fest. Die jeweilige Vergleichssequenz wird ebenfalls in eine Reihe geschrieben und auch hier werden die Positionen der jeweiligen Elemente festgestellt. Nun bildet man die Differenzen dieser Positionen für jedes Element in Test- und Vergleichssequenz. Jetzt steht unter jeder Position der beiden übereinander geschriebenen Sequenzen die Zahl der Elemente, um die die untere Sequenz nach rechts oder links verschoben werden muß, um an dieser Stelle eine Übereinstimmung zu bekommen. Wenn sich die beiden Sequenzen nun ähnlich sind, dann kommt eine bestimmte Verschiebung in diesen Listen besonders häufig vor, ähneln sich die Sequenzen nicht, so sind alle möglichen Verschiebungen in diesen Listen vorhanden.

Ein Beispiel für den Vergleich zweier Aminosäuresequenzen:

Sequenz	Position						
	1	2	3	4	5	6	7
1	F	P	S	R	T	W	S
2	F	W	K	T	W	T	-
Differenz	0	-	-	1	1	-1	-

Eine Verschiebung der Sequenz 2 um eine Position nach rechts (+1) würde also die beste Übereinstimmung erbringen, nämlich 2 identische Aminosäuren (… TW …).Diese beste Übereinstimmung wird dann als *alignment* bezeichnet Dieses Verfahren ist schnell und kann daher eingesetzt werden, um große Datenbanken zu durchsuchen. Allerdings liefert das Verfahren nur eine sehr grobe Vorstellung der Ähnlichkeit, da eventuelle Lücken in dem Vergleich nicht berücksichtigt werden können. Das Beispiel ist so gewählt, daß auch die beiden Phenylalanine im *alignment* übereinander stehen sollten. Dann müßte jedoch in der 2. Sequenz eine Lücke eingebaut werden. Wie ein Algorithmus arbeitet, der solche Lücken erkennt zeigt als Beispiel der Needleman-Wunsch-Algorithmus.

8.3.3.3 Needleman-Wunsch-Algorithmus

Für ein sorgfältigeres *alignment* von Sequenzen muß man auf echte Matrixverfahren zurückgreifen. Als Beispiel für Aminosäurevergleiche soll nun die einfache Version des Needleman-Wunsch-Algorithmus beschrieben werden: Die beiden Sequenzen werden dabei als erste Spalte und Zeile einer Matrix aufgeschrieben. In die anderen Matrixelemente werden dann die Ähnlichkeitsgrade aus der benutzten Ähnlichkeitsmatrix eingetragen. Die beiden kurzen Aminosäuresequenzen aus dem FASTA-Beispiel ergeben dann mit den Ähnlichkeitsgraden aus der Matrix in Tab. 8-4:

	F	*P*	*S*	*R*	*T*	*W*	*S*
F	17	3	8	4	5	8	5
W	8	8	6	10	3	25	6
K	3	3	8	11	8	5	8
T	5	5	9	7	11	3	9
W	8	8	6	10	3	25	6
T	5	5	9	7	11	3	9

Die Aufgabe besteht nun darin, in dieser Matrix von links oben nach rechts unten einen Weg zu finden, der das bestmögliche *alignment* ergibt. Das ist sicher dann gegeben, wenn man auf dem Weg von rechts unten nach links oben möglichst viele Punkte sammelt. Dazu konstruiert man eine Hilfsmatrix, in die man zunächst nur die untere Zeile und die rechte Spalte einträgt:

	F	*P*	*S*	*R*	*T*	*W*	*S*
F							5
W							6
K							8
T							9
W							6
T	5	5	9	7	11	3	9

Der Weg von der unteren rechten Ecke (S-T, 9 Punkte) auf der Diagonalen ein Element nach links und ein Element nach oben ergibt dann eine Gesamtpunktzahl von 34 (9 + 25). In diesem Fall ist das offensichtlich der beste Weg. Man muß aber auch die anderen Wege, die eine Lücke entstehen lassen würden, berücksichtigen. Ein Rösselsprung von links unten um zwei Felder nach rechts und eins nach oben (T-W) würde 9+3=12 Punkte ergeben. Davon abzuziehen wäre aber eine Lückenstrafe, die in diesem Fall 8 Punkte betragen soll, so daß sich insgesamt 3 Punkte ergeben. Das ist schlechter als die Summe in der direkten Diagonalen von W-T und T-W (3+3=6) und stellt somit keinen vernünftigen Weg dar. Vergibt man die Lückenstrafe für eine beliebig lange Lücke nur einmal, ergibt sich jetzt folgende Situation:

	F	*P*	*S*	*R*	*T*	*W*	*S*
F							5
W							6
K							8
T							9
W	8+5=13 11+8-8=11	9+8=17 11+8-8=11	7+6=13 11+6-8=9	11+10=21 9+10-8=11	3+3=6 9+3-8=4	9+25=34	6
T	5	5	9	7	11	3	9

Die jeweils größte Punktzahl wird nun in die Matrix eingetragen. Genau so geht man in der vorletzten Spalte vor:

	F	*P*	*S*	*R*	*T*	*W*	*S*
F						14	5
W						33	6
K						14	8
T						9	9
W	13	17	13	21	6	34	6
T	5	5	9	7	11	3	9

Auch in den weitere Zeilen und Spalten werden nun so die größtmöglichen Punktzahlen gesucht, wobei sich dann die in den Feldern rechts und unten bereits gefundenen Punkte summieren:

	F	*P*	*S*	*R*	*T*	*W*	*S*
F	73	65	56	41	38	14	5
W	56	56	62	47	29	33	6
K	40	40	45	56	34	14	8
T	31	31	35	33	45	9	9
W	13	17	13	21	6	34	6
T	5	5	9	7	11	3	9

Das beste *alignment* erhält man, wenn man in der obersten Zeile bei der größten Zahl anfangend immer eine Zeile tiefer oder eine Spalte nach rechts zur dort ebenfalls größten Zahl wandert. Im vorliegenden Fall sieht das dann so aus:

	F	P	S	R	T	W	S
F	73	65	56	41	38	14	5
W	56	56	62	47	29	33	6
K	40	40	45	56	34	14	8
T	31	31	35	33	45	9	9
W	13	17	13	21	6	34	6
T	5	5	9	7	11	3	9

Und das *alignment* wäre

F	P	S	R	T	W	S
F		W	K	T	W	T

Will man nun verschiedene *alignments* vergleichen, so gibt man als Güte dieser *alignments* den größten Wert der Hilfsmatrix, in diesem Fall 73 Punkte, an.

Die hier beschriebenen Algorithmen stellen natürlich nur die Grundprinzipien linguistischer Sequenzanalysen dar. Tatsächlich werden von den Sequenzanalyseprogrammen verfeinerte und beschleunigte Versionen dieser Grundalgorithmen benutzt.

Ein Beispiel für ein solches Sequenzanalyseprogramm ist MACAW (Schuler et al. 1991) Mit diesem Programm lassen sich interaktiv partielle Ähnlichkeiten zwischen mehreren Sequenzen finden und analysieren. Das Programm ist derzeit kostenlos zu erhalten und beim NCBI *server* zu finden (ftp://ncbi.nlm.nih.gov/pub/macaw).

8.4 Literatur

Altschul, S.F. (1991) *Amino Acid Substitution Matrices from an Information Theoretic Perspective.* J. Mol. Biol. 219, 555-565.

Altschul, S.F., Boguski, M.S., Gish, W. & Wootton, J.C. (1994) *Issues in searching molecular sequence databases.* Nature Genetics 6, 119-129.

Bisswanger, H. (1994) *Enzymkinetik – Theorie und Methoden*, 2. Aufl. VCH, Weinheim.

Cornish-Bowden, A. (1995) *Fundamentals of Enzyme Kinetics.* Portland Press, London.

Dayhoff, M.O. (1978) *Atlas of Protein Sequence and Structure.* (Natl. Biomed. Res. Found., Washington), Vol. 5, Suppl. 3, pp. 345-352.

George, D.G., Barker, W.C. & Hunt, L.T. (1990) *Mutation Data Matrix and Its Uses.* Meth. Enzym. 183, 333-351.

Heijne, G.v. (1987) *Sequence Analysis in Molecular Biology, Treasure Trove or Trivial Pursuit.* Academic Press, San Diego.

Kreyszig, E. (1991) *Statistische Methoden und ihre Anwendungen,* 7. Aufl. Vandenhoeck & Ruprecht, Göttingen.

Lipman, D.J. & Pearson, W.R. (1985) *Rapid and Sensitive Protein Similarity Searches.* Science 227, 1435-1441.

Rusling, J.F. & Kumosinski, T.F. (1996) *Nonlinear Computer Modeling of Chemical and Biochemical Data.* Academic Press, San Diego.

Schuler, G.D., Altschul, S.F., & Lipman, D.J. (1991) *A Workbench for Multiple Alignment Construction and Analysis.* Proteins Struct. Funct. Genet. 9, 180-190.

Wheeler, D. (1996) *Weight Matrices for Sequence Similarity Scoring.* http://merlin.bcm.tmc.edu:8001/bcdusa/Curric/PrwAli/nodeD.html.

Anhang I: SI-Einheiten

Basiseinheiten

Größe	Dimension	Abkürzung
Länge	Meter	m
Masse	Kilogramm	kg
Zeit	Sekunde	s
Stromstärke	Ampere	A
Temperatur	Kelvin	K
Lichtstärke	Candela	cd
Stoffmenge	Mol	mol

Abgeleitete Einheiten

Größe	Definition	Dimension	Abkürzung
Fläche		Quadratmeter	m^2
Volumen		Kubikmeter	m^3
Dichte	Masse/Volumen		kg/m^3
Spezifisches Volumen	Volumen/Masse		m^3/kg
Molare Masse	Masse/Stoffmenge		kg/mol
Konzentration	Stoffmenge/Volumen		mol/m^3
molare Konzentration		molar (M)	1 M = 1 mol/l
Frequenz	Ereignisse/Zeit	Hertz	1 Hz = 1/s
Kraft		Newton	$1\ N = 1\ kg \cdot m/s^2$
Druck	Kraft/Fläche	Pascal	$1\ Pa = 1\ N/m^2$
Energie		Joule	1 J = 1 N·m
Leistung	Energie/Zeit	Watt	1 W= 1 J/s
Dynamische Viskosität			Pa·s
Elektrische Spannung		Volt	V
Elektrischer Leitwert		Siemens	A/V
Elektrischer Widerstand		Ohm	1 Ω = 1 V/A
Elektrizitätsmenge	Ladungsmenge · Zeit	Coulomb	1 C = 1 A·s
Elektrische Kapazität	Ladungsmenge/Spannung	Farad (F)	C/V
Ionisierende Strahlung	Ereignisse/Zeit	Bequerel (Bq)	1/s
Enzymaktivität		Katal (kat)	mol/s

Anhang II: Umrechnungen in SI-Einheiten

Kraft

	1 N	dyn	p	kp
1 N (Newton)	1	$1 \cdot 10^5$	$1.019\,716 \cdot 10^2$	0.101 971 6
1 dyn	$1 \cdot 10^{-5}$	1	$1.019\,716 \cdot 10^{-3}$	$1.019\,716 \cdot 10^{-6}$
1 p (Pond)	$9.806\,65 \cdot 10^{-3}$	$9.806\,65 \cdot 10^2$	1	$1 \cdot 10^{-3}$
1 kp (Kilopond)	9.806 65	$9.806\,65 \cdot 10^5$	$1 \cdot 10^3$	1

Druck

	Pa	bar	atm	Torr
1 Pa (Pascal)	1	$1 \cdot 10^{-5}$	$0.986\,923 \cdot 10^5$	$7.500\,62 \cdot 10^{-3}$
1 bar (10^6 dyn$\cdot$cm^{-2})	$1 \cdot 10^5$	1	0.986 923	$7.500\,62 \cdot 10^2$
1 atm	$1.013\,25 \cdot 10^5$	1.013 25	1	760
1 Torr	$1.333\,224 \cdot 10^2$	$1.333\,224 \cdot 10^{-3}$	$1.315\,789 \cdot 10^{-3}$	1

Energie

	J	kWh	kcal	MeV
1 J (Joule)	1	$2.778 \cdot 10^{-7}$	$2.388 \cdot 10^{-4}$	$6.242 \cdot 10^{12}$
1 kWh (Kilowattstunde)	$3.600 \cdot 10^6$	1	$8.598 \cdot 10^2$	$2.247 \cdot 10^{19}$
1 kcal (Kilocalorie)	$4.187 \cdot 10^3$	$1.163 \cdot 10^{-3}$	1	$2.614 \cdot 10^{16}$
1 MeV (Megaelektronenvolt)	$1.602 \cdot 10^{-13}$	$4.450 \cdot 10^{-20}$	$3.826 \cdot 10^{-17}$	1

Sachregister